普通高等教育农业农村部"十三五"规划教材
普通高等教育农业部"十二五"规划教材
全国高等农林院校"十二五"规划教材

园 林 树 木 栽 培 学

第 三 版

黄成林 主编

中国农业出版社

图书在版编目（CIP）数据

园林树木栽培学／黄成林主编．—3版．—北京：中国农业出版社，2017.2（2024.6重印）
普通高等教育农业部"十二五"规划教材 全国高等农林院校"十二五"规划教材
ISBN 978-7-109-22673-9

Ⅰ.①园… Ⅱ.①黄… Ⅲ.①园林树木-栽培学-高等学校-教材 Ⅳ.①S68

中国版本图书馆 CIP 数据核字（2017）第 014931 号

中国农业出版社出版
（北京市朝阳区麦子店街 18 号楼）
（邮政编码 100125）
责任编辑 戴碧霞
文字编辑 李 晓

三河市国英印务有限公司印刷 新华书店北京发行所发行
2003 年 7 月第 1 版 2017 年 2 月第 3 版
2024 年 6 月第 3 版河北第 5 次印刷

开本：787mm×1092mm 1/16 印张：20.5
字数：482 千字
定价：46.50 元
（凡本版图书出现印刷、装订错误，请向出版社发行部调换）

第三版编写人员

主　编　黄成林

副主编　郭晋平　周广柱
　　　　徐小牛　冯立国

编　者　（按姓名笔画排列）
　　　　冯立国（扬州大学）
　　　　年玉欣（沈阳农业大学）
　　　　乔　琼（山西农业大学）
　　　　李智辉（沈阳农业大学）
　　　　张　芹（河北农业大学）
　　　　张雪平（安徽科技学院）
　　　　陆万香（西南大学）
　　　　易小林（西南大学）
　　　　周广柱（沈阳农业大学）
　　　　孟庆瑞（河北农业大学）
　　　　徐小牛（安徽农业大学）
　　　　郭晋平（山西农业大学）
　　　　陶　俊（扬州大学）
　　　　黄永高（扬州大学）
　　　　黄成林（安徽农业大学）
　　　　彭尽晖（湖南农业大学）
　　　　傅松玲（安徽农业大学）

审　稿　吴泽民（安徽农业大学）

第一版编写人员

主　编　吴泽民

副主编　郭晋平　何小弟　周广柱

编　者　（按姓名笔画排列）

车生泉（上海交通大学）

吴泽民（安徽农业大学）

何小弟（扬州大学）

张　涛（河北农业大学）

周广柱（沈阳农业大学）

秦　华（西南农业大学）

郭晋平（山西农业大学）

黄成林（安徽农业大学）

彭尽晖（湖南农业大学）

傅松玲（安徽农业大学）

第二版编写人员

主　编　吴泽民　何小弟

副主编　郭晋平　黄成林

　　　　周广柱　车生泉

编　者（按姓名笔画排列）

　　　　车生泉（上海交通大学）

　　　　冯立国（扬州大学）

　　　　吴泽民（安徽农业大学）

　　　　何小弟（扬州大学）

　　　　张　芹（河北农业大学）

　　　　易小林（西南大学）

　　　　周广柱（沈阳农业大学）

　　　　郭晋平（山西农业大学）

　　　　黄成林（安徽农业大学）

　　　　彭尽晖（湖南农业大学）

　　　　傅松玲（安徽农业大学）

第 三 版 前 言

《园林树木栽培学》2003 年问世，2005 年获全国高等农业院校优秀教材奖。第二版作为全国高等农林院校"十一五"规划教材于 2009 年出版，第三版已列入普通高等教育农业部"十二五"规划教材、全国高等农林院校"十二五"规划教材。

本教材在第二版构架基础上增加了第十章常见园林树木栽培实例；根据各校本科教学计划调整的情况，增加了第五章第四节园林树木病虫害防治；其他章节结构也根据第二版教材在教学中使用的情况进行了适度调整。对第二版内容的修订重点是更加关注国内外园林树木栽培的最新科研及实践成果，尤其是吸纳国内外园林树木栽培的新理论、新技术、新材料等内容。

本教材编写人员来自全国不同区域的 8 所高校，都是从事园林树木栽培教学、科研的一线老师，具有较好的代表性，教材内容反映了当前国内外园林树木栽培学科的先进水平。

教材具体编写和修订分工如下：绪论由徐小牛修编；第一章由郭晋平、乔琼修编；第二章由彭尽晖修编；第三章第一、二节由冯立国、黄永高修编，第三节由李智辉修编，第四节由黄成林修编；第四章第一、二、三、四节由傅松玲、张雪平修编，第五节由黄成林修编；第五章第一、二、三节由易小林修编，第四节由冯立国、陶俊新编，第五节由冯立国修编；第六章由周广柱、年玉欣修编；第七章由徐小牛修编；第八章由张芹、孟庆瑞修编；第九章由郭晋平、乔琼修编；第十章第一节由孟庆瑞新编，第二节由陆万香新编，第三、四节由乔琼新编。附录1由黄永高编排；附录2由黄成林编排；参考文献由傅松玲校阅。全书最后由黄成林统稿。安徽农业大学吴泽民教授对书稿进行了审阅。

在教材编写过程中，各位编委都很认真、努力，但仍难免有不足之处，敬请读者批评指正。

编　者
2016 年 8 月

第 一 版 前 言

　　《园林树木栽培学》是园林专业的重要专业课，是从事园林、城市林业、城市绿化、风景区工作的技术与管理人员应该掌握的一门学科。在城市绿化、城市环境建设愈来愈得到重视的今天，对园林树木栽培知识的了解与掌握显得更加重要，但在园林专业恢复以来的20多年中，却一直没有一本正式出版的全国统编教材，这对教、学两方面都十分不便，为此特组织编写这本教材。

　　编写过程中，深切感到我国在园林树木栽培方面的系统研究不多，可供参考的文献十分有限。因此，各位参编人员在综合整理自己讲稿的基础上，引用了国外一些教材以及相关资料，从内容上尽量结合实践，着重介绍园林树木的种植、养护、管理三方面的知识。同时，注意与其他学科之间的衔接，避免不必要的重复；此外，还考虑本学科的发展动态，适当吸收一些在国外已经普遍应用，但国内尚未涉及的技术与方法，供教、学、用者参考。

　　本教材可作为园林专业、园艺专业、林学专业本科学生的必修或选修课教材，也可供有关专业教师与科技工作者参考。

　　参编人员来自全国各地区的农业大学，具有一定的代表性，基本反映了目前国内本学科的教学情况。参编人员的具体分工如下：

　　吴泽民（安徽农业大学）主编，编写绪论、第十一章和第十四章；

　　郭晋平（山西农业大学）副主编，编写第二章和第十五章；

　　何小弟（扬州大学）副主编，编写第五章和第十三章，合编第一章；

　　周广柱（沈阳农业大学）副主编，编写第十章，合编第一章；

　　车生泉（上海交通大学）编写第六章和第七章；

　　傅松玲（安徽农业大学）编写第四章；

　　黄成林（安徽农业大学）编写第八章；

　　秦华（西南农业大学）编写第九章；

　　张涛（河北农业大学）编写第十二章；

　　彭尽晖（湖南农业大学）编写第三章。

　　全书由吴泽民、何小弟最后统稿，张少杰、刘西军、丁增发参与校对。

　　在本教材的编写过程中，尽管各位编委都尽了最大努力，但由于编者水平有限，内容不免有错误、遗漏的地方，欢迎读者批评指正。

第 二 版 前 言

《园林树木栽培学》自 2003 年问世以来受到多方面的好评，2005 年获全国高等农业院校优秀教材奖。为使其更好地适应教学需求，中国农业出版社于 2006 年将其列入修订计划，并作为全国高等农林院校"十一五"规划教材出版。

本教材在第一版原有内容构架基础上进行了适量的章节调整：合并第一章、第二章为第一章，其余章节的内容各有调整，充实新技术应用及案例介绍。

《园林树木栽培学》第二版集多年教学经验，特别是近年科研成果，并参考国内外相关文献，对园林树木栽培的原理和实践进行了全面、系统的阐述，并配发了大量的专业资料，是对第一版的升级修订。编者来自不同地区院校，均为长期活跃在教学一线的专业教师，具有较好的代表性，教材内容基本反映了国内园林树木栽培学科的先进水平。

扬州大学紧密结合教材内容，配套课程教学网站，涵盖授课教案、教学课件、授课录像等内容，作为课程同步学习的重要辅助材料。《园林树木栽培学》精品课程网址：http://jpkc.yzu.edu.cn/course2/ylsmzp/jxcg.asp。

编写人员的具体分工如下：吴泽民编写绪论，第八章，第十三章；何小弟编写第六章第一、二、三节，附录，主持课程教学网站建设；郭晋平编写第一章，第十四章；黄成林编写第六章第四节，第九章；周广柱编写第五章；车生泉编写第十章第一、二、三、四节，第十一章；傅松玲编写第三章，第十章第五节；彭尽晖编写第二章；张芹编写第十二章；易小林编写第四章；冯立国编写第七章，协助全稿校阅及课程教学网站建设。全书由何小弟教授统稿、配照及全稿校阅，吴泽民教授最终定稿。

在本教材编写过程中，尽管各位编委都付出了最大努力，但由于编者水平有限、参考资料难全，仍难免有疏漏、不足之处，敬请读者批评指正。

编 者

2009 年 4 月

目　　录

绪　论

园林树木是城市生态环境的主体，在维持城市生态平衡中发挥着不可替代的重要作用。现代城市园林已远远超越传统园林的范畴，事实上已扩展到整个城市绿地系统，园林树木成为城市园林绿化、风景名胜的重要组分，并以其特有的生态平衡功能和环境保护作用决定了其在城镇建设发展中不可取代的重要"肺腑"地位。园林树木还以其优美的形态、绚丽的色彩、浓郁的芳香和神妙的风韵，在美饰城市"容颜"、装扮城市"身姿"、营造城市自然氛围等方面演绎独到的景观功能，创造富有自然情趣、充满艺术魅力的意境，实现物质基础和精神理念的有机统一，显现最佳的经济效益、生态效益和社会效益。

一、园林树木栽培学的定义与内涵

园林树木栽培学（arboriculture）是研究园林树木种植、养护与管理技术的应用学科，是我国园林、园艺、城市林业等专业的主要专业课程之一。园林是以绿化植物为主体的，辅之地形改造等园林工程与适量园林建筑结合的人工景观；园林树木栽培的对象既有单株散生的树木，也包括以各种组团形式出现的群植树木，还有连接郊外的林带以及城郊结合部的大片森林。在城市居住环境受到越来越多关注的今天，园林树木已成为城市生态环境建设的主体内容，园林树木的栽培、管理、养护问题也越显重要。

园林树木栽培学以植物学、植物分类学、树木学、植物生理学、生态学、遗传育种学、土壤肥料学、气象学等学科为基础，是一门综合性极强的应用性学科。有人认为种树是一项简单的工作，但事实说明许多问题的发生往往是由于错误的栽培方法所造成，因此对于园林树木栽培及其相关知识的了解和掌握就显得尤为重要。例如，为了选择适宜的树种、做出合理的配置，不仅需要树木学和植物分类学的知识，更要了解树木的生理生态特性；为了保证树木移植的成活率，必须全面了解树木的生理特性，选择适合的栽植方法与栽植时间。又如，园林树木的整形修剪完全依赖于对树木结构与生长习性的了解，否则不仅不能达到预期的目的，更会造成对树木的伤害。再如，园林树木管理中的一个重要方面是树木的安全性问题，但树木安全的诊断、治理、修复是一个专业性很强的工作，必须充分了解树木的结构及生理特点，才能做出科学的判断、采取适当的措施，通过日常的监测与维护来避免有问题的树木对人群与财产造成伤害。

从学科的归属来说，许多国家把园林树木栽培归于园艺学，因为传统概念定义园林树木是以观赏为目的。也有人认为是林学或园林科学的一部分，与园林树木栽培最为接近的城市林业（urban forestry）是 20 世纪 60 年代中叶在北美出现的新兴学科，被定义为对城市所有树木的经营与管理，是林业的一个分支。由此而言，城市林业是在宏观层面上对城市树木的经营管理，而园林树木栽培则更强调对树木个体的培育与养护，可以看作是城市林业的一个组成部分。不管如何归属，园林树木栽培学都是从事园林建设、城市林业、城市绿化工作的技术与管理人员必须掌握的一门学科，对园林绿地的建设、施工、管理与养护等实践具有重要指导意义。

二、园林树木栽培学的内容与特点

园林树木不同于森林中的树木，它们就生长在居住地的周围或人们经常到达的地方，被称为人类聚落中的伴人植物，在景观、生态、游憩等诸多方面的作用表现完全不同于森林或旷野中的树木。陈从周先生在《说园》中指出："中国园林的树木栽植，不仅为了绿化，且要具有画意。窗外花树一角，即折枝尺幅；山间古树三五，幽篁一丛，乃模拟枯木竹石图。"园林绿化的总体目标是追求人与环境的协调，环境景观效应和改善人的生理健康、心理机能、精神状态密切相关；园林树木配置就是应用绿色生命的景观元素与不同环境条件下的其他园林要素有机组合，"重姿态，能入画"，使之成为一首抑扬植物季相特征的生动诗作、一幅渲染植物美学特性的立体画图。

园林树木栽培的实践内容及特点，可以概括为以下几个方面：

1. 树木栽培的基础是个体生长发育 树木与周围环境的平衡因树木自身的生长发育而不断被打破，当然树木能通过自身的调节来达到新的平衡，但在人工环境中则经常需要通过不断调整养护目标与措施来使其恢复。如在树木的幼年迅速生长期，养护的主要目标是促使形成良好的树体结构和维持良好的生长环境；而当树木达到成年时，则应保持其完好的树形、稳定的树冠结构以及生长环境，必须随时关注致使树木衰老死亡的各种因素，尽量延长树体的生命周期。

2. 树体生长发育的基础是适树适栽 园林生境的主体是花草树木和其他多种生物，仿效自然群落创造人工植被的和谐生境，才能营造空气清新、视野舒适的生态氛围，才能追求至善至美、天人合一的最高境致。任何树木一旦栽植在不适宜生长的立地环境中，是很难单纯通过管护来获得健康植株的；而没有优质的苗木作为基础，多数情况下也无法达到预期养护目标。所有的树木养护与管理措施都是为了确保树木健康生长。因此，在具体运用树木养护措施时，必须针对不同的树种、个体、立地条件而做适当的调整，各地都应该有适合当地环境与树种的养护规范。

3. 适树适栽的目的以树木健康为原则 园林树木的多年生特性决定其个体寿命较长，在长时间生长历程中经常会受到某种胁迫或干扰，如气象灾害、病虫害、环境污染以及人为活动等都有可能构成对树木生长的影响，在树木栽培养护过程中的任何失误都有可能难以弥补。可见，树木健康是基础。自然质朴、绚丽壮观、宁静幽雅、生动活泼的自然景观，一直以来就是园林艺术中取之不尽的创作源泉、不懈追求的理想境界；人们希望园林树木在健康生长、保持完好形态的同时能充分发挥所具有的各项功能，希望它们能长期与人们相伴，并能从它那里经常找到过去的回忆。

4. 树木健康的目标通过栽培养护来保证 健康树木的匮乏将使城市绿地建设不能得到很好的发展，良好的园林树木养护管理措施是城市环境效应得以可持续发展的重要保证。但是在与树木生存相关的周围环境中，影响其正常生长发育的不利因素不断造成树木的健康问题，这就需要经常进行治疗与养护；树木是具有生长、发育、成熟、衰老过程的生命体，个体之间的空间关系随着树体生长不可能永远停留在园林设计的模式状态，这就需要不断进行整形与修剪，调整树体结构、群体结构，使园林景观可持续发展；并追求长期的防护效果与景观效果。如城市中的古树名木，尽管树体苍老，甚至需要支撑才能维持稳固，也不可轻易淘汰，是因为这些古树具有很高的观赏价值、文化价值和科学研究价值，因此需加强保护管理，并采取有效的措施进行更新复壮、延长其生命周期，最大限度地为人类生态服务。

三、园林树木栽培学的历史、现状与发展

（一）我国的树木栽培历史与现状

我国是具有悠久树木栽培历史的少数国家之一，最早的人工栽培可见于殷周时代，据《诗经》记载，栽培树木的主要目的为遮阴、纳凉，方便歌舞娱乐。而观赏树木栽培则起源于古园林造景，3 000多年前的夏商时代已开始建造园林，至春秋战国出现了街道绿化的雏形。据称魏宣武帝所建景明寺内"青林垂影，绿叶为文"，当时主管农业的司农张伦宅内有桑树共枝叶5层，说明已有相当高的植物造型水平。至秦代，已有主持山林之政令者，称"四府"，兼司栽植宫中与街道园林树木。西汉盛世，园林绿化树种的栽培发展，在扩建秦代上林苑的过程中得到充分的体现；张骞出使西域开创了大规模植物引种的先河，大批的南方珍奇树种北移京师，气势蔚为壮观。从建于公元700年的唐章怀太子墓考古发掘中得知，树木抑制栽培技术早在1 200年前已相当成熟。宋代的岳麓书院有"柳塘烟绕""桃坞烘霞""桐荫别径"等景致，表明在植物造景方面的造诣已很深。至明代开创了苑的极盛时期，在园林树木的栽植种类、配置方式和栽培原理等方面均有较高的建树，如计成在《园冶》中立论："凡造作，必先相地立基"，才能"妙于得体合宜"，寓园林树木栽培的自然生态环境条件于其中。园林树木的景区设置和系统管理当数清代皇家园林，承德避暑山庄中"梨花伴月"景点有梨树万株；圆明园中有职称的大小花官从"首领"太监、花匠头目到园户达200余人，其规模之大、管理之精细可见一斑。

由于园林树木的广泛栽培运用，我国留存于世的古代栽培著作颇丰。其中，物候期的观察记载、嫁接术的应用和园篱栽培的技巧，在北魏《齐民要术》中有极精彩的描述："有整成鸟、龙之状者，行人见之，莫不嗟叹，不觉白日西移，递忘前途尚远，盘桓瞻瞩，久而不能去。"明代《种树书》则把植物分为木、桑、竹、果、谷、菜、花7类，记载了当时奇特、新颖的栽培技术与嫁接方法；特别是浓缩了几乎所有树木栽培知识与经验的容器栽植、盆景制作，更成为中华民族的传世瑰宝而享誉世界。又如"种树无时，唯勿使树知""凡栽树，阔掘勿去土，恐伤根"，栽后"仍多以木扶之，恐风摇动其巅。根摇，虽尺许之木亦不活。根不摇，虽大可活。更茎上无使枝叶繁则不招风。"这些实践经验更是叙述简洁明了，个中原理极具科学性，令人叹服。

20世纪20～40年代，我国对树木的研究主要在森林植物方面，侧重于树种特性与树木分类；因经济不发达，城市人口很少、绿地建设也十分落后，对园林树木的养护主要在一些私家庭院和城市公园。当时的私家庭院主要有两类：一类为我国传统园林格局基础上的历史遗留，如北京的皇家园林和江南的私家宅园等，已处在衰落的阶段。另一类则为以西方园林为模式的新兴私家花园，主要集中在上海、天津、青岛、厦门等城市的殖民租界内。1949年的资料表明上海市私家庭园共占地146 hm²，为同期公共绿地的2.18倍；这类庭院的群

落结构基本上以常绿乔木树种为主、辅以少数落叶树种，在树冠以外的空间增植一些观果、观花灌木，树冠之下栽植半耐阴和耐阴的灌木及草本植物。另外，城市公共绿地或城市公园也大多是模仿西方的园林布局，如上海的英国园林风格的中山公园、法式园林风格的淮海公园等，虽然那里的树木一般都得到很好的养护，但总体上，城市园林树木养护与管理一直处于落后状况。

1949 年新中国成立后，面对百废待兴的局面，中央政府把城市建设列为重要的建设内容，城市公园和绿地建设在明文规定的 11 项内容中列于第 5 项，在各地建立的植物园、树木园为如今的园林树木研究提供了良好的基础。1956 年毛泽东主席提出了"绿化祖国"的号召，1958 年又做出要实现"大地园林化"的指示，在全国范围内掀起了绿化荒山、美化祖国的热潮。但我国城市绿化高潮的真正到来则是在实施改革开放政策以后的 20 世纪 80 年代后，国家颁发了一系列政策与法规来加强城市绿化建设。1979 年第五届全国人民代表大会常务委员会第六次会议通过了将 3 月 12 日定为我国植树节的决议，国家城建总局发布了《关于加强园林绿化工作的意见》，在园林绿化建设条款中提出了量化的指标，把技术管理工作提高到应有位置。1981 年，邓小平倡导开展全民义务植树活动，并于 1982 年题词"植树造林，绿化祖国"，同年设立中央绿化委员会（1988 年改为全国绿化委员会）。1992 年 6 月 22 日国务院以第 100 号令发布《城市绿化条例》，标志我国的城市绿化工作步入了依法建设的新阶段；同年，建设部制定了《城市园林绿化当前产业政策实施办法》，规划到 2000 年城市绿化覆盖率要达到 35％以上，人均公共绿地面积 7 m² 以上，城市建成区绿地率达到30％，将城市一切可以绿化的地方都绿化起来，形成完整有序的绿地系统，搞好城市依托的大自然环境绿化。2000 年 9 月建设部重新颁布了《城市古树名木保护管理办法》，就古树名木的范围、分级进行了界定，并对古树名木的调查、登记、建档、归属管理以及责任、奖惩制度等方面做出了具体的规定和要求，使得一度疏于管理的古树名木，重新走向规范化保护的发展轨道。这有力地推动了我国园林绿化建设，2009 年，全国城市建成区园林绿地面积133.8 万 hm²，比"十五"末的 2005 年增加了 41.1 万 hm²；城市建成区绿地率和绿化覆盖率分别达到 34.17％和 38.22％。

目前，我国的园林树木研究主要集中在引种栽培、园林苗木繁育、大树移植与养护、配置造景、病虫害及其他灾害防治、古树保护与复壮、景观与生态功能等方面。例如北京市园林科研所从 20 世纪 60 年代起一直开展对北京地区古树名木的保护与复壮研究；上海地区在大树移植方面积累了丰富的经验，发展了大树输液、生根激素的运用、夏季降温保湿等一系列相关技术；南京等地开展的树木抗性研究，为城市绿化筛选抗污染树种打下了基础。近年来各地积极从欧美各地引种观赏树木尤其是彩叶树木，这不仅为我国园林树木增添了丰富的种质资源，更为园林树木栽培与养护提供了丰富的内容。但客观地说，我国在园林树木的管理、养护方面仍然落后于国际先进水平，主要表现在：注重种植实践而忽视养护，日常管理不够规范，多数城市缺乏园林树木养护的专业技术队伍。在园林专业教学方面也常偏重园林规划设计理论与实践，相对轻视园林树木养护知识的传授，深入研究更显不足。因此，在一些国际上已十分关注的研究领域，如园林树木的安全性管理、基于树体机械强度的受损树木修补、有铺装表面立地的树木栽植以及树木问题诊断等方面，基本无系统的研究。目前，我国城市化也进入高速发展阶段，在城市生态环境建设越来越需要绿色植物的时候，更加关注园林树木的管理与养护应成为城市绿化事业发展的必然。

（二）世界其他国家的园林树木栽培简况

据史料记载，公元前 4000 年古埃及的陵园已栽植树木，公元前 600 年在巴比伦的城内有规则式植树，公元前 500 年古希腊城内有栽植悬铃木和杨树的记载，并有专设的灌溉渠道。大约在公元 1200 年，英国开始在教堂周围成行地栽种榆树；1 600 年在巴黎栽种行道树构成林荫大道，是真正在城市中运用树木来发挥其功能的开始。

欧洲是现代植物学的起源之地，对树木知识的掌握要远比其他地区精深，树木的基质栽培、无伤探测、受伤树木的修补等技术处于领先的地位，行道树、庭荫树的整形与修剪有独特之处，园林树木一直受到精心的管护。欧洲几乎所有的城市都有精心管理的植物园和树木园，已成为研究树木的主要基地，为观赏树木的筛选提供了最好的素材；许多植物园还是在林奈时期建设的，园中有来自世界各地的树木种类。因此，在欧洲的一些城市园林中经常可以见到源于中国的一些珍稀树种。

在美洲殖民时代，城市建设基本模仿欧洲模式，树木大多被栽种在城镇的中心广场周围，但对城市树木的作用却并不了解。1635 年波士顿为利用木材下令砍伐了所有道路两侧的树木，然而 1645 年发现因为缺乏树木的覆盖而导致严重的水土流失以及夏日的暴晒，于是在北美开始了首次大规模的植树活动，当时主要栽种美国榆树。19 世纪的园艺科学发展对城市植树产生了巨大的影响，1800 年北美在城市中开始执行植树计划，栽种的树木主要来自欧洲，1830 年首次营造符合现代概念的行道树，1860 年开始从中国引进大量的树种。19 世纪中叶园林景观建设在美国得到快速发展，并兴起用乡土树种代替外来树种的运动，1870 年首次建造向公众开放的城市公园，1872 年开始有树木节（Arbor Day），1899 年开始在每个城市都设立树木管理人员（tree warden）。1911 年由 B. E. Fernow 编写出版了第一本树木栽培的教科书。20 世纪 40 年代荷兰榆树病大爆发导致美国榆树的毁灭性死亡，引起对树木栽培管理的关注；1990 年布什总统发起美化美国的运动，提出每年种植、养护 10 亿株树木的计划。

（三）国际树木栽培学的主要研究与实践

国际上有关树木栽培的研究与实践活动十分活跃，有许多协会与学术组织参与，最著名的为总部设在美国的国际树艺学会（International Society of Arboriculture，ISA）和英国的树艺学会（Arboricultural Association）。前者出版杂志 Arboriculture and Urban Forestry（在 2006 年之前为 Journal of Arboriculture）和 Aborist News，主要发表有关树木养护与城市林业方面的专业文章及相关信息，并可免费下载电子版的文章；后者出版杂志 Arboricultural Journal。综观树木栽培与养护的实践，主要研究内容有以下几个方面：从种植技术、设备开始到植后的养护与管理，提高树木移植成活率的技术；通过对树木结构、功能与生理的研究制订科学合理的修剪技术，确保树木生长不受影响；园林树木病虫害的综合治理，如何减少农药的应用或采用与环境友好的农药施用技术以及生物防治技术；城市环境中受各种因素胁迫条件下的树木生理反应，缺乏微量元素、城市土壤碱化、污染环境对树木生长的影响；城市基础设施建设施工对城市树木根系的影响，如何减少损伤、促使根系恢复的研究；树木对城市各类设施的影响以及预防，如树木根系对地下设施的破坏作用、树木对建筑物的损害等；受损树木的处理以及树木的安全管理，包括对受损伤树木安全性的检测、对有问题树木的诊断与治疗；树木的价值核算研究，计算城市树木经济价值的合理方法。

值得提出的是，在互联网已十分发达的今天，可以十分方便地了解各国有关园林树木养护方面的知识与动态，在学习园林树木栽培时应该予以足够重视。

（四）我国城市树木栽培的主要研究方向

1. 城市复层绿化种植技术研究 城市园林绿化不仅标志着城市的活力和文明，同时派生出旅游业和改善城市的投资环境等多种经济效益。城市园林绿化是实现城市建设可持续发展的重要基础设施。因此，就城市的可持续发展而言，园林绿化建设至关重要。城市园林绿化的基本发展格局是城郊一体的园林绿化，由此出现了"生态园林城市""森林城市"概念和建设热潮。在将来的绿化建设中，应注重增加绿量，提升绿化质量，以强化公园绿地建设为核心，探索建立合理的复层绿化种植结构的技术方法，以生态学理论为基础，构建乔、灌、草和地被植物合理配置的复层生物群落结构，使城市园林绿化向物种多样化、群落混交化、配置立体化、生态效益最大化、景观效果最优化发展。

2. 城市土地复层利用技术研究 城市土地资源稀少紧缺，绿地数量有限，就需要探索城市土地的复层利用技术，利用土地的纵向空间来增加绿地。在积极优化、推广屋顶绿化、墙面垂直绿化等立体绿化技术的同时，不断挖潜增绿，拓展城市绿地空间，可把一些市政设施与绿地结合起来，如绿地的地下空间开辟停车场，既有效利用了地下空间，又增加了城市绿地量。其次是开发废弃土地的改造利用技术。在城市绿化建设过程中应因地制宜，积极探索挖潜增绿和提高绿地使用效率的途径和技术，全面提高城市园林绿化水平。

3. 城市滨水生态缓冲带建设技术研究 水系是城市生态系统的重要组成部分，建设生态堤岸，切实保护城市水生态环境，已成为城市环境整治的主要内容。应用生态技术进行驳岸和水底处理，减少硬质处理方式，恢复水陆交界处的生物多样性，沿水系构建城市生境走廊，增强特色园林景观，维护城市生物多样性。

4. 城市绿化基质质量控制技术研究 园林绿地土壤质量是决定绿化效果的关键因素，土壤质量已成为我国绿化发展的主要限制因子。现有城市绿地树木长势不佳的重要原因就是表土保护不力，种植基质多是肥力条件极差的深层土。表土资源是极其有限而宝贵的自然资源，而在城市建设施工中，根本没有表土保护意识，表土几乎全被废弃。因此，应针对基质现状，开展基质改良技术研究，制定园林种植基质的质量标准。同时，把绿地土壤改良和城市有机废弃物的循环利用有效结合起来，发展利用有机废弃物生产土壤有机改良材料或人工基质的技术。

5. 城市树木安全管理技术研究 我国园林绿化发展迅速，加之自然灾害频发，由此引发的城市树木安全问题不断出现，因此应强化城市树木安全管理技术研究，注重地理信息系统（GIS）技术在树木安全管理中的应用，有效控制城市树木的安全隐患。

此外，在园林树木栽培中还要加强优良种质资源的引种，重视彩叶树种、花木的引种栽培技术研究，扩大种质资源应用；重视城市树木的节水栽培、低碳栽培与养护技术研发，加强园林树木生态防护效益、固碳增汇效益的监测与评价研究，推动园林树木栽培学理论和技术的创新与进步。

复 习 思 考 题

1. 何谓园林树木栽培学？简述园林树木栽培的实践内容及特点。
2. 园林树木栽培学的主要研究内容是什么？
3. 简述园林树木栽培学的发展简史及今后的重要研究方向。

第一章 园林树木的生长发育规律

园林树木是城乡园林绿地建设中主要用于提高景观美学效果、改善生态环境并得到合理栽培和管护的树木，许多园林树种得到人类长期栽培驯化甚至改良，形成若干具有特定优良性状的栽培品种。地球上的植物有 50 余万种，原产我国的高等植物有 30 000 种以上，其中木本植物有近 8 000 种，而目前园林建设中应用的仅是其中一小部分。随着园林概念和范围的扩展以及园林建设目标和对象的多样化，不断有一些野生树种和外来树种被引种驯化成适合园林栽培应用的植物材料，园林树木种类将越来越丰富。

第一节 园林树木的生命周期与年周期

植物在同化外界物质的过程中，通过细胞分裂、扩大和分化而导致体积和重量不可逆的增加称为生长，而在此过程中建立在细胞、组织和器官分化基础上的结构和功能的变化称为发育。园林树木是多年生的木本植物，其个体生长发育过程中存在着两个生长发育周期，即生命周期和年周期。

一、园林树木的生命周期

树木繁殖成活后经过营养生长、开花结果、衰老更新，直至生命结束的全过程称为树木的生命周期。树木生长发育周期中的不同年龄阶段各有其生长发育特点，对外界环境和栽培管理也有不同的要求，掌握树木不同年龄阶段的生长发育规律，采取相应的栽培措施来促进或控制各年龄阶段的生长发育节律，可实现幼树适龄开花结实、延长盛花盛果观赏期以及延缓树木衰老进程等园林树木栽培目的。

(一) 树木生长发育过程的总体规律

个体树木的生长发育过程总体表现为慢—快—慢的 S 形曲线式生长规律，即开始阶段的生长比较缓慢，随后生长速度逐渐加速直至达到生长速度的高峰，再随后逐渐减慢，最终停止生长而死亡。不同树种在其生长过程中，各个生长阶段出现的早晚和持续时间有很大差别。相对来说，阳性速生树种的生长高峰期出现较早，持续时间相对较短；而耐阴树种的生长高峰期出现较晚，但持续时间较长。

树木根据树高加速生长期出现的早晚可分为速生树种、中生树种和慢生树种，在城市园林绿地规划设计中，应根据树种生长特性合理配置，以保持良好的长期绿化、美化效果。如果不了解树木在生长速率方面的差异，初期的配置效果尚好，若干年后就会由于缺乏对树种生长差异的预见性而使得设计意图最终不能实现。

（二）实生树的生命周期

实生树的生命周期具有明显的两个发育阶段，即幼年阶段和成年阶段。

1. 幼年阶段　从种子萌发到具有开花潜能（具有形成花芽的生理条件，但不一定开花）之前的一段时期，叫做幼年阶段。不同树种和品种的幼年阶段长短有异，少数树种的幼年阶段很短，如石榴、矮紫薇等当年就可开花；但多数园林树木都要经过一定期限的幼年阶段才能开花，如梅花需 4～5 年、银杏 15～20 年、松树 5～10 年等。在此阶段，树木不能接受成花诱导而开花，人为措施也不能使树木开花，但合理的措施可以使这一阶段缩短。

2. 成年阶段　幼年阶段达到一定生理状态之后就获得形成花芽的能力，从而达到性成熟阶段，即成年阶段。开花是树木进入性成熟最明显的标志，进入成年阶段的树木能接受成花诱导（如环剥、施用激素等）并形成花芽。实生树经多年开花结实后逐渐出现衰老和死亡的现象，树体发育进入衰老过程。

（三）营养繁殖树的生命周期

营养繁殖的树木，因其繁殖体已度过了幼年阶段而没有性成熟过程，在适当的条件下只要生长正常就可以开花结果，经过多年开花结果后进入衰老阶段，直至死亡。所以与实生树相比，营养繁殖树的生命周期中只有成年阶段的成熟过程和老化过程，寿命较短。

二、园林树木的年周期

园林树木生长发育在一年中随着时间和季节的变化所经历的生活周期称为年周期。园林景观利用树木所独有的生态韵律，呈现植物个体与群落在不同季节的外形与色彩变化，营造出绚丽多姿的视觉效果，在园林景观序列中占据极重要的主体地位。

（一）物候期

由于长期适应周期性变化的环境，生物在进化过程中形成与之相适应的形态和生理机能上有规律变化的习性，即生物的生命活动随气候变化而变化。人们可以通过其生命活动的动态变化来认识气候的变化，所以称为生物气候学时期，简称物候期。物候期为特定地区制订科学栽培措施的重要依据。

树木物候期的基本规律如下：

1. 顺序性　树木物候期的顺序性是指树木各个物候期有严格的时间先后的次序特性。例如，只有先萌芽、开花，才可能进入果实生长和发育时期；先有叶片的营养生长，才有可能出现花芽的分化。树木进入每一物候期都是在前一物候期的基础上进行与发展的，同时又为进入下一物候期做好准备。树木只有在年周期中按一定顺序经过各个物候期，才能完成正常的生长发育过程。不同树种、品种的物候期顺序不尽相同，例如，同为春花树种的日本早樱先花后叶，而日本晚樱则先叶后花。

2. 不一致性　树木物候期的不一致性或称不整齐性，是指同一树种不同器官物候期通过的时期各不相同，如花芽分化和新梢生长的开始期、旺盛期、停止期各不相同。此外，树木在同一时期、同一植株上可同时出现几个物候期，如贴梗海棠在夏季果实形成期，大部分枝条上已经坐果但仍有部分枝条上继续开花。

3. 重演性　在自然灾害、病虫害、栽培技术不当等外界环境条件的刺激和影响下，能引起树木某些器官发育终止而刺激另一些器官的再次活动，如二次开花、二次生长等。这种现象反映出树体代谢功能紊乱与异常，会影响正常的营养积累和翌年的正常生长发育。

（二）园林树木物候观测

为了掌握园林树木的生长发育规律，科学地进行种植设计和树种选配，需要进行园林树木的物候观测。在树木品种选育、培育和引种试验中也需要进行物候观测，以评价和分析其生态习性和适应性。

园林树木的物候观测，可根据绿化目的、要求和内容，确定观测项目。观测点应选在平坦开阔的地方，详细记录树木周围的环境，选取 3～5 株生长发育正常并已开花结实 3 年以上的树木作为观测样株，统一标记，选择向阳的枝条，进行常年固定观测，观测时间一般在下午，直到冬季深休眠期停止观测。

1. 树液流动期　以树体新伤口出现水滴状分泌液为准。伤口一般在胸径位置的向阳面，深及木质部，观测后涂保护剂保护伤口。

2. 萌芽期　萌芽是树木由休眠期转入生长期的标志。

（1）芽膨大始期　鳞芽的芽鳞开始分离，侧面显露出浅色条纹或角时为芽膨大始期。不同树种叶芽和花芽萌动时间先后不一，应分别进行记录。对于较大的芽可以预先在芽上涂红漆，漆膜分开露出其他颜色即可辨别。对于较小的芽要用放大镜进行观测。

（2）芽开放期　鳞片裂开，芽顶部出现新鲜颜色的幼叶或花蕾顶部时，进入芽开放期。此时树木已有一定的观赏价值。一些先叶开花的树木，如白玉兰，见到花蕾顶端，就是芽开放期。一些具混合芽春季开花的树木，物候可细分为芽开放和花序露出期。

3. 展叶期

（1）展叶始期　当卷曲的叶从芽苞里长出后，有一两片叶伸长平展时，即为展叶始期。针叶树以幼叶从叶鞘中开始出现为准；具复叶的树木，以其中 1～2 片小叶平展为准。

（2）展叶盛期　阔叶树有半数以上枝条上的小叶平展，针叶树新叶长度达老叶的一半为展叶盛期。

4. 开花期

（1）开花始期　在被观测树上，有 5％的花瓣完全展开时，为开花始期。观测树木为多株时，一半的植株有 5％花瓣完全展开时是开花始期。针叶树和其他风媒传粉为主的树木，以轻摇树枝见散出花粉为准。

（2）开花盛期　在观测树上有一半以上的花蕾展开花瓣或一半以上的柔荑花序松散下垂或散粉时，为开花盛期。针叶树不记开花盛期。

（3）开花末期　观测树上残留 5％的花时，为开花末期。针叶树类和其他风媒传粉树种以散粉终止时或柔荑花序脱落时为准。

5. 果实生长发育时期

（1）幼果出现期　子房开始膨大时为幼果出现期。

（2）果实和种子成熟期　当观测树上有一半的果实或种子成熟时为成熟期。对于一些不是当年成熟的应明确记录。如有需要还应细分为初熟期、全熟期、脱落期等。

6. 新梢生长期　新梢生长期即叶芽萌动到枝条停止生长的时期。新枝的生长分为一次梢（春梢）、二次梢（夏梢）和三次梢（秋梢）。可根据不同的树种和要求分别记录。

7. 叶秋季变色期 叶秋季变色期是指由于正常的季节变化，树木出现叶色变化，其颜色不再消失，并且新变色叶在不断增多至全部变色的时期。此时的变色叶与夏季干旱或其他原因引起的叶变色不同。常绿树多无叶变色期。全株叶片的 5％开始呈现秋色叶特征时，为开始变色期。全株所有叶片完全变色时，为秋叶全部变色期。部分（30％～50％）叶片呈现秋色叶特征，有一定观赏效果的时期为可供观秋色叶期。

8. 落叶期 秋季观测从落叶树种开始落叶到树叶全部落尽为止。

（三）园林树木的休眠

休眠是指在植物年生活周期中，植株生长停滞或延缓到一种不易被测出的状态。温度逐渐降低是植物进入休眠的主要条件之一，休眠不仅表现在器官水平上，也表现在组织水平上。

休眠期树木生命活动弱而缓慢、物质代谢水平低，以度过不良环境，保证生命延续。另外，休眠期树体储藏物质积累，原生质（由溶胶变成凝胶）含水量降低，抗逆激素和抗逆蛋白产生，树木抗寒性较强。

1. 休眠类型及其表现

（1）休眠类型 树木休眠按其发生的原因和状态可分为自然休眠和强迫休眠。自然休眠是树种形成和演化过程中长期适应环境条件而形成的相对稳定的生理生态表现，是由树木遗传特性决定的生理生态属性，主要是对干旱或低温不适条件的规避。进入自然休眠后的树木，需要经过一定时期的特定环境条件才能解除休眠，休眠结束前即使给予适合生长的环境条件也不能使之萌芽生长。被迫休眠是由于非周期性恶劣环境条件的出现，迫使树木停止或放缓生长发育过程以度过不良环境时期。处于强迫休眠期的树木，在环境条件达到一定要求后可迅速开始生长发育进程。

（2）休眠表现 树木进入休眠的典型表现是树叶凋落、休眠芽形成、生长点停止活动、树木生长停滞。自然落叶是进入休眠时最典型和最明显的标志，其次是组织内营养物质的积累和组织成熟；落叶前光合作用和呼吸作用减弱，叶肉的叶绿素分解，部分营养元素转移到枝条；落叶后随气温降低，树体细胞内脂肪和鞣质增加，细胞液浓度和原生质黏度增加，原生质膜形成拟脂层，透性降低，这些变化有利于树木抵抗低温和干旱等恶劣环境对树体的损害。树木受干旱、水涝、病虫等危害造成早期落叶、组织发育不充实或因晚秋高温形成再次生长，不能及时进入休眠，易受冻害。

不同树种或同一树种在不同的气候区进入休眠的早晚不同，较晚进入休眠的树木和部位易受早霜危害。一般来说，温带树木休眠开始于晚夏至初秋，幼龄树进入休眠比成年树晚；地上部主枝、主干进入休眠晚，且以根颈部最晚；皮层和木质部进入休眠早，而形成层最迟。

2. 休眠对栽培管护的意义 进入休眠期的树木，体内新陈代谢活动微弱而缓慢，是树木年生长发育周期中对外界不良环境条件抗性最强的时期，最适宜进行树木移栽、断根处理和整形修剪。

秋季气温下降、雨量减少，树体生长逐渐转入休眠状态，应及时停止水肥管理，防止秋梢生长；此期适合开展园容整理、枯枝和死树清理、花灌木和绿篱的整形修剪，封冻前适合开展防寒保护、秋施基肥。冬季树体营养大部分回归主干、根部，整形修剪对树木生长影响较小，处于深休眠状态的树体生理活动缓慢，修剪造成的营养损失少，伤口不易感染；此期适合涂白防寒、防治病虫害，降雪时可堆雪防寒。

（四）树木的年周期

1. 落叶树木的年周期　由于温带地区的气候在一年中有明显的四季变化，落叶树的年周期明显分为生长期和休眠期。在生长期和休眠期之间又各有一个过渡期，即生长转入休眠期和休眠转入生长期。

（1）生长期　从春季开始萌芽生长到秋季落叶前的整个生长季节，在一年中所占的时间较长。树木在此期间随季节变化会发生萌芽、抽枝、展叶、开花、结实等极为明显的变化，并形成叶芽、花芽等器官。有的树木先开花后展叶，如白玉兰。大部分树木的叶、花同时出现。树木不同种类和品种在生长期中长叶、开花、结果的开始时间和持续时间都有很大的不同。

（2）生长转入休眠期　秋季叶片自然脱落是树木开始进入休眠期的重要标志。秋季日照缩短、气温降低是导致树木落叶进入休眠期的主要外部原因。树木落叶前，在叶片中会发生一系列的生理生化变化，如光合作用和呼吸作用减弱、叶绿素分解、部分氮与钾成分向枝条和树体其他部位转移等，最后在叶柄基部形成离层而脱落。

不同年龄阶段的树木进入休眠的早晚不同，幼龄树比成年树较迟进入休眠期。而同一树体不同器官和组织进入休眠的时间也不同，一般芽最早进入休眠期，其后依次是枝条和树干，最后是根系。

（3）休眠期　树木从秋季正常落叶到次春萌芽为止为休眠期。在休眠期内虽看不出有生长现象，但树体内仍进行呼吸，蒸腾，芽的分化，根部的养分吸收、合成和转化等各种生命活动，只是进行得较微弱和缓慢。所以确切地说，树木的休眠只是相对概念。

（4）休眠转入生长期　即树木萌芽前的时期。树木由休眠转入生长，在适合的温度和水分条件下树液开始流动，有些树种（如核桃、葡萄等）会出现明显的"伤流"。随着春季气温的逐渐回升，树木开始由休眠状态转入生长状态，通常以日平均气温 3 ℃以上起到芽膨大待萌时止；一般北方树种芽膨大所需的温度较低，而原产温暖地区的树种芽膨大所需要的温度则较高。芽萌发是树木由休眠转入生长的明显标志，但实际上根的生长比萌芽要早得多，这一时期若遇到突然的低温很容易发生冻害，要注意早春的防寒措施。

2. 常绿树木的年周期　常绿树并不是树上的叶片常年不落，而是叶的寿命相对较长，每年仅有一部分老叶脱落并能陆续增生新叶，因而全年保持树冠常绿。在常绿针叶树种中，松叶可存活 2～5 年，冷杉叶可存活 3～10 年，紫杉叶甚至可存活 6～10 年，它们的老叶多在冬春间脱落。常绿阔叶树的老叶多在萌芽展叶前后集中脱落，热带、亚热带常绿阔叶树各器官的物候动态表现极为复杂，物候差别很大。在赤道附近的树木虽全年可生长而无休眠期，但也有生长节奏表现；在离赤道稍远的季雨林地区有明显的干、湿季，多数树木在雨季生长和开花，在干季因高温干旱而被迫落叶休眠。在热带高海拔地区的常绿阔叶树，也受低温影响而被迫休眠。

第二节　园林树木各器官的生长发育

正常生长发育的园林树木主要由根系、枝干和树冠组成，但各类乔木、灌木、藤木的组成又各具特点。现以乔木为例说明园林树木的一般生长发育过程。

一、根系生长

不同类型的树木各有一定的发根方式，常见的是侧生式和二叉式。树木的根系生长与地上部分生长密切相关，二者往往呈现出交错生长的特点，而且不同树种的表现也有所不同。掌握园林树木的根系生长动态规律，对于科学合理地进行树木栽培和管理有重要意义。

（一）根系的年生长动态

一般来说，根系生长所要求的温度比地上部分萌芽所要求的温度低，因此根系在春季开始生长比地上部分早。有些亚热带树种的根系活动要求温度较高，如果引种到温带冬、春较寒冷的地区，由于地温的上升还不能满足树木根系生长的要求，也会出现先萌芽后发根的情况，有时还会造成树木因地上部分活动强烈而地下部分的吸收功能不足导致树木死亡。

树木根系一般在春季开始即进入第一个生长高峰，此期根系生长的长度和发根数量与上一生长季树体储藏的营养物质水平有关。如果在上一生长季中树木的生长状况良好、树体储藏的营养物质丰富，根系的生长量就大、吸收功能增强，地上部的前期生长也好。在根系开始生长一段时间后，地上部开始生长而根系生长逐步趋于缓慢，地上部的生长出现高峰；当地上部生长趋于缓慢时，根系生长又会出现一个大的高峰期，生长速度快、发根数量大。这次生长高峰过后，根系在树木落叶后还可能出现一个小的生长高峰。松类树木根系一般在秋、冬就停止生长，而阔叶树在冬季仍有缓慢的加粗生长。

树木根系年生长中出现高峰的次数、强度与树种、树龄有关，根系在年周期中的生长动态还受当年地上部生长和结实的影响，同时还与土壤温度、水分、通气及营养状况等密切相关。树体有机养分和内源激素的积累状况是影响树木根系生长的内因，而土壤温度和土壤水分等环境条件是影响根系生长的外因，夏季高温干旱和冬季低温都会使根系生长受到抑制，出现低谷。因此，树木根系年生长过程中表现出高、低峰交替出现的现象是上述因素综合作用的结果，只不过在一定时期内某个因素起主导作用。在生长季节内的根系生长也有昼夜动态变化节律，许多树木根系的夜间生长量和发根量都多于白天。

（二）根系的生命周期

幼年期树木的根系生长很快，其生长速度一般都超过地上部分；但随着年龄的增加，根系生长速度趋于缓慢，并逐渐与地上部分的生长形成一定的比例关系。当地上部分逐渐衰老、濒于死亡时，根系仍能保持一段时间的寿命，利用此特性可以进行部分老树复壮工程。

树木根系在整个生命周期中始终有局部自疏和更新。从根系生长开始一段时间后就会出现吸收根的死亡现象：吸收根木栓化而逐渐失去吸收功能，外表变为褐色；生长根有的演变成起输导作用的输导根，有的则死亡。须根的更新速度更快，从形成、壮大直至死亡一般只有数年的寿命；须根死亡起初发生在低级次的骨干根上，其后在高级次的骨干根上，以致较粗的骨干根后部几乎没有须根。

根系生长发育很大程度受地上部分生长状况和土壤环境的影响。根系生长的深度和广度是有限的，根幅达到最大极限后发生向心更新，并随着树体的衰老逐渐回缩；由于受土壤环境的影响常出现大根季节性间歇死亡，有些树种进入老年期后水平根基部会上抬隆起。

二、枝条生长与树木形态建成

通过整形修剪以建立和维护良好的树形，是园林树木栽培和管理过程中一项基本的也是极其重要的工作。树木的枝干系统及所形成的树形决定于各树种的枝芽特性，了解和掌握树木枝条和树体骨架形成的过程和基本规律是做好树木整形修剪和树形维护的基础。

(一) 枝芽特性

芽是多年生植物为适应不良环境和延续生命活动而形成的重要器官，它是枝、叶、花的原始体，是树木生长、开花、结实和更新复壮、营养繁殖的基础。

1. 芽序　定芽在枝条上按一定规律排列的顺序称为芽序，因为大多数芽都着生在叶腋间，所以芽序与叶序一致。不同树种的芽序不同，多数树木的互生芽序为 2/5 式，即相邻芽在茎或枝条上沿圆周着生部位的相位差为 144°；有些树种的芽序为 1/2 式，即着生部位的相位差为 180°；有些树木的芽序，也因枝条类型、树龄和生长势而有所变化。枝条是由芽发育生长而成的，芽序对枝条的排列乃至树冠形态都有重要的决定性作用，丁香、洋白蜡、油橄榄等属于对生芽序，每节芽相对而生，相邻两对芽交互垂直；雪松、油松、夹竹桃、灯台树等属于轮生芽序，芽在枝上呈轮状排列。

2. 芽的异质性　芽在形成过程中由于内部营养状况和外界环境条件的不同，处在同一枝上不同部位的芽可能在大小、质地和饱满程度上存在较大差异，这种现象称为芽的异质性。枝条基部的芽多在展叶时形成，由于这一时期叶面积小、气温低，因而芽一般比较瘦小且常成为隐芽。此后随着气温增高、枝条叶面积增大、光合效率提高，芽的发育状况得到改善；到枝条进入缓慢生长期后，叶片累积的养分能充分供应芽的发育，形成充实饱满的芽。大多灌木中下部的芽质量好，萌生的枝势也强；许多树木达到一定年龄后，所发新梢顶端会自然枯死或顶芽自动脱落。

有些树木的长枝有春、秋梢，即一次枝在春季生长后于夏季停长，秋季温度适宜时顶芽又萌发成秋梢，在冬寒地常因组织不充实易受冻害。如果长枝生长延迟至秋后，由于气温降低，梢端往往不能形成新芽。

3. 芽的萌发和生长　温带树木的芽多需经过一定的低温时期解除休眠，到第二年春季才能萌发，叫晚熟性芽。树木在生长季早期形成的芽当年就能萌发（如桃等），叫早熟性芽。有的甚至多达 2~4 次梢（如枣等），树冠成形快；也有些树木的芽虽具早熟性，但不受刺激一般不萌发，人为修剪、摘叶等措施可促进芽的萌发。

芽的萌发能力因树种、品种而异。如杨树、柳树、白蜡、卫矛、紫薇、女贞、黄杨、桃等的萌芽力和成枝力强，耐修剪、易成形，容易形成枝条密集的树冠。松类和杉类的多数树种以及梧桐、楸树、梓树、银杏等的萌芽力和成枝力较弱，树形的塑造比较困难，枝条受损后也不易恢复，要特别保护苗木的枝条和芽。许多树木枝条基部的隐芽或上部的副芽，一般情况下不萌发而呈潜伏状态。当枝条受到某种程度的刺激，如上部或近旁枝条受伤或树冠外围枝出现衰弱时，潜伏芽可以萌发出新梢。有些树种有较多的潜伏芽且潜伏寿命较长，有利于树冠的更新和复壮，如二球悬铃木等。

(二) 枝条生长

新梢生长包括加长生长和加粗生长两个方面，树木每年都通过新梢生长来不断扩大树冠。一年内枝条生长增加的粗度与长度，称为年生长量；枝条在一定时间内生长速度的快慢，称为生长势。生长量和生长势是衡量树木生长状况的常用指标，也是评价栽培措施是否合理的依据之一。

1. 枝条加长生长 新梢的加长生长并不是匀速的，一般都会表现出慢—快—慢的生长规律。多数树种的新梢生长可划分为以下三个时期。

（1）开始生长期 叶芽幼叶伸出芽外，随之节间伸长，幼叶分离。此期的新梢生长主要依靠树体在上一生长季节储藏的营养物质，新梢生长速度慢，节间较短；叶片由前期形成的芽内幼叶原始体发育而成，叶面积较小，叶形与后期叶有一定的差别；叶腋内的侧芽发育也较差，常成为潜伏芽。

（2）旺盛生长期 随着叶片数量的增加和叶面积的增大，枝条很快进入旺盛生长期。此期的枝条节间逐渐变长，叶片形态也具有了该树种的典型特征，叶片较大，叶绿素含量高，同化能力强，侧芽较饱满。此期枝条生长由利用上年的储藏物质转为利用当年的同化物质，上一生长季的营养储藏水平和本期肥水供应对新梢生长势的强弱有决定性影响。

（3）停止生长期 旺盛生长期过后，新梢生长量减小，生长速度变缓，节间缩短，新生叶片变小；新梢从基部开始逐渐木质化，最后形成饱满顶芽或顶端枯死而停止生长。枝条停止生长的早晚与树种、部位及环境条件关系密切，一般来说北方树种早于南方树种，成年树木早于幼年树木，树冠内部枝条早于树冠外围枝条，有些徒长枝甚至会因没有及时停止生长而受冻害。土壤养分缺乏、透气不良、干旱等不利环境条件都会使枝条提前1～2个月结束生长，而氮肥施用量过大、灌水或降水过多均能延长树木枝条的生长期。在管理中应根据栽培目的合理调节肥、水，控制新梢的生长时期和生长量，合理修剪以促进或控制枝条的生长，达到树木培育的目的。

2. 枝条加粗生长 加粗生长是形成层细胞分裂、增大的结果，新梢加粗生长的次序也是由基部到梢部。新梢在加长生长的同时也进行加粗生长，但加粗生长高峰稍晚于加长生长，停止也较晚。形成层活动的时期和强度，依枝的生长周期、树龄、生理状况、部位及外界温度、水分等条件而异。落叶树的形成层活动稍晚于萌芽。春季萌芽开始时，在最接近萌芽处的母枝形成层活动最早，并由上而下开始微弱增粗；此后随着新梢的不断生长，形成层的活动也逐步加强，粗生长量增加。新梢生长越旺盛，形成层活动也越强烈，持续时间也越长。秋季由于叶片积累大量光合产物，枝干明显加粗；级次越低的枝条，粗生长高峰期越晚，粗生长量越大。一般幼树加粗生长持续时间比老树长，同一树体上新梢加粗生长的开始期和结束期都比老枝早，而大枝和主干的加粗生长从上到下逐渐停止，而以根颈结束最晚。

3. 年轮及其形成 在树干和枝条的增粗生长过程中，由于形成层随季节的活动周期性，树干横断面上出现因密度不同而形成的同心环带，即为树木年轮。温带树木年轮的发生，缘于形成层在生长季节（春季、夏季）不断增生，而在秋季和冬季趋于缓慢或停止，热带树木可因干季和湿季的交替而出现年轮。有时由于一年中气候变化多次可导致树木出现几个密度不同的同心环带，可称之为生长轮，其数量对于特定地区的特定树种来说也是有规律的。

针叶树的年轮是由管胞大小和管胞壁厚薄不同而形成的，即形成春材的细胞大、细胞壁薄，而形成秋材的细胞小而多、细胞壁厚，通常被明显地挤成扁平状。阔叶树的材质一般受导管细胞大小和数目的影响，春材细胞大、细胞壁薄，而秋材的细胞密集。因此更确切地说，年轮是树木横断面上由春材和秋材形成的环带，在只有一个生长季的温带和寒温带，年轮就成为树木年龄和气候变化的历史记载。

由于气候的异常影响或树木本身的生长异常（如病害等），在树干横断面也会产生伪年轮。在根据年轮判断树木年龄时，伪年轮是引起误差的主要原因，只有剔除伪年轮的影响才能正确判断树木的实际年龄。伪年轮一般具有以下特征：①宽度比正常年轮小；②通常不会形成完整的闭合圈，而且有部分重合；③外侧轮廓不太明显；④不能贯穿全树干。

4. 枝条顶端优势　树木同一枝条上顶芽或位置高的芽比其下部芽饱满、充实，萌发力、成枝力强，抽生出的新枝生长旺盛，这种现象就是枝条的顶端优势。一般来说，顶端优势强的树种容易形成高大挺拔和较狭窄的树冠，而顶端优势弱的树种容易形成广阔圆形树冠。顶端优势极强的松、杉类树种，当顶梢受到损害时侧枝很难代替主梢的位置培养冠形；对于顶端优势比较强的树种，抑制顶梢的顶端优势可以促进若干侧枝的生长；而对于顶端优势很弱的树种，可以通过侧枝修剪促进顶梢的生长。顶端优势是乔木具有高大挺拔树干和树形的生理学基础，而灌木树种的顶端优势就弱得多。无论乔木或灌木，不同树种的顶端优势的强弱相差很大，因此要根据不同树种顶端优势的差异因势利导、科学管理，培养良好的树干和树冠形态。

一般来说，幼树、强树的顶端优势比老树、弱树明显，枝条在树体上的着生部位越高，枝条上顶端优势越强；枝条着生角度越小，顶端优势的表现越强，而下垂的枝条顶端优势弱。

5. 树冠形成　树冠的形成过程，是主梢不断延长、新枝条不断从老枝条上分生出来并延长和增粗的过程。乔木树种通过上部的分枝生长和更新以及枝条的离心式生长，中心干和主枝延长枝的优势随树龄的增长而转弱，树冠上部变得圆钝而宽广，逐渐表现出壮龄期的冠形，到达一定立地条件下的最大树高和冠幅后会逐步转入衰老更新阶段。丛生灌木类树种以下部芽更新为主，植株由许多粗细相似的丛状枝茎组成，枝条中下部的芽较饱满、抽枝较旺盛，单枝生长很快达到其最大值并很快出现衰老。藤木的主蔓生长势很强，幼时很少分枝，壮年后才会出现较多分枝，但多不形成冠形，而是随攀缘或附着物的形态而变化，这也给利用藤本植物进行园林造型提供合适的条件。

三、叶片生长与叶幕形成

叶片是由叶芽的叶原基发育起来的，其大小与叶原基形成时的树体营养状况和当年叶片生长条件有关。叶幕是指树冠内叶片集中分布的区域，随树龄、整形方式不同，其形态和体积各异（图1-1）。幼树时期分枝尚少，树冠内部的小枝多，叶片分布均匀，树冠形状和体积与叶幕的形状和体积基本一致。

（一）叶片生长

不同树种、品种的树木，其叶片形态和大小差别明显，同一树体不同部位枝梢上的单叶形态和大小也不尽一样，旺盛生长期形成的叶片生长时间较长，单叶面积较大。

不同叶龄的叶片，在形态和功能上也有明显差别。幼嫩叶片的叶肉组织量少，叶绿素浓度低，光合功能较弱；随着叶龄的增大，单叶面积增大，生理活性增强，光合效能大大提高；叶片成熟并持续相当时间后会逐步衰老，各种功能也会逐步衰退。由于叶片的发生时间有差别，同一树体上着生各种不同叶龄或不同发育时期的叶片，它们的功能也在新老更替。

图1-1　形态和体积各异的叶幕

（乔琼摄）

（二）叶幕形成

没有中心主干成年树的自然冠形，小枝和叶多集中分布在树冠表面，叶幕仅限于树冠表面较薄的一层，多呈弯月形叶幕；有中心主干成年树的树冠多呈圆头形，老年期叶幕多呈钟形。成片栽植树木的叶幕顶部呈平面形或波浪形，藤木的叶幕随攀附物体的形状而变化。

叶幕形成的速度因树种、品种、环境条件和栽培技术的不同而不同。一般来说，树龄小、树势强、长枝型树种，其叶幕形成时期较长，出现高峰晚；而树势弱、树龄大、短枝型树种，其叶幕形成和高峰期来得早。落叶树木叶幕在年周期中有明显的季节变化，常表现为初期慢、中期快、后期又慢的曲线生长过程，从春天发叶到秋季落叶大致能保持5～10个月的生活期；而常绿树木，由于叶片的生存期多半可达1年以上，且老叶多在新叶形成之后逐渐脱落，叶幕比较稳定。

四、花芽分化与开花结果

园林中的花果木栽培，其观赏价值和美化效果的完美表现与花芽密切相关。掌握园林树木花芽分化条件、开花特点和果实生长发育规律，对于提高园林树木栽培和养护水平有重要意义。

（一）花芽分化

1. 花芽分化概念　植物的生长点既可以分化为叶芽，也可以分化为花芽。生长点由叶芽状态向花芽状态转变的过程，称为花芽分化；从生长点顶端变得平坦、四周下陷开始，到逐渐分化为萼片、花瓣、雄蕊、雌蕊以及整个花蕾或花序原始体的全过程，称为花芽形成。生长点由叶芽生理状态（代谢方式）转向形成花芽生理状态的过程称为生理分化；生长点的细胞组织由叶芽形态转为花芽形态的过程，称为形态分化。因此，狭义的花芽分化仅指形态分化，广义的花芽分化包括生理分化、形态分化、花器形成直至性细胞的产生。

2. 花芽分化时期　花芽分化一般可分为生理分化期、形态分化期和性细胞形成期三个时期。但不同树种的花芽分化时期有很大差异。

（1）生理分化期　生理分化期指芽生长点的生理代谢方式转向花芽变化的时期，一般约在形态分化期前 4 周或更长。它是控制花芽分化的关键时期，因此也称花芽分化临界期。

（2）形态分化期 形态分化期指花或花序的各个花器原始体发育过程所经历的时期，一般又可分为分化初期、萼片原基形成期、花瓣原基形成期、雄蕊原基形成期、雌蕊原基形成期五个时期。有些树种的雌、雄蕊原基形成期持续时间较长，要到第二年春季开花前才能完成。

（3）性细胞形成期 当年进行一次或多次花芽分化并开花的树种，其花芽性细胞都在年内较高温度的时期形成，而于夏秋分化。在次年春季开花的树种，其花芽在当年形态分化后要经过冬春季节一定时期的低温（温带树木 0～10 ℃，暖温带树木 5～15 ℃）累积条件才能形成花器并进一步分化，再在第二年春季萌芽后至开花前的较高温度下才能完成。因此，早春树体营养状况对此类树的花芽分化很重要。

树木的花芽分化期随着年龄的增大会发生变化，一般情况下幼树比成年树花芽分化期晚，旺树比弱树晚。同一株树上，短枝上的花芽分化早，而中长枝、长枝上的腋花芽形成要晚，但花芽分化多少与枝长短无关。花芽开始分化期和持续时间的长短因树体营养状况和气候状况而异，营养状况好的树体花芽分化持续时间长，气候温暖、平稳、湿润条件下的花芽分化持续时间长。

3. 花芽分化类别 花芽分化开始时期和延续时间的长短以及对环境条件的要求，因树种（品种）、地区、年龄等的不同而异。根据不同树种花芽分化的特点，可以分为夏秋分化型、冬春分化型、当年分化型和多次分化型四种类型。

（1）夏秋分化型 绝大多数早春和春夏开花的观花树种属于夏秋分化型，如海棠、榆叶梅、樱花、迎春、连翘、玉兰、紫藤、丁香、牡丹、杨梅、山茶、杜鹃花等，其花芽在前一年夏季（6～8 月）开始分化，并延续至 9～10 月才完成花器主要部分的分化。此类树种花芽的进一步分化与完善还需经过一段低温，直到第二年春天才能进一步完成性器官的分化。

（2）冬春分化型 原产亚热带、热带地区的南方树种，一般于秋梢停长后至第二年春季萌芽前（11 月至翌年 4 月）完成花芽的分化，如柑橘常从 12 月至次春完成花芽分化，其分化时间较短，并连续进行。此类型中有些延迟到第二年初才分化，而在浙江、四川等冬季较寒冷的地区有提前分化的趋势。

（3）当年分化型 木槿、槐树、紫薇、珍珠梅等夏秋开花的树种，不需要经过低温阶段即可完成花芽分化，在当年新梢上形成花芽并开花。

（4）多次分化型 茉莉、月季、葡萄、无花果、金柑和柠檬等在一年中能多次抽梢，且每抽一次梢就分化一次花芽，四季桂、四季橘等也属于此类。花芽多次分化型树种，春季第一次开花的花芽有些可能是去年形成的，各次分化交错发生，花芽分化节律不明显。

（二）开花

花芽的花萼和花冠展开的现象称为开花，不同树种的开花时期、异性花的开花顺序以及不同部位的开花顺序等都有很大差异。

1. 开花时期

（1）不同树种的开花时序 同一地区不同树种在一年中的开花时间早晚不同，除特殊小气候环境外，各种树木的开花先后有一定顺序，如在北京地区常见树木的开花顺序是：银芽柳、毛白杨、榆树、山桃、玉兰、杏树、碧桃、绦柳、紫丁香、紫荆、核桃、牡丹、白蜡、苹果、桑树、紫藤、构树、栓皮栎、刺槐、苦楝、枣树、板栗、合欢、梧桐、木槿、国槐等。了解当地树种开花时序对于合理配置园林树木、保持四季花开具有重要指导意义。

（2）不同品种的开花时序　同种树木的不同品种之间，开花时间也有早迟，并表现出一定的顺序性。如在北京地区的碧桃，早花白碧桃于3月下旬开花，而亮碧桃则要到4月上旬开花。有些品种较多的观花树种，可按花期的早晚分为早花、中花和晚花三类，如日本早樱与日本晚樱的花期相距15～20 d，通过合理配置，可以利用其花期的差异来延长和改善美化效果。

（3）同株树木上的开花时序　雌雄同株异花的树木，雌雄花的开放时间有的相同，也有的不同。同一树体上不同部位的开花早晚、同一花序上的不同部位开花早晚也可能不同，掌握这些特性也可以在园林树木栽培和应用中提高美化效果。

2. 开花类型　根据树木开花与展叶时间顺序上的特点，常分为先花后叶型、花叶同放型和先叶后花型三种，通过合理配置可有效提高总体景观效果。

（1）先花后叶型　在春季萌动前已完成花器分化，花芽萌动不久即开花，先开花后展叶，例如银芽柳、迎春、连翘、山桃、玉兰、梅、杏、李、紫荆等，常能形成满树繁花的艳丽景观。

（2）花叶同放型　花器也是在萌芽前完成分化，开花时间比前一类稍晚，开花和展叶几乎同时展现，如榆叶梅以及紫藤中开花较晚的品种与类型。此外苹果、梨等多数能在短枝上形成混合芽的树种也属此类，混合芽虽先抽枝展叶而后开花，但多数短枝抽生时间短，很快见花。

（3）先叶后花型　多数在当年生长的新梢上形成花器并完成分化，一般于夏秋开花，是树木中开花最迟的一类，有些甚至能延迟到初冬，如木槿、紫薇、凌霄、槐树、桂花、珍珠梅、荆条等。

3. 花期　花期即开花的延续时间。花期长短受树种、品种、外界环境以及树体营养状况的影响而有很大差异。

（1）树种和类型的遗传性状影响　在杭州地区，花期短的树木只有6～7 d，如白丁香6 d、金桂和银桂7 d；而花期长的可达100～240 d，如月季的花期就可以长达240 d左右。在北京地区，山桃、玉兰、榆叶梅等花期短的只有7～8 d，花期长的可达60～130 d。早春开花的树木多在秋冬季节完成花芽分化，一旦温度合适就陆续开花，一般花期相对短而整齐；而夏、秋季开花的树木，花芽多在当年生枝上分化，分化早晚不一致，开花时间也不一致，花期持续时间较长。

（2）树体营养状况和环境条件等栽培因子影响　花期的长短首先受树体发育状况影响，一般青壮年树比衰老树的花期长而整齐，树体营养状况好则花期延续时间长。花期的长短也因天气状况而异，遇冷凉潮湿天气时花期可以延长，而遇到干旱高温天气时则会缩短。不同小气候条件也影响花期长短，如在树荫下、大树北面和楼房等建筑物背后生长的树木花期长，但花的质量往往受影响。

4. 开花次数　原产温带和亚热带地区的绝大多数树种每年只开一次花，但也有些树种或栽培品种一年内有多次开花的习性，如月季、柽柳、四季桂、佛手、柠檬等，紫玉兰中也有多次开花的变异类型。

每年开花一次的树种一年出现第二次开花的现象，称为再度开花或二度开花，我国古代称作"重花"，常见再度开花的树种有桃树、杏树、连翘等，偶见玉兰、紫藤等出现再度开花现象。树木出现再度开花现象有两种情况：一种是花芽发育不完全或因树体营养不足，部分花芽延迟到夏初才开，这种现象常发生在某些树种的老树上。而秋季再次开花现象则属于典型的再度开花，如1975年春季物候期提早，在10～11月西安的桃树出现再度开花，北京的桃树、连翘出现再度开花；1976年秋季特别暖和，北京的连翘从8月初至12月初都有开花的，烟台南山公园的连翘于11月中旬再度开花。

一般来说，树木再度开花时的繁茂程度不如第一次开花，因为有些花芽尚未分化成熟或分化不完全，部分花芽不能开花。园林树木再度开花可加以研究利用，如人为促成一些树木在国庆节等重要节假日期间再度开花就是提高园林树木美化效果的一个重要手段。例如，在北京于8月下旬至9月初摘去丁香的全部叶片并追施肥水，至国庆节前就可再次开花。

（三）果实生长发育

从花谢后至果实达到生理成熟时止，果实的生长发育过程需经过细胞分裂、组织分化、种胚发育、细胞膨大和细胞内营养物质的积累和转化过程。

1. 生长发育时间　果实成熟时外表会表现出成熟果实的颜色和形状特征，称为果实的形态成熟期。果熟期的长短因树种和品种而不同，榆树和柳树等树种的果熟期最短，桑、杏次之；松属树种因第一年春季传粉时球花还很小，第二年春季才能受精，种子发育成熟需要两个完整生长季，其果熟期要跨年度。果熟期的长短还受自然条件的影响，高温干燥时果熟期缩短，山地条件、排水好的地方果实成熟早些。

2. 生长过程　果实没有形成层，其生长活动通过果肉细胞的分裂与增大进行。果实生长的初期以伸长生长（即纵向生长）为主，后期以横向生长为主。

果实生长一般都表现为慢—快—慢的S形曲线过程，有些树种的果实呈双S形生长过程（即有两个速生期），但其机制还不十分清楚，有些奇特果实的生长规律有待更多的观察和研究。

3. 着色　由于叶绿素的分解，果实细胞内原有的类胡萝卜素和黄酮等色素物质绝对量和相对量增加，使果实呈现出黄色、橙色。由叶中合成的色素原输送到果实，在光照、温度和充足氧气的共同作用下，经氧化酶的作用而产生花青苷，果实呈现出红色、紫色等鲜艳色彩。

4. 落果　从果实形成到果实成熟期间常会出现落果。有些树木由于果实大、果柄短，在结果量多时果实之间相互挤压，夏秋季节的暴风雨等外力作用常引起机械性落果；而由于非机械外力所造成的落花落果现象统称为生理落果，如授粉、受精不完全而引起的落果，尤其花器发育不完全导致不能授粉、受精（如杏花常出现雌蕊过短或退化，或柱头弯曲）。土壤水分过多造成树木根系缺氧、水分供应不足引起果柄形成离层以及土壤缺锌也易引起生理性落果，这些都需要在栽培管护工作中采取措施加以避免和控制。

五、园林树木生长发育的相关性

树体某一部位或器官的生长发育常能影响另一部位或器官的形成和生长发育，这种表现为植物体各部器官之间在生长发育方面的相互关系，植物生理学上称为植物生长发育的相关性。植物各器官生长发育上这种既相互依赖又相互制约的关系，是植物有机体整体性的表现，也是制定合理的栽培措施的重要依据之一。

（一）地上部树冠与地下部根系之间的关系

"根深叶茂，本固枝荣。枝叶衰弱，孤根难长。"这充分说明了树木地上部树冠与地下部根系之间相互联系和相互影响的辩证统一关系。地上部与地下部关系的实质是树体生长交互促进的动态平衡，是存在于树木体内相互依赖、相互促进和反馈控制机制决定的整体过程。

枝叶是树木为生长发育制造有机营养物质、固定太阳能并为树体各部分的生长发育提供能源的主要器官。枝叶在生命活动和完成其生理功能的过程中需要大量的水分和营养元素，需要借助于根系强大的吸收功能。根系发达、生理活动旺盛，可以有效促进地上部枝叶的生长发育，反过来又能为树体其他部分的生长提供能源和原材料。根系是树体吸收水分和营养元素的主要器官，它必须依靠叶片光合作用提供有机营养与能源，才能实现自身的生长发育，并为树木地上部分生长发育提供必需的水分和营养元素；繁茂枝叶的强大光合作用可以促进根系的生长发育，提高根系的吸收功能。当枝叶受到严重的病虫危害后，光合作用功能下降，根系得不到充分的营养供应；根系的生长和吸收活动减弱，就会影响到枝叶的光合作用，使树木的生长势衰弱。

在园林树木栽培中可以通过各种栽培措施，调整园林树木根系与树冠的结构比例，使树木保持良好的结构，进而调整其营养关系和生长速度，促进树木的整体协调，健康生长。

（二）消耗器官与生产器官之间的关系

树木有光合能力的绿色器官称为生产性器官，无光合能力的非绿色器官称为消耗性器官。实际上有净光合积累的只有叶片，树体一般有90%以上的干物质来源于叶片的光合作用，叶片承担着向树体的根、枝、花、果等所有器官供应有机养分的功能，是最重要的生产性器官。然而，叶片作为整个树体有机营养的供应源，不可能同时满足众多消耗性器官的生长发育对营养物质的要求，需要根据树木各器官在生长发育上的节律性，在不同时期首先满足某一个或某几个代谢旺盛中心对养分的需求，按一定优先次序将光合产物输送到生长发育最旺盛的消耗中心，以协调各部器官生长发育对养分的需求。因此，叶片向消耗性器官输送营养物质的流向，总是和树体生长发育中心的转移相一致。一般来说，幼嫩、生长旺盛、代谢强烈的器官或组织是树体生长发育和有机养分重点供应的中心，树木在不同时期的生长发育中心大体上与生长期树体物候期的转换相一致。

（三）营养生长与生殖生长之间的关系

树木的根、枝、叶和叶芽为营养器官，花芽、花、果实和种子为生殖器官，营养器官和生殖器官的生长发育都需要光合产物的供应，营养生长与生殖生长之间需要保持合理的动态平衡。根据对不同园林树木的栽培目的和要求调节两者之间的关系，通过合理的栽培和修剪措施，使不同树木或树木的不同时期偏向于营养生长或生殖生长，达到更好的美化和绿化效果。

1. 根、枝、叶的生长与开花结果　　根、枝、叶的良好营养生长是树体开花结果的基础。树木开花结果，需要一定的根、枝量和叶面积，才能完成由营养生长转向生殖生长的营养积累。进入成年阶段的树木，需要一定的枝、叶量才能保证生长与开花结果的平衡；如果树体生长过旺，消耗过大，减少树体储藏营养的积累，就会影响花芽分化和花器发育，影响树木的开花和结果。

2. 花芽发育与开花结果　　结果明显受花芽形成质量的直接影响。一般来说，大而饱满的花芽开花质量高，坐果率高，果实发育也好；花芽瘦小而瘪，花朵小，花期短，容易落花落果。通过合理的栽培措施促进花芽的发育，合理控制树体总的开花结果数量，才能确保开花结果的均衡和稳定。

3. 根系活动强度与花芽分化　根系生长活动不仅可以为地上部枝叶制造成花物质提供无机养分，而且还能以叶片的光合产物为原料直接合成花芽分化所必需的一些结构物质和调节物质。所以根系随着花芽分化的开始，由生长低峰转向生长高峰，一切有利于增强根系生理功能的管理措施均有利于促进花芽分化。

4. 枝条发育质量与花芽分化　叶芽能否发生质变形成花芽，首先与枝条本身的发育质量有直接关系。一般来说，在生长前期能及时停止生长，发育比较粗壮且姿势适当平斜的中、短枝，容易形成花芽；生长细弱和虚旺的直立性长枝，难以形成花芽。对于一些观花树种，应通过合理修剪调节树体结构和枝条发育状况，促进花芽形成和分化。

复 习 思 考 题

1. 园林树木生命周期的特点是什么？
2. 简述园林树木物候观察的具体内容。
3. 简述落叶园林树木生长的年周期过程。
4. 简述乔木的生长发育过程。

第二章 园林树木的生长发育环境

园林树木的生长发育环境主要指生长地周围的生态因子，如温度、光照、水分、土壤、空气、生物以及建筑物、铺装、地面、灯光、城市污染等。植物的生态习性是植物受长期生活环境条件的影响，形成的新陈代谢过程中对某些生态因子的特定需要。每一种植物只有在适合其生存的生态环境条件下，才能表现出正常的生物学特性。

园林树木与环境条件的关系错综复杂。一方面，不同的环境生长着不同的植物，环境因子直接影响树木生长发育的进程和质量；另一方面，树木在自身发育过程中不断与周围环境进行物质交换，在其代谢产物、树体形态和繁殖方面体现出来。因此在进行园林树木栽植与养护时，不仅要了解不同树木所需要的一般环境条件，同时也应了解城市环境对树木生长可能产生的影响。

第一节 影响树体生长发育的主要环境因子

栽培植物能否完成正常的生活史，表现其优良的性状，与栽培的环境因子有密切的关系。在植物生长的环境中，有的因子对植物没有影响或者在一定阶段中没有影响，有的对植物有直接、间接影响，还有一些生态因子对植物的生活是必需的，没有它们植物就不能生存，对绿色植物来说，温度、光照、水分、空气及无机盐类等因素是其生存条件，也是影响植物生长发育的主要环境因子。

一、温度因子

温度是树木生长发育必不可少的因子，是树种分布区的主导因子，是不同地域树种组成差异的主要原因之一。温度又是影响树木生长速度和景观质量的重要因子，对树体的生长发育以及生理代谢活动有重要影响。

（一）温度变化与树木分布

1. 温度的空间变化

（1）纬度影响   由于受温度的限制，不同的植物有不同的分布区域。从赤道到极地划分为热带、亚热带、暖温带、温带和寒温带，不同气候带的树种组成不同，森林植物景观各异。例如，从高纬度到低纬度，分别为寒温带针叶林、温带针阔叶混交林、暖温带落叶阔叶林、亚热带常绿阔叶林、热带季雨林和雨林等（表2-1）。

① 寒温带针叶林区：主要包括黑龙江、内蒙古北部，植物种类800多种，主要乔木为兴安落叶松、西伯利亚冷杉、樟子松、偃松、白桦、山杨、蒙古栎等（图2-1）。

表 2-1 气候带与植被分布类型

气候带	年均温/℃	最冷月均温/℃	极端低温/℃	最热月均温/℃	年≥10℃有效积温/℃	植被分布类型
寒温带	−5～−2	−38～−28	−50	16～21	1 100～1 700	耐寒针叶树
温 带	2～8	−25～−10	−40	21～24	1 600～3 200	针阔叶混交林
暖温带	9～14	−14～−2	−28	24～28	3 200～6 000	落叶阔叶树
亚热带	14～22	2～13	−7	28～30	4 500～8 000	常绿阔叶树
热 带	22～26	16～21	>5℃	26～29	8 000～10 000	季雨林、雨林

② 温带针阔叶混交林区：主要包括吉林东部、辽宁北部等，植物种类 1 000～1 700 种，主要乔木为落叶松、红松、紫杉、黄檗、榛子等（图 2-1）。

③ 暖温带落叶阔叶林区：北起渤海湾，西至蒙古高原，南至南岭南部、秦岭（包括黄土高原、辽东半岛、山东半岛）。植物种类 3 500 多种，主要乔木为松、杨、柳、榆、槐、槭、白蜡、椴、栗、栎、椿等（图 2-1）。

④ 亚热带常绿阔叶林区：主要包括长江中下游地区、云贵高原、四川盆地、福建、台湾北部、南岭山地等。植被丰富，常绿阔叶林占绝对优势，主要有山毛榉科、山茶科、樟科、木兰科、金缕梅科、竹亚科等（图 2-1）。

⑤ 热带雨林、季雨林区：主要包括云南、广东、广西、台湾南部等地区，主要优势植物为棕榈科、山矾科、紫葳科、木棉科、无患子科、龙脑香科、橄榄科、山龙眼科、梧桐科、藤黄科、香荔枝科、楝科、肉豆蔻科等（图 2-1）。

寒温带针叶林

温带针阔叶混交林

暖温带落叶阔叶林

亚热带常绿阔叶林区

热带雨林、季雨林区

图 2-1　不同气候带的森林植物景观

(彭尽晖摄)

（2）地形及海拔变化　通常海拔每升高 100 m，相当于纬度向北推移 1°，年平均温度则降低 0.5～0.6 ℃。温度还受地形、坡向等地理因素影响，一般情况下南坡太阳辐射量大，气温、土温比北坡高，同一树种在南坡的分布上限要比北坡高。例如，在长江流域与福建地区，马尾松的垂直分布带为海拔 1 000～1 200 m 以下，在北坡仅到 900 m，而在南坡可分布到 1 200 m。

（3）海陆分布　表现为气团流动对温度分布的影响。我国东南沿海为季风性气候，从东南向西北，大陆性气候逐渐增强。夏季温暖湿润的热带海洋气团，将热量从东南带向西北；冬季寒冷而干燥的大陆性气团，使寒流从西北向东南推移，造成同样方向的温度递减。

2. 温度的时间变化　主要指全年的季节性变化与一日中的昼夜变化。

（1）物候期　温度的年变化节律主要表现在四季的变化，温度由低逐渐升高再逐渐降低。植物由于长期适应这种季节性温度的变化，而形成一定的生长发育节奏，叫物候期。物候现象可以作为环境因素影响的指标，也可以用来评价环境因素对于动植物影响的总体效果。

各种生物物候现象的出现日期，虽然每年随气候条件变化而变化，但在同一气候区内，如果不受局地小气候的影响，其先后顺序每年保持不变。张宝堃提出以候（5 d 为一候）的平均温度来划分四季，即候平均温度达到 10～22 ℃时为春、秋季，22 ℃以上为夏季，10 ℃以下为冬季。我国幅员辽阔，各地的纬度、海拔高度、海陆位置、大气环流等条件不同，因此四季分配的差别很大。例如，广州的夏季长达 6 个半月，而位于高纬度的黑龙江省黑河市爱辉的冬天则长达 8 个月。

在园林建设中，必须对当地的气候变化及植物的物候期有充分的了解，才能发挥植物的功能，并进行合理的栽培养护管理。

（2）温度的昼夜变化　温度最低值出现在近日出时，日出后气温逐渐升高，13：00～14：00 达最高值，此后又逐渐下降。

（二）温度条件下树木生长

1. 基础温度　树木生长所需的基础温度主要有年平均温度和生长季积温，树木的生态分布和气候带划分主要以此为依据。

（1）年平均温度　树体在年发育周期中，自萌芽后转及旺盛生长时要求温度渐高，落叶树种为 10～20 ℃，常绿树种为 12～16 ℃。早春气温对树木萌芽、开花有很大影响，开花期主要受 3 月气温的支配，6 月中旬至 7 月上旬的最低气温与花芽分化有关。在大陆性气候带，由于春季温度突然升高，开花物候期通过较快；而海洋性气候带的春季温度变化小，有效积温热量上升慢，则物候期相对延长。

温度对果实品质、色泽及成熟期有直接影响，在日照强度大、温差大的高海拔山地、高原，一般情况下的果实性状比在平原地区表现好，果实含糖量高、色鲜、品质佳。树木的叶片色彩与环境温度变化有关，较低温度可以诱导植物体内花色素苷的合成，但黄金榕、黄素梅等叶片中类胡萝卜素与叶绿素之比随温度的升高而加大；昼夜温差大于 15 ℃有利于美人梅、紫叶李的彩叶表现，夜温高于 14 ℃时红枫的叶色随温度升高而转淡且生长减缓。

（2）生长季积温　树木生长发育不但需要有一定的温度范围，还需要有一定的温度总量才能完成其生活周期，一般落叶树种为 2 500～3 000 ℃，而常绿树种多在 4 000～4 500 ℃以上。

树木在生长期中对温度热量的要求与其原生地的温度条件有关，如原生于北方的落叶树种萌芽、发根都要求较低的温度，生长季的暖温期也较短；而原生于热带、亚热带的常绿树种，生长季长而炎热，生物学零度值也高。

2. 极端温度　树体的生理活动对温度反应有其最适点、最低点和最高点，即为温度三基点。树体在最适温度条件下表现生长发育正常，温度过高或过低则树体生理过程受抑制并出现异常现象，超过极限温度就难以生长存活。

（1）*极端高温*　生长期温度高达 30～35 ℃时，一般落叶树种的生理过程会受到抑制，50～55 ℃时受到严重伤害；常绿树种较耐高温，但达 50 ℃时也会受到严重伤害。落叶树种在秋冬温度过高时不能顺利进入休眠期，影响翌年的正常萌芽生长。高温对树木的危害作用，首先是破坏光合作用和呼吸作用的平衡，叶片气孔不闭，蒸腾加剧，树体"饥饿"而亡。其次，高温下树体蒸腾作用加强，根系吸收的水分无法弥补蒸腾的消耗，从而破坏了树体内的水分平衡，叶片失水萎蔫的结果使水分的传输减弱，最终导致树木枯死。再有，高温会造成对树木的直接危害，如强烈的阳光辐射会灼伤叶片，导致树皮组织局部死亡，以及因土壤温度升高而造成对树木根颈的灼伤。

不同树种（品种）对高温的忍受能力不同，叶片小、质厚及气孔较少的树种对高温的耐受性较高；同一树体在不同发育阶段对高温的抗性也不同，通常休眠期时最强，生长发育初期最弱。树体的不同器官对高温的反应也各有异，以根系的表现最为敏感，大多树木的幼根在 40～45 ℃的环境中 4 h 就会死亡，夏季表层裸露的土壤可能达到致树木根系死亡的温度。

（2）*极端低温*　低温伤害，其外因主要决定于降温的强度、持续的时间和发生的时期；内因主要决定于树木种类（品种）的抗寒能力，此外还与个体树势等发育状况有关。

低温伤害的表现有：①冻害，即受零下低温侵袭，树体组织发生冰冻而造成的伤害；②寒伤，即受 0 ℃左右低温影响，树体组织虽未冻结成冰但已遭受的低温伤害；③冻旱，又称冷旱，是低温与生理干旱的综合表现；④霜害，即秋季早霜和春季晚霜的危害。

低温对树木造成的危害，主要发生在春、秋季和寒冷的冬季，特别是早春温度回升后的突然降温对树木危害更严重。不同科属的树木抗寒能力差异很大，如可可、椰子等热带树种在 2～5 ℃就严重受冻，但起源于北方的落叶树种则能在 −40 ℃以下低温中安全越冬。同一个科不同种的植物耐寒性差异也很大，如布迪椰子、沼地棕和油棕三种棕榈植物在厦门露地栽种，布迪椰子的耐寒力最强而且对降温反应速度最快，沼地棕居中，油棕耐寒力最弱，对温度反应最慢。同一树种不同品种的抗寒能力也不尽相同，如梅花中的美人梅品种能耐－30℃低温，为北京等地适栽的优良抗寒品种。另外，树体的不同发育阶段其抗寒能力也不相同，通常以休眠阶段的抗寒性最强，营养生长阶段次之，生殖生长阶段最弱。树体的营养条件与低温的忍耐性有一定关系，如生长季（特别是晚秋）施用氮肥过多，树体因推迟结束生长，抗冻性会明显减弱；多施磷、钾肥，则有助于增强树体的抗寒能力。

（3）剧烈变温　温度在年生长周期中呈现的正常季节变化和昼夜变化，是在长期的进化过程中为树体生长发育所适应的。但由于气象因子作用而导致温度的突然升高或降低，对树体生长十分有害。其中，低温危害要比高温涉及面大，程度也深，严重时甚至导致树体死亡。降温速度越快，低温持续时间越长对树体的危害越大，如寒潮以后的温度急剧回升对树体的危害更重。冻害后太阳直射，树体组织细胞间隙内的水分迅速解冻蒸腾，导致细胞原生质破裂失水致死。

（三）城市热岛效应

城市热岛效应（urban heat island effect，UHI effect）是最显著的城市气候特征之一。有关资料表明，城市气温一直在增高，每10年平均增温0.3℃，这一现象除了温室效应的影响外，主要是城市热岛效应的结果。

一个地区（主要指城市）由于人口稠密、工业集中造成中心地区温度高于周边地区的现象，称为热岛效应。城市下垫面多由砖块、水泥、沥青等铺设而成，热容量大，改变了地表的热交换；高低错落的建筑物墙面又增加了辐射热，其密度减低了反射热的扩散，改变了大气动力学特性，其结果使城市具有一种特殊的水平和垂直的温度结构，从气温的水平分布状况来说，市中心区气温最高，向城郊逐渐减低，如果用闭合等温线表示城市气温的分布，因其形状似小岛，故被称作热岛。热岛效应用热岛强度来表示，即同一时间内城市和郊区的气温对比的差值。例如，我国北京7月的平均气温，市中心的天安门广场比市郊高1.6℃；上海热岛区域平均气温较城郊高1℃；美国洛杉矶市区的年平均温度要比郊区农村高1.5℃。

对世界多座大城市的热岛现象研究表明，热岛强度随时间、土地利用格局以及天气条件而变化，其日变化规律为晴稳天气夜间的热岛强度比白天大，热岛强度在傍晚开始逐渐增大；另外，热岛强度具有非周期性的变化，风速小、云量少的天气形势等最有利于城市热岛的加强；城市热岛中心一般在商业区和人口、建筑物密集处，热岛强度的等值线明显绕过公园、绿地或水面。

热岛现象会对城市其他气象要素产生影响，如降低积雪的频度和时间、延长无霜期、降低相对湿度等，而这些气候要素的变化影响了城市园林树木的物候。例如，在德国汉堡，金钟花初始花期，城区比郊区早7 d；在美国华盛顿，市区的木兰比郊区早开花2周。

二、光照因子

光照是树体生命活动中起重大作用的生存因子，适宜的光照使植株生长健壮；光照也影响植物色素合成，调节有关酶的活性，对叶色变化具重要作用。光对植物生长发育的影响，主要表现在光质、光照度和光照持续时间三方面，提高光能利用率是园林树木栽培的重要研究内容之一。

（一）太阳辐射与光质

1. 太阳辐射与植物吸收光谱　我国太阳辐射资源的地理分布整体上是西部高于东部，年辐射量最大的西藏南部为 800 KJ/cm²，四川盆地最低，不到 400 KJ/cm²，华北居中，为 550～600 KJ/cm²，长江中下游为 460～500 KJ/cm²。太阳辐射强度与太阳高度角有关，近于直角时强度最大；夏季太阳辐射强度与地理纬度（北纬 35°～70°）关系不大，而在冬季则随纬度变高而增强。太阳辐射的波长变化为 150～3 000 nm，叶片以吸收太阳光谱 380～760 nm 的可见光和紫外光为主（通常称生理有效辐射或光合有效辐射），占总量的 60%～80%；叶面光合作用最佳利用值近于 490 nm，高海拔地区丰富的紫外光为 390 nm 左右。

2. 光质　光质是指太阳光谱的组成特点，主要由紫外光、可见光和红外光三部分组成。当太阳辐射通过大气时，不仅辐射强度减弱且光谱成分也发生变化，紫外光和可见光所占比例随太阳高度升高而增大。不同光质的单色光对生长的影响不同。红光能促进叶绿素形成，有利于碳水化合物的合成；紫外光会破坏核酸而造成对植株的伤害，叶片的表皮细胞能截留大部分紫外光而保护叶肉细胞。高海拔地区的强紫外光会破坏细胞分裂素和生长素的合成而抑制植株生长，因此在自然界中高山植物一般都具茎秆短矮、叶面缩小、茎叶富含花青素、花果色艳等特征（图 2 - 2）。

图 2 - 2　高山植物的特征
（彭尽晖摄）

3. 直射光与漫射光　作用于树体的光有两种，即直射光和漫射光。通常漫射光随纬度增高而增强，随海拔升高而减弱；而直射光随海拔增高而增强，垂直距离每升高 100 m，光照度平均增加 4.5%，紫外光强度增加 3%～4%。南坡和北坡的漫射光不同，如在坡度为 20°时南坡受光量超过平地面积的 13%，而北坡则减少 34%，山坡地边缘的树木受漫射光最少。在一定限度内直射光的强弱与光合作用呈正相关，但超过光饱和点后则光的效能反而降低。漫射光强度低，但在光谱中短波部分的漫射光比长波部分强得多，所以漫射光中有多达 50%～60% 的红、黄光可被树体完全吸收利用，而直射光中仅有 37% 的红、黄光被树体吸收利用。

在城市环境中，直射光多在向阳面、屋顶及开阔地带，而漫射光的来源却很丰富，此外尚有夜间人工照明可利用。除非在密集建筑群下，城市客观存在的光量一般都能满足树木的生长发育，只是在种植设计时应更注意树种、品种的需光特性，适树适栽。

（二）光对树木生长发育的影响

1. 光照度　光补偿点是植物能够生存的最低光量。树木需要在一定的光照条件下完成生长发育过程，在低于光补偿点的光照度下，植物净光合速率为负值，无法积累碳素营养。不同树种对光照度的适应范围则有明显的差别，一般可将其分为三种类型：

（1）喜光树种　喜光树种又称阳性树种，只能在全光照条件下生长，其光饱和点高，不能忍受任何明显的遮阳环境。植株性状一般为：叶色较淡，枝叶稀疏、透光，自然整枝良好，生长较快但树体寿命较短。典型的阳性树种有落叶松属、松属（2 针松）、杨属、柳属以及桦木、刺槐、泡桐、月季等。

（2）耐阴树种　耐阴树种又称阴性树种，光饱和点低，耐受遮阳，能在较弱的光照条件下生长良好，植株性状一般为：叶色较深，枝叶浓密、透光度小，自然整枝不良；生长较慢，但树体寿命较长。典型的阴性树种有冷杉属、红豆杉属、铁杉属、水青冈属、云杉属中一些种类以及八角金盘、珊瑚树等。耐阴树种如长期受强光照射，尤其是夏季强阳光曝晒，叶片易灼伤，呈现不同程度的枯黄。

（3）中性树种　中性树种介于阳性树种与阴性树种之间，比较喜光，稍能耐阴，光照过强或过弱对其生长均不利，大部分园林树种属于此类，如槭属、鹅耳枥属、青冈属、香樟等。

判断树木耐阴性的方法有生理指标法和形态指标法两种。生理指标法是通过光合作用测定光补偿点和光饱和点，形态指标法是根据树木的外部形态来判断树种的喜光性和耐阴性。

表 2-2　树木光照习性与形态的关系

	喜光性形态	耐阴性形态
树冠	枝叶稀疏，透光	枝叶浓密，透光度小
树干	自然整枝良好，枝下高长	自然整枝不良，枝下高短或近无
树皮	通常较厚	通常较薄
叶	叶小而厚，落叶	叶大而薄，明显叶相嵌
林下天然更新	不良，常为单层林	良好，常为复层林

树种的需光强度与其原生地的自然条件有关。如生长在我国南部低纬度、多雨地带的热带、亚热带常绿树种，对光的要求就低于原生于北部高纬度地区的落叶树种。原生在森林边缘空旷地区的树种绝大部分都是喜光树种，如落叶树种中的落叶松、杨树、悬铃木、刺槐、桃树、杏树、枣树等，以及常绿树种中的椰树、香蕉等；而耐阴树种在全日照光照度的1/10下即能进行正常光合作用，其光补偿点仅为太阳光照度的1％，光照度过高反而影响其正常生长发育，如落叶树种中的天目琼花、猕猴桃和常绿树种中的杨梅、柑橘、枇杷、云杉、水青冈等。树种的需光强度还与年龄发育阶段有关，一般情况下幼年期较耐阴，即使是喜光树种的幼苗培育期也需要一定的遮光处理。

城市中由于建筑的大量存在，形成特有的小气候，对光照因子起重新分配的作用。建筑东面一天有数小时光照，约15:00后即成为庇荫地，适合一般树木的生长；建筑南面白天几乎都有直射光，墙面辐射热大，温度高，生长季延长，适合喜光和暖地的边缘树种；西面光照时间虽短，但强度大，变化剧烈，适合耐燥热、不怕日灼的树木；北面以漫射光为主，适合耐寒、耐阴树种。

高架桥荫下的光照有明显差异，既存在植物生长的"弱光死区"，又存在可对植物造成"强光伤害"的区域。东西走向高架桥，由于桥面宽窄以及两边建筑物距离的远近等都对桥下采光有一定影响，光照严重不足的桥荫绿化带不宜栽种喜阳树种，而某些绿化带外侧光照好的位置可栽种海桐、小叶黄杨等喜阳树种，光照不足地段可种植八角金盘、洒金桃叶珊瑚、熊掌木、常春藤、爬山虎、扶芳藤、络石等耐阴树种。在桥荫下种植时应对光照度进行测试，选择合理的树种配置，满足树木生长所需的光补偿点（图 2-3）。

2. 光照持续时间 光照持续时间因纬度不同而呈周期性变化。纬度越低，最长日和最短日光照持续时间的差距越小；而随着纬度的增加，日照长短的变化也趋明显。树木对光照持续时间的反应称为光周期现象，根据不同树种在系统发育过程中形成的环境适应性，可将园林树木分为三类：

（1）**长日照树种** 大多生长在高纬度地带，通常需要 14h 以上的持续光照才能实现由营养生长向生殖生长的转化，花芽才得以分化和发育。如日照长度不足，则会推迟开花甚至不开花。

图 2-3 高架桥荫下植物生长
（何小弟摄）

（2）**短日照树种** 起源于低纬度地带，一般需要 14h 以上持续黑暗的短日照才能促进开花，光照持续时间超过一定限度则不开花或延迟开花。如果把低纬度地区的树种引种到高纬度地区栽种，因夏季日照长度比原生地延长而对花芽分化不利，尽管株形高大、枝叶茂盛，花期却延迟或不开花。

（3）**中日照树种** 月季等对光照持续时间反应不甚敏感的树种，只要温度条件适宜，几乎一年四季都能开花。

进一步的研究证明，对短日照植物花原基形成起决定作用的不是较短的光期，而是较长的暗期。因此用闪光的方法打断黑暗，可以抑制和推迟短日照植物开花，促进和提早长日照植物开花。

3. 树体受光量 树体的受光情况与树体所在地的地理状况（海拔、纬度）和季节变化有关，照射在树体上的光一部分被树体反射出去，一部分透过枝冠落到地面上，一部分落在树体的非光合器官上，因此树体对光的利用率取决于树冠的大小和叶面积的多少。

树体的受光类型可分为四种，即上光、前光、下光和后光。上光和前光是从树体上方和侧方照到树冠上的直射光和部分漫射光，这是树体正常发育的主要光源；下光和后光是照射到平面（如土壤、路面、水面等）和树后的物体（包括临近的树和建筑物墙体等）所反射的漫射光，其强度取决于栽植密度、建筑物状况、土壤性质和覆盖状况等树体周围的环境（图2-4）。树体对下光和后光的利用虽不如上光和前光，但因其能增进树冠下部的生长而对树体生长起相当大的作用，在制订栽培管理措施时不应被忽视（图2-4）。

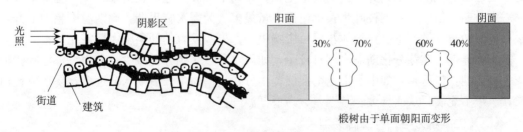

图 2-4 城市建筑物对树体受光的影响

（引自 Grocha lakaja，1962）

（三）城市日照特点

城市日照水平分布的地区性差异十分明显。总的说来，因为大气中的污染物浓度增加，大气透明度降低，致使城市所接收的总太阳辐射少于乡村。但城市环境中铺装表面的比例大，导致下垫面的反射率小而减少了反射辐射，城市接收的净辐射与周围农村相比实际差异并不明显。不过城市环境中太阳辐射的波长结构发生了较大变化，集中表现在短波辐射的衰减程度大（10％）而长波辐射变化不明显，辐射能组成中的紫外辐射部分减少。

城市日照持续时间因为建筑物的影响而减少，使长日照植物开花推迟；而城市环境中的人工照明会延长局部光照时数，因而可能打破树木的正常生长和休眠，导致树木生长期延长，不利落叶树种过冬等。另外大面积的玻璃幕墙的光反射也会造成光污染，对树木生长有一定的影响。

三、水分因子

水是植物生存的重要因子，树体内的生理活动都要在水分参与下才能进行；水是植物体构成的主要成分，树体枝叶和根部的水分含量在50％以上。水是树体生命过程不可缺少的物质，细胞间代谢物质的传送、根系吸收的无机营养物质输送以及光合作用合成的糖类分配，都是以水为介质进行的；另外，水对细胞壁产生的膨压得以支持树木维持其结构状态，当枝叶细胞失去膨压即发生萎蔫并失去生理功能，如果萎蔫时间过长则导致器官或树体最终死亡。

树体生长需要足量的水，一般树木根系正常生长所需的土壤水分为田间最大持水量的60％～80％。但水又不同于树体吸收的其他物质，其吸收的水分中大约只有1％在生物量中被保留下来，而大量的水分通过蒸腾作用耗散体外。蒸腾作用能降低树体温度，否则叶片将迅速上升到致死的温度；蒸腾的另一个生理作用是同时完成对养分的吸收与输送。地生植物从土壤中获得水分，当土壤干燥时，土壤与根系的水分张力梯度减小，根系对水分的吸收急剧下降或停止，叶片气孔关闭，蒸腾停止，此时的土壤水势称为暂时萎蔫点；如果土壤水分补给上升或水分蒸腾速率降低，树体会恢复原状，但当土壤水分进一步降低达永久萎蔫系数时，则树体萎蔫将难以恢复。而附生植物主要从空气中获得水分，需要高的空气湿度来维持其正常的生理活动。

（一）树体生长与需水时期

春季萌芽前为落叶树种的树体需水时期，如冬春干旱则需在初春补足水分，此期水分不足常延迟萌芽或萌芽不整齐，影响新梢生长；花期干旱会引起落花落果，降低坐果率，为树体需水时期。新梢生长期枝叶生长迅速需水量最多，为需水临界期，此期温度急剧上升对缺水反应最敏感，供水不足对树体年生长影响很大；果实发育的幼果膨大期需充足水分，为又一需水临界期。花芽分化期需水相对较少，如果水分过多则分化减少；在南方，落叶树种的花芽分化期正值雨季，如雨季推迟则促使提早分化。树体生长后期水分过多，易造成秋梢徒长，组织不充实，从而导致越冬性差，易遭低温冻害。

（二）土壤水分与树种生态类型

树种在系统发育中形成了对水分不同要求的生态习性和生态类型，表现为对干旱、水涝的不同适应能力。

1. 旱生类型　旱生类型即适应在沙漠、干草原、干热山坡等干旱条件下生长的抗旱能力较强的树种，有的具有发达的根系，有的具有良好的抑制蒸腾作用的结构，有的具有发达的储水结构，有的具有很高的渗透压或发达的输导系统。树木对干旱的适应形式主要表现为两种类型：一类是本身需水少，如石榴、扁桃、无花果、沙棘等具有小叶、全缘、角质层厚、气孔少而下陷并有较高的渗透压等旱生性状，柽柳、木麻黄、沙枣的叶面缩小或叶退化（图2-5），夹竹桃的叶具有复表面，气孔藏在气孔窝具有细长毛的深腔内，这些都是抑制蒸腾的适应能力；佛肚树、美丽异木棉、酒瓶椰子等具有发达的储水结构，能缓解自身的水分需求矛盾。另一类是具有强大的根系，如葡萄、杏等能从深层土壤中吸收较多的水分供给树体生长，骆驼刺的根系深度常超过30 m（图2-5）。

抗旱力强的树种有桃、扁桃、杏、石榴、枣、无花果、核桃、马尾松、黑松、泡桐、紫薇、夹竹桃、白杨、刺槐、箬竹等；抗旱力中等的树种有苹果、梨、柿、樱桃、李、梅、柑橘、胡桃、茶梅、珊瑚树、栎树等。

柽柳的叶片缩小　　　　　　　　　　仙人球类叶片退化

图2-5　树木对干旱的适应形式
（彭尽晖摄）

2. 湿生类型　湿生类型生长在雨量充沛、水源充足的潮湿陆地环境中，有的还能耐受短期的水淹。耐涝树种中，常绿类有杨梅、棕榈等，落叶类以池杉、落羽杉、水松、杞柳、枸杞、枫杨、白蜡、胡颓子、皂荚、三角枫等较耐涝。树体的耐涝性与水中含氧状况关系最大，高温积水条件下树体抗涝能力严重下降。试验结果表明，在缺氧死水中，无花果2 d、桃3 d、梨9 d、柿和葡萄10 d以上，枝叶表现凋萎，而在流水中经20 d全未出现上述现象。耐涝树种的生态适应性表现为叶面大、光滑无毛、角质层薄、无蜡层、气孔多而经常张开等。

池杉、枫杨等湿生类型树种，在高湿土壤条件下生长会发生形态变异，如树干基部膨大、产生肥肿皮孔、形成膝状根、树干上产生不定根等（图2-6）。适于部分或完全沉于水中生长的称为水生树种，如著名的水松和红树。

3. 中生类型　中生类型是介于旱生类型和湿生类型之间的树种，大多数园林树木属于

榕树气生根　　　　　　　　　　　　池杉膝状根

图 2-6　湿生类型树种的根形态变异

（何小弟摄）

此类型，对水分反应的差异性较大，例如，有倾向旱生植物性状的油松、侧柏、酸枣等，有倾向湿生植物性状的桑树、垂柳、乌桕等。

树木的耐旱耐涝特性：

① 对阔叶树种而言，耐淹力强的，耐旱力也强，如柳、桑树、梨、紫藤、乌桕、楝、夹竹桃。

② 深根性树种较耐旱，檫木例外，浅根性树种不耐旱，如杉木、刺槐、柳杉。

③ 针叶树种分布广的、大科大属的树木比较耐旱；分布窄的小科植物耐旱力弱。

④ 常绿树种不如落叶树种耐涝。

⑤ 松科、木兰科、杜仲科、无患子科、梧桐科、锦葵科、豆科、蔷薇科等大多耐涝性差。

（三）城市水分特点

1. 城市大气湿度　城市的大气湿度明显不同于乡村，这主要因为城区大面积的铺装表面使得降水大多以地表径流流失，而仅有的少量植被使得蒸腾作用大为减小。其特点表现为城市日平均绝对湿度要比郊区低，且在 16：00～17：00 达到低谷，形成"干岛"；而在夜间的绝对湿度反而比郊区高，又形成"湿岛"。城市大气湿度同样具有季节性的变化，一般冬季高、夏季低，但在季风气候带则表现为夏季高、冬季低。

由于城市绝对湿度比郊区低，气温又比郊区高，使得城市与郊区之间的相对湿度差别更为明显，如南京市城区相对湿度比郊区低 3%。在近 30～40 年中，上海市城区大气绝对湿度下降了 47 Pa、相对湿度下降了 2.3%。

2. 城市水文特点　城市水体对城市生态环境、城市的形态及经济发展起着非常重要的作用，我国有相当一部分城市建在江、河、湖畔。在河道整治中常采取硬化河岸和河底的方法，这些硬化措施阻绝了河流与流域土壤间的物质交流，同时也降低了河流的自净作用，降低了其应有的生态调节作用，使城市水系失去了自然生态系统的基本特征。城市土壤常处于干旱状态，园林树木栽植常受到水分亏缺的威胁，在树种选择和养护管理时应充分考虑这一因素。城市水文环境成为影响树木生长、制约绿地发展的主要因素之一。

目前大多数城市面临着水资源短缺的局面，在现有的 600 多个大中城市中，有 400 多个城市缺水，有 100 多个城市严重缺水，尤其是华北和西北地区的城市缺水问题十分严重，越来越多的城市将地下水作为主要水源，地下水的超量开采而引起的地面沉降、河流干涸，加速了土壤沙化、盐渍化的产生；湿地面积减少、水域面积缩小，加剧了城市区域生态环境的恶化，使区域生态用水需求量更大。

四、空气因子

植物生长离不开空气，空气成分影响植物生长，植物可以吸收空气中的污染物，空气流动形成风。

（一）空气成分与植物生长

1. 气体成分

（1）氧气和二氧化碳 氧气是呼吸作用必不可少的，但在空气中它的含量基本上是不变的，所以对植物的地上部分而言不形成特殊的作用，但是植物根部的呼吸以及水生植物尤其是沉水植物的呼吸作用则靠土壤中和水中的氧气。如果土壤中的空气不足，会抑制根的伸长以致影响到全株的生长发育。因此，在栽培上经常要耕松土壤避免土壤板结，在黏质土地上，有的需多施有机质或换土改善土壤物理性质；在盆栽中要经常配合更换具有优良理化性质的培养土。

二氧化碳是植物光合作用必需的原料，以空气中二氧化碳的平均浓度为 320 $\mu L/L$ 计，从植物的光合作用角度来看，这个浓度仍然是个限制因子，据生理试验表明，在光照度为全光照 1/5 的实验室内，将二氧化碳浓度提高 3 倍时，光合作用强度也提高 3 倍，但是如果二氧化碳浓度不变而仅将光强提高 3 倍时，则光合作用仅提高 1 倍。因此在现代栽培技术中有对温室植物施用二氧化碳气体的措施。二氧化碳浓度的提高，除有增强光合作用的效果外，据试验尚有提高某些雌雄异花植物的雌花分化率的效果，因此可用于提高植物的果实产量。

（2）氮气 空气中的氮虽占约 4/5 之多，但是高等植物却不能直接利用它，只有固氮微生物和蓝绿藻可以吸收和固定空气中的游离氮。根瘤菌是与植物共生的一类固氮微生物，它的固氮能力因所共生的植物种类而不同，据测算每公顷紫花苜蓿一年可固氮达 200 kg 以上，每公顷大豆或花生可达 50 kg。非固氮微生物的固氮能力弱得多，一般每年每公顷仅 5 kg 左右。此外，蓝绿藻的固氮能力也比较强。

（3）空气负离子 空气中存在电离现象，由此能产生空气正负离子。空气负离子能吸附、聚集和沉降空气中的污染物和悬浮颗粒，使空气得到净化，而且其对人体有着正面的生理影响，因此空气负离子被誉为"空气维生素"，可以有效地提高森林、城市或是室内的空气质量。植物也是产生空气负离子的影响因素之一。通常认为针叶树种比阔叶树种产生负离子的能力强。因为针叶曲率半径小，具有尖端放电的功能，使空气发生电离，增加空气中负离子的浓度。不同植被环境空气中负离子浓度不同，春夏季阔叶林的浓度比针叶林高，秋冬季则针叶林高于阔叶林。

（4）大气颗粒物（PM） 城市上空飘浮着的微尘，以煤尘、烟尘和有毒气体微粒的影响较大，因体积和重量的不等，它们在空中逗留的时间、飘浮的距离、沉降的速度也各不相同。粉尘类型按其粒径的大小又分为落尘（直径在 10 μm 以上）及飘尘（粒径在 10 μm 以下）。

PM2.5 是指大气中直径小于或等于 2.5 μm 的颗粒物，也称为可入肺颗粒物，或细颗粒污染物。它对空气质量和能见度等有重要的影响。与较粗的大气颗粒物相比，PM2.5粒径小，富含大量的有毒、有害物质且在大气中的停留时间长、输送距离远，因而对人体健康和大气环境质量的影响更大。在微尘达到一定的厚度和分布高度后就会形成雾障，使得城市上空的大气能见度降低，城市日照持续时间也相应减少，严重时还会造成生物体的大量中毒、窒息死亡。

植被可通过以下几种方式起到减尘作用：一是覆盖地表减少扬尘来源；二是通过叶面吸收并捕获颗粒物，起到滞尘作用；三是通过植物表面吸收和转移颗粒物，起到吸尘作用；四是通过树木的阻挡降低风速促进颗粒沉降，起到降尘作用；五是通过林带改变风场结构阻挡颗粒物进入局部区域，起到阻尘作用。因此，用植被来缓解城市大气颗粒物污染，已经成为城市生态研究中的一个方向。

（二）城市空气中常见的污染物质及抗性树种

1. 二氧化硫 凡烧煤的工厂以及供暖、发电的锅炉烟囱，硫铵化肥厂等所放出的烟气中均含有二氧化硫和三氧化硫，一般以二氧化硫最普遍。二氧化硫进入叶片后遇水形成亚硫酸和亚硫酸离子，然后再逐渐氧化为硫酸离子。当亚硫酸离子增加到一定量时，叶片会失绿，严重的会枯焦死亡。当空气中含量达 $0.5\sim500\ mg/L$ 时就可对某些植物起毒害作用。

（1）东北地区 根据韩麟凤等人1959年在工厂地区的普查资料统计，不同树种对二氧化硫的抗性如下：

① 抗性强的树种有：山皂角、刺槐、银杏、加拿大杨、臭椿、美国白蜡、华北卫矛、欧洲红豆杉、茶条槭、榆树、大叶朴、枫杨、梓树、黄檗、银白杨等。

② 抗性中等的树种有：小叶杨、小青杨、旱柳、复叶槭、辽杏、山桃、山荆子等。

③ 抗性弱的树种有：黄花落叶松、辽宁冷杉、红松、侧柏、青杆、杜松、油松等。

（2）北京地区 根据北京市园林科研所的资料统计，不同树种对二氧化硫的抗性如下：

① 抗性强的树种有：臭椿、槐、榆树、加拿大杨、马氏杨、垂柳、旱柳、馒头柳、栾树、小叶白蜡、杜梨、山桃、君迁子、北京丁香、胡桃、太平花、紫穗槐、野蔷薇、木槿、珍珠梅、雪柳、黄栌、白玉棠、丁香、构树、泡桐、柿树、小叶黄杨、云杉、连翘、山楂、火炬树、紫薇、胡颓子、海州常山、五叶地锦、大叶黄杨、地锦等。

② 抗性中等的树种有：北京杨、钻天杨、桑树、金银木、西府海棠、金星海棠、榆叶梅、栗、合欢、元宝枫、枫杨、悬铃木、接骨木、桂香柳、银杏、华山松、侧柏、白皮松。

③ 抗性弱的树种有：黄金树、五角枫、紫薇、桃、复叶槭、山杏、美国凌霄、油松、黄刺玫等。

（3）上海地区 根据上海市园林局及上海师范大学的调查，不同树种对二氧化硫的抗性如下：

① 抗性强的树种有：夹竹桃、女贞、广玉兰、樟树、蚊母树、珊瑚树、枸骨、山茶、十大功劳、冬青、油橄榄、棕榈、厚皮香、丝兰、月桂、无花果、丁香、石榴、胡颓子、柑橘、丝棉木、白榆、合欢、乌桕、苦楝、木槿、接骨木、月季、紫荆、小叶女贞、黄金条、梓、桑树、刺槐、臭椿、加拿大杨、青冈栎、银杏、罗汉松、圆柏、龙柏等。

② 抗性中等的树种有：大叶黄杨、八角金盘、悬铃木等。

③ 抗性弱的树种有：雪松。

（4）广东地区 根据华南植物研究所、广东植物研究所、广州市绿化委员会的调查，不同树种对二氧化硫的抗性如下：

① 抗性强的树种有：对叶榕、构树、黄瑾、小叶榕、高山榕、印度榕、粗叶榕、木麻黄、油茶、白油树、蒲桃、洋蒲桃、九里香、夹竹桃、台湾相思、紫珠等。

② 抗性较强的树种有：石栗、桑树、木芙蓉、鸡蛋花、厚壳、朴树、竹类、黄葛榕、榄仁树、人心果、番石榴、黄皮、叶子花、黄栀子、变叶榕、苏铁、广玉兰、香蕉、金边凤尾兰等。

③ 抗性较弱的树种有：刺桐、蒲葵、木棉、凤凰木、大叶合欢、大叶榕、树菠萝、安石榴、乌榄、油棕、椰子、茉莉、红背桂、一品红等。

④ 抗性弱的树种有：马尾松、湿地松、水杉、羊蹄甲、山竹子、油梨、母生、荔枝、龙眼、白榄、杨桃、木瓜、桃、大红花、假连翘等。

2. 光化学烟雾　汽车排出的二氧化氮经紫外线照射后产生一氧化碳和氧原子，后者立即与空气中的氧气合成臭氧；氧原子还与二氧化硫合成三氧化硫，三氧化硫又和空气中的水蒸气化合成硫酸烟雾；此外氧原子和臭氧又与汽车尾气中的碳氢化合物化合成乙醛；尾气中尚有其他物质，所以比较复杂，但以臭氧量最大，约占 90%。

日本以臭氧为毒质进行的抗性试验表明，当臭氧溶度为 0.25 mg/L 时，不同树种的抗性如下：

① 抗性极强的树种有：银杏、柳杉、日本扁柏、日本黑松、樟树、海桐、青冈栎、夹竹桃、海州常山、日本女贞等。

② 抗性强的树种有：悬铃木、连翘、冬青、美国鹅掌楸等。

③ 抗性一般的树种有：日本赤松、东京樱花、锦绣杜鹃、日本梨等。

④ 抗性弱的树种有：日本杜鹃、大花栀子、大八仙花、胡枝子等。

⑤ 抗性极弱的树种有：木兰、牡丹、垂柳、白杨、三裂悬钩子等。

3. 氯及氯化氢　现在塑料产品日益增多，在聚氯乙烯塑料的生产过程中可能造成的空气污染物属于本类物质。陈有民、王玉华、刘铜、李临淮等（1964）定点试验结果表明，空气中氯气含量为 0.028~1.32 mg/L 的条件下，经 3~4 年的观察，不同树种抗性如下：

① 抗性最强的树种有：杠柳、木槿、合欢、五叶地锦等。

② 抗性强的树种有：黄檗、伞花胡颓子、构树、榆树、接骨木、加拿大接骨木、紫荆、槐、紫藤、紫穗槐等。

③ 抗性中等的树种有：皂荚、桑、加拿大杨、臭椿、二青杨、侧柏、复叶槭、树锦鸡儿、丝棉木、文冠果等。

④ 抗性弱的树种有：香椿、枣、红瑞木、黄栌、圆柏、洋白蜡、金银木、刺槐、旱柳、南蛇藤、银杏等。

⑤ 抗性很弱的树种有：海棠、苹果、槲栎、毛樱桃、小叶杨、钻天杨、连翘、鼠李、油松、绦柳、垂柳、栾树、馒头柳、吉氏珍珠梅、山桃等。

⑥ 无抗性而死亡的树种有：榆叶梅、黄刺玫、胡枝子、水杉、杂种绣线菊、茶条槭、雪柳等。

（三）空气的流动与抗风树种

1. 风的作用　空气流动形成风。从大气环流而言，有季候风、海陆风、台风等，在局部地区因地形影响而有地形风或称山谷风。风依其速度通常分为 12 级，低速的风对植物有利，高速的风则会使植物受到危害。

对植物有利的方面是有助于风媒花传粉，例如银杏雄株的花粉可顺风传播 5 km 以上；云杉等生长在下部枝条上的雄花花粉，可借助于林内的上升气流传至上部枝条的雌花上。风又可传布果实和种子，带翼和带毛的种子可随风传到很远的地方。

风对树木不利的方面为生理和机械伤害，风可加速蒸腾作用，尤其是在春夏生长期的旱风、焚风可给农林生产带来严重损失，而风速较大的飓风、台风等则可吹折树木枝干或使树木倒伏。在海边地区又常有夹杂大量盐分的潮风，使树枝被覆一层盐霜，使树叶及嫩枝枯萎甚至全株死亡。

试验证明，树木高生长量在大风（风速超过 10 m/s）条件下比 5 m/s 条件下减少 1/2，较静风区少 2/3。在干旱天气，风可加速蒸腾作用导致树木萎蔫，特别是春夏生长期的旱风、焚风等干燥风，导致树木加速蒸腾、失水过多而枯萎。在北方较寒冷地带，冬末春初的风加强了枝条的蒸腾作用，此时地温低，根系活动微弱，造成细枝顶梢干枯死亡，称为干梢或抽条。我国西北、华北和东北地区的春季常发生旱风，致使空气干燥、新梢枯萎、叶片变小、花果脱落，呈现生理干旱现象，影响树体器官发育及早期生长；海边地区的潮风常夹杂大量盐分，使树枝被覆一层盐霜，导致嫩枝枯萎甚至全株死亡。试验观察，大风条件下无支柱小树比有支柱者的树高平均减少 24%，长期的单向季风会造成偏干形成旗形树冠，而高山上长期生长在强风生境中的树木呈匍匐状。

大风可使空气相对湿度降低到 25% 以下，引起土壤干旱。黏土由于土壤板结，干旱龟裂易造成断根现象；沙土地上有营养的表土会被吹走，严重时因移沙现象造成明显风蚀，影响根系正常的生理活动。冬季大风会降低土壤表面温度，增加土层冻结深度，使树体根部受冻加剧。大风更可造成树木的机械伤害，如风速超过 10 m/s 往往造成树木折枝，13～16 m/s 的风速能将一些浅根性树种连根拔起。我国东南沿海一带夏季（6～10 月）常受台风侵袭，对树体危害很大。例如，吹折大枝或主干，削弱树木的高、径生长；刮倒树木或连根拔起，直接造成树木死亡。

2. 城市风 由于城市的热岛效应，市中心与郊区农村构成气压差，气流填补形成城市风。城市热岛效应会造成特有的城市风系，因热岛中心形成的低压中心而产生上升气流，同时在一定范围内城市低空比郊区相同高度的空气暖，因此郊区空气向市区流动，风向热岛中心辐合，而热岛中心的上升空气又在一定的高度上流向郊区以补充下沉空气的流失，从而形成一个缓慢的热岛环流。理论情况下，城市风从早晨到中午有规律地逐步增强，但因建筑物对气流运动的阻碍，市中心得不到足够的新鲜空气补充，故合理的道路走向和绿地系统可引导和加强城市风的运行，改善城市中心气温过热的状况。

城市风速平均要比郊区低 10%～20%。例如北京城区的地面粗糙度为 0.28，郊区仅为 0.18，城区的风速比郊区平均小 20%～30%，在建筑物密集的前门甚至可小 40%。这种风速差异有明显的日变化和季节变化，同时与盛行风的风速有关，如据吴林对上海的研究，市区与郊区风速的差异在 10:00～12:00 和 13:00～15:00 之间最大，19:00～21:00 时最小。以 2 m/s 作为临界风速，当风速大于 2 m/s 时市区风速小于郊区，反之则大于郊区的风速。另外，城市风速具明显的地区差异性，低矮的街道建筑，朝阳面与背阴面之间形成空气小环流；而摩天大厦间，风在高大建筑物的迎风面会产生强烈的旋涡，特别当盛行风和高大建筑物间的街道走向一致时，会因狭管效应而增加风速 15%～30%，形成极其强劲的巷道风，被称为"城市一绝"。如果风向与街道呈一定的角度则风速因受阻而减小，街道行道树的配置可有效降低城市中心的风速强度。

风对大气颗粒物（PM）的影响存在一定的复杂性和不确定性。风能使污染物扩散而减少，大气颗粒物质量浓度随风速增加呈指数下降。但是，当风速超过阈值时，地表的沙尘会被风带入空中，使得颗粒物质量浓度增大。有研究显示，偏北风向时，颗粒物质量浓度会随着风速的增大显著降低；而偏南风向时，颗粒物质量浓度可能随着风速的增大而增加。因而在分析风对颗粒物质量浓度影响时需要将风速和风向结合考虑。

3. 抗风树种　树木的抗风性与树种的形态特征、树体结构等生物学特性有关，凡树冠紧密、材质坚韧、根系深广的树种抗风力强，而树冠庞大、材质柔软或硬脆、根系浅窄的树种抗风力弱。但同一树种的不同个体间，抗风力又因繁殖方法、立地条件和配置方式而异。扦插繁殖树木的根系较实生繁殖树浅，相对易受风害；在土壤松软而地下水位较高处栽植的树木，亦易受风害；孤立的树和稀植的树比密植者易受风害，而以密植的抗风力最强。

各种园林树木的抗风性能差别很大：

① 抗风力强的树种有：马尾松、黑松、圆柏、榉树、胡桃、榆树、乌桕、樱桃、枣树、臭椿、朴树、栗树、国槐、香樟、麻栎、河柳、台湾相思树、木麻黄、柠檬桉、假槟榔、桄榔、南洋杉、旱柳、柑橘及竹类等。

② 抗风力中等的树种有：侧柏、龙柏、杉木、柳杉、檫木、苦槠、楝树、枫杨、银杏、广玉兰、重阳木、榔榆、枫香、凤凰木、桑、梨、柿、桃、杏、合欢、紫薇、木绣球、长山核桃等。

③ 抗风力弱、受害较大的树种有：大叶桉、榕树、木棉、雪松、悬铃木、梧桐、加拿大杨、钻天杨、银白杨、泡桐、垂柳、刺槐、杨梅、苹果、枇杷等。

不同类型的台风对树木的危害程度不一致，先风后雨的要比先雨后风的台风危害小，持续时间短的比持续时间长的危害小。

此外，在北方较寒冷的地带，冬末春初经常刮风，加强了枝条的蒸腾作用，但此时地温很低，有的地区土壤仍未解冻，根系活动微弱，因此会造成细枝顶梢干枯死亡现象，常称为干梢或抽条。此种现象对由南方引进的树种以及易发生副梢的树种均较严重。

五、土壤因子

土壤是树木栽培的基础，是树体生长发育所需水分和矿质营养元素的载体。土壤的水分、肥力、空气、温度及微生物等条件，都影响树木的分布及其生长发育。橡胶树、杉木、香樟、毛白杨等要求深厚、湿润的土壤条件，在干旱瘠薄条件下则生长缓慢，干形不良；而马尾松、樟子松、云南松等极耐干旱瘠薄的土壤，在造林上常被选为荒山或沙漠造林的先锋树种。

（一）土壤理化性质

理想的土壤结构是团粒结构，疏松，有机质丰富，保水、保肥力强。

1. 土壤矿质元素　土壤中含有树木生长所必需的各种养分，主要由树木根系从土壤中吸收，大多数树木根系分布在 2.5～3 m 土层内。土壤营养元素大部分保持在有机碎屑物、腐殖质及不溶性的无机化合物中，土壤营养只有通过缓慢的风化和腐殖作用才能成为有效养分，树木根系通过离子交换方式吸收这些营养元素。有效养分主要为土壤胶粒所吸附的营养元素和土壤溶液中的盐类，如阳离子态的 NH_4^+、K^+、Na^+、Ca^{2+}、Mg^{2+}、Cu^{2+} 等；而阴离子态的 SO_4^{2-}、NO_3^-、Cl^-，则主要存在于土壤溶液中。

土壤中有害盐类，以碳酸钠、氯化钠和硫酸钠为主，其中碳酸钠危害最大。妨碍树木生长的极限浓度是：硫酸钠 0.3%，碳酸盐 0.03%，氯化物 0.01%。受害轻者树体生长发育受阻，枝叶焦枯，严重时整株死亡。

2. 土壤水分　矿质营养物质只能在水溶状态下才能被树木根系吸收利用，所以土壤水分是提高土壤肥力的重要因素，肥水是不可分的。水通过不同质态、数量和持续时间的变化对树体起作用，水分过多或不足都影响树体的正常生长发育，甚至导致衰老、死亡。一般树木的根系适应田间最大持水量 60%～80% 的土壤水分，通常落叶树种在土壤含水量为 5%～12% 时叶片凋萎（葡萄 5%，桃 7%，梨 9%，柿 12%）。干旱时土壤溶液浓度增高，根系非但不能正常吸水反而产生外渗现象，所以施肥后强调立即灌水以维持正常的土壤溶液浓度。

3. 土壤温度　土壤温度直接影响根系的活动，同时制约着各种盐类的溶解速度、土壤微生物的活动以及有机质的分解和养分转化等。树木根系生长与土温有关，夏季土温过高时表土根系会遭遇伤害甚至死亡，可采取种植草坪、灌木等地被植物加以解决。

4. 土壤通气　土壤通气条件直接影响植株的生存，土壤淹水、黏重土和下层具有横生板岩或白干土等都会造成土壤通气不良。树木根系在土壤中空气含氧量高于 15% 时生长才正常，否则根系生长受阻；土壤通气孔隙度减少到 9% 以下时严重缺氧，根系进行无氧呼吸而产生酒精积累，引起根中毒死亡。同时，土壤内微生物的繁殖在土壤氧气不足时受到抑制，微生物分解释放养分的能力下降，降低了树木对养分的有效利用，直接影响到树体生长。

（二）土壤 pH 与树木生态类型

根据中国科学院南京土壤研究所 1978 年制定的标准，我国土壤的酸碱度分为五级：强酸性（pH<5）、酸性（pH 5～6.5）、中性（pH 6.5～7.5）、碱性（pH 7.5～8.5）、强碱性（pH>8.5）。根据树木对土壤酸碱度的反应，把植物分为以下几种类型：

1. 喜酸性土树种　要求在酸性土壤中生长的树种，如马尾松、杜鹃花等，一般以 pH<6.8 为宜，在盐碱土或钙质土中则生长不良或不能生长。

2. 适中性土树种　对土壤酸碱度的适应范围较大的树种，如苦楝、乌桕、黄连木、刺槐及木麻黄等，既能较好地生长在酸性土壤中，也能较好地在中性土、钙质土及轻盐碱土中生长。

3. 耐碱性土树种　耐 pH>7.2 以上盐碱土的树种，如柽柳、紫穗槐及胡杨等。有的树种在钙质土中生长最佳，如侧柏、柏木、南天竹、青檀等，常见于石灰岩山地。

（三）城市土壤特点

1. 城市土壤类型　城市绿地土壤和农田土壤、自然土壤不同，其形成和发育与城市的形成、发展和建设关系密切。由于绿地所处的区域环境条件不同，形成两类不同的城市绿地土壤类型。

（1）**城市扰动土**　城市扰动土主要指道路绿地、公共绿地和专用绿地的土壤。由于受城市环境的影响，一般含有大量侵入物，按入侵物的种类可分为三种：一是以城市建设垃圾污染物为主的土壤，土体中有砖瓦、水泥块、沥青、石灰等碱性建筑材料的入侵，严重干扰树木的正常栽植养护，土壤呈碱性，但一般无毒；二是以生活垃圾污染物为主的土壤，土体中混有大量的炉灰、煤渣等，有时几乎全部由肥效极低的煤灰堆埋而成，土壤呈碱性，一般也无毒；三是以工业污染物为主的土壤，因工业污染源不同，土体的理化性状变化不定，同时还常含有毒物质，情况复杂，故应调查、化验后方可种植。

城市扰动土受到大量的人为扰动，没有自然发育层次；养分含量高低相差显著，分布极不均匀。土壤表层紧实，透气性差；土壤容重偏大，土体固相偏高、孔隙度低，直接影响土壤的保水、保肥性能。

（2）城市原土（指未扰动的土壤） 城市原土位于城郊的公园、苗圃以及在城市大规模建设前预留的绿化地段，或就苗圃地改建的城区大型公园。这类土壤除盐碱土、飞沙地等有严重障碍层的类型外，一般都适合绿化植树。

2. 城市土壤特点

（1）土壤结构变化 市政施工常在改变地形的同时破坏了土壤结构，使土壤营养循环中断，有机质含量降低；城区内植物的落叶、残枝常作为垃圾被清除运走，难以回到土壤中，有机质得不到补充。人流践踏，尤其是市政施工的机械碾压等造成城市土壤的坚实度高，通气孔隙减少，土壤透气性降低、气体交换减少导致树木生长不良，甚至使根组织窒息死亡；土壤密实常使树木改变其根系分布特性，不少深根树种变为浅根分布，支持树体的根量减少，从而使树木的稳定性减弱，易受大风及其他城市机械因子的伤害而倒伏。

城市土壤含有较多渣砾等夹杂物，加之路面和铺装的封闭，土壤含水量低，供水不足；而地下建筑又深入较深的地层，从而使树木根系很难吸收利用地下水。因而，城市树木的水分不能保持平衡，水分的渗透与排出也不畅，通常处于长期的潮湿或干旱状态，导致根系生长受到很大的影响，树体生长不良，早期落叶，甚至死亡；城市土壤养分的匮乏、通气性差等因素，使城市树木较郊区同类树木的生长量要低，其寿命也相应缩短。

（2）土壤理化性质变化 城市土壤的 pH 一般高于周围郊区的土壤，这是因为地表铺装物一般采用钙质基础的材料。城市建设过程中使用的水泥、石灰及其他砖石材料遗留在土壤中，或因为建筑物表面碱性物质中的钙质经淋溶进入土壤导致土壤碱性增强，同时干扰土壤微生物的活动，进而限制了城市环境中可栽植树种的选择；另外，北方城市在冬季通常以施钠盐来加速街道积雪的融化，也会直接导致路侧土壤 pH 升高。土壤 pH＞8 时影响土壤有机物质和矿质元素的分解和利用，往往会引起植株缺铁，叶片黄化。

地形设计是盐碱地园林树木栽植的重要措施，其指导原则是挖池以扩大水面、堆山以抬高局部地形。土山堆积时需埋设排盐暗沟，其出口注入水池，经过灌溉和雨水淋洗可大大降低土壤的含盐量；水体在盐碱地造园中起着重大作用，它不仅能丰富景观、增加灵气，其最大功能是排盐改土。再根据树种的抗盐性能进行配置，将抗盐能力强的树种栽植在较低处，抗盐力较弱的树种则栽植在土山上或地势较高处。

第二节 影响树体生长发育的其他环境因子

一、地形地势

地形地势（海拔高度、坡度、坡向和小地形）能显著地影响小气候、土壤及生物等因素的变化，因此对树木分布与生长发育有一定影响，建园、配置以及栽培管理等都要根据地势情况统筹安排。

1. 海拔高度 一般来说温度随海拔升高而降低，而降水量分布在一定范围内随海拔升高而增加。海拔高度对树木分布与生长有直接影响，如以安徽黄山为例，海拔 700 m 以下分布马尾松，700 m 以上为黄山松。山地园林应按海拔垂直分布规律来安排树种，营造园景，以形成符合自然分布的生态景观。

由于树木对温、光、水、气等生态因子的要求不同，都具有各自的生态最适带，这种随海拔高度成层分布的现象称为垂直分布。亚热带地区的云南山麓生长龙眼、荔枝和柑橘，但到海拔 500 m 以上时就代之以桃、李、杏和苹果等温带树种，再向上则又以山葡萄和野核桃为主。低纬度、平均海拔 4 000 m 的西藏高原，在 2 500 m 的湿热温润地带也有柑橘、香蕉、番木瓜等亚热带树种分布。

2. 坡度 坡度对土壤含水量影响很大。坡度越大，土壤冲刷越严重，含水量越少，同一坡面的上坡比下坡的土壤含水量小。有试验在连续晴天条件下观测，当 3°坡的表土含水量为 75% 时，5°坡为 52%，20°坡为 34%。坡度对土壤冻结深度也有影响，坡度为 5°时结冻深度在 20 cm 以上，而为 15°时则为 5 cm。杏、板栗、核桃、香榧、橄榄等耐旱深根树种，可以栽种在 15°～30°的山坡上。

3. 坡向 北坡日照时间短，温度低，湿度较大，一般多生长耐阴湿的树种；南坡日照时间长，温度高，湿度较小，多生长阳性旱生树种。阳坡的温度日变化大于阴坡，一般可相差 2.5 ℃。由于不同坡向生态因子的差别，生长在南坡树木的物候早于北坡，但受霜冻、日灼、旱害较严重；北坡的温度低，影响枝条木质化成熟，树体越冬力降低。北方，在东北坡栽植树木，由于寒流带来平流辐射霜，易遭霜害；但在华南地区，栽在东北坡的树木，由于水分条件充足，表现良好。

4. 小地形 复杂地形构造下的局部生态条件对树木栽培有重要意义。因为在大地形所处的气候条件不适于栽培某树种时，往往由于某一局部特殊小地形环境造成的良好小气候，可使该树种不仅生长正常而且表现良好。如江苏一般不适于柑橘的经济栽培，但借助太湖水面的大热容量调节保护，可降低冬季北方寒流入侵的强度，保护树体免受冻害，围湖的东、西洞庭山成为重要的柑橘北缘生产基地。

二、生物因子

生物有机体不是孤立生存的，在其生存环境中甚至其体内都有其他生物的存在，这些生物便构成了生物因子。生物因子主要有食物、捕食者、寄生物和病原微生物。生物与生物因子之间发生各种相互关系，如竞争、捕食、寄生、共生、互惠等，这种相互关系既表现在种内个体之间，也存在于不同的种间。

（一）动物

动物方面，食物关系是这种影响的主要形式，这在狭食性种类中尤为显著。食物不足将引起种内和种间激烈竞争。在种群密度较高的情况下，个体之间对于食物和栖息地的竞争加剧，可导致生殖力下降、死亡率增高以及动物的外迁，从而使种群数量（密度）降低，由于植物为动物提供食物、居住地和隐蔽所，与动物的关系十分密切，所以可以根据植被类型来推断出当地的主要动物类群。

　　植物的繁殖体总是面临来自各类生物（如昆虫、脊椎动物、真菌）的取食风险。因动物取食引起的种子死亡影响植物的适合度、种群动态、群落结构和物种多样性的保持。种子被取食的时间和强度成为植物生活史中发芽速度、地下种子库等特征的主要选择压力，而种子大小、生境类型等因素也影响动物对植物种子的取食。大部分群落中的大多数植物种子被动物扩散。种子被动物扩散后的分布一般遵循负指数分布曲线，大多数种子并没有扩散到离母树很远的地方。

　　在北美的森林沼泽地带，生长着一种专门以捕捉苍蝇及其他昆虫为食的捕蝇草，系茅膏菜科捕蝇草属的植物，叶子是它捕食昆虫的有力武器。科学家对捕蝇草的捕食活动做过认真细致的观察和研究，发现其叶子像两扇张开的蚌壳，叶子的边缘有着尖而长的牙齿（也称刚毛），叶子的中间长有触毛并具有感应功能，叶的边缘还有腺毛分泌甜汁。当苍蝇及其他昆虫被甜汁引诱飞进叶子并触动叶边的触毛，大约 20 s 之后，叶子就会产生一种类似动物神经系统的脉冲信号，并从触毛迅速传递到运动细胞而使叶片向内合抱起来，叶子边缘的刚毛便交叉锁绕在一起，昆虫再也出不去了，而且被围在里面的昆虫越活动越挣扎，叶子合得越紧。

（二）植物

　　植物相互的影响更为密切，具有多样化的种间关系，效果有双方互利、一方受益一方无损、一方受益一方受损。高等的寄生植物如菟丝子可使大豆减产，槲寄生、桑寄生使寄主生长势衰弱。附生植物一般而言对附主影响不太大，但有些附生植物却可成为绞杀植物使附主死亡。双方互利的如豆科植物的根瘤。许多具有挥发性分泌物质的植物可以影响附近植物的生长，如将苹果树种在核桃树附近，则苹果会受核桃叶分泌的核桃醌的影响而发生毒害；但将皂荚、白蜡、驳骨丹种在一起，就会相互促进生长。此外植物间的机械损伤与愈合现象能产生自然界中的连理枝现象。

复 习 思 考 题

1. 温度三基点是指什么？亚热带植物生长的基点温度一般是多少？
2. 园林树木依对光照度要求的不同分为哪些类型？
3. 如何利用形态指标判断植物是否喜光？
4. 根据植物对日照长度的要求，将植物分为哪些类型？
5. 高海拔引种到低海拔过程中限制树木生长的主要因子是什么？
6. 以水分因子为主导作用的植物生态类型有哪些？哪些科的植物耐涝性差？
7. 理想的土壤结构是怎样的？盐碱地园林树木栽植的重要措施是什么？

第三章　园林树木的栽植

　　园林树木的栽植是一个系统的、动态的操作过程。在园林绿化工程中，树木栽植更多地表现为移植，即将树木从一个地点移植到另一个地点，并使其继续生长的操作过程。

　　广义的栽植包括起（掘）苗、搬运、种植这3个基本环节的作业。起（掘）苗是将植株从土中连根（裸根或带土团并包装）起出。搬运是指将挖（掘）出的苗木用一定的交通工具（人力或机械、车辆等）运至指定地点。种植是按要求将植株放入事先挖好的坑（或穴）中，使树木的根系与土壤密接。在栽植的全过程中，仅是临时埋栽性质的种植称为假植。若在种植成活以后还需移动者，该作业称为移植。植株若在种植之后直至砍伐或死亡不再移动者，那么这次种植称为定植。

第一节　园林树木的栽植成活原理

　　园林树木在起苗过程中树体根部受到损伤，特别是根系先端的须根大量丧失，使得根系不能满足地上部所需水分的供给要求。另外，根系被挖离原生长地后容易干燥，使树体内水分由茎叶移向根部，当茎叶水分损失超过生理补偿点时，即干枯、脱落，芽亦干缩。因此，园林树木的栽植，要注意树体水分代谢的平衡，提供相应的栽植条件和管理措施，协调植株地上部和地下部的生长发育矛盾，使之根旺树壮、枝繁叶茂，达到园林绿化所要求的生态指标和景观效果。

（一）适树适栽

　　第一，必须了解树种的生态习性及其对栽植地区生态环境的适应能力，要有成功的引种试验和成熟的栽培养护技术。特别是花灌木新品种的选择应用，要比观叶、观形的园林树种更加慎重，因为此类树种的适应性表现除树体成活之外，还有花果观赏性状的完美表达。适树适栽原则的最简便做法，就是选用性状优良的乡土树种作为骨干树种。尤其是在生态林的规划设计中，更应实行以乡土树种为主的原则，以求营造生态群落效应。

　　第二，可利用栽植地的局部特殊小气候条件，突破原有生态环境的局限性，满足新引入树种的生长发育要求，达到适树适栽。例如，可筑山引水，设立外围屏障；改土施肥，改良土壤性质；束草防寒，增强树体抗寒能力。此外，更可利用建筑物防风御寒，小庭院围合聚温，以减少冬季低温的侵害，扩大南树北移的范围。

　　第三，注意地下水位的控制。地下水位过高是影响树木栽植成活的主要因素。在现有园林树种中，耐湿树种极为匮乏，特别是雪松、广玉兰、桃树、樱花等对根际积水极为敏感，栽植时可采用抬高地面或深沟降渍的措施，以利于树体成活和正常生长发育。

　　第四，掌握树种光照适应性。园林树木栽植不同于一般造林，多以乔木、灌木、地被植物相结合的群落生态种植模式来表现景观效果。因此，多树种群体配置时，对耐阴树种和喜阳花灌木配置位置的安排，就显得极为突出。

（二）适时适栽

我国地域辽阔，树种繁多，自然条件也有很大差异。为了提高树木栽植的成活率，降低栽植成本，应根据当地气候和土壤条件的季节变化，以及栽植树木的特性与状况，进行综合考虑，确定最适栽植的季节和时间。

根据树木栽植成活的原理，树木的栽植时期应选择在蒸腾量小和有利于根系及时恢复、保证水分代谢平衡的时期。因此，树木的栽植具有明显的季节性。一般在树液流动最旺盛的时期不宜栽植，因为这时枝叶的蒸腾作用强，栽植时由于根系受损，水分吸收量大大减少，树体由于水分失去平衡而易枯死。应选择树木活动最微弱的时候进行移植，保证树木的成活。同时，根的再生能力是靠消耗树干和树冠下部枝叶中的储存物质产生的，最好在树木体内储存物质多的时期进行移植，一般在秋季落叶后至春季萌芽前。但春季干旱严重的地区，以当地雨季栽植为好。我国南方土壤不冻结、空气不干燥的地区，也可冬季种植。多数地区的种植时期集中在春季和秋季。

1. 春季栽植　春季是树木栽植最理想的季节，气温回升，雨水较多，空气湿度较大，土壤水分条件好，地温转暖，有利于根系的主动吸水，从而保持水分的平衡，提高成活率。春季栽植立足一个"早"字。只要没有冻害，土壤便于施工，应及早开始，其中最好的时期是在新芽萌动之前的2周或更长时间。此时幼根开始活动，地上部分仍然处于休眠状态，先生根后发芽，树木容易恢复生长。尤其是落叶树种，必须在新芽开始膨大或新叶开放之前栽植。若延至新叶开放之后，常易枯萎或死亡，即使能够成活也是由休眠芽再生新芽，多数当年生长不良。虽然常绿树种在新梢生长开始以后还可以栽植，但远不如萌动之前栽植好。一些具肉质根的树木，春天栽植比秋天好。早春是我国多数地方栽植的适宜时间，但持续时间较短，一般为2～4周，华北地区的春季栽植多在3月上中旬至4月中下旬，华东地区落叶树种的春季栽植以2月中旬至3月下旬为佳。

2. 夏季栽植　夏季树木生长旺盛，枝叶蒸腾量很大，根系需吸收大量的水分；而土壤的蒸发作用很强，容易缺水，易使新栽树木在数周内遭受旱害。但如果冬春雨水很少，夏季又恰逢雨季的地方，如华北、西北及西南等春季干旱的地区，应掌握有利时机进行栽植，可获得较高的成活率。

近年来，由于园林事业的蓬勃发展，园林工程中的反季节栽植即夏季栽植有逐渐发展的趋势。夏季栽植，特别是非雨季的反季节栽植，应注意以下几点：一是要带好土球，使其有最大的田间持水量；其次是要抓住适栽时机，在下第一次透雨并有较多降雨天气时立即进行，不能强栽等雨；第三是要掌握好不同树种的适栽特性，重点放在某些常绿树种，如松、柏等和萌蘖力较强的树种上，同时还要注意适当采取修枝、剪叶、遮阳、保持树体和土壤湿润的措施；第四是高温干旱栽植除一般水分与树体管理外，还要特别注意树冠喷水和树体遮阳。

3. 秋季栽植　秋季气温逐渐下降，土壤水分状况稳定，许多地区都可以进行栽植。特别是春季严重干旱和风沙大或春季较短的地区，秋季栽植比较适宜。但在易发生冻害和寒害的地区不宜采用秋植。从树木生理来说，由落叶转入休眠，地上部的水分蒸腾已达很低的程度，而根系在土壤中的活动仍在进行，甚至还有一次生长的小高峰，栽植以后根系的伤口容易愈合，甚至当年可发出少量新根，翌年春天发芽早，在干旱到来之前可完全恢复生长，增强对不利环境的抗性。

秋季栽植的时期较长，从落叶盛期以后至土壤冻结之前都可进行。近年来许多地方提倡秋季带叶栽植，取得了栽后愈合发根快、第二年萌芽早的良好效果。但是带叶栽植不能太早，而且要在大量落叶时开始，否则会降低成活率，甚至完全失败。

近年来的实践证明，部分常绿树种在精心护理下一年四季都可以栽植，甚至秋天和晚春栽植的成功率比同期栽植的落叶树还高。在夏季干旱的地区，常绿树种根系的生长基本停止或生长量很小，随着夏末秋初降雨的到来，根系开始再次生长，有利于成活，更适于采用秋植；但在秋季多风、干燥或冬季寒冷的情况下，春植优于秋植。

4. 冬季栽植 在气候比较温暖、冬季土壤不结冻或结冻时间短、天气不太干燥的地区，可以进行冬季栽植。在北方或高海拔地区，土壤封冻，天气寒冷，一般不宜冬天栽植。但是，在冬季严寒的华北北部、东北大部，土壤冻结较深，也可采用带冻土球的方法栽植。一般说来，冬季栽植主要适合于落叶树种，它们的根系冬季休眠时期短，栽后仍能愈合生根，有利于第二年的萌芽和生长。

（三）适法适栽

园林树木的栽植方法，应根据树种的生长特性、树体的生长发育状态、树木的栽植时期以及栽植地环境条件等，采用裸根栽植或带土球栽植方法。

1. 裸根栽植 裸根栽植多用于常绿树小苗及落叶树种。裸根栽植的关键在于保持根系的完整，骨干根不可太长，侧根、须根尽量多带。从掘苗到栽植，务必保持根部湿润，根系打浆是常用的保护方式之一，可提高移栽成活率 20%。浆水配比为：过磷酸钙 1 kg＋细黄土 7.5 kg＋水 40 kg，搅成糨糊状。为提高栽植成活率，运输过程中可采用湿草（帘）覆盖，以防根系风干。

2. 带土球移植 带土球移植适于常绿树种及某些裸根栽植难于成活的树种，如七叶树、玉兰等。大树栽植和生长期栽植也要带土球进行，以提高成活率。如距离较近，可简化土球的包装程序，只要土球大小适度，在搬运过程中不致散裂即可。如黄杨类等须根多而密的灌木树种，在土球较小时也不会散裂。对直径在 30 cm 以下的小土球，可用草绳或塑料布简易包扎。如土球较大，使用蒲包包装时，只需稀疏捆扎蒲包，栽植时剪断草绳撒出蒲包物料，以便新根萌发，吸收水分和营养。如用草绳密缚，土球落穴后，也应剪断绳缚，以利根系恢复生长。

第二节 园林树木的栽植技术

一、栽植前的准备

园林树木栽植是一项时效性很强的系统工程，其准备工作的及时与否直接影响到工程进度、成活率及其后的树体生长发育，影响到景观效果的表达和生态效益的发挥，必须给予充分的认识和重视，不可疏忽大意。

（一）明确设计意图，了解栽植任务

园林树木栽植是绿化工程的重要组成部分，其树木种类的选择、树木规格的确定以及树木定植的位置，都受设计思想的支配，因此在栽植前必须对工程设计意图有深刻的了解，以完美表达设计要求。

首先要通过设计单位和工程主管部门了解工程概况，包括：植树与其他有关工程（铺草坪、建花坛以及土方、道路、给排水、山石、园林设施等）的范围和工程量；施工期限（始、竣日期，其中栽植工程必须保证不同类别树木于当地最适栽植时间进行）；工程投资（设计预算、工程主管部门批准投资数）；施工现场的地上（地物及处理要求）与地下（管线和电缆分布与走向）情况与定点放线的依据（以测定标高的水位基点和测定平面位置的导线点或和设计单位研究确定地上固定物作为依据）；工程材料来源和运输条件，尤其是苗木出圃地点、时间、质量和规格要求。

其次，为提高栽植质量，栽植前一定要做好技术交底工作，必须根据施工进度编制翔实的栽植计划，及早进行人员、材料的组织和调配，并制定相关的技术措施和质量标准。务必使专业技术人员掌握要领，栽植工人按种植规范认真进行操作。此外，须及时准备好必要的栽植工具与辅助材料，如整理挖掘树穴用的锹、镐，修剪根冠用的剪、锯，短途转运用的杠、绳，树穴换土用的筐、车，支撑树体的木桩，浇水用的水管、水车，吊装树木用的车辆、设备装置，包裹树体以防蒸腾或防寒的稻草、草绳等以及栽植用土、树穴底肥等，保证迅速有效地完成栽植计划，提高树木栽植成活率。

（二）地形和土壤准备

1. 地形准备　种植现场的地形处理是提高栽植成活率的重要措施，必须使栽植地与周边道路、设施等的标高合理衔接，排水降渍良好，并清理土壤中有碍树木栽植和植后树体生长的建筑垃圾和其他杂物。

2. 土壤准备　通常情况下，园林施工场所的土壤在理化性状上与树木原生环境迥异，因土壤条件不适可能导致树体生长活力减退、外表逊色且易受病虫侵害。因此，栽植前对土壤理化性状进行测试分析是十分必要的，以此明确栽植地点的土壤特性是否符合栽植树种的要求，是否需要采用适当的改良措施。

（三）树木调集准备

1. 苗木的选择　关于栽植树种及其苗龄与规格，应根据设计图纸和说明书的要求选定，并加以编号。栽植施工之前，对苗木的来源、繁殖方式与质量状况进行认真的调查。

2. 苗木质量　苗木质量的好坏直接影响栽植的质量、成活率、养护成本及绿化效果，因此应选择优良苗木。高质量的园林苗木应具备以下条件：

① 根系发达而完整，主根短直，接近根颈的一定范围内要有较多的侧根和须根，起苗后大根系应无劈裂。

② 苗干粗壮通直（藤木除外），高度适合，不徒长。

③ 主侧枝分布均匀，能构成完美树冠，要求丰满。其中常绿针叶树下部枝叶不枯落呈裸干状。干性强并无潜伏芽的某些针叶树（如某些松类、冷杉等），中央领导枝要有较强优势，侧芽发育饱满，顶芽有优势。

④ 无病虫害和机械损伤。园林绿化应用经多次移植的大规格苗木最为适宜。由于经几次移苗断根，再生后所形成的根系较紧凑丰满，移栽容易成活。一般不宜用未经过移植的实生苗和野生苗，因其吸收根系远离根颈，较粗的长根多，掘苗会损伤较多的吸收根，因此难以成活，需经 1～2 次断根缩坨处理或移至圃地培养才能应用。生长健壮的苗木，有利于栽植成活并具有适应新环境的能力。供氮肥和水过多的苗木，地上部徒长，茎根比值大，也不

利移栽成活和栽后的适应。

3. 苗（树）龄与规格 树木的年龄对移植成活率的高低有很大影响，并与成活后在新栽植地的适应和抗逆能力有关。

幼龄苗，株体较小，根系分布范围小，起掘时根系损伤率低，移植过程（起掘、运输和栽植）也较简便，并可节约施工费用。由于保留须根较多，起掘过程对树体地下部与地上部的平衡破坏较小。栽后受伤根系再生力强，恢复期短，故成活率高。地上部枝干经修剪留下的枝芽也容易恢复生长。幼龄苗整体上营养生长旺盛，对栽植地环境的适应能力较强。但由于株体小，也就容易遭受人畜的损伤，尤其在城市环境中，更易受到外界损伤，甚至造成死亡而缺株，影响日后的景观。幼龄苗如果植株规格较小，绿化效果发挥亦较差。

壮老龄树木，根系分布深广，吸收根远离树干，起掘伤根率高，故移栽成活率低。为提高移栽成活率，对起掘、运输、栽植及养护技术要求较高，必须带土球移植，施工养护费用高。但壮老龄树木，树体高大，姿形优美，移植成活后能很快发挥绿化效果，重点工程在有特殊需要时，可以适当选用，但必须采取大树移植的特殊措施。

根据城市绿化的需要和环境条件特点，一般绿化工程多用较大规格的幼青年苗木，移栽较易成活，绿化效果发挥也较快。为提高成活率，尤宜选用在苗圃经多次移植的大苗。园林植树工程选用的苗木规格，落叶乔木最小选用胸径 3 cm 以上，行道树和人流活动频繁之处还宜更大；常绿乔木，最小应选树高 1.5 m 以上的苗木。

4. 苗木来源 栽植的苗（树）木，主要有两种来源，即当地培育和从外地购进。当地苗圃培育的苗木一般对栽植地气候与土壤条件都有较强的适应能力，可随起（挖）苗随栽植。这不仅可以避免长途运输对苗木的损害和降低运输费用，而且可以避免病虫害的传播。当本地培育的苗木供不应求不得不从外地购进时，必须在栽植前数月从相似气候区内订购。在提货之前应对欲购树木的种源、起源、年龄、移植次数、生长及健康状况等进行详细的调查。要把好起（挖）苗、包装的质量关，按照规定进行苗木检疫，防止将严重的病虫害带入当地；在运输装卸中，要注意洒水保湿，防止机械损伤并尽可能缩短运输时间。

二、树木起挖

起挖是园林树木栽植过程中的重要技术环节，也是影响栽植成活率的首要因素，必须认真对待。挖掘前可先将蓬散的树冠捆扎收紧，既可保护树冠，也便于操作。

（一）裸根起挖

绝大部分落叶树种可行裸根起挖。根系的完整和受损程度是决定挖掘质量的关键，树木的良好有效根系，是指在地表附近形成的由主根、侧根和须根所构成的根系集体。一般情况下，经移植养根的树木裸根挖掘过程中所能携带的有效根系，水平分布幅度通常为主干直径的 6~8 倍；垂直分布深度为主干直径的 4~6 倍，一般多在 60~80 cm，浅根系树种多在 30~40 cm。绿篱用扦插苗木的挖掘，有效根系的携带量通常为水平幅度 20~30 cm、垂直深度 15~20 cm。挖掘沟离主干的距离不得小于树干胸径的 6~8 倍，挖掘深度应较根系主要分布区稍深一些，以尽可能多地保留根系，特别是具吸收功能的根系。对规格较大的树木，当挖掘到较粗的骨干根时应用手锯锯断，并保持切口平整，禁止用铁锨硬铲。对有主根的树木，在最后切断时要做到操作干净利落，防止发生主根劈裂。起苗前如天气干燥，应提前 2~3 d 对起苗地灌水，使土质变软便于操作，多带根系；根系充分吸水后，也便于储运，利于成活。而野生和直播实生树的有效根系分布范围距主干较远，故在计划挖掘前，应提前1～2年挖沟盘根，以培养可挖掘携带的有效根系，提高移栽成活率。树木起出后要注意保持根部湿润，避免因风吹日晒而失水干枯，并做到及时装运、及时种植。运输距离较远时，根系应打浆保护。

（二）带土球起挖

1. 土球规格　一般常绿树、名贵树和花灌木的起挖要带土球，土球直径不小于树干胸径的6～8倍，土球纵径通常为横径的2/3；灌木的土球直径为冠幅的1/2～1/3。为防止挖掘时土球松散，如遇干燥天气，可提前1～2 d浇透水，以增加土壤的黏结力，便于操作。挖树时先将树木周围无根生长的表层土壤铲去，在应带土球直径的外侧挖一条操作沟，沟深与土球高度相等，沟壁应垂直；遇到细根用铁锹斩断，胸径3 cm以上的粗根，则需用手锯断根，不能用锹斩，以免震裂土球。挖至规定深度，用锹将土球表面及周边

图 3-1　园林树木带土球起挖
（冯立国摄）

修平，使土球上大下小呈苹果形；主根较深的树种土球呈倒卵形。土球的上表面，宜中部稍高，逐渐向外倾斜，其肩部应圆滑，不留棱角，这样包扎时比较牢固，扎绳不易滑脱。土球的下部直径一般不应超过土球直径的2/3。自上而下修整至土球高度的一半时，应逐渐向内缩小至规定的标准。最后用利铲从土球底部斜着向内切断主根，使土球与地底分开。在土球下部主根未切断前，不得扳动树干、硬推土球，以免土球破裂和根系裂损。如土球底部已松散，必须及时堵塞泥土或干草，并包扎紧实（图3-1）。

2. 土球包扎　带土球的树木是否需要包扎，视土球大小、质地松紧及运输距离的远近而定。一般近距离运输土质紧实、土球较小的树木时不必包扎；土球直径在30 cm以上时一律要包扎，以确保土球不散。包扎的方法有多种，最简单的是用草绳上下缠绕几圈，称为简易扎或"西瓜皮"包扎法，也可用塑料布或稻草包裹。较复杂的还有井字式、五星式或橘子式（网格式）3种。比较贵重的大苗、土球直径＞1 m、运输距离远、土质不太紧实的采用橘子式。而土质坚实、运输距离不太远的，可用五星式或井字式包扎。

有些地区用双股双轴的土球包扎法，即先用蒲包等软材料把土球包严实，再用草绳固定。包扎时以树干为中心，将双股草绳拴在树干上，然后从土球上部稍倾斜向下绕过土球底部，从对面绕上去，每圈草绳必须绕过树干基部，按顺时针方向距一定间隔缠绕，间距8 cm（土质疏松可适当加密）。边绕边敲，使草绳嵌紧。草绳绕好后，留一双股的草绳头拴在树干的基部。江南一带包扎土球，一般仅采用草绳直接包扎，只有当土质松软时才加用蒲包、麻袋片包裹。

（1）扎腰箍　大土球包扎，土球修整完毕后，先用1～1.5 cm粗的草绳（若草绳较细时可并成双股）在土球的中上部打上若干道，使土球不易松散，避免挖掘、扎缚时碎裂，称为扎腰箍。草绳最好事先浸湿以增加韧性，草绳干后收缩，使土球扎得更紧。扎腰箍应在土球挖至一半高度时进行，2人操作，1人将草绳在土球腰部缠绕并拉紧，另1人用木槌轻轻拍打，令草绳略嵌入土球内以防松散。待整个土球挖好后再行扎缚，每圈草绳应按顺序一道道

紧密排列，不留空隙，不重叠。到最后一圈时可将绳头压在该圈的下面，收紧后切断。腰箍的圈数（即宽度）视土球高度而定，一般为土球高度的 1/3～1/4。腰箍扎好后，在腰箍以下由四周向泥球内侧铲土掏空，直至泥球底部中心尚有土球直径 1/4 的土连接时停止，开始扎花箍。花箍扎毕，最后切断主根。

（2）扎花箍　扎花箍的形式主要有井字式、五星式和橘子式（又叫网格包）三种扎式。运输距离较近、土壤又较黏重条件下，常采用井字式或五星式；比较贵重的树木、运输距离较远或土壤沙性较重时，则常用橘子式。

① 井字包扎法：先将草绳一端结在腰箍或主干上，然后按照图 3-2（1a）所示的次序包扎，先由 1 拉到 2，绕过土球的底部拉到 3，再拉到 4，而后绕过土球的底部拉到 5，如此顺序扎下去，最后成图 3-2（1b）扎样。

② 五星包扎法：先将草绳一端结在腰箍或主干上，然后按照图 3-2（2a）所示的次序包扎，先由 1 拉到 2，绕过土球的底部，由 3 向上拉到土球面 4，再绕过土球的底部，由 5 拉到 6，如此包扎拉紧，最后成图 3-2（2b）扎样。

③ 橘子包扎法：先将草绳一端结在腰箍或主干上，依序由土球面拉到土球底［图 3-2（3a）］，如此继续包扎拉紧，直到整个土球均被密实包扎，成图 3-2（3b）扎样。有时对名贵或规格特大的树木，为保险起见可以用两层甚至三层包扎，里层可选用强度较大的麻绳，以防止在起吊过程中扎绳松断、土球破碎。

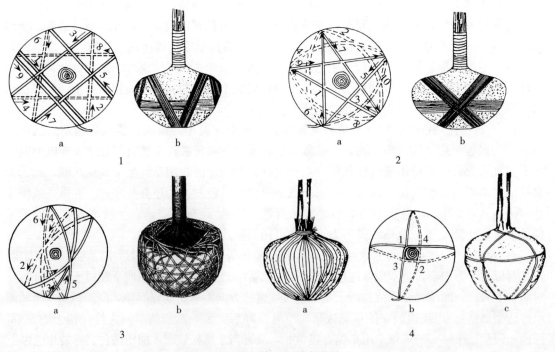

图 3-2　常见土球包扎法
1. 井字包扎法　2. 五星包扎法　3. 橘子包扎法　4. 简易包扎法
（引自李承水，2007）

（3）简易包扎　对直径规格小于 30 cm 的土球，可采用简易包扎法。如将一束稻草（或草片）摊平，把土球放上，再由底向上翻包，然后在树干基部扎牢，如图 3-2（4a）所示。也可在泥球径向用草绳扎几道后，再在泥球中部横向扎一道，将径向草绳固定即可，如图 3-2（4b、c）所示。简易包扎法也有用编织布和塑料薄膜做扎材的，但栽植时需将其解除，以免影响根系发育。

三、树木装卸运输

（一）树木装卸

树木挖好后应尽量随挖、随运、随栽，即在最短的时间内将其运至目的地栽植。树木装运过程中，最重要的是要注意在装、卸车时保护好树体，避免因方法不当或贪图方便而带来的损伤，如造成土球破碎、根系失水、枝叶萎蔫、枝干断裂和树皮磨损等现象。装车前要对树冠进行必要的整理，如疏除部分过于展开妨碍运输的枝干、收拢捆扎松散的树冠等。装车时对带土球的树木要将土球稳定（可用松软的草包等物衬垫），以免在运输途中因颠簸而滚动；土质较松散、

图 3-3　树木装车运输
（冯立国摄）

土球易破损的树木，则不要叠层堆放。树体枝干靠着挡车板的，其间要用草片等软材做衬垫，防止车辆运行中因摇晃而磨损树皮（图 3-3）。树木全部装车后要用绳索绑扎固定，防止运输途中的相互摩擦和意外散落。开车时要注意平稳，减少剧烈震动。装卸时一定要做到依次进行、小心轻放，杜绝装卸过程中乱堆乱扔的野蛮作业。运输距离较远的露根苗装车后应用苦布覆盖，以减少树体的水分散发，保持根部湿润，必要时可定时对根部喷水。

（二）树木包装运输

运输距离较远或有特殊要求的树木，运输时宜用的包装方法有：

1. 卷包运输　适宜规格较小的裸根树木远途运输时使用。将枝梢向外，根部向内，并互相错行重叠摆放；以蒲包片或草席等为包装材料，用湿润的锯末填充树木根部空隙，树木卷起捆好后用冷水浸渍卷包，然后启运。使用此法时需注意：卷包内的树木数量不可过多，叠压不能过实，以免途中卷包内生热；打包时必须捆扎得法，以免在运输中途散包造成树木损失。卷包打好后，用标签注明树种、数量以及发运地点和收货单位地址等。

2. 集装箱运输　目前在远距离、大规格裸根苗的运送中，多采用简便而安全的集装箱运输，把待运送的树木分层放好。为了提高箱内保持湿度的能力，可在箱底铺以塑料薄膜后再铺一层湿锯末，但不可过湿以免发酵生热。

四、定点放线，树穴挖掘

（一）定点放线

根据图纸上的种植设计，按比例放样于地面，确定各树木的种植点。种植设计有规则式

和自然式之分。规则式种植的定点放线比较简单。可以地面固定设施为准来定点放线，要求做到横平竖直，整齐美观。其中行道树可按道路设计断面图和中心线定点放线，并注意树体与邻近建（构）筑物、地下工程管路及人行道边沿等的适宜水平距离（表3-1）；道路已铺成的可依据路牙距离定出行位，再按设计确定株距，用白灰点标出来。为使栽植行保持笔直，可每隔10株于株距间钉一木桩作为行位控制标记。如遇与设计不符（有地下管线、地物障碍等）时，应找设计人员和有关部门协商解决。定点后应由设计人员验点。

表3-1 树体与建（构）筑物间的最小水平距离（m）

建（构）筑物	至乔木主干	至灌木根基
有窗建筑外墙	3.0	0.5
无窗建筑外墙	2.0	0.5
电力杆、柱、塔	2.0	0.5
邮筒、路站牌、灯箱	1.2	1.2
车行道边缘	1.5	0.5
排水明沟边缘	1.0	0.5
人行道边沿	1.0	0.5
地下涵洞	3.0	1.5
地下气管	2.0	1.5
地下水管	1.5	1.5
地下电缆	1.5	1.5

自然式种植设计（多见于公园绿地）如果范围较小，场内有与设计图上相符、位置固定的地物（如建筑物等），可用交会法定出种植点。即由2个地物或建筑平面边上的2个点的位置、各种植点间的距离以直线相交定出种植点。如果在地势平坦的较大范围内定点，可用网格法。即按比例绘在设计图上并在场地上丈量画出等距的方格。从设计图上量出种植点到方格纵横坐标的距离，按比例放大到地面，即可定出。对测量基点准确的较大范围的绿地，可用平板仪定点。定点要求：对孤植树、列植树，应定出单株种植位置，并用白灰点明，钉上木桩，写明树种、挖穴规格；对树丛和自然式片林定点时，依图按比例先测出其范围，并用白灰标画出范围线圈。其内，除主景树需精确定点并标明外，其他次要同种树可用目测定点，但注意要自然，切忌呆板、平直。可统一写明树种、株数、挖穴规格等。

（二）树穴开挖

乔木类栽植树穴的开挖，在可能的情况下以预先进行为好，特别是春植计划，若能提前至秋冬季安排挖穴有利于基肥的分解和栽植土的风化，可有效提高栽植成活率。树穴形状多以圆、方形为主，可根据具体情况，以便于操作为准；树穴的大小和深浅应根据树木规格和土层厚薄、坡度大小、地下水位高低及所带土球大小而定，坑穴上口与下口应保持大小一致，切忌呈锅底状，以免根系扩展受阻。实践证明，大坑有利于树体根系生长和发育，但在缺水沙土地区不利于保墒，宜小坑栽植；黏重土壤的透水性较差，大坑反而易造成根部积水，一般也以小坑栽植为宜。

挖穴时应将表土和心土分边堆放，妨碍根系生长的建筑垃圾，特别是大块的混凝土或石灰下脚等应予清除，情况严重的需换土改良；南方水网地区和多雨季节，应采取导流沟引水或深沟降渍等排除坑内积水或降低地下水位的有效措施。有条件时在树穴挖好后施足基肥，腐熟的植物枝叶、生活垃圾、人畜粪尿或经过风化的淤泥等均可利用，用量为每穴约 10 kg；基肥施入穴底后，需覆盖深约 20 cm 的泥土以与新植树木根系隔离，不致因肥料发酵而产生烧根现象。

五、树木假植

树木运到栽种地点后，因受场地、人工、时间等主、客观因素而不能及时定植者，则需先行假植，时间一般不超过 1 个月。假植是树木在定植前的短期保护措施，其目的是保持树木根部活力，维持树体水分代谢平衡。

裸根树木假植的方法：选择靠近栽植地点、排水良好、阴凉背风处开一条横沟，其深度和宽度可根据树木的高度来决定，一般为 40～60 cm。将树木逐株单行挨紧斜排在沟内，树梢向南倾斜 30°～45°，然后逐层覆土将根部埋实，掩土完毕后浇水保湿；假植期间需及时给树体补湿，发现积水要及时排除。假植的裸根树木在种植前如发现根部过干，应浸泡一次泥浆水后再定植，以提高成活率。

带土球树木的临时假植：将树体直立、土球垫稳，周围用土培好即可。如假植时间较长，同样应注意树冠适量喷水，以增加空气湿度、保持枝叶鲜挺。

六、树木定植

定植是根据设计要求对树木进行定位栽植的行为，定植后的树木一般在较长时间内不再被移植。定植前应对树木进行核对分类，以避免栽植出错，影响设计效果。此外，还应对树木进行质量分级，要求根系完整、树体健壮、芽体饱满、皮色光泽、无病虫检疫对象，畸形、弱小、伤口过多等质量很差的树木应及时剔出另行处理。远地购入的裸根树木，若途中失水较多应解包浸根一昼夜，等根系充分吸水后再行栽植。

（一）冠根修剪

1. 乔木的修剪 树木定植前必须对树冠进行不同程度的修剪，以减少树体水分的散发，维持树势平衡，利于树木成活。对于规格较大的落叶乔木，尤其是杨、柳、槐等生长势较强、容易抽出新枝的树种，可强剪树冠至 1/2 以上，既可减轻根系负担、维持树体的水分平衡，也可减弱树冠招风、增强树木定植后的稳定性。大的修剪口应平而光滑并及时涂抹防腐剂，以防水分蒸腾、剪口冻伤及病虫危害。具有明显主干的高大落叶乔木，应适当疏枝，对保留的主侧枝可在健壮芽上短截去枝条的 1/5～1/3；无明显主干、枝条茂密的落叶乔木，干径 10 cm 以上者可疏枝保持原树形，干径为 5～10 cm 的可选留主干上的侧枝进行短截。枝条茂密的常绿乔木可适量疏除原树冠的 1/3，同时应摘除部分叶片，但不得伤害幼芽。行道树的定干高度宜大于 2.5～3 m，第一分枝点以下枝条应全部剪除，分枝点以上枝条酌情疏剪或短截，并应保持树冠原形。

2. 花灌木及藤蔓树种的修剪 对上年花芽分化已完成的花灌木可仅剪除枯枝、病虫枝，对分枝明显、新枝着生花芽的小灌木应顺其树势适当强剪促生新枝，对枝条茂密的大灌木可适量疏枝，嫁接繁殖的应及时疏除砧木上的萌生枝条。用作绿篱的灌木，可在种植后按设计要求整形修剪；在苗圃内已培育成形的绿篱，种植后应加以整修。攀缘类和藤蔓性树木，可对过长枝蔓进行短截；攀缘上架的树木，可疏除交错枝、横向生长枝。

（二）定植

1. 裸根树木定植　裸根树木定植过程可总结为"三埋两踩一提苗"，即定植时将混好肥料的表土取其一半填入坑中，培成丘状，裸根树木放入坑内时务必使根系舒展分布在坑底的土丘上，校正位置使根颈部高于地面5～10 cm（珍贵树种或根系欠完整树木应采取根系喷布生根激素、置放珍珠岩透气袋等措施）；其后将另一半掺肥料的表土分层填入坑内，每填20～30 cm土踏实一次，并同时将树体稍稍上下提动，使根系与土壤密切接触。定植后的树体根颈部以略高于地表面为宜，切忌因栽植太深而导致根颈部埋入土中，影响树体栽植成活和其后的正常生长发育。

2. 带土球树木定植　先测量坑穴的深度与土球高度是否一致，对坑穴做适当填挖调整后，再放苗入穴，在土球四周下部垫入少量的土，使树直立平稳，然后剪开包装材料，将不易腐烂的材料取出，草绳或稻草之类易腐烂的土球包扎材料，如果用量较少入穴后不一定要解除，用量较多的可在树木定位后剪除一部分，以免其腐烂发热，影响树木根系生长。为防止栽后灌水土塌树斜，填入表土至一半时，应用木棍将土球四周砸实，再填至满穴并砸实，但不要损坏土球，最后将心土填入植穴，直至填土略高于地表面（图3-4），做好灌水堰。雪松、广玉兰等忌水湿树种常行露球种植，露球高度为土球竖径的1/3～1/4，一般为20～30 cm。

图 3-4　带土球树木定植
（黄永高摄）

树木定植时，应注意将树冠丰满完好的一面朝向入口处或主行道等主要的观赏方向。若树冠高低不匀，应将低冠面朝向主面，高冠面置于后向，使之有层次感。在行道树等规则式种植时，如树木高矮参差不齐、冠径大小不一，应预先排列种植顺序形成一定的韵律或节奏，以提高观赏效果；如树木主干弯曲，应将弯曲面与行列方向一致以做掩饰。对人员集散较多的广场、人行道，树木种植池应铺设透气护栅。绿篱呈块状群植时，应由中心向外顺序退植；大型块植或不同彩色丛植时，宜分区分块种植；坡式种植时应由上向下种植。

3. 灌定根水　定根水是提高树木栽植成活率的主要措施，特别在春旱少雨、蒸腾量大的北方地区尤需注意。紧依种植穴直径外围筑成高10～15 cm的灌水土堰，浇水时应防止因水流过急而冲刷裸露根系或冲毁围堰。对排水不良的种植穴，可在穴底铺10～15 cm沙砾或铺设渗水管、盲沟，以利排水。新植树木应在当日浇透第一遍水，以后应根据土壤墒情及时补水；黏性土壤宜适量浇水，肉质根系树种浇水量宜少。

干旱地区、干旱季节或遇干旱天气时，应增加浇水次数，北方地区种植后浇水不少于三遍，或采用施保水剂等措施，针叶树可向树冠喷洒聚乙烯树脂等抗蒸腾剂；干热风季节，宜在10:00前和15:00后，对新萌芽放叶的树冠喷雾补湿。秋季种植的树木，浇足水后可封穴越冬；浇水后如出现土壤沉陷、致使树木倾斜时，应及时扶正、培土。

七、成活期的养护管理

园林树木栽植有"三分栽种、七分管养"之说。树木定植后及时到位的养护管理，对提高栽植成活率、恢复树体的生长发育、及早表现景观生态效益具重要意义。为促使新植树木健康成长，养护管理工作应根据树木生长特性、栽植地环境条件以及人力、物力、财力情况等妥善安排进行。

（一）浇水与排水

园林树木定植后的水分管理是保证栽植成活率的关键。新移植树木的根系吸水功能减弱，日常养护中水分管理的根本目的是保持根际适当的土壤湿度。土壤含水量过大会抑制根系的呼吸，对发根不利，严重的会导致烂根死亡。因此，一方面，要严格控制土壤浇水量，第一次浇透定根水后应视天气情况、土壤质地谨慎浇水；另一方面，要防止树池积水，定植时留下的围堰在第一次浇透水后即应填平或略高于周围地面，以防下雨或浇水时积水，在地势低洼易积水处要开排水沟，保证雨天能及时排水。再有，要保持适宜的地下水位高度（一般要求 1.5 m 以下），地下水位较高处要做网沟排水，汛期水位上涨时可在根系外围挖深井或用水泵将地下水排至场外，严防淹根。

新植树木，为解决根系吸水功能尚未恢复而地上部枝叶水分蒸腾量大的矛盾，在适量根系水分补给的同时，还应采取叶面补湿的喷水措施。5月、6月气温升高，树体水分蒸腾加剧，必须充分满足对水分的需要。7月、8月天气炎热干燥，根系吸收的水分通过叶面的气孔、树干的皮孔不断向空气中蒸腾大量水分，必须及时对干冠喷水保湿。喷水要求细而均匀，喷及树冠各部位和周围空间，为树体提供湿润的小气候环境，束草枝干亦应注意喷水保湿。可采用高大水枪喷雾，喷雾要细，次数可多，水量要小，以免滞留土壤，造成根际积水；或将供水管道安装在树冠上方，根据树冠大小安装若干个细孔喷头进行喷雾，效果较好。

（二）扶正与支撑

定植灌水后土壤松软沉降，树体极易发生倾斜倒伏现象，一经发现需立即扶正。扶树时，可先将树体根部背斜一侧的填土挖开，将树体扶正后还土踏实；特别对带土球树体，切不可强推猛拉、来回晃动，以致土球松裂影响树体成活。在下透雨后，对新植树木必须进行一次全面的检查，发现树体已经晃动的应紧土夯实；树盘泥土下沉空缺的应及时覆土填充，防止雨后积水引起烂根。此项工作在树木成活前要经常检查，及时采取措施；对已成活树木，如发现有倾斜的也要视情况扶正。扶正以选择在树体休眠期进行为宜，若在生长期进行树体扶正，极易因根系断折引发水分代谢失衡，导致树体生长受阻甚至死亡，必须按新植树的要求加强管理措施。

胸径大于 5 cm 的树木植后应立支架固定，特别是在栽植季节有大风的地区，以防冠动根摇影响根系恢复生长，但要注意支架不能打在土球或骨干根上。裸根树木栽植常采用标杆式支架，即在树干旁打一杆桩，用绳索将树干缚扎在杆桩上，缚扎位置宜在树高的 1/3～2/3 处，支架与树干间应衬垫软物。带土球树木常采用扁担式支架，即在树木两侧各打入杆桩，上端用一横担缚联，将树干缚扎在横担上完成固定。三角桩或井字桩的固定作用最好，且有一定的装饰效果，在人流量较大的市区绿地中多用，群植时可采用联合桩支撑（图3-5）。

井字桩支撑　　　　　　三角桩支撑　　　　　　　　联合桩支撑

图3-5　树木支撑方式

（易小林摄）

（三）树体裹干

常绿乔木和干径较大的落叶乔木定植后需进行裹干，即用草绳、蒲包等具有一定保湿性和保温性的材料，严密包裹主干和比较粗壮的一、二级分枝。裹干处理，一可避免强光直射和干风吹袭，减少干、枝的水分蒸腾；二可保存一定量的水分，使枝干经常保持湿润；三可调节枝干温度，减少夏季高温和冬季低温对枝干的伤害。附加塑料薄膜裹干在树体休眠阶段使用有一定效果，但在树体萌芽前应及时撤除，因为塑料薄膜透气性能差，不利于被包裹枝干的呼吸作用，尤其是高温季节时内部热量难以及时散发会对树体造成伤害。樱花、鸡爪槭等树干皮孔较大而蒸腾量显著的树种以及香樟、广玉兰等大多数常绿阔叶树种，定植后枝干包裹强度要大些，以提高栽植成活率。

（四）遮阳与防寒

大规格树木移植初期或高温干燥季节栽植，要搭建荫棚遮阳，以降低树冠温度、减少树体的水分蒸腾。树木成活后，视生长情况和季节变化，逐步去除遮阳物。对体量较大的乔、灌木要求全冠遮阳，荫棚上方及四周与树冠保持30～50 cm距离，以保证棚内有一定的空气流动空间，防止树冠日灼危害；遮阳度约70%，让树体接受一定的散射光，以保证树体光合作用的进行。对成片栽植的低矮灌木可打地桩拉网遮阳，网高距树木顶部约20 cm。

冬季寒冷地区，定植当年应根根据不同的树种选择防寒措施，包括设风障、包树干、埋土、灌冻水、树干涂白等。

（五）生长调节剂、蒸腾抑制剂应用

园林树木养护过程中不可避免地要应用一些化学处理方法，除农药、化肥外，经常采用的还有植物生长调节剂、保水剂等。新植树的根系用ABT生根粉处理，可有效促进根系恢复、新生；用低浓度的生根粉溶液浇灌成活树木的根部，能促进根系生长。ABT生根粉忌接触一切金属，在配制药液、浸条、浸根、灌根和土壤浸施时，不能使用金属容器和器具，也不能与含金属元素的盐溶液混合。配好的ABT生根粉药液遇强光易分解，如在树体上喷洒使用，最好在16:00后进行。

蒸腾抑制剂是一种高分子化合物，喷施于树冠枝叶，能在其表面形成一层具有透气性、可降解的薄膜，在一定程度上降低树冠蒸腾速率，减少因叶面过分蒸腾而引起的枝叶萎蔫，

可有效缓解高温季节栽植施工过程中出现的树体失水和叶片灼伤。新移栽树木，在根系受到损伤、不能正常吸水的情况下，喷施植物抗蒸腾剂可有效减少地上部的水分散失，显著提高移栽成活率。该植物抗蒸腾剂不仅可以有效降低树体水分散失，还能起到抗菌防病的作用。

第三节　大树移植

大树移植到目前为止，尚无一个成熟和公认的统一标准和概念。大树一般指胸径在15～20 cm以上、树高在4～6 m以上或树龄在20年以上的树木（温志平等，2012）。在英国一般采用壮龄树木的概念，英国标准化研究所对壮龄树木的界定如下：壮龄树木是指处于生长发育盛期的乔木，要带土球移栽（或在某些情况下裸露根移植），由于具有一定的规格和重量，需要专门机具进行操作；这类树木一般高6～15 m，重250～10 000 kg。

一、大树移植的目的及意义

大树移植是园林树木栽植和养护过程中的一项基本作业，主要应用于对现有树木保护性的移植以及对密度过高的绿地进行结构调整；新建绿地为了尽快改善景观效果，优化绿地结构，也需要适当栽植大规格的树木。园林设计师必须掌握运用树木构筑景观的技巧，种植适当数量的成年树木，再配置幼树和灌木，以获得更佳的景观效果，故大树移植在当今的园林建设中是提升景观水平的重要手段之一。

1. 大树移植是绿地树木保护性移植的需要　随着城市建设的发展，难以避免地要进行道路拓宽、建筑物拆迁和绿地改造。在建设用地上不能保留的大树，需要被移植到新的绿地中栽植或者移植到苗圃中进行培育。如1954年，北京展览馆因建设需要移植胸径20 cm以上的元宝枫、白皮松、刺槐等多株；上海也成功移植胸径20 cm以上的雪松等100余株，成活率几乎达100%。

2. 大树移植是绿地树木结构调整的需要　在城市绿化中，为了能使绿地在较短的时间内达到设计的景观效果，一般来说种植的初始密度相对较高，一段时间后随着树木的增粗、长高，原有的空间不能满足树冠继续发育的需求，需要进行抽稀调整、移植异地；这在对20世纪70～80年代建设的绿地进行改造时表现尤为突出，调整力度的大小主要取决于绿地建设时的种植设计、树种选用和配置的合理程度等。

3. 大树移植是城市绿地景观建设的需要　在园林绿化建设工程中，栽植适量的大树，能够优化绿地植物的空间结构，尽快形成较好的景观效果。尤其是在绿化用地较为紧张的城市中心区域或城市标志性景观林地、主要景观走廊等重要地段，根据景观需要选择理想的树形和种类的大树能体现景观的艺术内涵，而且适当移植大树可以促进园林树木景观效果的早日形成，对提高园林绿地的整体品位和建设标准具有重要的现实意义。但大树来源需严格控制，必须以不破坏自然生态为前提，最好从苗圃中采购或从近郊林地中抽稀调整。

值得指出的是，大树移植虽然在园林建设中具有重要作用，但城市绿地建设的主体应是采用适当规格的乔木与灌木及地被的合理组合，不能将移植大树作为园林建设的主要手段，无度、集中地运用大树甚至特大树木来构筑园林景观。近年来在我国一些城市建设中的"大树进城"工程，过度依赖大树、过多栽植大树，不仅因成活率低、长势弱难以获得满意的景观效果，对整个地区生态效益的提升也有限；并且大树移植的成本高，种植、养护的技术要求也高；更具危害性的是，目前大树移植多以牺牲局部地区特别是经济不发达地区的生态环境为代价，故非特殊需要不倡导多用，更不能成为城市绿地建设中的主要方向。一般而言，大树移植的数量最好控制在绿地树木栽植总量的 5%～10%。

二、大树移植的特点

1. 移植成活困难　大树树龄大，阶段发育程度深，细胞再生能力差，根系分布深广，挖掘后的树体根系损失多，在一般带土球范围内的吸收根较少，近干的粗大骨干根木栓化程度高，萌生新根能力差，移植后根系恢复慢；大树形体高、树冠庞大、枝叶蒸腾面积大，移植打破了原来的根冠比，根系水分吸收与树冠水分消耗之间的平衡被打破，如不能采取有效措施，极易造成树体失水枯亡。另外，大树移植时的土球很重，在起挖、运输、栽植过程中易碎裂，降低了成活率。

2. 移植技术环节多、成本高　由于树木规格大、移植的技术要求高，需要经历选树、断根缩坨、起苗、运输、栽植以及养护等环节，移栽过程少则几个月，多则几年，每一个步骤都不能忽视。另外，由于树木规格大，移栽条件复杂，一般都需要借助多种机械才能完成。为了提高移植成活率，移植后还必须采用一些特殊的养护管理技术与措施，提高了施工成本。

3. 绿化效果快速、显著　尽管大树移植有诸多困难，但如能科学规划、合理运用、适度配置，大树移植成活后收效快而显著，能较快发挥城市绿地的景观和生态功能。

三、大树移植的树种选择原则

除了保护性移植和树种结构调整以外，新建绿地中大树的选择应根据树种的生物学特性和生态习性，遵循适地适树的原则，选择规格适中、移栽容易成活、运输距离较短的大树，以最大限度地提高移植成活率，尽快、尽好地发挥大树移植的生态和景观效果。

（一）树种选择原则

1. 移栽易成活　大树移植应尽量选择移植易成活的树种。美国树艺学家 Himelick 认为，大树移植成活容易的树种有杨属、柳属、桤木属、榆属、朴属、椴属树种以及悬铃木、刺槐、梨、棕榈、紫杉等，而核桃、山核桃、檫木、白栎等则十分困难。我国的大树移植经验表明，最易成活者有杨树、柳树、梧桐、悬铃木、榆树、朴树、银杏、臭椿、楝树、槐树、木兰等，较易成活者有香樟、女贞、桂花、厚朴、厚皮香、广玉兰、七叶树、槭树、榉树等，较难成活者有马尾松、红松、柳杉、榧树、楠木、山茶、青冈栎等，最难成活者有冷杉、金钱松、落叶松、核桃、桦树等。

2. 生命周期长　由于大树移植的成本较高、难度大，移植后的大树应能在较长时间内发挥其景观作用。如果选择寿命较短的树种进行大树移植，树体老化快，移植时耗费的人力、物力、财力，无论从生态效应还是景观效果上都得不偿失。而对那些生命周期长的树种，即使选用较大规格的树木，仍可经历较长时期的生长并充分发挥绿化功能和景观效果。

（二）树体选择原则

1. 树体规格适中 大树移植并非树体规格越大越好，规格越大的树木，移植难度越大、成本越高。特别是古树，由于已长久依赖于某一特定生境，环境一旦改变就可能导致树体死亡，移植成活率更低。研究表明，即便采用特殊的管护措施，胸径 15 cm 的树木在移植后 3～5 年根系才能恢复到移植前的水平，而胸径 25 cm 树木移植后的根系恢复则需 5～8 年。一般乔木树种以树高 4 m 以上、胸径 15～25 cm 最为合适。

2. 树体年龄轻壮 大树移植的最佳时期是壮年期。一般来说，壮年期的树木正处于树体生长发育的旺盛时期，树体适应能力和再生能力都强，移植后树体恢复快、成活率高。壮年期树木的树冠发育成熟且较稳定，最能体现景观设计的要求。慢生树种 20～30 年生、速生树种 10～20 年生、中生树种 15 年生较为适宜。

3. 就近选择、生境近似 远距离运输大树受道路通行条件限制的概率高，树木失水时间长，土球容易碎裂，这都增加了移植的风险。因此要坚持就近选择优先的原则，尽量避免远距离调运大树。另外，要以乡土树种为主、外来树种为辅，栽植地的立地条件要能满足树种的特性需求并与原生地的立地条件尽可能相似，使其在新的生长环境中发挥最大优势。

四、大树移植前的准备及处理

进行大树移植前，要确定移植的计划，进行大树的选择和调查，准备好必需的挖掘、吊装、运输和栽植机械以及工具、包装材料等，并实地勘察运输路线，制订相应的运输、栽植和养护方案。

（一）选树与调查

根据设计需求，选择树形美观、观赏效果好的树木。如行道树，应选择干直、冠大、分枝点高、有良好庇荫效果的树木；用于庭院观赏的树木应选取冠形开展的孤立木。此外，应选择树体生长健壮、无病虫害侵染以及未受机械损伤的树木。尽可能选择交通便利、便于起运的树木；树木生长地应平坦或坡度不大，否则树木根系分布不匀，土球不易完整。

起运前要对将移植的大树进行实地调查，主要调查树高、树径、冠幅、树形以及立地条件等，在调查的基础上进行登记、分类、编号。选定的大树用油漆对树干生长朝向做出明显的标记，以便移植时确定方位。还要对大树周围的立地环境做详细考察，根据土壤质地、土层厚薄、调运机械走行的路线、周边障碍物的情况等，做出合理可行的计划。

（二）移植时间的选择

大树移栽最好选择在树木休眠期进行，一般以春季萌动前和秋季落叶后为最佳时期。我国北方地区最适宜大树移栽的时期当属春季。具体移植时最好选择阴而无雨或晴而无风的天气，避免在极端的天气情况下进行。欧洲国家提倡在夜间移植大树，以避免日间高温对树体蒸腾的影响。选择最佳的移植时间不仅可以提高移植成活率，而且可以有效降低日后的养护管理成本。

如果能保证在大树移植过程中带有大小适中而完整的土球，在移植过程中严格执行操作规程，移植后又有科学的养护措施，那么在树木休眠期以外也可以进行大树移植。

1. 春季移植 早春树木萌动前是大树移植的最佳时期，此时树体蒸腾量较小，定植后损伤的根系容易愈合、再生，能尽快恢复吸水功能。经过早春到晚秋的正常生长，树体移植时受伤的根冠能得到恢复，给树体安全越冬创造了有利条件。春季移植大树可以获得较高的移植成活率。

2. 夏季移植 夏季树体蒸腾量较大，一般来说不利于大树移植，再者所需技术复杂、成本较高，故一般尽可能避免。如在十分必要时，可采取加大土球以及加强树冠修剪、树体遮阳等减少枝叶蒸腾的措施，也能获得较好的效果。在南方的梅雨期，由于阴雨天气持续时间较长，光照度较弱、空气湿度较高，如把握得当也不失为移植适期。

3. 秋冬移植 从树木开始落叶到气温不低于−15 ℃的秋冬季节，树体虽处于休眠状态，但地下部分尚未完全停止生理活动，移植时被切断的根系能够愈合恢复，给来年春季萌芽生长创造良好的条件。但在严寒的北方，必须加强对移植大树的根际保护才能保证成活。

（三）大树移植前的技术处理

1. 切根处理 大树移植成功与否，很大程度上决定于所带土球范围内的吸收根数量和质量。为此，在移植大树前采取断根缩坨（回根、切根）的措施，使主要的吸收根系回缩到主干根基附近，可以有效缩小土球体积、减轻土球重量，便于移植。在大树移植前的 1～3 年分期切断树体的部分根系，以促进吸收须根的生长，缩小日后的根坨挖掘范围，使树体在移植时能形成大量可带走的吸收根。这是提高大树移植成活率的关键技术，特别适用于移植实生大树或具有较高观赏价值的珍稀名贵树木（图 3-6）。

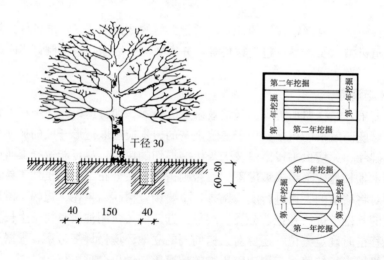

图 3-6　大树断根缩坨示意图（单位：cm）

具体做法为：在移植前 1～3 年的春季或秋季，以树干为中心、3～4 倍胸径为半径画圆或呈方形，分年在相对的方向挖沟（宽 30～40 cm、深 60～80 cm）。挖掘时如遇较粗的根，用锋利的修枝剪或手锯切断使之与沟的内壁齐平；如遇直径 5 cm 以上的粗根，为防大树倒伏一般不予切断，而于土球外壁处行环状剥皮（宽约 10 cm）后保留，并在切口涂抹 0.1%（1 000 μL/L）生长素（萘乙酸等），以利于促发新根，其后用拌和着肥料的泥土填入并夯实，定期浇水，到翌年的春季或秋季，再照上述操作分批挖掘其余的沟段。正常情况下经 2～3 年，环沟中长满须根后即可起挖移植。在气温较高的南方（如广州等地），有时为突击移植，在第一次断根数月后即起挖移植。通常以距地面 20～40 cm 处树干周长为半径挖环行沟（深 60～80 cm），沟内填稻草、园土至满后浇水，相应修剪树冠，但需保留两段约占 1/4

的沟段不挖，以便能有足够的根系继续吸收养分、水分，供给树体正常生长。40～50 d后新根长出，即可掘树移植。

2. 平衡修剪　切根处理或移植前，要对大树进行整形和修剪，以减少枝叶蒸腾、平衡树势，塑造树形。修剪强度需根据树木的种类、栽植的季节、树体的规格及移植后的养护措施等来决定。修剪应尽量保持树木的冠形、姿态。萌芽力强、树龄老、规格大、叶薄稠密的落叶树体可强剪，萌芽力弱的常绿树宜轻剪。通常在保持树冠基本外形的基础上剪除1/3枝叶的量，对在高温季节移植的落叶阔叶树木则需剪除50％～70％的枝叶。目前国内大树移植主要采用的树冠修剪方式有：

（1）**全株式**　尽量保持树木的原有树冠、树形，原则上只将徒长枝、交叉枝、病虫枝、枯弱枝及过密枝剪除，此法为为目前高水平绿地建设中所推崇使用，尤为适用于雪松等萌芽力弱的常绿树种。对香樟、桂花、广玉兰、银杏等阔叶树种可采取摘叶处理，摘叶量为50％～75％，以减少树体总叶面积，降低叶面蒸腾量。

（2）**截枝式**　只保留到树冠的一级分枝，将其上部截除，多用于广玉兰、香樟、银杏等生长速率和发枝力中等的树种，虽可提高移植成活率但对树形破坏严重，应控制使用。

（3）**截干式**　只保留一定高度的主干，将整个树冠截除，多用于悬铃木、国槐、女贞等生长速度快、发枝力强的树种。虽然这可以提高移植成活率，但无论从景观上还是生理、生态上都会带来许多不良后果，在园林绿化工程中逐步被放弃使用。

五、大树移植技术流程

（一）树体起掘

1. 起掘前的准备　首先，将树干周围2～3 m范围内地表的碎石、瓦砾、灌木地被等障碍物清除干净，将表层松土铲除，为顺利起掘提供条件；其次，在起掘前3～5 d根据土壤的质地和干湿情况适当浇水，使大树的根系、树干储存足够水分，根际的土质紧密，容易挖掘和成坨，土球在运输过程中也不易松散。

2. 起掘和包装

（1）**带土球软材包装**　适于移植胸径15～20 cm，生境土质不易松散的大树。起掘前，以胸径6～8倍为所带土球直径画圈，沿外缘挖宽60～80 cm、深60～80 cm的沟。实施过切根缩坨处理的大树，填埋沟内新根较多，起掘时应沿断根沟外侧再放宽20～30 cm。挖掘过程中要逐渐修整土球的形状，粗根要用锯切断。挖到要求的土球厚度时，再斜向土球的底部中心掏挖，适当保留土球底部中心的土柱使土球保持稳定。包扎可用预先湿润过的草绳采取橘子扎法包扎或用蒲包片、麻袋片等软材包扎。这种包装方式简便、费用低廉，但抗震性能不是太理想（图3-7左）。也可先用无纺布包裹土球，外面再用1～2层铁丝网包扎。

（2）**土台方箱包装**　适于移植胸径20～30 cm以上或土壤松软、不易带土球的大树，可确保安全吊运。以树干为中心，以树木胸径的6～10倍为边长画正方形，沿画线的外缘开沟，沟宽60～80 cm，沟深与留土台高度相等，土台规格可达2.2 m×2.2 m×0.8 m。修平的土台尺寸稍大于边板规格，以保证边板与土台紧密靠实；每一侧面都应修成上大下小的倒梯形，一般上下两端相差10～20 cm。随后用4块专制的箱板夹护土台四侧，用钢丝绳或螺栓将箱板紧紧扣住土台，而后开始掏挖土台底部的土壤，边掏挖边安装底板。掏挖过程中要

移植的软材包装

方箱包装

图 3-7 大树移植的土球包装

（引自 Richard W Harris et al，2003）

注意安全，身体不可探入土台底部，风力较大时不宜进行掏挖作业。土台上面要间隔 20 cm 左右间距固定上木板以加固包装（图 3-7 右）。

（3）冻土球挖掘 利用冬季低温时期进行冻土球掘苗，是我国北方冬季寒冷地区常用的掘苗方法。冻土球移植不必包装，不容易散坨，运输方便。如果土壤湿度低，可于土壤封冻前灌水湿润土壤。待气温下降到 $-12 \sim -15 \, ℃$ 时，土层冻结深达约 20 cm 时，开始用镐等挖掘土球。如下部尚未冻结，等待 $2 \sim 3$ d 之后继续挖，直到挖至预计深度。若预先未灌水，土壤干燥冻结不实，可于土球外泼水使其冻结。

（4）裸根挖掘 适于运输距离短、移植易成活的落叶乔木，如杨树、柳树、悬铃木、银杏等。裸根移植大树必须在落叶后至萌动前进行。裸根挖掘的挖掘直径范围一般是树木胸径的 $8 \sim 12$ 倍，可在用起重机吊住树干的同时挖掘根系，顺着根系将土挖散敲脱，树干基部根系固持的土壤可适量保留。注意保护好细根，起挖后在裸露的根系空隙里填入湿草或湿苔藓等保湿材料，再用湿草袋、蒲包等软材将根部包缚。裸根挖掘简便易行，运输和装卸也容易；但对树冠需采用强度修剪，一般仅选留 $1 \sim 2$ 级主枝强剪，并加强栽植后的养护管理，方可确保成活。在大树生长地土壤沙性较重、难以保持土球的情况下也可采用（图 3-8）。

（二）装运

大树装运前，应先计算土球重量，以确定起吊机械和运输车辆的功率。计算公式为：

$$W = D^2 h \beta$$

式中，W——土球重量；

D——土球直径；

h——土球厚度；

β——土壤容重。

图 3-8 裸根移植

（引自 Briom Clouston 著，陈自新、许安慈译，1992）

大树移植时，应掌握正确的吊装、运输方法以免损伤树皮和松散土球。大树一般采用起重机吊装。树体较小、土球较轻的可以用吊带直接绑在距地面 1～2 m 高的树干上起吊；树体大、土球重的大树，最好用两根吊绳，一根吊绳捆住土球中部，另一根吊绳绑住树干重心处，将两根吊绳连接、固定后起吊。吊绳与土球接触处应放厚木板衬垫以防土球受力松散，吊绳与树干接触处要裹上麻布或胶垫以免树皮受伤。装车前拢冠，以利运输安全。装车时将土球靠近车头厢板，用木块塞牢。树干用支架撑起，使树体斜向上倾斜，并将树体固定在车厢上，防止在运输过程中产生滚动、摇晃、碰撞（图 3-9）。

图 3-9　树木运输过程中的树体吊装和固定

（李智辉摄）

（三）栽植

大树移植要掌握"随挖、随包、随运、随栽"的原则，移植前应根据设计要求定点、定树、定位。栽植穴应比土球直径大 40～50 cm，比方箱尺寸大 50～60 cm，比土球或土台深 20～30 cm，栽植穴上口与底边垂直，大小一致，不要挖成锥形或锅底形。穴底铺设 10～20 cm 厚的粗沙排水垫层，垫层内可设置通气管道，通气管露出土面，用于改善根系呼吸和排除积水。垫层上再铺设大约 20 cm 厚适于树木根系生长的腐殖土。栽植前要对劈裂、折伤的根系进行修剪，将直径 2 cm 以上的锯口修齐，用多菌灵等杀菌剂对土壤、根部进行消毒，且用生根粉溶液喷洒或浸根，以促进根系愈合、生根。为了防止破损根系腐烂霉变产生病菌而影响成活，栽植时在土坑内撒上杀菌剂，如防治细菌的农用链霉素、防治真菌的多菌灵等（图 3-10）。

吊装入穴与一般树木的栽植要求相同，还应考虑树木在原生长地的朝向，尽可能将树冠最丰满面朝向主观赏方向。栽植深度以土球或土台表层略高于地表为宜；雪松等不耐水湿的树种宜采用浅穴堆

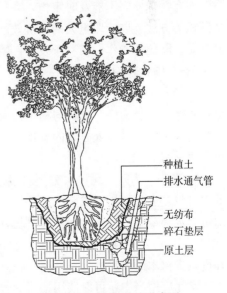

种植土
排水通气管
无纺布
碎石垫层
原土层

图 3-10　大树栽植示意图

（李智辉绘）

土栽植，即土球高度的 1/3～2/5 露出土面，然后围土球堆土呈丘状，这样根际土壤透气性好，有利于根系伤口的愈合和新根的萌发。树木栽植入穴后，草绳、蒲包等软扎材料也应尽量拆除；填土时，每 20～30 cm 即夯实一次，注意不得损伤土球。栽植完毕后，在树穴外缘筑一个高 30 cm 的围堰，浇透定植水。

目前国外多数园林公司拥有各种高效、方便的大树移植专用机械，可以完成挖穴、起掘、运输、栽植、浇水等全部（或部分）作业。在近距离大树移植时，一般采用两台机械同时作业，一台带土球挖掘大树并搬运到移植地点，另一台挖坑并把挖起的土壤填回大树挖掘后的空穴。虽说一次性投入高，但移栽成活率高、工作效率高，并可减轻工人劳动强度、提高作业安全性，在城市绿地建设中值得推广（图 3-11）。

图 3-11　大树移植机起苗、运输

（李智辉摄）

（四）假植

如有特殊原因不能及时定植，需行假植。目前，我国有些大苗木商通常采用大树集中假植囤积的方法，以获取更大的经济效益。大树假植多采用露球围囤的方法，内填疏松、肥沃的基质，既便于操作，又利于发根；围囤材料可以用砖、木质或塑料板材。

（五）植后养护

1. 支撑　栽植后应立即支撑固定，预防歪斜。正三角撑最有利于树体固定，支撑点高度在树体 2/3 处为好，支柱与树干接触部位要缠草绳或者垫上蒲包以防树皮被磨损，支柱基部应插入土中至坚实处方能固着稳定。井字四角撑具有较好的景观效果，也是经常使用的支撑方法（图 3-12 左）。

2. 裹干　为防止树体水分蒸腾过多，可用草绳、无纺布等具有一定的保湿、保温性能的软材包裹全部的树干或至一级分枝。每天早晚对裹干处喷水一次，喷水时只要包裹物湿润即可，水滴要细，喷水时间不可过长，以免造成根际土壤过湿，而影响根系呼吸、新根再生（图 3-12 右）。据英国研究资料，包裹物阻挡阳光直射木质部可使叶片温度降低 1～2 ℃，并可减少树木的蒸腾。

实际应用当中还可以使用塑料薄膜和石油乳化剂作为裹干材料。薄膜裹干在树体休眠阶段使用效果较好，但薄膜透气性差，不利于被裹枝干的呼吸作用，尤其是高温季节的内部热量难以及时散发，会对树体枝干造成灼伤，在树体萌芽前应及时解除。有研究表明，用适当

支撑（李智辉摄）　　　　　　　　　裹干（何小弟摄）

图 3-12　支撑与裹干

浓度的石油乳化剂喷涂于大树的枝、干表面以避免和减少枝干水分蒸腾，效果较好，有利于树木成活。

3. 搭棚遮阳　生长季移植应搭建荫棚，防止树冠经受过于强烈的日晒，减少树体蒸腾量。全冠搭建时，要求荫棚上方及四周与树冠间至少保持 50 cm 的间距，以利棚内空气流通，防止树冠遭受日灼危害；特别是在成行、成片较大移植密度时，宜搭建大棚，遮阳度为 70% 左右，让树体接受一定的散射光，以保证光合作用的正常进行（图 3-13）。

图 3-13　搭棚遮阳
（何小弟摄）

4. 水肥　大树定植后应立即围堰浇水，定植水采取小水浸灌方法，一般是第一次定植水浇透水后，间隔 2~3 d 后浇第二次水，隔一周后浇第三次水。新移植大树根系吸水能力弱，对土壤水分需求量较小，只要保持土壤适当湿润即可。为此，一方面要严格控制土壤浇水量，视天气情况、土壤质地谨慎浇水，但夏季必须保证每 10~15 d 浇一次水；另一方面，要防止围堰内积水，在地势低洼易积水处要开排水沟，保证雨天能及时排水。

除了根部浇水以外，树冠适量喷水（喷雾）能够保湿、降温，进而降低树木蒸腾失水量，有利于树木成活。可以采用高压水枪喷水或者利用微喷系统对移植大树的树冠进行多次、少量的间歇微灌，不仅可以保证充分的水分供给，又不会造成地面径流导致土壤板结，有利于维持根基土壤的水、气结构。结合树冠水分管理，每隔 20~30 d 用尿素（100 mg/L）＋磷酸二氢钾（150 mg/L）喷洒叶面，有利于维持树体养分平衡。入秋前要控施氮肥，增施磷、钾肥，以提高新枝的木质化程度，增强自身抗寒能力。

5. 树盘处理　浇完第三次水后即可撤除浇水围堰，并将土壤堆积到树下呈小丘状，以免根际集水，并经常疏松树盘表层土壤，以改善土壤的通透性。也可在根际周围种植地被植物或铺上一层石子、碎树皮、木屑等覆盖物，既美观又可减少地表蒸发。在人流比较集中或其他易受人为、禽畜损坏的区域，要设置围栏等加以保护（图3-14）。

6. 树体保护 新植大树的枝梢萌发迟、根系活动弱、养分积累少、组织发育不充实，易受低温危害。需在入冬寒潮来临之前做好树体保温工作，可采取覆土、裹干、设立风障等方法加以保护。

图3-14 树盘处理
（李智辉摄）

六、提高大树移植成活率的措施

（一）ABT生根粉的使用

裸根移植大树时，选用ABT-1号、ABT-3号生根粉处理根部，有利于树木在移植和养护过程中损伤根系的快速恢复，可促进树体的水分平衡，提高移植成活率。对直径大于3 cm的根系伤口喷涂ABT-1号生根粉（150 mg/L），以促进伤口愈合；修根时，若遇土球掉土过多，可用拌有生根粉的黄泥浆涂刷。

（二）保水剂的使用

保水剂又称土壤保水剂、高吸水性树脂、高分子吸水剂。它是利用强吸水性树脂制成的一种具超高吸水、保水能力的高分子聚合物。适量施用保水剂能够提高土壤的持水量，改善土壤结构，增加土壤团粒结构的百分率，增加土壤孔隙的比例。

聚丙烯酰胺保水剂寿命可超过4年，拌土使用的大多选择0.5～3 mm粒径的剂型，可节水50%～70%，节肥30%以上，尤适于北方以及干旱地区大树移植时使用。使用时以有效根层干土中加入0.1%为宜，拌匀再浇透水；或让保水剂吸足水成饱和凝胶，以10%～15%比例加入与土拌匀。一般在树冠垂直位置挖2～4个坑，长1.2 m、宽0.5 m、高0.6 m，分3层放入保水剂，分层夯实并铺上干草；用量根据树木规格和品种而定，一般150～300 g/株（程国华等，2009）。只要有300 mm的年降水量，大树移植后可不必再浇水，并可以做到秋水来年春用。

施用保水剂要适量，施入量过少，起不到蓄水保墒作用；施入量过大，不但不经济而且雨季常会造成土壤储水量过高，引起土壤通气不畅而导致树木根系腐烂。土壤施用保水剂时要注意天气情况及土壤水分条件。使用后一定要浇足水，如果气候特别干旱，还要进行补水，防止保水剂与树木争水。

（三）输液促活技术

移植大树时尽管可带土球，但仍然会失去许多吸收根系，根系吸水能力难以满足树体代谢需要；截枝去叶虽可降低树体水分蒸腾，但当供应（吸收水分）小于消耗（蒸腾水分）时，仍会导致树体脱水死亡。为了维持大树移植后的水分平衡，通常采用外部补水（土壤浇水和树体喷水）的措施，但有时效果并不理想，灌溉方法不当时还易造成渍水烂根。在大树移植前后或运输途中采用向树体内输液给水的方法，把水分直接输入树体木质部，能使树体及时获得必要的水分和养分，从而有效提高成活率。

1. 液体配制 输入的液体以水分为主，并可配入大量元素、微量元素和植物生长调节剂等。可使用磁化水以增强水的活性，每千克水中可溶入 ABT－5 号生根粉 0.1 g、磷酸二氢钾 0.5 g。生根粉可激发细胞原生质体的活力以促进生根，磷、钾元素能促进树体生活力恢复。上海、成都、江西等地都有专门生产此类营养液及其输液设备的公司。

2. 输液部位 输液部位越低越好，以便输入液在向上输送过程中有较长的时间横向扩散，从而使输入液分布更均匀，可选择在树体主干的基部、粗根的上方或粗根上打孔作为输液部位。对于松科、柏科植物，在生长旺盛期输液，树脂道流胶容易堵塞孔口，可在树液流动缓慢时，选流胶少的部位（成熟的老组织）用大孔针头、增加吊注液的压力进行输液；有些古树名木，树干中心部位容易出现空洞，应该选择在主枝和主根上输液，有利于均匀输导药液。打孔时，孔向朝下与地面呈约 135°夹角，深 5～10 cm，也可深至髓心；输液孔数量的多少和孔径大小应与树体大小和输液插头的直径相匹配。胸径不超过 10 cm 的，钻一个输液孔即可；胸径 10～20 cm 的，钻 2～3 个输液孔；胸径 20 cm 以上的，钻 3～5 个输液孔。输液孔的水平分布要均匀，纵向错开，不宜处于同一垂直线上。

3. 输液方法

（1）吊瓶（吊袋）输液 目前国内大树输液主要采用吊瓶（吊袋）输液的方式。树木吊瓶输液是把水分、肥料、农药以及激素等采用简单的输液装置直接从木质部输入树木体内的一种方法（该技术的概念、原理及具体操作方法在国内首次为冯晋臣教授在 20 世纪 60 年代所揭示与实现）。这种方法所使用的装置类似给人或动物静脉输液的输液器，主要由注射针头、输液管、储液容器三部分构成。输液前先在树干上斜向下方向（与地面大约呈 135°）钻一个小孔至木质部，清空孔内的木屑，钻孔内先注满输液，然后把注射针头塞入孔中；也可将钻孔用橡胶塞封住，然后把医用注射针头刺穿橡胶塞将液体输入钻孔（图 3－15）。

图 3－15 树干输液
（李智辉摄）

（2）加压注射输液 此类方法需要将注射针头挤进或拧进钻孔中或者通过密封圈实现针头与钻孔的密封，由人力、气压、液压或机械装置提供一定的压力，对大树进行注射输液。国内于 20 世纪 60 年代开始就有人研制用喷雾器加压对树木进行注射的注药器。

大树输液时，其次数和时间应根据树体需水情况而定。当树体抽梢后即可停止输液，有冰冻的天气不宜输液，以免树体受冻害。同一输液孔使用时间不宜过长（一般不超过 15 d），输液时间过长，钻注的伤口产生愈伤组织堵塞孔口影响液流，输液孔也容易腐烂。如需连续输液，要定期更换钻孔。使用后的钻孔需进行消毒促愈合处理后用木塞密封。

（四）抗蒸腾剂的应用

大树移植过程中，打破了树木原有的代谢平衡，使水分和有机营养物质大量消耗造成树木移植后不易成活或成活率低。控制叶片蒸腾是减少植物失水的重要途径。

植物抗蒸腾剂是指作用于植物叶表面，能降低蒸腾作用，减少水分散失的一类化学物质。依据不同抗蒸腾剂的作用方式和特点，可将其分为三类（梁月，2008）：

1. 代谢型　也称气孔抑制剂，其作用于气孔保卫细胞后，可使气孔开度减小或关闭气孔，增大气孔蒸腾阻力，从而降低水分蒸腾量。

2. 成膜型　成分为一些有机高分子化合物，喷布于叶表面后形成一层很薄的膜，覆盖在叶表面，降低水分蒸腾量。

3. 反射型　此类物质喷施到叶片的上表面后，能够反射部分太阳辐射，减少叶片吸收的太阳辐射，从而降低叶片温度，减少蒸腾量。

由于植物之间的差异性，不同植物对抗蒸腾剂的反应也不尽相同，最好是通过一定的试验得出最佳的施用方案。另外，在使用抗蒸腾剂时必须注意，尽早喷洒抗蒸腾剂，在土壤有效水分很低时，抗蒸腾剂的效果较差，对已萎蔫的植物，使用抗蒸腾剂无任何效果；在喷洒抗蒸腾剂时，一定要喷均匀，重点喷到叶子背面。

第四节　园林观赏竹的栽植与养护

中国竹类资源十分丰富，有适于热带生长的合轴丛生型竹种、亚热带生长的单轴散生型竹种和高海拔高纬度地区生长的复轴混生型竹种。中国竹类植物共有 39 个属，500 余种，分布在北纬 40°以南的广大国土上。全国有 24 个省（直辖市、自治区）内有竹子分布。由于各地气候、土壤、地形的变化和竹种生物学特性的差异，中国竹子具有明显的地带性和区域性，分为黄河—长江竹区、长江—南岭竹区、华南竹区和西南高山竹区。竹子除了作为重要的经济林树种外，也是园林植物造景的重要材料。从古至今，竹以其高节的虚心、正直的性格受人赞咏，将松、竹、梅誉为"岁寒三友"，梅、兰、菊、竹誉为"四君子"，"宁可食无肉，不可居无竹"已成为佳话，竹在城市造园中广泛应用。竹子生长有其特殊性，它是依靠地下茎（竹鞭）上的笋芽发育长成竹笋，再长成新竹。新竹当年完成高度、直径生长，以后不再长高长粗。竹子每年均会发笋长竹，因此，观赏竹栽植技术也有别于其他园林树种。

一、栽植时间

观赏竹移栽最佳季节取决于出笋期、抗寒性、移栽季节的气候变化等。

（一）散生竹

在城市园林中常用的散生竹种主要有毛竹（含黄皮花毛竹、绿皮花毛竹、槽里黄毛竹、龟甲竹等）、刚竹（含黄金间碧玉、碧玉间黄金）、淡竹、早园竹、桂竹（含斑竹）、金镶玉竹、紫竹、水竹、花秆乌哺鸡竹等。散生竹通常于春季 3～5 月开始发笋，多数竹种 6 月基本完成高生长，并抽枝长叶，8～9 月大量长鞭，进入 11 月后，随着气温的降低，生理活动逐渐缓慢，至翌年 2 月，伴随气温回升，逐渐恢复生理活动。根据这一生长节律，散生竹理想的栽竹时间为 10 月至翌年 2 月，尤以 10 月的"小阳春"最好。冬季 11～12 月种竹，尽管雨量少，天气干燥，但此时竹子的生理活动趋弱，蒸腾作用不强，栽竹成活率也较高。长江中下游地区，可在梅雨季节采用移竹造园，但只宜近距离移栽，且根盘多带土，方能保证高的成活率。北方地区由于冬季严寒，雨量少，空气湿度小，蒸发量大，这时栽植母竹，竹叶往往失水枯死，因此栽竹以早春 2 月至 3 月上旬为宜，即在竹笋出土前20～

30 d 栽植成活率较高。春季 3～5 月出笋期不宜栽竹。"种竹无时，雨后便移"，只要保证母竹质量，精心管理，保持水分平衡，一年中除炎热的三伏天和严寒的三九天外，其余时间均可栽种。

（二）丛生竹

在城市园林中常用的丛生竹种主要有孝顺竹（含凤尾竹、小琴丝竹）、慈竹等。一般 3～5 月竹秆发芽，6～8 月发笋。因为丛生竹不耐严寒，所以丛生竹栽植最好在春季 2 月竹子芽眼尚未萌发、竹液开始流动前进行。

（三）混生竹

在城市园林中常用的混生竹种主要有茶秆竹、苦竹、短穗竹、大明竹、箬竹、四季竹等。混生竹生长发育节律介于散生竹与丛生竹之间，5～7 月发笋长竹，所以栽竹季节以秋冬季 9～12 月和春季 2～3 为宜。

二、栽植地整理

竹子生长要求的土壤深度，大径竹（如毛竹）80～100 cm，中小径竹 50 cm 即可。土壤以肥沃、疏松、湿润、排水和透气性能良好的沙质壤土，微酸性或中性，pH 5.5～7.5 为宜。栽植地地下水位对于大型竹如毛竹，要求 1 m 以下，中小型竹 50 cm 以下。

整地是竹子栽植前的重要环节，整地好坏直接影响到造竹质量的高低和满园速度的快慢。通过整地可以创造适合竹林成活和新竹成长的环境条件。整地工作应在栽植前一年的秋、冬季进行；在城镇绿化中整地主要分为全面整地和带状整地两种。

（一）全面整地

全面整地就是对坡度小于 15°的绿地实行全面翻土。整地深度 20～30 cm，除去土中的大石块、杂草灌木、树根等杂物。翻土时，将表土翻入底层，有利于有机物质分解；底土翻到表层，有利于矿物质风化。大的土块可以不打散，经过一定时期的风吹、日晒、雨淋和霜冻，会自然粉碎。若土壤过于黏重，盐碱土或杂质过多，则应增施有机肥。因此有条件的地方整地前先将腐熟的有机肥料散铺于土壤表面，再进行耕翻，将肥料翻入下层，熟化土壤，进行土壤改良。挖栽植穴之前，首先要确定栽植株行距。毛竹移竹栽植株行距 4 m×5 m；黄秆乌哺鸡竹、金镶玉竹、刚竹、斑竹、紫竹、淡竹、水竹、早园竹等中小型散生竹移竹栽植株行距 3 m×3 m；翠竹、菲白竹和菲黄竹等地被竹的栽植株行距为 0.5 m×0.6 m；丛生竹的栽植株行距为 3 m×3 m。

根据不同竹种的栽植株行距可确定栽植穴的位置与规格。一般毛竹移竹栽植穴长、宽、深为 1.0 m×0.6 m×0.5 m；中小型散生竹栽植穴的长、宽、深以 0.8 m×0.4 m×0.3 m 为宜；地被竹栽植穴的长、宽、深为 0.4 m×0.4 m×0.3 m；丛生竹栽植穴的长、宽、深为 0.6 m×0.6 m×0.4 m。挖穴时，把心土和表土分别放置于穴口两侧。在坡地上挖栽植穴时，应注意穴的长边与等高线平行。

（二）带状整地

为了防止水土流失和改善绿地常年土壤水分状况，对坡度较大（20°以上）的绿地最好采用水平带状整地，即整地带与等高线平行，宽度及带间距因栽植竹种不同而异。一般毛竹移竹栽植为 3 m 左右；刚竹、淡竹、金镶玉竹等中小型竹移竹栽植为 2～3 m。整地带上，首先清理绿地，劈除杂草灌木；然后沿带开垦，翻土深度 0.4 m 左右；再在已翻的带上按栽植密度和株行距挖栽植穴，挖栽植穴、全面整地的方法同全面整地。

三、母竹的选择与栽植

（一）散生竹母竹的选择与栽植

散生竹造园在生产上应用最广的是移竹造园法。

1. 母竹的选择 母竹质量对造园质量影响很大，优质母竹造园容易成活和成林。母竹质量主要反映在年龄、粗度、长势和土球大小等方面。

（1）母竹年龄 母竹最好是 1～2 年生，因为 1～2 年生母竹所连的竹鞭，一般处于壮龄阶段，鞭色鲜黄，鞭芽饱满，鞭根健壮，因而容易栽活和长出新竹、新鞭，成林快。3 年生以上老龄竹不宜做母竹。因为老竹必连老鞭，鞭色黄棕或深棕，鞭芽不齐（多数腐烂），鞭根稀疏，不易栽活。有的虽能栽活，但因竹鞭上活芽不多，出笋、行鞭和成林都较困难。

（2）母竹粗度 母竹不宜过粗，粗大的母竹易受风吹摇晃，不易栽活；过细的竹子，往往生长不良，也不宜做母竹。大径竹如毛竹，母竹胸径以 3～6 cm 为宜；中径竹如刚竹、淡竹、花秆乌哺鸡竹、早园竹等，母竹胸径以 2～3 cm 为宜；小径竹如紫竹、金镶玉竹、斑竹等，母竹胸径以 1～2 cm 为宜。

（3）母竹长势 母竹要求生长健壮，分枝较低，枝叶繁茂，竹节正常，无病虫害及开花迹象。可在竹林中选定合格母竹，并在竹秆上做标记，以便组织力量挖掘母竹。

（4）母竹土球（或盘根） 根据母竹竹株的大小和竹鞭走向，决定挖取土球（或盘根）的大小。大多数竹子的最下盘枝条的方向与其竹鞭的走向大致平行。一般毛竹留来鞭 25～30 cm，去鞭 30～35 cm；刚竹、淡竹、水竹等中小径散生竹留来鞭 20 cm 左右，去鞭 30 cm。

2. 母竹的挖掘 挖母竹时，不要摇动竹秆，否则容易损伤竹秆和竹鞭的连接处（螺丝钉），破坏鞭与秆的输导组织，不易成活。母竹挖出后，砍去顶梢，留分枝 4～5 盘，要求做到切口平滑，鞭蔸多留宿土。刚竹、淡竹、水竹、早园竹等中小径散生竹，通常几株母竹靠近生长在同一鞭上，挖母竹时，可将 1～2 株一同挖起作为一丛母竹，用来造园效果好。

3. 母竹的运输 短距离搬运母竹不必包扎，但必须防止鞭芽和"螺丝钉"受伤以及宿土震落。挑运或抬运时，可用绳绑在宿土上，竹秆直立，切不可把母竹竹秆扛在肩上，这样容易使"螺丝钉"受伤，不易栽活。母竹远距离运输时，用稻草、蒲包或麻袋等将鞭根和宿土一起包扎好，在装卸车或上下船时，要防止损伤母竹。运输时间越短越好，途中要覆盖或对母竹枝叶经常喷水，以减少蒸发。

4. 母竹的栽植 母竹运到造园目的地后应立即栽植。在已经整地的穴上，先将表土垫底，一般厚度 10～15 cm。然后，解去捆扎母竹的稻草、蒲包或麻袋等，小心地将母竹放入穴中，使鞭根舒展。先填表土，后填心土，分层踏实，使鞭根与土壤密接。填土时要防止踏伤鞭根和笋芽。栽植后浇足定根水，再行覆土。覆土深度比母竹原来入土部位稍深 3～5 cm，上部培成馒头形，加盖 1 层松土，周围开好排水沟，以免积水烂鞭。栽植时要做到深挖穴，浅栽竹，下壅紧（土），上松盖（土）。栽植后，将包扎母竹的稻草等物，覆盖在母竹周围，减少土壤水分蒸发，并用木桩和草绳架设支架，以防风吹摇晃。

（二）丛生竹母竹的选择与栽植

丛生竹造园，选择生长健壮、枝叶繁茂、无病虫害、秆基芽眼肥大、充实饱满、须根发达的1～2年生竹做母竹。一般选择在竹丛边缘挖掘母竹，每丛3～5株较好，并注意保护须根和芽眼，留枝3～5盘，在竹秆1.5～2 m高处截断，随挖随栽。远距离搬运需要用湿草包扎。穴底垫细土，施基肥。栽竹时分层填土压实，浇足定根水，壅土呈馒头形。

（三）混生竹母竹的选择与栽植

混生竹生长繁殖的特性介于散生竹和丛生竹之间，栽培方法也兼而有之。移竹栽植，母竹选用生长健壮的1～2年生竹，将2～3株成丛连鞭带蔸挖起，留来鞭和去鞭各20～25 cm，并适当带土，留枝条3～4盘，削去竹梢后栽植。母竹的挖掘、搬运、栽植及栽后管理等与散生竹相同。

栽植地被竹以每丛10～15株效果比较好。

四、幼林管理与养护

母竹栽植后到竹子郁闭成林的1～4年称为幼林阶段。竹幼林应进行灌水、除草松土、施肥等抚育管理工作。

（一）灌溉与排涝

绿地土壤的水分状况是影响新栽竹子成活率的重要因素。新栽的母竹，经过挖、运和栽植，鞭根受到损伤，吸收水分能力减弱，如果土壤水分不足，母竹的鞭根吸水困难，不能满足枝叶蒸腾的需要，就会失水枯死；如果绿地积水且排水不良，土壤空气缺乏，不能进行正常呼吸代谢，鞭根就会腐烂。只有在土壤湿润而又不积水的条件下，母竹的鞭根才能既得到充分的水分，又能得到足够的空气，有利于吸收水分和恢复生长。因此，在新植竹林的第一年内，如遇久旱不雨，土壤干燥时，必须及时灌溉或浇水；如遇久雨不晴，绿地积水时，必须及时排水。

初春解冻后浇迎春水，起催笋作用；春笋出土后浇拔节水，促进竹笋生长并减少退笋；6～7月浇竹鞭水，促进竹鞭生长；8～9月浇孕笋水，促进笋芽膨大生长；入冬时浇封冻水，起保温防冻作用。浇水要掌握"头水要早，末水要饱，中间要巧"的原则，即春天早浇迎春水，秋末冬初大浇封冻水，在生长季节内要看天、看地、看竹浇水，保持竹林土壤湿润。浇水后还应锄松表土，以减少地面蒸发。生长季节浇水，加入少量氮素肥料，可以增加竹子的抗旱能力。

地下水位较高的竹林地，应在周围开深沟排水。母竹或竹蔸部的覆土，若板结下沉，雨后积水，除及时开沟排水外，还要从周围取土重新培成馒头形，高出地面6～10 cm，以利排水。为了减少绿地水分蒸发，在母竹周围地面上，覆盖3～5 cm的稻草、麦秸等，对提高竹子成活率和促进新竹生长都有好处。

（二）除草松土

新植竹林，竹子稀疏，绿地光照充足，杂草灌木容易滋生，如不及时铲除，不仅消耗绿地的水分和养分，而且直接妨碍竹子生长。因此，在竹林郁闭前，每年除草松土1～2次。第一次在5～6月较好，这时散生竹已长出新竹，混生竹及丛生竹笋也陆续出土，绿地上的杂草较嫩，除后易腐烂。第二次在8～9月较好，这时散生竹正在行鞭排芽，丛生竹和混生竹的新竹正在生长，而绿地上的杂草生长也很旺盛，竹子与杂草争夺水分和养分，矛盾较大，这时除草松土对竹子生长大有好处。每年若进行 1 次除草松土，可在 7～8 月进行，这时高温多湿，除下的杂草容易腐烂。平缓地上的竹林，可全部除草松土；坡度较大的竹林，可在竹丛周围 0.5～1 m 范围内除草松土，随着竹丛的扩大和竹鞭的蔓延，除草松土的范围应逐年扩大。除草松土时，应注意不要损伤竹鞭。

（三）施肥

施肥能促进新竹生长，提早成林。新植竹林中，各种肥料都可使用。迟效性的有机肥料，如厩肥、土杂肥、塘泥、饼肥等，最好在秋冬季节施用，每公顷施 15～20 t，既能增加肥力，又可保持土温，对新竹鞭芽越冬有好处。在竹株或竹丛附近开沟或挖穴施肥，施后盖土；也可直接将有机肥撒在绿地上，要盖上一层土。速效性的化肥，如尿素，应在春夏季节施用，以便及时满足竹子生长的需要，避免肥料流失。

（四）保护

为了避免人为破坏，出笋期应严禁居民进入竹林内乱采滥挖竹笋。新植竹林出笋后，如同一株母竹出笋过多，常因水分、养分供应不足而退笋，不能成竹。因此，应及早科学地、有计划地挖去一些竹笋，每母竹保留 2～3 个健壮竹笋，让其成竹。新竹长成后，应钩去 1/4～1/5 竹梢，这样既可以减少蒸发，提高抗旱能力，促进鞭根生长，又能防止风雪侵害，且去掉顶端优势，有利于枝叶的生长和竹鞭的延伸。食笋害虫和食叶害虫对新植竹林危害很大，必须及时防治。

（五）间伐抚育

幼林竹株一般量多细小，要进行适当的间伐抚育，去小留大，去老留幼，去弱留强，去密留疏，以促进幼林快速成林，提早成林。

五、成林管理与养护

（一）竹林施肥

成林阶段的竹林一年之中应重点施 3 次肥料，即孕笋肥、长鞭肥和催芽肥。

1. 孕笋肥 冬季 11～12 月施，以有机肥为主，每公顷可施厩肥、堆肥 37～45 t。散生、混生竹林采用穴施，丛生竹林采用环绕竹丛沟施。地被竹可撒施精制有机肥或复合肥等。

2. 长鞭肥 夏季 6～7 月施，以施速效性化肥为主。施肥量为每公顷尿素 750 kg，磷、钾肥各 300 kg，或施复合肥 1 500 kg，在绿地挖穴点施。

3. 催芽肥 秋季 9 月施，此时竹林经前期的新鞭生长，绿地密布了大量的新鞭、新根，对吸收和积累养分极为有利。宜施速效肥，施肥量为每公顷尿素 750 kg，磷、钾肥各 300 kg 等。

（二）养护管理

1. 护笋养竹 适时去除弱小纤细的竹笋，同时保护空当笋，疏去过密笋，减少无效消耗，促发新鞭，保持竹林立竹量。

2. 垦复松土 在 7～9 月或冬季进行全面松土垦复竹林。每隔 1～2 年垦复松土 1 次。中小径竹种垦复松土深度为 15～20 cm。

3. 调整林分结构 为了竹林的可持续发展，保持良好的竹林结构，每年都应该砍掉竹林内的老竹、小竹、病竹、弯竹、倒竹。砍伐时要做到砍小留大、砍密留稀、砍劣留优，要齐地砍竹，伐后将竹蔸劈破以促进竹蔸早腐烂。大径竹如毛竹，竹林的立竹密度保持在每公顷2 250～2 700株；中径竹每公顷7 500～9 000株（散生或混生）或每公顷600丛（丛生竹，5～7株/丛）；小径竹如淡竹，每公顷18 000～27 000株。年龄结构：毛竹1、2、3、4度（每两年为1度）竹比例为3∶3∶3∶1，散生或混生中小径竹1、2、3年生竹比例为4∶3∶3，丛生竹中小径竹1、2年生竹比例为1∶1。

（三）竹子病虫害防治

竹子病害主要有丛枝病、煤污病、枯梢病、茎腐病、笋腐病、竹秆锈病等。竹子虫害主要有一字竹象虫、竹螟、竹介壳虫、竹笋夜蛾、竹蚜虫等。竹林病虫害防治应贯彻预防为主、积极消灭的方针，实行综合防治，主要是结合竹林抚育管理，提高竹类抗病虫害的能力，达到减少病虫害发生的目的。

1. 竹子主要病害防治

（1）竹丛枝病 防治指标为发病率小于1％。防治方法：①加强竹林的抚育管理、除草施肥，及时剪除病枝并烧毁，严重的竹株全株挖除并烧毁；②严把检疫关，选好母竹；③5～6月，用粉锈宁250～500倍液或用50％多菌灵500倍液喷雾，7 d 1次，连喷3次。

（2）竹煤污病 防治指标为发病率小于1％。防治方法：①强化竹林抚育管理，控制立竹密度，改善竹林的透光通风环境；②及时清除病枝，并加以烧毁；③及时防治蚜虫和介壳虫等媒介昆虫（用乐果等防治蚜虫及介壳虫的若虫）；④避免从病区引种母竹。

新植竹林时，不要从遭受病害的竹林中挖取母竹；对母竹要严格检疫和消毒，病竹不能用来造园。毛竹的枯梢病、茎腐病，应及时防治，清理病源，把带病的竹枝或竹秆集中烧毁，防止蔓延。4年生以上的小径竹容易发生竹秆锈病等，应及时砍伐老龄带病竹株。要加强竹林的抚育管理，清除病竹，有利于竹林通风透光，改善卫生环境，增强竹子的抗病力，可以减轻竹丛枝病、竹黑粉病、竹秆锈病、竹煤污病和竹疹病等的发生。

2. 竹子主要虫害防治

（1）一字竹象虫 防治指标为虫株率不大于10％。防治方法：①秋冬季竹林垦复松土，清除杂草杂物；②捕捉成虫，成虫有假死性，多集中在竹笋上，清晨或傍晚不甚活动，可人工捕捉；③幼虫期采用40倍50％乙酰甲胺磷2～4 mL/株注秆，可取得95％以上的防治效果；④成虫出土后用80％敌敌畏乳剂1 000～1 500倍液喷雾。

（2）竹螟 防治指标为虫口密度小于5头/株。防治方法：①8月抚育竹林，可直接杀死幼虫；②5～6月利用黑光灯诱杀成虫；③卵期可利用赤眼蜂防治，幼虫期用白僵菌粉防治；④用90％敌百虫500倍液喷雾，2.5％溴氰菊酯乳油0.05％超低量喷雾150 mL/hm²。

（3）竹介壳虫 防治指标为虫口密度小于或等于5头/小枝。防治方法：①加强竹林抚育管理，减少虫口数量；②保护瓢虫、草蛉等天敌昆虫；③笋期用尿洗合剂（0.5 kg尿素、1.25 kg洗衣粉加水50 kg）进行喷杀；④介壳虫发生初期用40％吡虫啉1 000倍液喷雾。

（4）竹笋夜蛾 防治指标为虫笋率不大于5％。防治方法：①加强绿地管理，清除杂草；②利用黑光灯，诱杀成虫；③及时清除退笋；④分别于出笋初期和盛期，用2.5％溴氰菊酯乳油3 000倍液喷雾2次，可达到95％的防治效果。

复 习 思 考 题

1. 园林树木起挖过程中应注意哪些事项?
2. 常见土球包扎方式有哪些?
3. 如何进行树木的假植、定植?
4. 树木成活期主要养护管理措施有哪些?
5. 树木常用支撑方式有哪些?
6. 如何进行树体裹干? 有何用途?
7. 试述大树移植在园林绿化中的意义。
8. 大树移植有何特点?
9. 新建绿地中移植大树如何选择?
10. 大树移植前需做哪些技术处理?
11. 大树移植后如何养护?
12. 试述提高大树移植成活率的措施。
13. 简述散生竹、丛生竹和混生竹适宜的栽植时间。
14. 简述竹子栽植的整地方法。
15. 散生竹移竹造园法中母竹选择的四要素是什么? 简述选择的技术要点。
16. 简述散生竹母竹挖掘、运输和栽植的主要技术要点。
17. 简述丛生竹、混生竹母竹选择和栽植的技术要点。
18. 阐述幼林阶段竹林的养护和管理技术要点。
19. 阐述成林阶段竹林的养护和管理技术要点。

第四章 特殊立地环境的
园林树木栽植

特殊立地环境是指非常规的园林树木栽植环境，包括具有大面积铺装面的栽植地、盐碱地、干旱地、无土岩石地、垂直面、环境污染地、屋顶以及容器内等立地环境。在这些特殊的立地环境条件下，其水分、养分、土壤、温度、光照等影响树木生长的环境因素，常表现为一个或多个生态因子处于极端状态下，必须采取一些特殊的措施才能成功进行树木栽植。

在城市绿化建设中不可避免地需要在特殊立地环境栽植树木，以实现城市绿化彩化，丰富景观效果，增加生态功能。在这样的环境中栽植树木，需要分析特殊立地环境的特点，选择适宜的能耐受其限制因子的树种，采取适当的措施，才能成功栽植，并使树木生长健壮。

第一节 铺装地园林树木栽植

在景观营建中，地面铺装能结合相应的场所、环境、文化等要素，与植物、山水、建筑一起进行综合设计，给人们带来不同的环境景观感受。铺装地面通过色彩、材料、质感和造型等因素，来衬托和美化环境。而丰富的植物种类和多层次的种植形式，能够提升景观效果和生态功能（图 4-1）。在具有大面积铺装地面的立地环境中进行树木栽植和养护时，主要限制因子是土壤少而且透气性差，常发生土壤排、灌、通气、施肥等方面的矛盾，需做特殊处理。

图 4-1 铺装地园林树木景观
（何小弟摄）

一、铺装地对园林树木的影响

地面铺装已经成为城市景观的重要组成部分，但是现在城市主要使用的硬质铺装改变了自然植被及下垫层的天然可渗透属性，阻断了其与外界水分、空气、微生物的交流，形成了树盘土壤面积小、生长条件恶劣、易受机械性伤害的环境特点，对园林树木产生了一系列的影响。

1. 地面铺装改变了下垫层的性质 铺装建设对路基进行震压夯实，造成园林树木根系周围土壤的紧实，对树木根系的生长造成阻碍。硬质铺装会在土壤中留下大量的灰渣、沙石，改变土壤的酸碱度，使土壤理化性质变差，土壤微生物活动减弱，影响树木对土壤养分的吸收，进而使树木根系活力下降。在夏季中午，铺装地面温度很高，可达 50 ℃，使树木表层根系和根颈易遭受极端高温的伤害，影响树木的生长。

2. 铺装地阻碍空气、水分的交换　松软、透气、能积蓄雨水的土壤对于园林树木十分重要。有些铺装材料的渗透能力差，加之铺装留给树干基部的土壤空间有限（图 4-2），水分与空气无法及时补充到土壤中，使得树木根部土壤中的水分与空气大量减少，造成根系代谢失常及功能减弱，很难与外界进行空气、水分的交换，同时减少土壤中的微生物，减缓树木的生长，出现树木生长不良的现象。

图 4-2　铺装地栽植树基土壤空间小
（傅松玲摄）

3. 铺装地阻碍园林树木的养分补充　城市中的落叶、残枝作为垃圾被清除，阻碍了外界养分的回归，人工施肥增加了养护成本，而且最适宜施肥的范围往往都在铺装层的下面，使这种简便的施肥方法不能得到很好的利用，造成土壤营养循环中断，土壤有机质含量逐年降低。而有机质是土壤氮素的主要来源，直接导致氮素的减少。另外，由于微生物减少，影响土壤的矿质化和有机态氮的水解、氨化、硝化作用，产生的速效氮少，表现为土壤供氮不足。

4. 铺装地易对园林树木造成损伤　在铺装硬化过程中园林树木根系被切断，整个路基下沉，使得树木根系过浅。硬质铺装造成土壤板结，影响根系分布，对树木生长产生不利影响。

树盘土壤面积小，或采用透水透气性铺装材料时，没有留出树池。随着园林树木不断生长，主干不断加粗，树干基部会越来越逼近铺装区域。若铺装材料薄而脆，会造成局部铺装破碎、错位和隆起（图 4-3），给树木及道路养护带来一定的麻烦；若铺装材料厚而结实，容易造成树干基部受铺装物的挤伤和割伤，造成树木生长势下降，还会存在一定的安全隐患。树木根系生长受限，无法很好地维持与地上部分的生长平衡，树体出现枯干、枯梢，甚至死亡（图 4-4），影响园林树木的生态和景观功能。

图 4-3　树木生长造成树池损坏
（傅松玲摄）

图 4-4　铺装地树木死亡
（傅松玲摄）

铺装地多为人群活动密集区，树木生长易受到人为的干扰和难以避免的损伤，例如，刻伤树皮、钉挂杂物，在树干基部堆放有害、有碍物质，以及市政施工时对树体造成的各类机械性伤害等。

二、铺装地立地条件的改造

大面积硬质铺装影响园林树木生长，造成树木老化，缩短了树木的生命周期。地面铺装对树木危害的主要表现是：在数年间树木的生长缓慢下降，而不是突然死亡；园林绿化的生态、景观等各种功能无法充分发挥；降低景观效果，造成生态效益损失。因此，需要采取积极有效的措施改善铺装栽植地的立地条件，保持园林树木的旺盛生长。

（一）进行合理的铺装设计

大面积硬化铺装的精致拼接、整洁外表的确给人以愉悦的感受，但这是以牺牲生态环境为代价的。进行场地规划设计时，要更新设计理念，引导审美观念，在不影响景观效果的前提下，尽量减少大面积硬质铺装，改变地面铺装的材料和方式，或在树木根系生长区域不进行铺装，尽量增大树盘土壤面积，从而改善铺装地园林树木的生存条件。

（二）采用适宜的铺装材料

1. 硬质板料 采用大幅面的板材进行精致铺装，能够产生较好的装饰效果，但其需要稳定平整的基层才不至于断裂，基层平整常用的方式是在垫层上浇水泥，这样，不透水的基层加之大块面的面层材料和水泥沟缝，将地表封得严严实实。

2. 硬质块料 采用小而厚的铺装材料，如方砖、各种形状的砖或卵石，坚固不易破损，对基层的平整度要求不高，可采用沙质基层（图4-5）。同时由于块面较小，边界不规则，地面的缝隙密度要大得多，可以确保地面的透水透气性，这类铺装略显粗糙的外观质感能够营造随意自然的情趣。

3. 透水性面层材料 随着人们对城市生态环境认识的逐步提高，我国一些大中城市将透水性铺装面层材料应用于城市地面铺装工程中。透水性铺装面层材料具有良好的渗水性、保湿性及透气性，它既兼顾了人类活动对于硬化地面的使用要求，又通过其自身能接近天然草坪和地面土壤的生态优势，使铺装地带的动植物及微生物的生存空间得到有效保护。

图4-5 硬质块料铺装地园林树木的生长
（傅松玲摄）

透水性铺装面层材料分为整体型（水泥或沥青）和块料型（生态透水砖）两大类（图4-6）。整体型透水性铺装面层是通过材料的特殊级配，使面层具有相互连通的多孔结构，

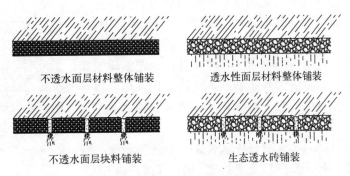

不透水面层材料整体铺装　　　透水性面层材料整体铺装

不透水面层块料铺装　　　生态透水砖铺装

图4-6 面层铺装材料的透水性
（张雪平绘）

成为雨水下渗和下垫层蓄水蒸发的通道。块料型透水性铺装面层的透水性可以通过两种途径实现：块料型透水性铺装本身具有的多孔透水结构和块料型透水性铺装间接缝的透水通道。

（三）改进铺装技术

强化生态环境保护意识，改进铺装技术，切实应用透水性铺装。

1. 铺设透气装置 在必须进行硬化铺装的地段进行树木栽植，要给树木留出足够的生长空间。采用玻璃钢格栅（又称树池箅子、护树板、树池盖板）覆盖树盘，盖板最好不直接接触土壤，其表面必须有通气孔（图4-7），以减少铺装地面对树体的伤害，同时可减少树木对铺装面的破坏。

如果是水泥、沥青等表面没有缝隙的整体铺装地面，应在树盘内设置通气管道以改善土壤的通气性。通气管道一般采用PVC管，直径10～12 cm、管长60～100 cm，管壁钻孔，通常安置在种植穴的四角（图4-8）。

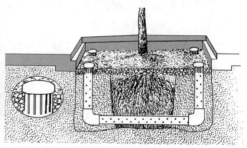

图4-7 树盘表面的铺盖处理
（傅松玲摄）

图4-8 铺装立地的管道通气处理
（引自 Richard W Harris, et al, 2003）

2. 应用透水性铺装 透水性铺装是指对于人工铺就的地面，雨水能够很好地渗透，通过面层、穿过基层，下渗到地表下面的土壤层，即透水性铺装包括面层、基层和路基的处理。国内城市已开始在部分地面铺装中采用透水砖等透水面层材料，但为施工简便，其基层仍使用普通的混凝土，阻断了雨水渗透至自然土壤的路径，这样的做法实际上已失去了铺设透水砖的生态意义。常见的透水铺装如下：

（1）透水性面层和基层铺装 透水性地面的铺设必须有与之相配套的透水性路基结构，以保证透过地面的雨水能暂时储存，然后进一步排放。铺装面层材料可以选择透水性沥青、透水性水泥混凝土或生态透水砖。基层在要求有一定强度的基础上，还需具有一定的排水能力。与传统的封闭型路基结构相比（如我国是半刚性的三合土基层材料），透水性路基是开放式的（图4-9）。

（2）其他材料透水铺装 对于步行道、城市广场、停车场及通行频率小、负载较轻的车行路等地面，地基上铺设透水性基层，面层铺装可选用多种材料（图4-10）。

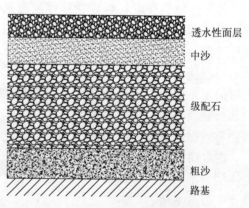

透水性面层

中沙

级配石

粗沙
路基

图4-9 透水性铺装结构
（张雪平绘）

防腐木料铺装　　　　　　　　　　　　碎石铺装

（傅松玲摄）　　　　　　　　　　　　（引自李冠衡等，2014）

图4-10　不同面层铺装材料

商业街、广场等人流量大、有车辆通行的场所，宜铺设方砖、倒梯形砖、彩色异型砖、碎石、条石等材料，透气透水性好，对施工要求也较低，还可以节约建设成本。

露天停车场和树池的地面铺装优先使用孔形植草砖（嵌草砖）或高强度聚乙烯植草隔框。植草绿化以软化地表，获得更大的透水率，满足停车荷载与树池透气透水性的要求。以行人为主的场所，选用木材铺装，既可保证透水，又颇具自然气息。

如果卫生状况可以保障，在休闲道、庭院、广场等处，也可在修整的地表上直接散铺大小均匀的小石子，简单自然且透水效果好。

在一些特殊的城市园林道路、广场，还可以选用透水性良好的石米地毯（天然彩色透水地坪）进行铺装，也能成为独特的风景线。

（四）丰富种植形式

1. 孤植　在一些范围较小或人流量较大的区域，可以采用树池式栽植，避免树干生长和铺装局部之间的相互影响，减少人为的践踏，与地面铺装协调统一。开敞绿地空间的孤植树树池，可以采用软质处理，在树木根部种植绿草为陪衬，浑然天成，形成古朴的气氛。台阶旁的孤植或对植树树池可以略高，使得单调平面环境更富有变化、具有动感，还可供游客休息。多个单独栽植的树木，也可连成行，形成片（图4-11）。

2. 带状栽植　行、列栽植的树木常用于道边、分车带、建筑物旁、水际、绿地边界等种植布置中（图4-12）。留出一条不加铺装的地带，将种植池连为一体，这种形式打破了

图4-11　树池孤植成行　　　　　　　　图4-12　带状栽植

（熊星摄）　　　　　　　　　　　　　（熊星摄）

由单一乔木组成的结构,可以在大树下种植小乔木、灌木以及各种耐阴的地被植物,丰富了视觉景观。树池座椅也是行、列栽植树木树池常见的处理方式,便于人们树下乘凉休息,体现人文关怀。

3. 片状栽植　一些乔、灌混植,或丛植、群植乔木的小面积绿地,可采用连体树池,减少树池边石的使用量,可以有效防止绿地破碎化、增加绿地面积。群植的乔木和灌木在城市中心街道和广场很常见,这种方式为树木根部提供了更多的生长空间,且便于土壤通气和渗水,利于树木生长。丰富的植物种类和多层次的种植形式,提升了景观绿化效果和生态功能。

(五) 加强管理

1. 制定相关制度　加强管理,完善相关制度,协调好市政工程与园林绿化工程的关系。城市建设与绿化是相辅相成的。在城市绿化的过程中,要将铺装地绿化一并考虑,避免脱节,造成建设中不必要的浪费。引导市民的环保意识,避免损伤树体或树干基部。应该注意,我们除了向城市绿化索取洁净的空气和阴凉外,也应该为园林树木留下足够的生存空间。

2. 加强日常养护管理　在铺装地的环境条件并不十分理想的情况下,应加强对树木的日常养护管理。对树木的养护管理要有针对性,栽培管理技术要跟上。如修剪整形技术,土、肥、水管理技术,病虫害防治技术。防止自然灾害损伤,如树木的保护及修补技术,可采用植物吊瓶、树干涂白等工作。建立园林树木的信息管理系统,根据其生态习性、所处区域、当年气候特征,制订管护措施,为园林树木提供良好的生存环境,提高其生态效益和景观效果,改善城市风貌。

三、铺装地的树木栽植技术

在进行铺装地绿化设计前,首先要了解铺装地的性质、位置、周围环境条件以及施工养护技术水平等情况,有选择地栽植能够适应当地生长环境、移植时易成活、生长迅速而健壮的树种,适地适树,因地制宜地合理栽植。

(一) 树种选择

选择根系发达,具有耐干旱、耐贫瘠等特性的树种,且树体能耐高温,在阳光暴晒下不易发生灼伤。栽植时注意选择长势健壮、无病虫害、无机械损伤、树形优美的树种,与园林景观相协调,树形自然,少留人工痕迹。

(二) 土壤处理

对于铺装硬化遗留的大量灰槽、灰渣、沙石、砖石、碎木及建筑垃圾等要及时清除。对于密实度高的土壤,要深翻疏松;对于未熟化的土壤要掺沙和施有机肥加以改良;对于土壤中的积水要设法排除,保证树下有一个疏松、肥沃、通气、排水良好的生长环境。

适当更换栽植穴的土壤,行客土栽培,深度为 50～100 cm,以改善根际土壤的通透性和肥力,并在栽植后加强水肥管理。

(三) 树盘处理

据美国波士顿的调查资料,在铺装地栽植树木时,扩大树干基部的土壤容量要比增加栽植地土壤的深度更为有利。因此,树木根系至少应有 3 m^3 的土壤容量。地面铺装切忌一直延伸到树干基部，以免地面铺装物随着树木的加粗生长嵌入树体内，同时树木根系的生长也会抬升地面，造成地面破裂。栽植树木时，要在周围保留一块没有铺装的土地，通常把它叫做树穴或树池。

1. 树池的形状及深度 树池一般分为平树池和高树池。平树池的池壁外缘高度与铺装地面的高度一致，多以圆、方为主；高树池的高度一般为 15 cm 左右。大坑有利于树木根系生长和发育，但缺水的沙土地区大坑不利保墒，宜小坑栽植。黏重土壤的透水性较差，除非有条件挖引水暗沟，一般也以小坑为宜。

2. 树盘表面处理 树盘可以明确一个区域，既可以保护树木根部免受践踏，也可以防止主根附近的土壤被压实。经过处理的护树面层可以看成是一个集水区，有利于灌溉，而且避免扬土扬尘、污染道路，提升景观效果。树盘处理可栽植花草，也可覆盖树皮、木片、碎石等（图 4-13）。树盘表面所填充材料的形状、质地、纹路、色彩等应与周围环境相辅相成，共同构成和谐统一的整体环境。

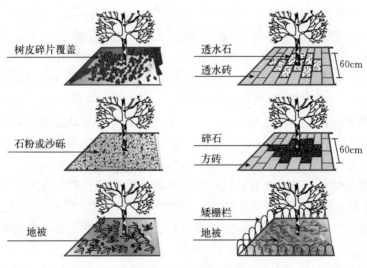

图 4-13 树盘处理

（张雪平绘）

（四）养护管理

铺装地进行乔木栽植后应设支撑，以防浇水后大风晃动树体，阻碍根系更新，甚至吹倒苗木。支撑物保持整齐，不影响景观效果，又能防风吹倒。树木定植后 24 h 内必须浇第一遍定根水，水要浇透，使土壤充分吸收水分，但要防止积水。根系与土壤紧密结合，有利于根系发育。适当修剪树体，减少蒸腾。树木成活后要注意水分管理。

第二节 容器园林树木栽植

园林树木的容器栽植与地栽方式相对应，是将具有观赏价值的园林树木植于适宜的容器中，以表现植物的个体或群体美，是不受场地限制、绿化和装饰环境的园林树木栽培应用形式（图 4-14）。

随着现代城市建设的发展，公共绿地面积逐渐减少，在城市广场、商业街、停车场等城市中心区域，可提供给植物种植的地面空间往往有限。因此，容器栽植不失为一种行之有效的弥补措施。在露地栽植树木困难的一些特殊立地环境，采用容器栽植可提高成活率，营造植物景观，特别是能满足节假日等喜庆活动的应急需要。

图 4-14　容器栽植绿化
(李树华，2010)

一、容器园林树木栽植的特点

1. 可移动性与临时性　这是容器栽植的最大特点。在自然环境不适合树木栽植、空间狭小无法栽植或临时性栽植需要等情况下，可采用容器栽植进行环境绿化布置；或为了满足节假日等喜庆活动的需要，大量使用容器栽植的观赏树木来美化街头、绿地，营造与烘托节日的氛围。许多城市的商业步行街，一般都采用容器栽植的方式来为街头增添绿色。例如，上海南京路商业街原本没有树木栽植，步行街改造中为了构筑绿色景观并为行人提供阴凉，在全部为道路铺装的条件下采用各式容器栽植树木，收到了较好的生态景观效果。

2. 树种选择多样性　容器栽植采用人工设施培育，受地理环境的限制较小，树木种类选择较自然立地条件下栽植的要多。在北方利用容器栽植技术，更可使原本不能露地栽植的热带、亚热带树种呈现在室外，丰富园林树木的应用范畴。

3. 容器选择多样性　造型各异、风格不同的容器是容器植物绿化环境的一个重要组成部分，容器的选择直接影响到整个景观效果。随着容器的材质、颜色、形状的变化，所营造的景观氛围也随之变化，运用得当，能充分衬托出植物材料的美感，并易与周边环境协调一致。

4. 应用场所的广泛性　容器栽植能够充分利用空间，布置上较为灵活，广泛运用于城市景观中。不管是在室外开阔空间，还是在室内的局部空间，运用容器植物进行绿化都能营造出与地栽园林树木不同的景观氛围。可以应用的场所包括居住区、城市广场、商业区、道路、公共休闲场所、庭院、室内、水面和地下空间（图 4-15）。

(引自李冠衡等，2014)　　　　　　(引自中国房产信息集团，2011)

图 4-15　容器栽植树木应用于不同场所

5. 养护管理的精细性　容器栽植植物根系发育受容器的制约，养护成本及技术要求高。而应用容器栽植的区域，对景观品质均有较高的要求，需对容器栽植的园林树木进行精细的养护管理，以保持生态景观效果。容器栽植应选择适宜的树种，根据不同树种的需求，配制适于其生长的基质、肥料、水分，这些成分在容器中易固定，通过人工调节可以方便管理与养护。一些珍稀树木、新引种的树木、移植困难的树木，则可先采用容器培育，待成活后再行移植。

二、园林树木容器栽植的类型

（一）容器的类型

1. 容器的材质　树木栽植的容器材质各异，常用的有陶、瓷、木、塑料、石质和金属等。陶盆外表朴实、透气性好，但易碎，不宜经常搬动，多用作室外摆放。瓷盆多为上釉盆，盆面时有彩绘，透气性不良，对树体生长不利，多用于室内摆饰。木桶多用坚硬、不易腐烂的杉、松、柏等木料制作，且在木料表层通常用清漆喷刷，既可防腐又增加美观；桶底设排水孔，桶边通常装有方便搬动的把手。强化塑料盆质轻、坚固、耐用，可加工成各种形状、颜色，但透气性不良，夏天受太阳光直射时壁面温度高，不利于树木根系的生长。石质容器包括花岗岩、大理石、麻石等，通常较重不宜搬动，在造景时需要固定位置，之后栽植植物。玻璃纤维强化灰泥盆是最新采用的一种容器，坚固耐用，易于运输，但面壁厚，透气性不良。

2. 容器的大小与形状　栽植容器的大小选择，要符合景观的整体氛围，以容纳能满足树体生长所需的土壤为度，并有足够的深度能固定树体。一般灌木要求口径 40~60 cm，乔木 80~100 cm。

容器的基本形状有盆、盘、桶、瓶及其变形。盆形容器的口比底宽阔，较深，底足有高有低；盘形容器的底浅，口宽阔；桶形容器口与底的大小相仿，口有圆形，也有三角、四角、六角等形状；瓶形容器的口小腹大，有瓶颈；还有依据设计主题及环境装饰采用的各种异形容器（图 4-16）。

（引自《庭院设计》编委会，2014）　　　　　　（引自中国房产信息集团，2011）

图 4-16　依据设计主题及环境采用各种容器

3. 容器的色泽与质感　容器的色彩是整个容器栽植装饰体的一个重要组成部分，影响最后的装饰效果。因此在选择容器颜色时，不能喧宾夺主，既要考虑应用环境，又要兼顾栽植的树木，使其搭配得当。在常用的不同材质的容器中，陶瓷容器多为中性色；塑料及玻璃钢容器则色彩丰富，白色最为流行；金属容器多为黑色和绿色，兼具其他颜色。

容器在质感上力求与园林树木及周围环境相协调、匹配，陶瓷、木质容器自然、朴实，玻璃钢、石材、水泥容器坚实、敦厚，塑料、金属给人以现代、简洁的质感。

另外，在铺装地面上砌制的栽植槽，有砖砌、混凝土浇筑、钢制等，也可理解为容器栽植的一种特殊类型，不过这种类型固定于地面，不能移动。

（二）容器栽植的应用形式

容器孤植树单盆布置，可起到聚焦与引导视线的作用，着重要体现植物的个体美与容器的艺术美，要求植物姿态和轮廓优美、色彩鲜明，花繁果丰或具有芳香、寿命长等特性。容器孤植树两盆对置，主要用于强调公园、建筑、道路、广场的出入口，起到对称的装饰美化作用。多盆容器孤植树也可呈列置摆放，表现整体美，列置的容器乔、灌木可以起到引导人们视线、提供休憩遮阳、软化硬质铺装、提升气氛等作用（图 4-17）。

图 4-17　容器孤植树列置
（引自中国房产信息集团，2011）

容器灌木绿篱式栽植，是用长方形容器种植耐修剪的灌木，形成绿篱式景观，具有围合空间、作为绿地的分界线、美化道路边缘、柔化建筑线条的作用。

（三）容器栽植设计

多种形状的木制容器在城市商业区经常可见。容器壁由两层组成，一层为外壁，另一层为隔热层。隔热层对于外壁较薄的容器尤为重要，可有效减缓阳光直射时壁温升高对树木根系造成的伤害（图 4-18）。在容器底部铺有主要由碎瓦等粗粒材料组成的排水层，底部中间开有排水孔。

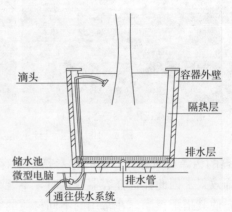

图 4-18　乔木容器栽植及容器设计示意图

三、容器内园林树木的栽植与管理

（一）树种选择

容器栽植适合选用生长缓慢、浅根性、耐旱性强的树种。乔木类常用的有桧柏、五针松、柳杉、银杏等；灌木类常用的有罗汉松、花柏、刺柏、桂花、杜鹃花、檵木、月季、山茶、珍珠梅、榆叶梅、栀子花等，铺地柏、平枝栒子、菲白竹等地被植物在土层浅薄的容器中也可以生长。

（二）基质种类

容器栽植需要经常搬动，以选用疏松肥沃、容重较轻的基质为佳。

1. 有机基质　常见的有木屑、稻壳、泥炭、草炭、腐熟堆肥等。锯末的成本低、重量轻，便于使用，以中等细度的锯末或加适量比例的细刨花末混用水分扩散均匀，在粉碎的木屑中加入腐熟氮肥使用效果更佳。但松柏类锯末富含油脂，不宜使用；侧柏类锯末含有毒素物质，更要忌用。泥炭由半分解的水生、沼泽地植被组成，因其来源、分解状况及矿物含量、pH 的不同，又分为泥炭藓、芦苇薹草、泥炭腐殖质三种。其中泥炭藓持水量高于本身干重的 10 倍，pH 3.8～4.5，并含有氮（1%～2%），适于作为基质使用。

2. 无机基质　常用的有珍珠岩、蛭石、沸石等。蛭石为云母类矿物，在炉中加热至 1 000 ℃后膨胀形成多孔的海绵状小片，无毒无异味；在化学成分上为含有结晶水的镁—铝—铁硅酸盐，呈中性反应，具有良好的缓冲性能，持水力强，透气性差，适于栽培茶花、杜鹃花等喜湿树种。珍珠岩属熔岩流形成的硅质矿物，矿石在炉中加热至 760 ℃成为海绵状小颗粒，不含矿质养分；容重 80～130 kg/m³，pH 5～7，没有交换性阳离子，无缓冲作用，颗粒结构坚固、通气性较好，但保水力差、水分蒸发快，特别适合木兰类等肉质根树种的栽培，可单独使用或与沙、园土混合使用。沸石的阳离子交换量（CEC）大，保肥能力强。

3. 有机与无机基质混合应用　泥炭等有机基质的养分含量多但透性差，蛭石、珍珠岩等无机基质有良好的保水性与透气性。一般情况下，栽植基质多采用富含有机质的泥炭与轻质保水的珍珠岩、蛭石按一定比例混合，二者优势互补、相得益彰。

（三）肥水管理

自然条件下树木生长发育过程中需要的多种养分，大部分是从土壤中吸取的。容器栽植因受容器体积的限制，栽培基质所能供应的养分有限，水肥管理是容器栽植的重要措施。

容器栽植最有效的施肥方法是结合灌溉进行，施肥量根据树木生长阶段和季节确定；采用叶面施肥，也是一种简单易行、用肥量小、发挥作用快的施肥方法。容器基质的封闭环境不利于根际水分的平衡，遇暴雨时不易排水，干旱时又不易适时补充，故根据树体的生长需要适时给水是容器栽植养护技术的关键。水分管理一般采用浇灌、滴灌的方法，以滴灌设施最为经济、科学，并可实现自动控制。

由于容器内的培养条件较固定，根据基质水分的蒸发量，可比较容易推算出补水需求：一株胸径 5 cm 的银杏，栽植于 1.5 m×1.5 m×1 m 的容器中，春夏平均蒸发量约为 16L/d，一次浇水后保持在容器土壤中的有效水为 42.7L，每 3 d 需浇足水一次。在盆土中埋设湿度感应器，通过测量土壤含水量来准确计算灌溉量。

(四) 整形修剪

容器栽植树木的困难，除了水分、养分供应外，还有庞大树冠影响其稳定性，易发生风倒。树木的树形、枝叶密度及绿叶期等特性都会影响树冠受风面积，枝叶繁茂的常绿乔木更易被大风吹倒。适度修剪可减少树木的受风面，风从枝叶空隙中穿过可降低风倒的发生。在风大或多风的季节，将容器固定于地面是增加其稳定性最稳妥的措施。

容器栽植的树木根系生长发育有限，合理修剪可控制竞争枝、直立枝、徒长枝生长，从而控制树形和体量，保持一定的根冠比例，均衡生长；合理修剪还可控制新梢的长势和方向，均衡树势。

(五) 越冬管理

冬季管理是容器栽植的重要环节，不采取保护措施，容器内的部分树木根系会受到冷害或冻害，影响来年的生长。对不耐寒的小容器树木、名贵树木移入温室或防寒棚越冬。冬季前，浇水量要少，适当控水。温度降到 0 ℃左右时要浇防冻水。控制氮肥的用量，可以施一些磷肥或土杂肥来提高容器苗木的抗寒能力。入冬后，最好不要进行修剪，因为修剪会促使芽的分化和树木的生长，致使容器苗的抗寒能力下降，同时产生的伤口愈合慢。而在冬季，伤口很容易发生腐烂而降低树势。可以在主干周围用草绳缠绕，也可用塑料薄膜包裹树干，以减少水分蒸发和空气的流动；用石硫合剂涂白，在防止冻害的同时也可以防止虫害。

第三节　盐碱地园林树木栽植

盐碱土是盐土与碱土的合称，是地球上广泛分布的一种土壤类型，约占陆地总面积的25%。我国从滨海到内陆、从低地到高原都有分布。盐土主要含氯化物、硫酸盐，分为滨海盐土、草甸盐土、沼泽盐土；碱土主要含有碳酸钠、碳酸氢钠，分为草甸碱土、草原碱土、龟裂碱土。

盐碱地大多为不毛之地，农业利用十分困难。而在改善环境、美化家园的过程中，经常会遇到盐碱地的绿化问题。植物和环境是统一的整体，它既受环境的制约，又会对环境产生重大的影响。利用盐碱地种植树木，不仅可以扩大绿化覆盖率，改善区域生态环境；而且可以改良盐碱土，扩大耕地面积，消除盐害，促进农业生产；同时还能给多盐碱区域节约更多的土地资源。

在我国东部沿海及内陆部分城市地区，分布着大面积的盐碱土，而且这些城市往往还有淡水资源缺乏、城市供水紧张等问题。在此特殊的条件下种植树木成为这些地区城市绿化中的一个重要课题，不仅树种选择需要克服盐碱特殊生境，还需要应用适合盐碱地绿化的树木栽植技术。

一、盐碱地土壤的环境特点

(一) 土壤盐化机理

盐碱地土壤中的盐分主要为 Na^+ 和 Cl^- ，二者均为强淋溶元素，在土壤中的主要移动方式是扩散与淋失。在雨季，降水大于蒸发，土壤呈现淋溶脱盐特征，盐分顺着雨水由地表向土壤深层转移，也有部分盐分被地表径流带走；在旱季，降水小于蒸发，底层土壤的盐分循毛细管移至地表，表现为积盐过程。在荒裸的土地上，土壤表面水分蒸发量大、土壤盐分剖面变化幅度大、土壤积盐速度快。因此要尽量防止土壤的裸露，尤其在干旱季节的土壤覆盖有助于防止盐化发生。

（二）土壤盐分来源

我国沿海城市中的盐碱土主要是滨海盐土，成土母质为沙黏不定的滨海沉积物，不仅土壤表层积盐达到 $1\%\sim3\%$，在 1 m 深的土层中平均含盐量也可达到 $0.5\%\sim2\%$，盐分组成以氯化物占绝对优势，其来源主要为：

1. 地下水 滨海地区地下水的矿化度多为 $10\sim30$ g/L，距海越近矿化度越高，且以氯化物为主。地下水对土壤盐渍化发生和发展的影响，主要通过地下水位和地下水质实现。当地下水位超过临界水位时，极易通过毛细管上升造成地表积盐，尤其在多风的旱季。我国华南滨海地区存在明显的旱季，土壤水分的强烈蒸发容易导致土壤次生盐渍化；另外，部分地区由于超采地下水造成地面沉降和海岸地下水层中淡水水位下降，也是造成土壤次生盐渍化的原因之一。

2. 大气沉降 滨海地区受海风的影响，大量小粒径含盐水珠由海面上空向大陆飘移，成为滨海盐渍土地表盐分的来源之一。盐分沉降速率与风速、离海距离、海拔高度及微地形有关。在离海不太远的陆地，一年内海风可以给土壤输送 10 kg/hm^2 的氯盐；离海较远的地区，每年也可从海水中得到 1 kg/hm^2 的氯盐。

3. 海水倒灌 潮汐后在海水浸淹过的地方留下的大量盐分，是滨海低洼处土壤次生盐渍化的主要原因之一。另外，我国东南沿海在夏秋季节常有台风登陆，此时若遇天文大潮，在台风和海潮双重因素的作用下，海水入侵的幅度和强度加大。海浪冲击堤岸时激起的水沫在强劲的海风吹刮下，可影响距海岸带很远的范围。此外，在缺乏挡潮闸的内河入海口，也存在因海水涨潮入侵促使土壤盐渍化发生的现象。

4. 人类活动 人类在生产或生活中排放的含氯废水或废气，通过水流或降水进入土壤也会导致盐渍化的发生。农业生产中施用的含氯化肥，在农田土壤中残留或通过农业污水进入水系，进而污染其他立地的土壤。北方城市在冬季使用融雪盐也会造成土壤含氯量增加，严重危害园林树木的事件时有发生。另外，一些经营海产品的餐馆及集贸市场附近，土壤盐渍化的程度更高，园林树木受盐害的情况经常可见。而一些滨海城市常用滩涂淤泥来改造地形，也会造成局部土壤含盐量的增高。

二、盐碱地对树木生长的影响

1. 引发生理干旱 由于盐碱土中积盐过多，土壤溶液的渗透压远高于正常值，导致树木根系吸收养分、水分非常困难，甚至会出现水分从根细胞外渗的情况，破坏了树体内正常的水分代谢，造成生理干旱、树体萎蔫、生长停止甚至植株死亡。一般情况下，土壤表层含盐量超过 0.6%，大多数树种已不能正常生长；土壤中可溶性含盐量超过 1.0%，只有一些特殊的耐盐树种才能生长。

2. 危害树体组织 在土壤 pH 居高的情况下，OH^- 对树体产生直接毒害。这是因为树体内积聚的过多盐分使蛋白质合成受到严重阻碍，从而导致含氮的中间代谢产物积累，造成树体组织的细胞中毒。另外盐碱的腐蚀作用，也能使树木组织直接受到破坏。

3. 滞缓营养吸收 过多的盐分使土壤物理性状恶化、肥力降低，树体需要的营养元素摄入减慢，利用转化率也减弱。而 Na^+ 的大量存在，使树体对钾和其他营养元素（主要是微量元素）的吸收减少，磷的转移受抑，严重影响树体的营养状况。

4. 影响气孔开闭 在高浓度盐分作用下，叶片气孔保卫细胞内的淀粉形成受阻，气孔不能关闭，树木容易因水分过度蒸腾而干枯死亡。

三、盐碱地土壤改良

1. 施用土壤改良剂 施用土壤改良剂可实现直接在盐碱地栽植树木的目的。如施用石膏，可中和土壤中的碱，适用于小面积盐碱地改良，施用量为 $3\sim4t/hm^2$。在重盐碱地区，为防止定植数年后的返碱现象，可每年在地表围绕树干挖宽 30 cm、深 40 cm 的环状沟，环径大小与树冠接近，沟内施用 2 kg 盐碱土改良剂，及时浇水；地表深松土，增加表土有机覆盖物，改良土壤理化性质。

2. 防盐碱隔离层 对盐碱度高的土壤，可采用防盐碱隔离层来控制地下水位上升，阻止地表土壤返盐，在栽植区形成相对的局部少盐或无盐环境。具体方法为：在地表挖 1.2 m 的深坑，将坑四壁用塑料薄膜封闭，底部铺 20 cm 石渣或炉渣后再铺 10 cm 草肥，形成隔离盐碱的适合树木生长的小环境。天津市园林研究所的相关试验表明，采用此法，第一年的土壤平均脱盐率为 26.2%，第二年为 6.6%，树木成活率达到 85% 以上。

3. 埋设渗水管 埋设渗水管可控制高矿化度的地下水水位上升，防止土壤急剧返盐。天津市园林研究所采用渣石、水泥制成内径 20 cm、长 100 cm 的渗水管，埋设在距树体30～100 cm 处，设有一定坡降并高于排水沟；距树体 5～10 m 处建一集水井，集水外排，第一年可使土壤脱盐 48.5%。采用此法栽植白蜡、垂柳、国槐、合欢等树种，树体生长良好。

4. 暗管排水 暗管的深度和间距可以不受土地利用率的制约，有效排水深度稳定，适用于重盐碱地区。单层暗管埋深 2 m，间距 50 cm；双层暗管第一层埋深 0.6 m、第二层埋深 1.5 m，上下两层在空间上形成交错布置，在上层与下层交会处垂直插入管道，使上层的积水由下层排出，下层管排水流入集水管。

5. 施用盐碱改良肥 盐碱改良肥内含钠离子吸附剂、多种酸化物及有机酸，pH 5.0，是特种园艺肥料。利用酸碱中和、盐类转化、置换吸附原理，既能降低土壤 pH，又能改良土壤结构、提高土壤肥力，可有效用于各类盐碱土改良。

6. 抬高地面 天津市园林研究所在含盐量为 0.62% 的地段，采用换土并抬高地面20 cm 的方法，栽种油松、侧柏、龙爪槐、合欢、碧桃、紫叶李等树种，成活率达到 72%～88%。

7. 生物技术改土 生物技术改土主要指通过合理的换茬种植，减少土壤的含盐量。如上海石化总厂，对新成陆的滨海盐渍土，采用种稻洗盐、种耐盐绿肥翻压改土的措施，仅用 1～2 年，降低土壤含盐量 40%～50%。

四、适于盐碱地栽植的主要树种

（一）树种的耐盐性

耐盐树种具有适应盐碱地生态环境的形态和生理特性，能在其他树种不能生长的盐渍土中正常生长。但不同的树木种类或品种，其耐盐性有很大的差别。

1. 生理特性　耐盐树种一般体小质硬，叶片小而少，蒸腾面积小；叶面气孔下陷、表皮细胞外壁厚，常附生绒毛，可减少水分蒸腾；叶肉中栅栏组织发达、细胞间隙小，有利于提高光合作用的效率。有些耐盐树种的细胞渗透压可在 392.26×10^4 Pa 以上，能建立阻止盐分进入的屏障，或能阻止进入体内的盐分进一步扩散和输送，从而避免或减轻盐分的伤害作用，保证正常的生理活动。柽柳、红树等树种，能通过茎、叶的分泌腺把进入树木内的盐分排出；胡颓子等树种体内含有较多的可溶性有机酸和糖类，从而增大细胞渗透压，提高从土壤中吸收水分的能力。

2. 环境影响　树种耐盐性的高低是相对的，它以树体生长的气候和栽培条件为基础，树种、土壤和环境因素的相互关系都对树木的抗盐性产生影响，因此反映树木内在生物学特性的绝对耐盐力是难以确定的。同一树种处于不同的发育阶段或生长在不同的土壤与气候环境条件下，其耐盐性也不尽相同。一般而言，种子萌发及幼苗期的耐盐性最差，其次是生殖生长期，其他发育阶段对盐胁迫的敏感性相对较弱。

另外，温度、相对湿度及降水等气候因素对树木耐盐性也产生较大的影响。一般来说，在恶劣的气候条件下（炎热、干燥、大风），树体盐害症状加重。由于土壤湿度影响，土壤中的盐分转移、吸收，影响树木体内生化过程及水分蒸腾，生长在炎热干燥气候条件下的树体较湿冷条件下的树体对盐分更为敏感；而较高的空气湿度使得蒸腾降低，能缓解由于盐度高而引起的水分失调。因此，提高土壤湿度和空气湿度有助于提高树体的耐盐性，特别是对盐分敏感的树种效果更加明显。

（二）常见的主要耐盐树种

一般树木的耐盐力为 0.1%～0.2%，耐盐力较强的树种为 0.4%～0.5%，强耐盐力的树种可达 0.6%～1.0%。可用于滨海盐碱地栽植的树种主要有（图 4 - 19）：

1. 黑松　黑松能抗含盐海风和海雾，是唯一能在盐碱地用作园林绿化的松类树种，尤适于丘陵地栽植。

2. 北美圆柏　北美圆柏可在含盐量 0.3%～0.5% 的土壤生长，为代替桧柏等在盐碱地栽培的优良柏类树种。

3. 胡杨　胡杨能在含盐量 1% 的盐碱地生长，新疆杨在含盐量 0.3% 的盐土上生长良好，是荒漠盐土上的主要绿化树种。

4. 合欢　合欢对硫酸盐的抗性强，耐盐量可达 1.5% 以上，但耐氯化盐能力弱，超过 0.4% 则不适生长；根部具根瘤，适宜在含盐量 0.5% 的轻盐碱土栽植，被誉为耐盐碱的宝树。

5. 紫穗槐　紫穗槐能抗严寒、耐干旱，在含盐量 1% 的盐碱地也能生长；根部有固氮根瘤菌，落叶中含有大量的酸性物质能中和土壤碱性，也可增加土壤腐殖质，为盐碱地绿化的先锋树种。

6. 沙枣　沙枣具根瘤，对风沙、盐碱、低温、干旱、瘠薄等有抗性，对硫酸盐的抗性强，在含盐量 1.5% 以上的土壤中尚能生长；对氯化物的抗性较弱，含盐量 0.6% 以下才适于生长；在硫酸盐氯化物盐土上含盐量超过 0.4% 就不适于生长。

7. 沙棘　沙棘可在 pH 9.0 的重碱性土以及含盐量达 1.1% 的盐碱地上生长。

8. 枸杞　枸杞特别耐盐碱，为内陆重盐碱地的优良绿化材料。

黑松（何小弟摄）　　　　　　　　　　胡杨（彭锦臻摄）

图 4 - 19　耐盐树种选择

9. 白刺　白刺根系发达，能在飞沙地匍匐生长，有改盐防风固沙的作用。

另外，柽柳、垂柳、国槐、刺槐、侧柏、龙柏等都具有一定的耐盐能力；石榴、木槿、小叶女贞、月季等也是耐盐碱土栽植的优良树种。

喜生于河谷沙滩、堤岸及沼泽地边缘等湿地的耐盐碱树种有：①火炬树，原产北美，为林缘生长的灌木或小乔木，浅根且萌根力强，是盐碱地栽植的主要园林树种；②白蜡，根系发达、萌蘖性强，在含盐量 0.2%～0.3% 的盐土上生长良好，是极好的滩涂盐碱地栽植树种；③苦楝，一年生苗忍受含盐量 0.6%，在含盐量 0.4% 的土壤上造林良好；④无花果，为轻盐碱土改造的先锋树种，其果实具较高的经济开发价值；⑤单叶蔓荆，喜生海滨沙滩地及海水经常冲击的地方，是极优良的沿海沙地固沙树种。

五、盐碱地的树木栽植技术

（一）测土测水

作为改良措施依据，重点园林项目应先测定土壤盐分，取土层为 0～10 cm、10～30 cm、30～60 cm 的土壤，计算盐分平均含量，用加权平均数。除化验土壤的总盐量外，还要分析土壤中八大离子，即 CO_3^{2-}、HCO_3^-、Cl^-、SO_4^{2-}、Ca^{2+}、Mg^{2+}、K^+、Na^+ 的含量，以便进行比较。它们是确定改土措施的重要依据。在实际绿化工作中，小型绿化项目往往只测 10～50 cm 种植层的含盐量和 pH，简化化验内容。浇灌用水一定要测量矿化度和 pH。

（二）生态技术应用

实践证明，遵循生态平衡的原理，依照天然群落的结构特征，从木本盐生植被区、海滩沙生盐植被区、盐生植被区和沉水植物群落中进行耐盐渍性树种选择，采用引进树种与乡土树种相结合的办法，根据树种的高矮、冠形、根系深浅、抗盐程度、喜光耐阴等不同特性重新组合，构成和谐有序、稳定壮观且能长期共存的复层混交的立体人工群落，可以取得较为满意的结果。

（三）躲避盐碱栽植

土壤中的盐碱成分因季节而有变化，春季干旱、风大，土壤返盐重；秋季土壤经夏季雨淋盐分下移，部分盐分被排出土体；定植后，树木经秋、冬缓苗易成活，故为盐碱地树木栽植的最适季节。

（四）施用生根粉和抗蒸腾剂

生根粉含有多种生根剂和营养物质，可促进植物多生根，这对于盐土栽培的园林植物来说是非常重要的。2005 年 4 月，在沧州中度盐碱地种植的 18 株胸径为 15～20 cm 的法桐，16 株用生根粉喷根后全部成活。与此对比，另外 2 株未施用生根粉，仅成活 1 株。生根粉可以喷根，也可随水浇灌。反季节栽培为盐碱地绿化增加了难度，配合遮阳网施用抗蒸腾剂，可使叶片气孔封闭，控制水分蒸发，提高植株成活率。

（五）盐碱土园艺栽培其他辅助措施

1. 大土球移植 在盐碱土区域内进行绿化栽培，树木要争取带大土球移植。即使是早春种植，带大土球也是非常重要的，可以防止受损的根系直接接触盐碱土，而影响愈合与再生能力。

2. 重度修剪 反季节施工挖苗前的 7～15 d，在圃地按施工要求重度修剪，当苗木进入工地时伤口已恢复好，枝叶与根系达到了水分平衡，这项措施特别有利于植株成活。对树冠进行适度修剪可减少蒸腾量，缓解移植断根吸水供应不足的矛盾，有助于提高苗木移栽成活率。

3. 壮苗移栽 在圃地选择一、二年生移栽苗对盐碱地栽培来说尤为重要，因为这种苗木生长健壮，根幅比较丰满，移植后生根快。

4. 客土栽培 重度盐土可用隔盐袋法进行园艺客土栽培，客土绿化工程是滨海盐碱地区城镇绿化中采用较多的土壤改良绿化措施。

六、盐碱地树木栽植实例

（一）盐碱地的雪松栽植技术

雪松适生于土层深厚、肥沃、疏松、地势较高、排水良好的沙质壤土，当地下水位高于 1.5 m 时，土壤种植层中水分多、氧气少，雪松根系不易伸展。而盐碱地区的地下水位往往过高，必须采用抬高地面、铺设隔离层、安放通气管、做地下排水系统等方法改善立地条件。隔离层铺设为底层，垫石子 20 cm＋粗沙 10 cm＋麦秸 10 cm＋炕土 20 cm，在自然起伏地形上进行高地栽植，在规则式绿地中可利用花坛抬高地面。专用基质呈微酸性，结构性能好，有良好的通气性，可有效控制渍水烂根，为雪松生长提供适宜的条件。专用基质的配制比例为：田园土 50％、泥炭 20％、炉渣 22％、蛭石 5％、改良肥 3％及适量的杀菌剂。

雪松栽植的最佳季节是晚春或早秋，栽时先在根部喷生根粉溶液，用盐碱土改良肥 3 kg/株与种植土拌匀施在根际周围。定植时可在树干周围竖埋几根通气管以利透气，定植后在根盘土壤表面覆盖一层锯末或粗沙，以控制盐分在地面的积累。灌溉水不宜用 pH＞7.0、矿化度超过 2 g/L 的碱性水。

（二）盐碱地的杨树栽植技术

杨树最适宜生长的土壤有效层为 80～100 cm，在盐碱地区造林必须高垄整地、排放盐碱，按一定的行距开沟，筑成高垄栽植。垄顶宽 1.5～2 m、底宽 2.5～3 m，垄顶高出地面 0.5 m；垄沟底宽 0.2 m，由沟底到沟顶深 1.4 m。

以西宁为例，春天干旱多风，土壤返碱强烈，所以春季植树以 3 月下旬至 4 月上旬为宜，秋季植树以 11 月上中旬为宜。苗木选用 1～2 年生、生长健壮、根系完整、无病虫害及机械损伤的一级杨树苗或杨树插干，造林前将插干放在水中浸泡 24～48 h，最好是流水浸泡。按要求的株行距整地，栽植坑直径 50 cm、深 50 cm；如是插干栽植，覆土后上端露出地面 20 cm 即可。定植后前 3 年每年进行松土、除草至少 2～3 次，以提高土壤通透性；在春旱、降雨和灌水后都应及时松土除草，以切断毛细管，减少水分蒸发，抑制盐分上升。随时整修围埂、平整土地，使雨水分隔储存，淋洗盐碱，降低盐分。造林后的 1~3 年，最好在春季返盐时灌水压碱，以保证幼林生长；深挖并疏通排水沟，及时排除淋洗的碱水，使地下水位降到临界深度以下。

（三）公路边盐碱地的柽柳栽植技术

柽柳插穗在含盐量 0.5% 的盐碱地上即可生根，带根的苗木能在含盐量 0.8% 的盐碱地上成活生长，大树能在含盐量 1% 的重盐碱地上生长。柽柳叶片能分泌盐分，有效降低土壤含盐量，还耐干旱、严寒、风沙，有"大漠英雄树"的美誉，为重盐碱地园林绿化骨干树种。盐碱地公路绿化成本高、难度大、成效慢，用柽柳作为行道树栽植能有效改善道路景观。

在 7~8 月的雨季进行造林，栽植前 3~5 d 顺公路边挖深 15~20 cm、宽 20~30 cm 的植树沟，沟内浇水，待水渗后进行栽植，栽后再浇一遍透水。根据滨州地区盐碱地公路边坡绿化栽植柽柳的技术试验，选用 1~2 年生壮苗于雨季栽植，截干或截留 1/2 苗干，带干苗木要修除全部侧枝，栽植深度宜覆土达到苗木根颈以上 7~10 cm。截干不仅减少了苗木地上部分的蒸腾失水面积，而且减轻了在公路肩坡上的苗木受风吹摇动使根部松动的危害，提高了栽植成活率和保存率。故应将适当截干作为盐碱地路段栽植柽柳的关键技术措施之一。

第四节　屋顶园林树木栽植

屋顶绿化，可以理解为建造在各种与自然地面隔离开的区域，种植土层不与大地土壤相连接的各种绿化的统称。屋顶的园林树木栽植是屋顶绿化的主要部分。

在现代城市高密度的建筑群中，屋顶绿化作为一个异军突起的生态环境营建措施，是灰色建筑与绿色生命的艺术合璧，是人类智慧与自然生态的有机结合。屋顶绿化是随着城市密度的增大和建筑的多层化而出现的，是城市绿化向立体空间发展、拓展绿色空间、扩大城市多维自然因素的一种绿化美化形式。为了解决城市居民对绿色空间日益增长的需求和城市土地资源稀缺、绿地成本攀高之间的矛盾，作为能够陶冶情操、有利于居民身心健康、推动社会进步、发挥城市多功能效应、树立良好城市形象的屋顶绿化成为国内外关注的焦点。

一、屋顶绿化的生态景观效应

随着大型建筑逐年增多，大面积开展屋顶绿化，使建筑顶层及立体空间更加多姿多彩，改善了景观鸟瞰效果，增加了空间层次及城市园林美景（图 4-20）。发展屋顶绿化，是提升绿化覆盖率、缓解热岛效应、改善环境美化城市的有效措施，具有重要的生态和经济价值。

1. 有效提高城市绿化覆盖率　屋顶绿化可以有效地补偿建筑物占用的绿化地面，开拓城市绿化空间，为增加城市绿地面积提供了一条新的途径。特别是我国旧城改造中可供绿化的用地较

图 4-20　屋顶花园
（李树华，2010）

少，利用屋面绿化技术，使绿化向空中发展，可以有效提高城市绿化覆盖率。

2. 改善建筑物周围的小气候及优化环境　屋顶花园不占用土地，却增加了城市的绿化面积。屋顶花园绿色植物一方面能够吸附空气中的尘埃，同时吸入二氧化碳，放出氧气，降解废气，一定程度上改善了城市中的空气质量；另一方面，植物叶片和土壤中的水分蒸发过程可以吸热降温，能减少由于城市高楼大厦林立、各种废气污染而形成的城市热岛效应对人类的危害。

屋顶作为构成城市景观的重要部分，通过屋顶绿化使单调的屋顶得到美化，柔化包装城市建筑及构筑物外形，有效改善城市景观环境，提升城市人居质量，能丰富园林树木景观的模式构成，完善城市生态绿地建设过程中的空间连续性。

3. 具有保温隔热的效能　夏季屋顶温度高，产生的热量大，容易破坏屋顶结构。而经过绿化的屋顶上，大部分太阳辐射热量消耗在植物水分蒸发上或被叶片吸收。由于种植层的阻滞作用，这部分热量不会使屋顶结构构造表面温度继续升高，减少紫外线对屋顶的伤害，延长屋顶使用寿命。屋顶花园可降低顶层室温 $4 \sim 6$ ℃。在冬天，绿化屋顶像一个温暖罩保护着建筑物。长有植物和含有空气层基层的绿化屋顶，可以显著减缓热传导。屋顶绿化对建筑物具有稳定良好的保温隔热作用，可减少建筑使用中的能耗。

4. 储水和减少屋面泄水　绿化屋顶通过屋面绿化层截留、吸纳部分天然雨水，大约有一半的降水会存在于基质层或通过植物蒸腾进入大气层，对暴雨起一定的缓冲作用。屋顶绿化可以有效缓解城市排水系统的压力，对缓解城市洪涝、防风滞尘具有积极作用，为城市安全提供保障。另外，屋顶绿化还能利用土壤渗透和植物吸收蒸腾过程，净化天然雨水中的部分污染物。

5. 增加休闲活动场所　屋顶绿化能适当增加休闲活动场所。德国已经实现将平屋顶改造成为室外活动、休息、娱乐的空间，且不存在交通问题，大大提高了人们活动的安全系数。我国一些花园式绿化屋顶，常建有假山、水池、花架等园林构筑物，是人们进行休闲活动的场所。花园式绿化屋顶可有效增加人们的休闲活动空间（图 4 - 21）。

图 4 - 21　屋顶花园增加休闲活动空间
（熊星摄）

我国屋顶花园出现在 20 世纪 80 年代后期，从成都、广州、上海、长沙、兰州等大中城市先期开始，如广州东方宾馆屋顶花园、上海华亭宾馆屋顶花园、北京首都宾馆屋顶花园、兰州园林局屋顶花园等。对于很多城市来说，屋顶至今还是被人们所忽视、待开发的一块宝地。屋顶花园如能被加以利用和推广，可形成壮观的空中绿化景象，对城市整体生态系统的改善作用是不可忽视的。

二、屋顶绿化的环境特点

屋顶环境与地面自然环境有所不同,其所处的基址是建筑物或构筑物的顶部,种植土层完全与大地土壤隔离。园林树木的生存条件与一般园林绿化相比有很大差异,其生态因子土壤,特别是光照、温度、空气湿度和风随基址高度而变化。

1. 土壤 屋顶绿化是在完全人工化的环境中栽植树木,与大地隔离。供屋顶绿化的土壤,采用客土,不能与地下水连接,植物所需的水分完全依靠自然降水和浇灌。在屋顶营造花园由于受到建筑载荷的限制,供种植的土层较浅,土壤水分容量小,土壤易干燥,营养物质少。

2. 光照 屋顶接受光照时间长,太阳辐射强,对阳性植物生长有利。高层建筑的屋顶上紫外线较多,为沙生植物和高山植物提供了较好的生长环境。

3. 温度 屋顶种植土层薄,热容量小,日温差、年温差均较大,白天接受太阳辐射后迅速升温,晚上受气温变化的影响又迅速降温。夏季易受灼伤,冬季植物根部易受冻害。

4. 空气湿度 屋顶上的空气湿度差异较大,低层基址与地面差异小,而高层基址上的空气湿度明显低于地表。

5. 风 屋顶上气流通畅,易产生较强的风。而屋顶土层较薄,植物根系不能向深处生长,对植物生长不利。

6. 管理费工 为使园林树木在屋顶环境正常生长,需要加强日常管理,而在屋顶种植园林树木,许多园林机械无法应用,管理费工,成本较高。

三、屋顶绿化的建造模式与构造要求

屋顶绿化对建筑本身的承载力和防渗透要求相对较高。一般建筑只能栽植浅根系、易于生长的花灌木及地被,虽在一定程度上达到了增加城市绿化率的基本效果,但生态多样性低。应建立生物多样性的绿化模式,更高效地发挥屋顶绿化的生态环境调节作用和植物景观功能。

(一)屋顶绿化的建造模式

由于建筑物的多样性设计,造成面积大小、高度不一,并且形状各异的各种屋面,加上新颖多变的布局设计以及各种植物材料、附属配套设施的使用,形成类型多样的屋顶绿化模式。按高度可分为低层建筑屋面和高层建筑屋面两种;按空间组织状况可分为开敞式、封闭式和半封闭式三种;从使用功能方面可以划分为花圃型、棚架型、庭院型、草毯型、花园型、组合型等主要类型(图4-22)。

1. 花圃型 花圃型多结合园艺经济作物设计,如重庆一些楼房屋顶种植甘薯、辣椒及花卉;成都一些屋顶还建起苗圃、药圃、瓜园,其屋顶花园已达数百座,屋顶花园面积已超过 10 hm²,较大的单体面积达 2 000 m²。

2. 草毯型 针对承载力较弱、事前没有绿化设计的轻型屋面,可采用地毯式绿化,将适合少量种植土生长的草种与各类地被植物密集种植;若采用图案化模式效果更佳。

3. 花园型 针对承载力较强的屋面,种植乔、灌木树种构造空间变化多样的花园式设

图 4-22　几种屋顶花园类型

1. 草毯型　2. 组合型　3. 花园型

（1 引自郝培尧等，2013；2 引自黄俊清等，2014；3 引自史晓松等，2011）

计，能产生层次丰富、色彩斑斓的效果，适用于高级酒店、宾馆和高层建筑等面积较大的屋顶。如杭州武林广场东侧有一足球场大的屋顶花园，建在有拱桥相连的两座 3 层楼顶上面，栽有 50 多种花木，在它四周高出几层的居民楼住户只要打开门窗就如同置身于四季如春的花园一般。

4. 组合型　在屋顶四角和承重墙边采用容器栽植的设计模式，摆放比较灵活方便。实际应用中，要根据屋顶的荷载量、载重墙的位置、功能以及用途等来确定选用何种方式。棚架式用于种植葡萄、猕猴桃等藤本植物，因其栽培基质和棚架立柱可集中安放在承重墙上，棚架和植物的荷载也较小，一般的屋顶结构均可承受，特别适用于高层建筑前的低矮裙房屋顶。

（二）屋顶花园的构造要求

屋顶花园对构造技术的要求远远高于一般的地面花园，只有将现代科技与生态科学完美结合在一起，才能在屋顶花园这块领地里有更多更好的作为。

1. 屋面荷载的大小　屋顶绿化设计时首先要考虑屋面荷载的大小。总荷载量包括种植基质层的重量、排水层和蓄水层的重量、生长的植物重量、风雨雪给建筑物增加的荷载量、人的活动给建筑物增加的荷载量、各种建筑小品的重量等。设计总荷载量要严格控制在建筑物的安全荷载量内。屋面荷载的大小直接影响布局形式、园林设施、介质种类和植物材料的选择等。屋面不同部位的承载力有所不同，如小开间的卫生间、厨房等以及墙体、构造柱等部位的承载力较大，在布局时应尽量放置大乔木、山石、亭、花架等重量大的部分，并可将覆土厚度相对增加，为植物选材设计提供更好的条件。一般来说，选用地毯型模式对建筑物承载力最低要求为 200 kg/m²，可铺设 25～35 cm 厚的人造土；而花园型（群落型）模式对屋顶的荷载要求较高，一般为 400 kg/m² 以上，土层厚度可达 30～50 cm。屋顶绿化的种植层施工，一般分为防水层、过滤层和种植土 3 层。

2. 防水层的处理 防水处理的成败直接影响屋顶绿化的使用效果及建筑物是否安全。如果防水材料的防水性能、防腐性能不稳定，那么屋顶绿化下面的住宅是无法入住的。屋顶防水层上面有土壤和植物覆盖，如果发生渗漏很难根治。花木生存离不开水和肥料，如果屋顶长期保持湿润状况，再加上肥料中所含酸、碱、盐物质的腐蚀，都会对防水层造成持续的破坏。另外，花草树木的根须无孔不入，如果防水层搭接部位或材料本身有孔隙，根须即会侵入并扩展，使防水层失效。种植屋面施工有时会出现耐根穿刺层和防水层不相容的现象，可在此中间采用聚乙烯膜、纤维布、无纺布或抹一道水泥砂浆加一道隔离层均可。目前国内已有卷材生产厂家与上海、北京的一些房地产开发商合作，采用聚酯卷材和抗根卷材建造了几个屋顶花园，取得了成功的经验。

美国、法国、加拿大等发达国家采用 APP 防水卷材应对屋顶渗漏。APP 是以无规聚丙烯等高分子聚合物改性沥青制成的一种新型防水材料，其抗拉力、抗撕破力、不透水性、延伸率、耐老化性、耐腐蚀性都很好，使用寿命长达 10 年以上。随着屋顶花园热的兴起，屋顶、阳台等特殊场所的绿化材料和技术应运而生。日本最大的防水材料生产厂家开发出了屋顶防水绿化系统技术，由防水保护层、排水层过滤层和轻质土壤组成，所有材料全用废弃物生产，提高了资源的利用率。著名的三泽房屋公司、鹿岛建设公司、岛田公司等都积极参与了屋顶花园绿化产业的研究与开发，推出了一批新技术、新材料，促进了立体绿化产业的发展。

3. 防水层中的排水系统 屋顶防水和排水两个方面密切相关，防水层中排水系统的设计和安装非常重要，它将直接影响到防水。排水层的作用是排去多余雨水和灌溉水分，可采用陶粒、碎石、泡沫块、蛭石、塑料粒等材料，排水层厚度一般为 5～20 cm。为充分利用雨水、减少灌溉，可将排水层下部设计为蓄水层来储存水分，排水层厚度不低于 10 cm。设计蓄水高度占排水层厚度的 1/2～3/4，并设置溢水孔、天沟外出水口、排水管道等完整的排水系统，满足日常排水及暴雨时泄洪的需要。过滤层的作用是防止种植基质随雨水或灌溉流失而堵塞排水管道，可采用玻璃纤维、尼龙布、金属丝网、无纺布等材料。为减轻水分和土壤对屋顶的渗漏和腐蚀，屋顶花园可采用喷灌、滴灌等方法。为防止土壤水分蒸发过快，介质中还可加入高分子保水剂。

四、屋顶园林树木的栽植与养护

屋顶绿化是与地面隔离、高于周围地面几米甚至几十米而形成的绿化。植物的生长环境与地面相比有较大的差异，光照时间长、昼夜温差大、空气湿度小、风力较大，且栽培介质薄、含水量少。因此，屋顶绿化的植物种类选择和栽培基质配制就显得更为重要。

(一) 屋顶绿化的植物配置

在地面上生长良好的花木，被移植到屋顶（天台）上可能影响它的生存成活。可以选择一些喜光、耐热、耐旱、耐寒、耐瘠薄、抗干热风能力及抗辐射能力强的植物种类；最好是适应浅薄土层、直根不甚发达的灌木和藤木。小乔木作为孤赏树可适当点缀，植株高度一般不要超过 3 m；尽量少采用主根发达、冠浓枝密的高大乔木；深根性、穿透性强的植物材料不宜选用，以防其发达的根系破坏屋面防水结构。一般而言，以适应当地气候条件的乡土植物比较适宜。草坪草可选用马尼拉、狗牙根等；地被可选用佛甲草、红花酢浆草、麦冬等，灌木和小乔木有梅花、月季、牡丹、榆叶梅、石榴、黄杨、紫叶李、女贞、龙柏等；藤木可用紫藤、凌霄、三叶地锦、络石、常春藤、葡萄、木香、金银花等。根据相关研究资料，山毛榉、欧洲黑桦、松树、欧洲红松、山毛柳及金合欢属、桤木属、落羽杉属、竹亚科等植物不宜在屋顶花园中应用。一般来说，距地面越高的屋面自然条件越恶劣，植物选择要更为严格；应尽可能地选用适应性强、生长缓慢、病虫害少、浅根性植物材料；考虑防风等安全性要求、水肥供应状况等；退台式屋面还要考虑墙体材料和受光条件等。

（二）屋顶绿化的栽培介质

屋顶花园树木栽植的基质除了要满足提供水分、养分的一般要求外，应尽量采用施工简便和经济环保的轻质材料，以减少屋面载荷（表 4-1）。常用基质有土、泥炭、木屑等，使用时和经过发酵处理的动物粪便等材料按一定比例混合配制而成。轻质人工土壤（容重 900 kg/cm³）的自重轻，多采用土壤改良剂以促进形成团粒结构，保水性及通气性良好，且易排水。容重很小的泥炭土可作为主要栽培基质，一般干重为 0.2～0.3 g/cm³（是普通土壤重量的 18%～20%）、湿重为 1.9～2.1 g/cm³（是普通土壤重量的 33%）。建造屋顶花园当然不可能全用泥炭，一是相对成本偏高，二是抗风固根力不够强。故在实际使用中一般采用两份普通土掺入一份泥炭的混合土比较合适，或者还可加入适量的糠灰，既可减轻自身重量的 25%～30%，又改善了介质的透气性和养分含量。种植层的厚度一般依据种植物的种类而定，草本 15～30 cm，小灌木 30～45 cm，大灌木 45～60 cm，浅根性乔木 60～90 cm，深根性乔木 90～150 cm。

表 4-1　屋顶花园常用栽培基质的物理性状

材料名称	容重/(t/m³)	持水量/%	孔隙度/%
田园土	1.58	35.7	1.8
木屑	0.18	49.3	27.9
蛭石	0.11	53.1	27.5
珍珠岩	0.10	19.5	53.9

（三）屋顶绿化的养护管理

屋顶绿化建成后，后期养护管理对屋顶绿化能否发挥其功能具有重要作用。

1. 浇水　屋顶因特殊立地条件而光照强、高温、干燥、风速高，从而导致植物蒸腾量大，夏季易发生日灼。需定期浇水、喷水降温、增湿，减少植物失水。

2. 施肥　屋顶植物生长所需肥力不可过大，应采取控制水肥或生长控制技术防止植物生长过旺，否则将导致植物生长量过大，建筑荷载过重，加大维护成本。

3. 修剪　应定期对植物进行必要的疏枝、除草和整形修剪，防止树冠生长过快，减少不必要的荷载。同时应及时清理落叶，减少病虫害感染，保持植物景观。

4. 病虫害防治　屋顶绿化病虫害防治尽量采用生物措施，防止对环境造成污染。

5. 防寒　由于冬季风大、气温低、屋顶栽植层浅，植物抗冻能力降低。对易受冻害的植物种类，可进行包裹防寒，盆栽的可移入室内越冬。

多年来，屋顶绿化在设计和建设过程中也暴露出很多缺陷和不足，如不能长时间防渗抗漏、荷载超标、建造养护成本高等。随着科技的发展，这些问题将会逐步得到解决。同时，屋顶绿化在城市建设中的受重视程度将不断提高，工程数量和水平都将有新的飞跃。

五、屋顶绿化栽植实例

日本 ACROS 福冈台阶状屋顶花园位于福冈市中央区天神地区，设计者把建筑 ACROS 福冈的台阶状屋顶当成一座山体处理，表现"春之山、夏之荫、秋之林、冬之森"的植物季相变化空间，使南侧公园的绿化植被与台阶状屋顶的混植植被融为一体（图 4-23）。种植设计以位于京都的皇室园林——修学院离宫斜坡上的台阶状大块混植为蓝本，在从 1～13 层的台阶屋顶上，利用 15 种混植手法种满了枝叶色彩富有变化的常绿树与落叶树。竣工时共栽植 76 种植物，1996—2000 年追加补栽 30 种，此外还由动物及其他因素携带几种，现在已经达到 110 余种。每一层植被由台阶屋顶植被与栽植于下一层墙体上的容器植被组成，整体上仿佛山脊植被与山谷相连。随着树木的生长发育，竣工数年后植被已经郁郁葱葱，在城市中央形成了一座绿色的"人工山林"，日益丰富的植物景观成为福冈市民娱乐休憩的理想空间。竣工以来，有关研究机构对该屋顶花园的热环境进行了调查，夏季裸露的水泥屋顶的温度比屋顶花园部分高出 20 ℃，栽植土壤的地温比气温低近 10 ℃，建筑各侧的气温以有台

图 4-23　日本 ACROS 福冈屋顶花园
（何小弟摄）

阶状绿地的南面为最低。由于所使用的人工土壤具有优良的保温性与保水性，屋顶绿化还降低了室内温度，减少了空调的负荷。

第五节　垂直立面园林树木栽植

垂直立面是相对于园林水平绿地而言的。垂直立面的绿化叫垂直绿化，即利用藤本植物绿化墙面以及凉廊、棚架、灯柱、园门、围墙、篱垣、桥涵、驳岸等建筑物或构筑物垂直立面的一种绿化形式。用于垂直立面绿化的树木称为垂直绿化树木。垂直绿化具有占地面积小、覆盖范围大的特点，可有效增加城市绿化覆盖率，减少炎热夏季的太阳辐射影响，有效改善城市生态环境，提高城市人居环境质量。垂直绿化在欧美各国早被广泛应用，我国已将城市垂直绿化作为创建国家园林城市和国家生态园林城市重要的考核内容之一。

一、垂直绿化类型

（一）垂直绿化树木的分类

垂直绿化中的藤本植物绝大多数具有很高的观赏价值，或姿态优美，或花果艳丽，或叶形奇特，或叶色秀丽，通过人工配置，在垂直立面上可形成很好的植物景观，在美化环境中具有独特的作用。

垂直绿化植物多为藤本植物。藤本植物是指茎长而细弱，自身不能直立向上生长，匍匐于地面，或悬垂，或攀缘他物，或人为牵引才能向上生长的植物，如牵牛花、莴萝、葡萄、紫藤、地锦、络石、木香等。据不完全统计我国可栽培利用的藤本植物有 1 000 余种，在蕨类植物、裸子植物、被子植物中，均有藤本植物，有落叶的，也有常绿的，是一个较大的生态类群。藤本植物依茎质地的不同分为草质藤本和木质藤本，垂直绿化树木多为木质藤本植物，又称藤木。

藤木根据植物体有无攀缘能力和特化攀缘器官分为攀缘藤木和蔓生藤木。在垂直绿化中根据不同的垂直立面绿化的需要，可以利用攀缘藤木进行墙体绿化、树干绿化等，也可以利用蔓生藤木进行棚架绿化、栅栏绿化等。攀缘藤木根据攀缘特性又可分为缠绕类、吸附类、卷须类三大类。有学者将攀缘藤木分为缠绕类、吸附

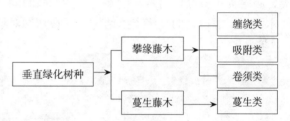

图 4 - 24　垂直绿化树木的分类体系

类、卷须类和钩攀类四大类，根据研究，藤木的钩刺虽有利于攀缘，但攀缘的能力和强度极弱，不宜独立成为一类。综上所述，垂直绿化树木可以分为以下四大类（图 4 - 24）：

1. 缠绕类　缠绕类指依靠主茎或叶轴缠绕他物向上生长的一类藤木，如紫藤、金银花、木通、南蛇藤、木防己、铁线莲等。

2. 吸附类　吸附类指依靠茎上的不定根或吸盘吸附他物攀缘生长的一类藤木，如爬山虎、凌霄、薜荔、常春藤、扶芳藤等。

3. 卷须类　卷须类指借助于由枝、叶、托叶的先端变态特化而成的卷须攀缘生长的一类藤木，如葡萄、猕猴桃等。

4. 蔓生类　蔓生类指不具有缠绕特性，也无卷须、吸盘、吸附根等特化器官，茎长而细软，披散下垂或人工牵引向上生长的一类藤木，如迎春、迎夏、枸杞、蔓性蔷薇、木香等。

在选择垂直绿化树木时应注意以下条件：

① 枝繁叶茂、病虫害少，花繁色艳者尤佳。

② 果实累累、形色奇佳，可食用或有其他经济价值者尤佳。

③ 有卷须、吸盘、吸附根，可攀壁生长，对建筑物无副作用，叶色艳丽、常绿不凋者尤佳。

④ 耐寒、耐旱、抗性强、易栽培、管理方便，景观效果显著者尤佳。

（二）城市垂直绿化的主要类型

城市垂直绿化类型与垂直立面的性质有关。城市垂直绿化的主要类型包括：

1. 廊架绿化　廊架绿化是园林中应用最早、最为广泛的一种垂直绿化形式。一类是以经济效益为主、以美化和生态效益为辅的棚架绿化，在居民宅院中应用广泛，深受居民喜爱，主要是选用经济价值高的藤木，如葡萄、猕猴桃等，既为庭院创造了绿色的空间，遮阳纳凉，屏蔽尘埃，美化环境，同时也兼顾了经济效益；另一类是以美化环境为主的廊架绿化，廊架的形式极为丰富，有花架、花廊、亭架、墙架、门廊、廊架组合体等。利用观赏价值较高的垂直绿化树木在廊架上形成绿色的空间，或枝繁叶茂，或花果艳丽，或芳香宜人，既为游人提供了遮阳纳凉的场所，又可为城市园林增加景点。常用于廊架绿化的藤木主要有紫藤、多花紫藤、木香、金银花、蔓性蔷薇、凌霄、铁线莲、叶子花等（图4-25）。具体应用时，还应根据垂直绿化树木的习性，结合廊架的体量、形状、构成材料等综合因素考虑选择适宜的垂直绿化树木种类和种植方式，如杆、绳结构的小型花架，宜配置蔓茎较细、体量较轻的种类；对于砖、木、钢筋混凝土结构的大、中型花架，则宜选用寿命长、体量大的藤木种类；对只需夏季遮阳的或临时性花架，则宜选用生长快、冬季落叶的类型。对于卷须类、吸附类垂直绿化树木，棚架上要多设些间隔，便于攀缘；对于缠绕类、蔓生类垂直绿化树木则应考虑适宜的缠绕支撑结构，并在初期对植物加以人工的辅助和牵引。

图4-25　紫藤、木通、叶子花绿化廊架

（黄成林摄）

2. 篱垣绿化　利用藤木在栅栏、铁丝网、花格围墙上缠绕攀附，使篱垣由于植物的覆盖而显得亲切、和谐。还可在栅栏、花格围墙上应用带刺的藤木攀附其上，既美化了环境，又具有很好的防护功能。常用的有蔓性蔷薇、云实、金银花、扶芳藤、凌霄等（图4-26），缠绕、吸附或人工辅助攀缘在篱垣上，或繁花满篱，或枝繁叶茂，或叶色艳丽。

图4-26　蔓性蔷薇、大血藤等绿化篱垣

（黄成林摄）

3. 园门绿化　在城市园林和庭院中均有大量各式各样的园门，如果利用藤木绿化园门，则会别具情趣，增加园门的观赏效果。适于园门造景的藤木有木香、紫藤、木通、凌霄、金银花、金樱子、叶子花、蔓性蔷薇等（图4-27），利用其缠绕性、吸附性或人工辅助攀附在门廊上，可进行人工造型，也可让其枝条自然悬垂，盛花期则门廊上繁花似锦，使园门自然情趣浓厚，也可于园门上吸附爬山虎、络石等观叶藤木。

4. 驳岸、陡坡绿化　在驳岸旁种植藤木，利用它们的枝蔓绿化驳岸。绿化材料有爬山虎、云南黄馨、迎春、迎夏、野蔷薇、常春藤、络石等（图4-28）。

图4-27　叶子花、木香绿化园门
（黄成林摄）

图4-28　野蔷薇绿化水池驳岸（戴碧霞摄），迎春绿化挡土台壁（黄成林摄）

　　常见的陡坡有台壁、土坡等，可以用藤木覆盖，一方面起到绿化、美化的作用，另一方面可防止水土流失。一般选用爬山虎、常春藤、薜荔、扶芳藤、迎春、迎夏、络石等。在花坛的台壁、台阶两侧可吸附爬山虎、常春藤等，其叶幕浓密使台壁绿意盎然，自然生动；在花台上种植迎春、枸杞等蔓生类藤木，其绿枝婆娑潇洒犹如美妙的挂帘。而于黄土坡上植以藤木，既遮盖裸露地表，美化坡地，又具有固土之功效。

5. 覆盖山石　山石是园林中最富野趣的点景材料。若在山石上覆盖藤木，则使山石与周围环境很好地协调过渡，但在种植时要注意避免山石的过分暴露而显得生硬，同时又不能覆盖过多，以若隐若现为佳。常用覆盖山石的藤木有爬山虎、常春藤、扶芳藤、络石、薜荔、凌霄等（图4-29）。

图4-29　爬山虎绿化山石（黄成林摄），络石绿化置石（何小弟摄）

6. 柱干绿化　常见的柱干有树干、电线杆、灯柱等，可应用具有吸附根、吸盘或缠绕类的藤木攀缘其上，形成绿柱、花柱。常用的有金银花、爬山虎、凌霄、紫藤、络石、薜荔等。金银花缠绕柱干扶摇而上；爬山虎、络石、常春藤、薜荔等吸附于树干，颇富林中野趣（图4-30）。园林中的电线杆、灯柱上覆以藤木，可以美化柱杆，但要注意控制长势，适时修剪，避免影响供电、通信等设施的使用。

7. 室内垂直绿化　宾馆、公寓、商用楼、购物中心和住宅等室内空间的垂直绿化，可使人们工作、

图4-30　络石绿化银杏树干（黄成林摄），
美国地锦绿化枯木（戴碧霞摄）

学习、休闲、娱乐的室内环境更加赏心悦目，达到松弛神经、消除疲劳的目的，有利于增进人体健康。垂直绿化树木吸收二氧化碳、放出氧气的光合功能，可增加室内空气清新度；经叶片的蒸腾作用向室内空气中散发水分，可保持室内空气湿度；有些垂直绿化树木还可分泌杀菌素，减少室内空气有害细菌的密度；绿色植物还可净化空气中的一氧化碳等有毒气体。垂直绿化树木的应用，还可有效分隔空间，美化建筑物的内庭构件，使室内空间充满生气和活力，与室外环境有机融合。但室内的植物生长环境与室外相比有较大的差异，如光照度明显低于室外、昼夜温差亦较室外要小等，因此在室内垂直绿化时必须首先了解室内环境条件及特点，掌握其变化规律，根据垂直绿化树木的特性加以选择，以求能保持其正常的生长并达到满意的观赏效果。室内垂直绿化的基本形式有攀缘和悬挂，可应用推广的种类有常春藤、络石等耐阴观叶类植物。

8. 桥梁绿化　一些具吸盘或吸附根的攀缘植物如爬山虎、络石、常春藤、凌霄等可用于拱桥、石墩桥、高架桥、立交桥的桥墩和桥侧立面的绿化（图4-31），涵盖于桥洞上方，绿叶相掩，倒影成景。

图 4-31　爬山虎、美国爬山虎绿化桥墩、桥侧立面

（黄成林摄）

9. 墙面绿化　墙面绿化主要是利用吸附类（具有吸附根或吸盘）攀缘植物，在各类墙体包括建筑物墙面以及各种实体围墙表面的绿化（图 4-32）。用绿色植物遮覆墙面，丰富了墙面景观，增加了墙面的自然气氛，对建筑外表具有良好的装饰作用。如将藤木用于西晒的墙体绿化，在炎热的夏季，可以有效降低居室内的温度，具有良好的生态功能。

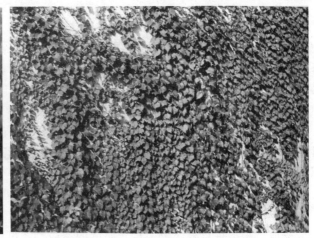

图 4-32　凌霄、爬山虎绿化墙面

（黄成林摄）

　　用吸附类攀缘植物直接攀附墙面，是常见、经济、实用的墙面绿化方式，在城市垂直绿化面积中占有很大的比例。由于不同植物吸附能力有很大的差异，在进行垂直绿化时植物的选择要根据各种墙面的质地和植物的吸附能力来确定。越粗糙的墙面对植物攀附越有利。

　　在水泥搭毛、清水墙、马赛克、水刷石、水泥砂浆、块石、条石等墙面，多数吸附类攀缘植物均能攀附，如凌霄、美国凌霄、爬山虎、美国地锦、扶芳藤、络石、薜荔、常春藤、洋常春藤等。但如果墙面是石灰粉墙，因石灰的附着力弱，难以承受垂直绿化树木的重量，常会造成整个墙面石灰层的脱落，在这样的垂直立面上绿化，应在石灰墙的墙面上安装网状或者条状支架；在油漆后较为光滑的墙面进行垂直绿化时，也必须安装网状或者条状支架。

　　对于卷须类、悬垂类、缠绕类的垂直绿化树木需借支架绿化墙面。支架安装可在墙面钻孔后用膨胀螺旋栓固定，或者预埋于墙内，或者采用凿砖、打木楔、钉钉拉铅丝等方式进行安装。支架形式要考虑有利于植物的攀缘、人工缚扎牵引和养护管理。用钩钉、骑马钉等人工辅助方式也可使无吸附能力的植物茎蔓直接附壁，甚至是乔、灌木，但这种方式只适用于小面积的垂直绿化，用于局部墙面的植物装饰。

墙面绿化还可以在墙面的顶部设花槽、花斗，栽植茎蔓细长的悬垂类植物或攀缘植物（但并不利用其攀缘性）悬垂而下，如常春藤、洋常春藤、金银花、红花忍冬、木香、迎夏、迎春、云南黄馨、叶子花等，使得墙体披上绿装，尤其是在花开时节，更是锦上添花，效果很好。

二、垂直绿化树木的生态习性与繁殖特性

（一）生态习性

1. 温度 根据垂直绿化树木对温度的适应范围，可以分为不耐寒、半耐寒和耐寒垂直绿化树木三种类型。

（1）**不耐寒类型** 不耐寒类型原产热带和亚热带地区，不能忍受 0 ℃以下低温，有的甚至不能忍受 10 ℃以下低温。特别是一些常绿的种类，多产于温暖高湿地区，不耐寒，以我国长江流域以南地区较为丰富，以华南及西南最为集中，如紫茉莉科、买麻藤科、夹竹桃科、萝摩科等。不耐寒垂直绿化树木又分为两类，一是主要产于热带地区的喜热类型，如野木瓜、叶子花、炮仗花等，适宜气温 15～40 ℃，18 ℃以上开始生长，最适温度为 24 ℃左右，约 10 ℃以下会引起寒害；二是大多数原产亚热带和暖温带平原地区，也包括原产热带雨林或高海拔山地的喜温暖类型，如扶芳藤、络石、常春藤、薜荔、南五味子、威灵仙、铁线莲、大血藤、云南黄馨、木通等，适应气温 10～30 ℃，15 ℃以上开始生长，最适温度为 20～25 ℃。

（2）**半耐寒类型** 半耐寒类型以原产暖温带的落叶藤木为主，如藤本月季、木香、凌霄、美国凌霄、猕猴桃等，能耐−10～−15 ℃的低温，在我国长江流域地区可以露地越冬，也可以引种到华北、西北等地，但需采取包草、埋土、设风障等防寒越冬措施，或植建筑物向阳面。

（3）**耐寒类型** 耐寒类型指原产或能分布到温带和寒温带地区的藤木，如野蔷薇、爬山虎、金银花、木防己、紫藤、五味子、葡萄、枸杞等，越冬时能耐−15 ℃以下的低温。

2. 光照 根据垂直绿化树木对光照度的适应性，可以将垂直绿化树木分为阳性、半阴性和阴性三类。阳性垂直绿化树木喜欢生长在充足直射光照环境条件下；阴性垂直绿化树木喜欢生长在散射光的环境，忌全光照；半阴性垂直绿化树木是介于阳性和阴性之间的类型。

垂直绿化树木自身不能直立生长，幼时常处于植被下层光照较弱的环境中，形成了较低的光补偿点，具有耐阴特性，尤以幼苗期和营养生长期的耐阴力较强，不耐强光照。爬山虎、络石、大血藤、扶芳藤、野木瓜等较适于阴面的垂直绿化，但爬山虎在阳光充足的环境中也能较好地生长，也适宜阳面的垂直绿化。藤本月季、野蔷薇、木香、云南黄馨、紫藤等阳性种类，在生长中期后较强的光照有利于开花和结实，多应用于阳面的垂直绿化。猕猴桃、金银花、美国凌霄、凌霄、常春藤、洋常春藤、薜荔等喜光，但也比较耐阴，光照适应性较广。

3. 土壤 大多数垂直绿化树木喜湿润但不积水的土壤环境。墙脚、坡地、崖边等立地条件，常表现出土层浅薄、建筑垃圾多、土壤肥力低、保水或排水性差等特点，除选用生长

势旺盛及抗性强的种类外，应注意客土或改良土壤，排涝防渍。

（1）对土壤肥力的反应　喜肥的种类有野木瓜、大血藤、铁线莲、凌霄、使君子、炮仗花、藤本月季等；耐瘠薄的种类有猕猴桃、爬山虎、木防己等。绝大多数垂直绿化树木在肥沃的土壤上生长良好，但在较瘠薄的土壤上也能生长，如云南黄馨、扶芳藤、络石、常春藤、薜荔、野蔷薇、威灵仙、五味子、南五味子等。

（2）对土壤酸碱度的反应　喜酸性土的种类有木通、鹰爪枫、钻地枫、葛藤等；喜中性土的种类较多，如金银花、葡萄、紫藤、络石等；喜碱性土的种类很少，耐内陆石灰碱性土的有枸杞、美国凌霄等。

4. 水分　垂直绿化树木根据对水分的适应性，可以划分为湿生、旱生和中生三大生态类型。

（1）湿生类型　湿生类型喜生长在潮湿环境中，耐旱力最弱。喜偏湿土壤环境的有紫藤、扶芳藤等；耐水浸土壤环境的有美国凌霄等。

（2）旱生类型　旱生类型耐干旱环境条件，能经受 2 个月以上干旱的有木防己、云南黄馨、金银花、常春藤、络石、野蔷薇、爬山虎等。

（3）中生类型　中生类型介于湿生和旱生两类之间，绝大多数垂直绿化树木属于此类，如凌霄、洋常春藤、薜荔、藤本月季、葡萄、木香、猕猴桃、威灵仙、木通、南五味子、五味子等。

除土壤水分是必要条件外，空气湿度也很重要。大多垂直绿化树种原产地的环境条件湿润温和，故在空气过分干燥的环境中，常表现为生长缓慢或有枝叶变枯，尤以阴生类型对空气湿度的要求更高。

（二）繁殖特性

垂直绿化树木的繁殖方法和其他树木一样，可以采用扦插、嫁接、播种、分株、压条等。由于它们的生长习性，茎蔓与地面或其他物体接触广泛，普遍形成了较强的营养繁殖能力。因为茎很容易产生不定根，大部分垂直绿化树种多用扦插繁殖，常绿种类采用带叶嫩枝扦插，可在生长季节进行，南方冬暖地区，几乎全年均可扦插。落叶种类多在春季发芽前采用硬枝扦插。

具有吸附根的垂直绿化树种的茎产生气生根，繁殖时即可将带根的茎取下行分株繁殖，既方便可靠又快速。对较难扦插生根的种类，用压条法繁殖也很方便，茎长而柔软的种类，行波状压条，一次可得较多新株。

三、垂直绿化树木的应用原则

（一）适宜种类选择

不同的垂直绿化树木对生态环境有不同的要求和适应能力，栽培时首先要选用生态要求与当地条件吻合的种类。把当地野生的垂直绿化树种引入庭园栽培，虽然大的生态条件基本一致，但常常由于小环境的不同，光照、空气湿度等生态因子差异较大，对引种的成败影响很大，例如，原生于林下的种类不耐全光照，生长于山谷的种类要求很高的空气湿度等。

（二）生态功能选择

垂直绿化树种在形态、生态习性、应用形式上的差异，其保护和改善生态环境的功能也不尽相同。例如，以降低室内温度为目的的垂直绿化，应在屋顶、东墙和西墙的墙面绿化中选择栽培叶片密度大、日晒不易萎蔫、隔热性好的种类，如爬山虎、薜荔等；欲在绿化中增加滞尘和隔声功能的垂直绿化，应选择叶片大、表面粗糙、绒毛多或藤蔓纠结、叶片较小而密度大的种类较为理想，如藤构、络石等；地面覆盖、保持水土，则应选择根系发达、枝繁叶茂、覆盖致密度高的藤木，如常春藤、爬行卫矛、络石、爬山虎等。

（三）景观功能选择

垂直绿化树种除了具有一般树种的形、色美学特征外，它们纤弱的体态更显飘逸、婀娜、依附的风韵美，又以叶、花、果的季相变化向人们展现动态美，还可以通过植株叶、花、果释放出的清香产生嗅觉美。例如，紫藤老茎虬曲多姿，犹如盘龙，早春紫花串串；花叶常春藤自然下垂，给人以轻柔飘逸感。在植株生长、充分发挥环境生态功能的同时，通过垂直绿化树种的形态美、色彩美、风韵美以及与环境之间的协调美等要素，来展现树种对环境的美化装饰作用。

四、垂直绿化树木的栽植养护

（一）栽植时间

1. 华南地区 此区 1 月平均气温多在 10 ℃以上，年降水量丰富，主要集中在春夏季；秋季高温干旱，但时有雷阵雨。由于春季来得早且又逢雨季，栽植成活率很高；秋季虽为旱季，而土温适宜根系生长，且时间较长，有利于成活和恢复，晚秋栽植比春栽好。冬季土壤不冻结，也可栽植。

2. 华中、华东长江流域地区 此区四季分明，冬季不长，土壤基本不冻或最冷时仅表层有冻结；春季多阴雨，初夏为梅雨季节，夏秋酷热干旱。多数落叶类型可于 2 月上旬至 4 月初春栽，迎春、连翘等早春开花的于花后栽植；萌芽晚的应于晚春见萌芽时栽，过早易出现枯梢。常绿类型最好选择在晚春栽，甚至可延迟到 6 月上旬至 7 月上旬，但需带土球移栽。藤本月季等落叶类型，晚秋（10 月上旬至 12 月初）栽效果比春栽好；但常绿类型不宜在晚秋栽植。

3. 西南地区 此区气候主要受印度洋季风影响，5 月下旬至 9 月底为雨季、10 月至翌年 5 月中旬为旱季，且海拔高，光照强，日温差大。春旱严重，有灌溉条件的落叶类型可于 2 月上旬至 3 月上旬尽早栽植；常绿类型应选择在 6～9 月的雨季栽植。

4. 华北大部、西北南部 此区冬季较长，有 70～90 d 的冻土期，少雪，多西北风；春季干旱多风，气温回升快，但持续时间很短；雨水集中在 7 月上旬至 8 月下旬，为高温的雨季。土壤多深厚壤土，自秋至春土壤含水状况较好，绝大多数落叶类型宜在 3 月上旬至 4 月下旬栽植。原产北方的种类，在土壤化冻后尽早栽植有利于恢复和成活；原产偏南喜温的种类如紫藤，早栽易枯梢，宜晚春栽。常绿类型宜于晚春栽植于背风向阳处。

5. 东北大部、西北北部和华北北部 此区冬季严寒且持续时间长，落叶类型以 4 月土壤化冻后栽植成活率较高。极耐寒的乡土树种可于 9 月下旬至 10 月底栽植，但根部需注意防寒。

（二）栽植步骤与方法

在绿化设计中应根据垂直立面的性质和成景的速度，科学合理地选择一定规格的苗木。由于垂直绿化树种大多生长较快，因此苗龄一般要小，如爬山虎类一年生苗就可定植，用于棚架绿化的紫藤等宜选大苗，便于牵引。

1. 起苗修剪 落叶类型多采用裸根起苗，比根盘范围略大即可。直根性和具肉质根的垂直绿化树种应带土球移植，沙壤土球（小于 50 cm）以浸湿蒲包包装为好，江南黏土球用草绳包扎即可。垂直绿化树种的特点是根系发达、冠覆盖面积大而茎蔓较细，起苗时根系损伤较多，为平衡水分代谢要适当重剪。落叶类型中苗龄不大的对主蔓留 3～5 芽重剪，苗龄较大的对主、侧蔓均留数芽重剪和疏剪；常绿类型以疏剪为主，适当短截，栽植时视根系损伤情况再行复剪。

起出待运的苗木应就地假植。裸根类型如在半天内的近距离运输，只需盖上帆布即可；运程超过半天的，装车后应先盖湿草帘再盖帆布；运程为 1～7 d 的，应先蘸泥浆，按一定苗量加入湿苔等用草袋包装后装运，途中最好能给苗株喷水。运到后如苗根较干，应先浸水、以不超过 24 h 为宜；未能及时种植的，应用湿土假植。

2. 挖穴定植　垂直绿化树种绝大多数为深根性，栽植穴应略深，一般为 50～70 cm，大规格且结合果实生产的应为 80～100 cm。穴径一般应比根幅或土球大 20～30 cm。如果穴的下层为黏实土，应添加枯枝落叶或腐叶土，有利于透气；土壤水位高的，穴内应添加沙层。如遇有灰渣多的地段，还应适当加大穴径和深度，并客土栽植。除吸附类做垂直立面或做地被的垂直绿化树种较简易外，其他栽植方法与一般园林树木类似。

（三）养护与管理

1. 施肥　垂直绿化树种生长发育的最显著特点是生长快。表现在年生长期长、年生长量大或年内有多次生长，根系发达而深广或块根茎等储藏养分多，因此要求施肥量大、次数多。秋季施肥提高营养储存更为重要，但应以钾肥为主，相应少施氮肥，防止徒长而影响抗寒能力。此外垂直绿化树种类型、种类、品种多样，功能要求不同；既有多年生宿根的，又有类似灌木、乔木的；栽培目的有观叶、观花、观果或遮阳等不同；各地区又因气候、土壤条件多样，施肥要求亦不同。

（1）基肥施用　除育苗和移栽时穴施外，还需每年或隔数年结合扩穴施入基肥。北方宜秋季施基肥，夏秋雨季后施肥引起二次生长而不利越冬；冬季土壤不冻结地区也可冬施。

（2）追肥施用　叶面施肥简单易行，用肥量少、见效快，可满足树种对养分的急需，尤其适合缺水季节和山地风景区采用。用于叶面喷施的各元素浓度范围见表 4-2。

表 4-2　垂直绿化树种叶面喷肥参考浓度

（引自王玉华，1999）

缺素	种类	使用浓度/%		备注
		育苗	成苗	
氮	尿素	0.1～0.5	0.3～0.5	二缩脲不得超过 0.25%
	硫酸铵		0.5～1.0	
磷	过磷酸钙	0.5～1.0	1～3	
钾	氯化钾		0.5～1.0	
镁	硫酸镁	2.0		
硼	硼砂		0.10～0.3	
铁	硫酸亚铁	0.1～0.2	0.3～0.5	萌芽前用螯合铁可适当增至 4%～5%
锌	硫酸锌		0.15～0.5	
锰	硫酸锰		0.2～0.3	
铜	硫酸铜		0.2～0.3	

为了使溶液附着和展布均匀，应加施展布剂，也可加用中性洗衣粉等洗涤剂。此外，还应喷螯合的铁、锰、锌、铜剂，其优点是不易中毒，并可适当提高喷施浓度而加强效果。

2. 水分管理 苗期适当控水有利培育壮苗，在光照较弱的保护地育苗，控水可防徒长。夏初抽蔓展叶旺盛期需水最多，为需水临界期；有些树种一年内有多次生长高峰，应注意充分供水。开花期需水较多而且比较严格，水分过少影响花瓣的舒展和授粉受精，过多会引起落花。冬前灌冻水可防过冷空气的侵入而冻坏根系，有利于防寒越冬。

3. 株形与架式整剪

（1）匍匐式 疏去过密枝、交叉重叠枝，调整枝蔓使其分布均匀。短截较稀处枝蔓，促发新蔓。雨季前按一定距离（0.5～1 m）于节处培土压蔓（土硬处最好先把土挖松），可促蔓节处生根。

（2）灌丛式 整剪要求圆整，内高外低。其中观花种类应按开花习性进行修剪，先花后叶类在江南地区可花后剪，在北方大陆性气候地区宜花前冬剪。由于此类单枝离心生长快，衰老也快，在弯拱高位及以下的潜伏芽易促枝直立而破坏株形，为维持其拱枝形态，不宜在弯拱高位处采用回缩更新，而应采用将衰老枝从基部疏除的去老留新法。成片栽植的一般不单株修剪和更新，而是待整体显衰老时分批自地面割除，约2年后又可更新复壮。先灌后藤的某些缠绕藤木幼时呈灌状骨架，植于草地、低矮假山石、水边较高处，不给予攀缠条件使之长成灌丛形；新植时结合整形按一般修剪，枝条渐多和生出缠绕枝后只做疏剪清理即可。

（3）附壁式 主要适用于爬山虎、常春藤、凌霄、扶芳藤等吸附类，包括吸附墙壁、巨岩、假山等，为防基部过早光秃，应先重截促发侧蔓。

（4）悬垂式 悬垂式常栽植于屋顶、墙顶或盆栽置于阳台等处，使其藤蔓悬垂而下，只做一般整形修剪，顺其自然生长。用于室内吊挂的盆栽垂直绿化树种，应通过整形修剪使蔓条均匀分布于盆周，下垂之蔓有长有短，错落有致。对衰老枝应选适合的带头枝进行回缩修剪。

（5）篱垣式 卷须类、缠绕类干蔓经短截促发主蔓，呈水平诱引，形成长低篱，分2～3层培养水平篱垣式，每年对侧蔓行短剪。欲形成短高篱，于水平主蔓上垂直萌生较长的侧蔓。藤本月季、叶子花等蔓生类型可植于篱笆、栅栏边，经短截萌枝后人工编于篱栅上。

（6）圈架式 设圈形支架，藤木植圈架之中心。植时重剪，选4～8个方位分布均匀的主蔓枝靠在圈梁上，蔓自圈中出，如大花瓶一般。衰老枝按去老留新法疏剪更新。木香、云实等较粗野的大型蔓性垂直绿化树种，宜用圈形高架。

（7）缠柱式 包括缠绕攀缘枯树、灯柱等，保护和培养主蔓，使其自行缠绕攀缘。对不能自缠的过粗柱状物，应人工用绳索将藤牵引绕于柱状物上，直至适缠粗度的分枝处，令其自行缠绕。于两柱中间植双株缠绕类时，应在根际钉桩，结链绳分别呈环垂挂于两柱适合的等高处，诱引主蔓缠绕于绳链形成连续花环般景观。

（8）棚架式 于近地面处重剪促发数条强壮主蔓，然后人工牵引主蔓于棚架之上，使侧蔓均匀分布于棚面而成荫棚，隔数年疏剪病、老和过密枝即可。需藤蔓下架埋土防寒的，经修剪清理后缚捆埋于土中；结合花果生产的应充分利用向阳垂直面，采用长枝、中枝、短枝修剪，以增加开花结果面积。

（9）**凉廊式** 与棚架不同之处在于设有两侧格子架。应先采用连续重剪抑主蔓促侧蔓等措施，勿使主蔓过早攀上廊顶，以防两侧下方空虚并均缚侧蔓于垂直格架。如用吸附类树种，需用砖砌花墙，并隔一定距离开设漏窗以防过于郁暗，栽植初期宜重剪以防基部光秃。

（10）**格架式** 适用于卷须类和悬垂类，如铁线莲、木香、藤本月季等。除有较粗的框架外，其内用较细的钢筋、粗铅丝或细竹木等条材组成方格，有利于卷络或铺展。重截以培养侧蔓为主，经缚扎使其均匀布满架面。

复 习 思 考 题

1. 铺装地对园林树木有哪些影响？
2. 如何进行铺装地立地条件的改造？
3. 铺装地的树木栽植技术包括哪些内容？
4. 容器园林树木栽植的使用特点有哪些？
5. 容器园林树木的栽植类型有哪些？
6. 容器园林树木的栽植与管理注意事项包括哪些？
7. 盐碱地土壤的环境特点是什么？
8. 盐碱地对树木生长会产生哪些影响？
9. 如何进行盐碱地土壤改良？
10. 盐碱地的树木栽植技术包括哪些内容？
11. 屋顶绿化具有哪些生态景观效应？
12. 屋顶绿化的环境特点是什么？
13. 屋顶绿化的建造模式有哪些？具体的构造要求是什么？
14. 屋顶园林树木的栽植与养护技术包括哪些内容？
15. 什么叫垂直绿化？垂直绿化树木分为哪几类？
16. 简述城市垂直绿化常见的类型。
17. 廊架绿化常选择哪些垂直绿化树种？举例说明。
18. 根据垂直绿化树种对温度、光照、水分的适应性各划分为哪几个类型？举例说明。
19. 垂直绿化树木应用应该遵循哪些原则？
20. 简述我国不同地区垂直绿化树种适宜栽植的时间。
21. 简述不同垂直绿化树种的株形和架式修剪整形的方法。

第五章 园林树木的土壤、水分与营养管理

在城市人工化环境条件下栽植的园林树木，其土壤、水分和营养的获得均有别于自然生长的环境。就我国目前的社会发展和科学文明程度，大多园林树木的栽培尚处于人为干扰和自然胁迫之中，正常有效的土壤、水分和营养管理是既迫在眉睫又任重道远的艰巨工作。

第一节 园林树木的土壤管理

土壤是树木生长的基础，它不仅支持、固定树木，而且还是树木生长发育所需矿质养分的主要供给者。园林树木土壤管理的任务就在于通过多种综合措施来提高土壤肥力、改善土壤结构和理化性质，保证园林树木的生长所需养分、水分、空气的不断有效供给。结合园林工程进行地形地貌改造利用的土壤管理，在防止和减少水土流失与尘土飞扬的同时，也有利于增强园林景观的艺术效果。

一、土壤需求特点

园林树木生长的土壤条件十分复杂，既有平原肥土，更有大量的水边低湿地、盐碱地等劣境土壤以及建筑废弃地、工矿污染地等人工土层，这些土壤大多需要经过适当调整改造才能适合园林树木的生长。

（一）肥沃土壤的基本特征

不同的园林树木对土壤的要求不同，但一般说来，良好的肥沃土壤应具备以下几个基本特征。

1. 土壤养分均衡 肥沃土壤的养分状况应该是缓效养分、速效养分相对均衡，大量、中量和微量养分比例适宜。在树木根系生长的土层中应养分储量丰富、肥效长，有机质含量应在 1.5%～2.0%以上，心土层、底土层也应有较高的养分含量。

2. 土体构造适宜 城市绿地的土壤大多经过人工改造，因而没有明显完好的垂直结构。有利于园林树木生长的土体构造应为：在 1～1.5 m 深度范围内为上松下实结构，特别是在吸收根集中分布的 0.4～0.6 m 表层区内，土层要疏松，质地较轻，既有利于通气、透水、增温，又有利于保水保肥。根据《公园设计规范》（CJJ 48—92），小灌木、大灌木、浅根性乔木、深根性乔木等生长地的最小土层厚度要求分别为 45 cm、60 cm、90 cm、150 cm。

3. 物理性质良好 土壤的固、液、气三相物质组成及其比例是土壤物理性质的物质基础。大多数园林树木要求土壤质地适中、耕性好，有较多的水稳性和临时性的团聚体，适宜

的三相比例为固相物质 40%～57%，液相物质 20%～40%，气相物质 15%～37%，土壤容重为 1～1.3 g/cm^3。

(二) 树木长势不良的土壤因素

1. 土壤通气性能差　土壤通气不良首先造成的是树木根部缺氧，进而出现根系吸收功能的降低，根系衰老速度加快甚至腐烂；当土壤容重＞1.5 g/cm^3、通气孔隙度＜10%时，会严重妨碍微生物活动与树木根系伸展，导致树木生长不良。

通常情况下，造成城市园林土壤通气不良的情况有四种，即土壤板结、土壤黏重、覆土过厚和土壤积水。土壤板结常出现在人流量大、游客践踏严重的园林绿地，如道路、广场、游园等绿化区域。游人踩压踏实的土壤厚度达 3～10 cm，土壤容重达 1.5～1.7 g/cm^3；机动车辆压实的土壤厚度达到 20～30 cm，经过多层压实后甚至可达 80 cm 以上。黏重土壤具有容重大、通气透水不良的缺点，覆土过厚增加了树木根部气体与外界大气交换的难度，土壤积水降低了树木根部单位体积土壤中的含氧量。

2. 土壤瘠薄缺肥　填方地段或新做的地形土山，因土壤没有很好地风化，微生物活动弱或无，致使肥力极低。树木在其长期的持续生长过程中，根部周围土壤养分耗费殆尽，常造成长势不良。

二、常规土壤改良

(一) 土壤耕作改良

合理耕作可以改善土壤水分和通气条件，促进微生物的活动，使难溶性营养物质转化为可溶性养分，从而加快土壤的熟化进程，提高土壤肥力。同时，由于大多数园林树木的根系分布深广，活动旺盛，通过土壤耕作可为根系提供更广的伸展空间，以满足树木随着年龄的增长对水、肥、气、热的不断需要。

1. 深翻熟化　深翻就是对树木根区范围内的土壤进行深度翻垦，其主要目的是加快土壤的熟化，使死土变活土，活土变细土，细土变肥土。深耕增加了土壤孔隙度，从而为树木根系向纵深伸展创造了有利条件，使树体生长健壮。

(1) 深翻时期　树木栽植前的深翻可配合地形改造、杂物清除等工作，对栽植场地进行全面或局部的深翻，并暴晒土壤，打碎土块，填施有机肥。栽植后的深翻在树木生长过程中进行，主要有以下两个时期：秋末耕翻有利于损伤根系的恢复生长，秋耕结合灌水有利于根系与土壤密接。早春耕翻应在土壤解冻后及时进行，深度较秋耕浅；春耕土壤蒸发量大，在早春多风地区耕后需及时灌水或采取根部保水措施。

(2) 深翻次数与深度　深翻作用持续时间的长短与土壤特性有关。黏土、涝洼地深翻后容易恢复紧实，因而保持年限较短，可每 1～2 年深翻一次；地下水位低、排水良好、疏松透气的沙壤土，保持时间较长，可每 3～4 年深翻一次。具体的深翻深度与土壤结构、土质状况以及树种特性等有关，一般以稍深于树木主要根系垂直分布层为度。地下水位较低的土壤以及深根性树种，深翻可达 50～70 cm，反之则可适当浅些。

(3) 深翻方式　树盘深翻是在树冠边缘于地面的垂直投影线附近挖取环状沟，适用于孤植树和株间距大的树木，如庭荫树、园景树等。行间深翻则是在两排树木的行间挖取长条形沟，达到对两行树木同时深翻的目的，适用于呈行列布置的树木，如风景林、防护林、园林苗圃等。

深翻应结合施肥和灌溉进行，将上层肥沃土壤与腐熟有机肥拌和后填入沟底部以提高根层附近的土壤肥力，将心土放在上面以促进熟化。

2. 中耕通气　中耕可以切断土壤表层的毛细管、减少土壤水分蒸发，改良土壤通气状况、防止返碱；中耕结合清除杂草，可有效阻止病虫害的滋生蔓延，并可清理园容、洁净环境。早春季进行中耕能明显提高土壤温度，使树木根系尽快开始生长并及早进入吸收功能状态，以满足地上部树冠生长对水分、养分的需求。

中耕是一项经常性工作，应根据当地的气候条件、树种特性以及杂草生长状况而定，一般每年 2～3 次，大多在生长季节进行；中耕深度一般为大苗 6～9 cm、小苗 2～3 cm，过深伤根，过浅起不到中耕作用。中耕时尽量不要碰伤树皮，对生长在土壤表层的树木须根则可适当截断。

（二）客土、培土改良

1. 客土　在树木栽植时对根际土壤实行局部换土，通常在土壤完全不适宜树木生长的情况下进行。如在岩石裸露处人工爆破坑栽植，或土壤质地十分恶劣，工业废水、废弃物严重污染等情况下，就应全部或部分换入肥沃土壤以获得适合树木生长的栽培条件。如在我国北方种植杜鹃花、山茶等酸性土植物时，常采取将栽植坑的土壤换成山泥、泥炭土、腐叶土等酸性土壤，以符合树种生长要求。

2. 培土　在树木生长过程中，根据需要在生长地添加部分土壤基质，以增加土层厚度，保护根系，补充营养，改良土壤结构。例如，在我国南方高温多雨的山地区域，降水量大、强度高，土壤淋洗流失严重，树木生长既缺水又缺肥，根系大量裸露甚至可能导致树木整株倒伏或死亡，这时就需要及时进行培土。

培土是一项经常性的土壤管理工作，应根据土质确定培土方案。如土质黏重的应培含沙质较多的疏松肥土，含沙质较多的可培塘泥、河泥等较黏重的肥土以及腐殖土；培土量视植株的大小、土源、成本等条件而定，但一次培土不宜太厚，特别注意不可埋没树木根颈部，以免影响树木正常生长。

（三）土壤化学改良

1. 施肥改良　土壤的施肥改良以有机肥为主。一方面，有机肥所含营养元素全面，除含有各种大量元素外，还含有微量元素和多种生理活性物质，包括激素、维生素、氨基酸、葡萄糖、酶等，能有效地供给树木生长所需要的营养；另一方面，有机肥还能增加土壤的腐殖质，其有机胶体又可增加土壤的孔隙度，缓冲土壤的酸碱度，提高土壤保水保肥能力，从而改善土壤的水、肥、气、热状况。生产上常用的有机肥料有厩肥、堆肥、禽肥、鱼肥、饼肥、人粪尿、土杂肥、绿肥等，但均需经过腐熟发酵才可使用，可结合土壤深翻时将有机肥和土壤以分层的方式填入。

2. 土壤酸碱度调节　土壤酸碱度主要影响土壤养分物质的转化、土壤微生物的活动和土壤的理化性质，与园林树木的生长发育密切相关。当土壤 pH 过低时，土壤中活性铁、铝增多，磷酸根易与它们结合形成不溶性的沉淀，容易造成磷素养分的无效化，不利于良好土壤结构的形成；当土壤 pH 过高时，则发生明显的钙对磷酸的固定，致使土粒分散、结构被破坏。

（1）土壤酸化处理　土壤酸化是指对偏碱性的土壤进行必要处理，使土壤 pH 有所降低，符合酸性树种生长需要。目前主要通过施用有机肥料、生理酸性肥料、硫黄等释酸物质进行调节，通过在土壤中的转化，产生酸性物质、降低土壤 pH。据试验，每公顷用 450 kg 硫黄粉，可使土壤 pH 从 8.0 降到 6.5 左右。硫黄粉的酸化效果较持久但见效缓慢，对盆栽树木也可用 1∶50 的硫酸铝钾或 1∶180 的硫酸亚铁水溶液浇灌来降低土壤溶液 pH。

（2）土壤碱化处理　土壤碱化是指对偏酸的土壤进行必要处理，使土壤 pH 有所提高，适应喜碱性土壤树种的生长需要，目前常用方法是施加石灰、草木灰等碱性物质。调节土壤酸度的石灰是农业上用的农业石灰（碳酸钙粉）而并非建筑用石灰，使用效果以 300～450 目细度的较为经济适宜，施用量根据土壤中交换性酸的数量确定，理论值可按下列公式计算：

石灰施用量理论值＝土壤体积×土壤容重×阳离子交换量×（1−盐基饱和度）

在实际应用中还应根据石灰的化学形态乘以 1.3～1.5 的经验系数。

三、土壤疏松剂改良

近年来有不少国家已开始大量使用疏松剂来改良土壤结构，增大生物活性，调节土壤酸碱度，提高土壤肥力。栽培上广泛使用的聚丙烯酰胺为人工合成的高分子化合物，使用时先把干粉溶于 80℃以上的热水制成 2% 的母液，再稀释 10 倍浇灌至 5 cm 深土层中，通过离子键、氢键的吸引使土壤连接形成团粒结构，从而优化土壤水、肥、气、热条件，其效果可达 3 年以上。

土壤疏松剂大致可分为有机、无机和高分子三种类型，它们的功能分别表现在膨松土壤，使土壤粒子团粒化；提高置换容量，促进微生物活动；增多孔穴，协调保水与通气、透水性。具体种类、性质及用途等见表 5−1、表 5−2、表 5−3。

表 5−1　有机型土壤疏松剂材料

物质名称	原料	制法	效果	用途
泥炭	泥炭	加入消石灰，加热、加压	增强对 pH 的缓冲能力，提高土壤的保水能力	适用于红壤、重黏土，施用量为土壤体积的 10%～20% 以下
	草炭	加入石灰中和		
	苔藓	干燥粉碎		本改良材料为强酸性，应添加 3 g/L 的石灰调节 pH
树皮、叶	树皮、树叶	通过堆肥装置发酵	增加腐殖质，微生物活动旺盛，增加保肥力	特别适用于红壤、沙壤土，使用量为土量的 10%～20%，要充分注意制品的腐熟度
纸浆残渣	稻草麦秆、造纸残渣	通过堆肥装置发酵	微生物活动旺盛，增加保肥力	适用于重黏土，使用量为土量的 2%～5%
堆肥	城市垃圾、人畜粪尿	通过堆肥装置发酵	微生物活动旺盛，增加保肥力	使用量为土量的 10%～20% 要充分注意制品的腐熟度
动植物残体	海草粉、鱼粉	通过堆肥装置发酵	微生物活动旺盛，增加氮量	适用于贫瘠土

表 5-2　无机型土壤疏松剂材料

物质名称	原 料	制 法	效 果	用 途
沸石	沸石、凝灰岩	磨成粉末	盐基置换容量增大，硅酸、铁、微量元素等增多	膨润性小，适宜改良重黏土，混入比为土量的 5%～10%
膨土岩	黏土	日本北海道群马县产	内含钙、镁、钾等，改良土壤酸性，提高保肥力	膨润性好，适用于沙质土壤改良
蛭石	蛭石	高温煅烧	多孔质的小块状物质，透水性、通气性、保水性好	适用于重黏土和沙质土。干燥条件下混合施用，能提高保水性能；低湿条件下在土壤下层施用，有利排水
珠光体	珍珠岩	高温焙烧		
石灰质材料	石灰石	磨成粉末	有效利用磷酸，促进微生物活动	中和酸性土壤，土壤 pH>5.5 不得使用

表 5-3　高分子型土壤疏松剂材料

物质名称	原 料	效 果	用 途
聚阴离子（树脂）	聚乙烯醇（聚乙酸乙烯酯）三聚氰胺（三聚氰胺系统）聚乙烯	以离子结合力为主体，促使土壤团粒化，增加保水性能	适用于壤土和沙壤土
	尿素系统（尿素树脂）	改善通气性和透水性	
聚阳离子	丙烯酰胺乙烯系统（乙烯氧化物）	强力土壤团粒化剂	适用于重黏土

目前，我国大量使用的疏松剂以泥炭、锯末粉、谷糠、腐殖土、家畜厩肥等有机类型为主，材料来源广泛，价格便宜，效果较好，但在运用过程中要注意腐熟并在土壤中混合均匀。

四、土壤生物改良

（一）植物改良

通过有计划地种植地被植物达到改良土壤的目的，是一项行之有效的生物改良土壤措施。地被植物的应用，一方面能增加土壤可给态养分与有机质含量，改善土壤结构，减少水、土、肥流失与土温的日变幅，有利于园林树木根系生长；另一方面，地面有地被植物覆盖，可以抑制杂草丛生，丰富园林景观。

城市园林中对以改良土壤为主要目的，结合增加园林景观效果的地被植物要求是：覆盖面大，有一定的观赏价值，适应性强，有一定的耐阴、耐践踏能力，根系有一定的固氮力，枯枝落叶易于腐熟分解。常见种类有胡枝子、金丝桃、荆条、金银花、常春藤、甘薯、地锦、络石、扶芳藤、三叶草、马蹄金、萱草、麦冬、沿阶草、玉簪、百合、鸢尾、酢浆草、二月兰等。

在实践中要正确处理好种间关系，根据习性互补的原则选用地被物种，否则可能对园林树木的生长造成负面影响。如紫花苜蓿等一些多年生深根性地被植物，消耗水分、养分较多，当植株和根系生长量大时，可及时翻耕达到培肥的目的；此外，其根系分泌物皂角苷对蔷薇科植物根系生长不利，需特别注意。国外有人认为，在土壤结构差的粉沙、黏重土壤中种植禾本科地被植物改土效果尤其明显。

（二）动物改良

在自然土壤中常有大量的动物和微生物生存，它们对土壤改良具有积极意义。如蚯蚓对土壤混合团粒结构的形成及土壤通气状况的改善有很大益处，又如一些数量大、繁殖快、活动性强的微生物能促进岩石风化和养分释放，加快动植物残体的分解，有助于土壤的熟化和营养物质转化。

利用动物改良土壤，可以从以下两方面入手：一方面，加强土壤中有益动物种类的保护，对土壤施肥、农药使用、土壤与水体污染等进行严格控制，为动物创造良好的生存环境；另一方面，推广使用根瘤菌、固氮菌、磷细菌、钾细菌等生物肥料，其中所含的多种微生物的生命活动分泌物与代谢产物，既能直接提供激素类物质和多种酶等刺激根系发育，又能改善土壤理化性能，利于树木生长。

五、土壤污染的防治

土壤污染是指土壤中积累的有毒或有害物质超过了土壤自净能力，从而对树木正常生长发育造成的伤害，是一个不容忽视的环境问题。土壤污染一方面直接影响园林树木的生长，如通常当土壤中砷、汞等重金属元素含量达到 $2.2 \sim 2.8 \ mg/kg$ 时就有可能使根系中毒，丧失吸收功能；另一方面，土壤污染还导致土壤结构破坏、肥力衰竭，引发地下水、地表水及大气等连锁污染。

（一）土壤污染的途径

城市园林土壤污染主要来自工业和生活两大方面，根据土壤污染的途径不同，可分为以下几种：

1. 水质污染　水质污染由工业污水与生活污水排放、灌溉而引起的土壤污染。污水中含有大量的汞、镉、铜、锌、铬、铅、镍、砷等有毒重金属元素，对树木根系造成直接毒害。

2. 固体废弃物污染　固体废弃物包括工业废弃物、城市生活垃圾及污泥等。固体废弃物不仅占用大片土地，还会随运输迁移不断扩大污染面，而且含有有毒化学物质。

3. 大气污染　大气污染包括工业废气以及汽车尾气对土壤造成的污染。大气污染中最常见的是二氧化硫和氟化氢，它们分别以硫酸和氢氟酸形态随降水进入土壤。前者可形成酸雨，导致土壤不同程度的酸化，破坏土壤理化性质；后者则使土壤中可溶性氟含量增高，对树木造成毒害。

4. 其他污染　主要为化肥、农药使用不当带来的残留污染等。

（二）土壤污染的防治

1. 管理措施　严格控制污染源，禁止工业、生活污染物向城市园林绿地排放，加强污水灌溉区的监测与管理，各类污水必须净化后方可用于土壤灌溉；加大园林绿地中各类固体废弃物的清理力度，及时清除、运走有毒垃圾、污泥等。

2. 生产措施　合理施用化肥和农药，执行科学的施肥制度。大力发展新型复合肥、缓释肥，增施有机肥，提高土壤环境容量；在某些重金属污染的土壤中加入石灰、膨润土、沸石等土壤改良剂，控制重金属元素的迁移与转化，降低土壤污染物的水溶性、扩散性和生物有效性。采用低量或超低量喷洒农药的方法，使用药量少、药效高的农药，严格控制剧毒及有机磷、有机氯农药的使用范围。

3. 工程措施　工程措施治理土壤污染效果彻底，但投资较大。可采用客土、换土、去表土、翻土等方法更换已被污染的土壤，还有隔离法、清洗法、热处理法以及国外近年来采用的电化法等。

第二节　园林树木的水分管理

园林树木的水分管理，包括灌溉与排水两方面的内容。实际上就是根据各类树木自身的习性差异，通过多种技术措施和管理手段满足树木对水分的需求，达到健康生长和节约水资源的目的。

一、园林树木的水分需求

正确全面认识树木的需水特性，是制订科学水分管理方案、合理安排灌排工作、确保树木健康生长、充分有效利用水资源的重要依据。园林树木需水特点主要与以下因素有关。

（一）生物特性需求

1. 树木种类、品种与需水　一般说来，生长速度快、生长量大、生长期长的种类需水量较大，通常乔木比灌木、常绿树种比落叶树种、阳性树种比阴性树种、浅根性树种比深根性树种、湿生树种比旱生树种需要较多的水分。但值得注意的是，需水量大的种类不一定需常湿，而且园林树木的耐旱力与耐湿力并不完全呈负相关。

2. 生长发育阶段与需水　就生命周期而言，种子在萌发时必须吸足水分，以便种皮膨胀软化，需水量较大；幼苗时期，植株个体较小，总需水量不大，根系弱小、分布较浅、抗旱力差，以保持表土适度湿润为宜；随着植株体量的增大、根系的发达，总需水量有所增加，个体对水分的适应能力也有所增强。在年生长周期中，生长季的需水量大于休眠期。秋冬季气温降低，大多数园林树木处于休眠或半休眠状态，即使常绿树种的生长也极为缓慢，这时应少浇或不浇水，以防烂根；春季气温上升，树木需水量随着大量的抽枝展叶也逐渐增大，即使在树木根系尚处于休眠状态的早春，由于地上部分已开始蒸腾耗水，对于一些常绿树种也应进行适当的叶面喷雾。由于相对干旱有助于树木枝条停止加长生长，使营养物质向花芽转移，因而在栽培上常采用减水、断水等措施来促进花芽分化；如在营养生长期即将结束时对梅花、桃花、榆叶梅等花灌木适当扣水，能提早并促进花芽的形成和发育，从而使其开花繁茂。

3. 需水临界期　许多树木在生长过程中都有一个对水分需求特别敏感的时期，即需水临界期，此期缺水将严重影响树木枝梢生长和花的发育，以后即使再多的水分供给也难以补偿。需水临界期因各地气候及树木种类而不同，但就目前研究的结果来看，呼吸、蒸腾作用最旺盛时期以及观果类树种果实迅速生长期都要求充足的水分。

（二）栽培管理需求

1. 生长立地条件与需水　在土壤缺水的情况下土壤溶液浓度增高，根系不能正常吸水反而产生外渗现象，更加剧干枯程度，如果土壤水分补给上升或水分蒸腾速率降低，树体会恢复原状，但当土壤水分进一步降低时则达永久萎蔫系数，树体萎蔫将难以恢复并导致器官或树体最终死亡。在气温高、日照强、空气干燥、风大的地区，叶面蒸腾和土壤蒸发均会加重，树木的需水量就大。土壤质地、结构与灌水密切相关，如沙土保水性较差，应小水勤浇，黏重土壤保水力强，灌溉次数和灌水量均应适当减少。经过铺装的地面或游人践踏严重的栽植地，地表降水容易流失，应给予经常性的树冠喷雾，以补充土壤水分供应的不足。合理深翻、中耕以及施用有机肥料的土壤结构性能好、土壤水分有效性高，故能及时满足树木对水分的需求，因而灌水量较小。

2. 栽植培育时期与需水　新栽植的树木，由于根系损伤大，吸收功能弱，定植后需要连续多次反复灌水；如果是常绿树种，还有必要对枝叶进行喷雾方能保证成活。树木定植2～3年后树势逐渐恢复，地上部树冠与地下部根系逐渐建立起新的水分平衡，地面灌溉的迫切性会逐渐下降。幼苗期移栽，树体的水分平衡能力较弱，灌水次数要多些；树体展叶后的生长季移植，因叶面蒸腾量增大，必须加强树冠喷水保湿。

二、园林树木灌溉

在城市化进程不断加速、水资源日益紧缺的境况下，园林树木栽培管理更加讲求科学灌溉，也就是说在树木生长最需要水的时候适时灌溉，采用先进的科学技术节水灌溉。

（一）管理性灌溉

管理性灌溉的时间主要根据树种自身的生长发育规律而定，不能等到树木已从形态上显露出缺水受害症状时才灌溉，而是要在树木从生理上受到缺水影响时就开始灌水。

1. 灌水时间确定　根据土壤含水量确定具体的灌水时间是较可靠的方法，当土壤含水量低于田间最大持水量的50％以下时就需要灌水；土壤水分张力计可以简便、快速、准确地反映土壤水分状况，从而确定科学的灌水时间。通过栽培观察试验测定各种树木的萎蔫系数，即因干旱而导致树木外观出现明显伤害症状时的树木体内含水量，可以为确定灌水时间提供依据。夏季灌溉应在清晨和傍晚，此时水温与地温接近，对根系生长影响小；冬季因晨夕气温较低，灌溉宜在中午前后。

2. 灌水定额　指一次灌水的水层深度（mm）或一次灌水单位面积的用水量（m^3/hm^2）。目前，大多根据土壤田间持水量来计算灌水定额，计算公式为：

$$m=0.1\times rh\,(P_1-P_2)\,/\eta$$

式中，m——设计灌水定额（mm）；

　　　r——土壤容重（g/cm^3）；

　　　h——植物主要根系活动层深度，树木一般取40～100 cm；

　　　P_1——适宜的土壤含水率上限（质量分数），可取田间持水量的80％～100％；

　　　P_2——适宜的土壤含水率下限（质量分数），可取田间持水量的60％～70％；

　　　η——喷灌水的利用系数，一般为0.7～0.9。

应用此公式计算出的灌水定额，还可根据树种、品种、生命周期、物候期以及气候、土壤等因素酌情增减，以符合实际需要。

（二）灌水方法

正确的灌水方法，要有利于水分在土壤中均匀分布，充分发挥水效，节约用水量，降低灌水成本，减少土壤冲刷，保持土壤的良好结构。随着科学技术的发展，灌水方法也在不断改进，正朝机械化、自动化方向发展，使灌水效率和灌水效果均大幅提高。根据供水方式的不同，园林树木的灌水方法有以下三种：

1. 穴灌 采用树穴灌水形式，以单株树干为圆心开一个单堰，人工浇水灌溉，可以保证每株树都能均匀地浇足水，适用于株行距较远、地势不平坦、人流较多的行道树、园景树等。

2. 管灌 管灌又称低压管道输水灌溉，是以低压输水管道代替明渠输水灌溉的一种工程形式。通过一定的压力将灌溉水由低压管道系统输送到栽植地，再由管道分水口分水或外接软管输水进入沟、穴的地面进行灌溉。管灌适用于多种地形条件，具有省工省时、节水、出水流量大、灌溉效率高、出水口工作压力较低（平原地区管道系统设计工作压力一般小于0.1MPa，丘陵地区一般不超过0.2MPa）、管道不会发生堵塞等优点，应用普遍。

3. 喷灌 喷灌是利用水泵加压或自然水源（落差）加压将水通过压力管道输送，经喷头喷射到空中形成细小的水滴均匀喷洒在树体上，常用于灌木、地被及新植乔木的树冠保湿灌溉（图5-1）。

喷灌适用于地形复杂、进行地面灌溉有困难的岗地和缓坡地以及透水性强的沙土。雾化状的灌溉水避免了深层渗漏和地面径流，并能迅速提高周围的空气湿度，调节绿地小气候。喷灌机械化程度高，具有高效、节水和省工的特点；其缺点是受风的影响大，喷雾容易随风飘移流失，且设备投资和能耗较高。

图5-1 苗圃地中的喷灌
（易小林摄）

喷灌系统一般由水源、水泵及动力设备、输水管道和喷头组成。水源提供的水质在满足树木要求的前提下，还必须符合喷灌设备的要求，既要有充足的水量，又不能夹杂太多泥沙，以免堵塞喷头。水泵有离心泵、长轴井泵、潜水泵等，可用电动机作为水泵的动力设备，也可用柴油机、汽油机等带动，功率的大小根据水泵的配套要求而定。输水管道的作用是完成压力水输送、分配，多使用PVC管材，通常由干、支两级管道组成，干管起输配水作用，支管是工作管道，支管上按一定间距装有用于安装喷头的竖管。喷头安装在竖管上，将压力水通过喷嘴喷射到空中形成细小的水滴，均匀地洒落在土壤和树体表面。

4. 滴灌 利用安装在末级管道（称为毛管）上的滴头，将压力水以水滴或细小水流形式湿润土壤的灌水方法。常用于无土岩石地、铺装地、容器种植、屋顶花园等特殊立地条件下及苗圃地树木的灌溉，多使用PVC管材。滴灌的优点是适用于各种地形条件，只需要较低的水压即可将水灌溉到每株树木附近的土壤中，且节水、节能、省工，灌溉均匀；其缺点是投资高，滴头容易被水中矿物质或有机物质堵塞。

滴灌系统一般由水源、水泵及动力设备、过滤器、控制阀、压力及流量仪表、输水管道、滴头组成。水源、水泵及动力设备与喷灌系统相同，过滤器用于滤除掉水中过多的杂质以免堵塞滴头，控制阀、压力及流量仪表用于控制滴灌水流速度，滴头作用是消减压力、将水流转换成水滴或细流湿润土壤。

5. 浸灌 借助于地下的管道系统，使灌溉水在土壤毛细管作用下向周围扩散浸润植物根区土壤，具有地表蒸发小、节水等优点，地下管道系统在雨季还可用于排水。浸灌包括输水管道和渗水管道两大部分：输水管道两端分别与水源和渗水管道连接，将灌溉水输送至灌溉地的渗水管道做成暗渠和明渠均可，但应有一定比降。渗水管道的作用在于通过管道上的小孔使水渗入土壤，管道制作材料有多孔瓦管、多孔水泥管、竹管以及 PVC 管等。

三、园林绿地排水

土壤中的水分与空气是互为消长的。排水的作用是减少土壤中多余的水分，增加土壤空气的含量，促进土壤空气与大气的交流，提高土壤温度，激发好气性微生物活动，加快有机质的分解，维持土壤的良好理化性状。

（一）树木涝害及常见成因

地面积水使土壤因水处于饱和状态而发生缺氧，树木根系的呼吸作用随之减弱，积水后土壤中厌氧菌产生的多种有机酸和还原性有毒物质使根系受到中毒伤害。土壤积水虽然不会使树木立即致命，但会不同程度地影响到根系的呼吸和水分传导以及树体的生长发育，长时间积水会使根系停止呼吸而导致树木死亡。

导致树木涝害的常见成因有：①地势低洼，强降雨时汇集大量地表径流且不能及时宜泄，而形成季节性涝湿地；②土壤结构不良，渗水性差，特别是土壤下面有坚实的不透水层阻止水分下渗，形成过高的假地下水位；③临近水面，地下水位高或雨季易遭淹没，形成周期性土壤过湿。

（二）排水方法

园林绿地的排水是一项专业性基础工程，在园林规划及土建施工时就应统筹安排，建好畅通的排水系统。园林树木的排水通常有以下四种方法：

1. 地面排水 这是目前使用较广泛、经济的一种排水方法。通过道路、广场等地面汇聚雨水，然后集中到排水沟，从而避免绿地树木遭受水淹。地面排水方法需要设计者经过精心设计安排，才能达到预期效果。

2. 明沟排水 在地面上挖掘明沟排除径流，常由小排水沟、支排水沟以及主排水沟等组成一个完整的排水系统，在地势最低处设置总排水沟。排水系统的布局多与道路走向一致，各级排水沟的走向最好相互垂直，但在两沟相交处应成锐角（45°～60°）相交以利水流通畅，且各级排水沟的纵向比降应大小有别。

3. 暗沟排水 在地下埋设管道形成地下排水系统，将地下水降到要求的深度。暗沟排水系统与明沟排水系统基本相同，也有干管、支管和排水管之别，各级管道需按水力学要求的指标组合施工，以确保水流畅通，防止淤塞。

4. 滤水层排水 一种小范围使用的局部排水方法，多在透水性极差的地方栽种树木时采用。在栽植穴的土壤下面填埋一定深度的煤渣、碎石等材料形成滤水层，并在周围设置排水孔以能及时排除积水。

第三节　园林树木的营养管理

园林树木的多年生、大体量特点，决定其生长发育需要的养分种类多、数量大；再加之树木长期生长于一地，根系不断从土壤中选择性吸收某些元素，常造成某些营养元素贫乏；同时城市园林绿地中的枯枝落叶常被彻底清除，极易造成土壤养分的枯竭。如据重庆市园林科学研究所调查，园林绿地土壤养分含量普遍偏低，有58％缺氮、45％缺磷，近一半土壤保肥、供肥力较弱。

一、营养需求特点

就不同树木种类的营养需求，泡桐、杨树、重阳木、香樟、桂花、山茶、茉莉、月季等生长速度快、生长量大的种类，比柏木、马尾松、油松、黄葛树、小叶黄杨等慢生耐瘠树种需肥量大；我国传统花木种植中，矾肥水是培养牡丹的最好用肥，充分体现了牡丹的需肥特性。

不同生长发育阶段对营养的需求也有差异，就生命周期而言，随着树木生长旺盛期的到来需肥量逐渐增加。一般处于幼年期的树木生长对氮肥的需求量大，到成年阶段则对磷、钾肥的需求量增加；树木在抽枝展叶的营养生长阶段对氮素的需求量大，而在开花结实的生殖生长阶段则以磷、钾及其他微量元素为主。

园林树木的观赏特性以及栽培用途影响其施肥种类。一般来说，观叶、观形树种需要较多的氮肥，而观花观果树种对磷、钾肥的需求量大。有调查表明，城市里的行道树大多缺少钾、镁、磷、硼、锰、硝态氮等元素，而钙、钠等元素又常过量，这对制订施肥方案有参考价值。

二、常见营养元素的作用及营养诊断

树木的生长发育需要从栽培环境中吸收碳、氢、氧以及氮、磷、钾、钙、镁、硫、铁、铜、锌、硼、钼、锰等几十种营养元素，尽管树木生长发育对各营养元素的需求量有一定差异，但总的来说它们都是同等重要、不可缺少的。每种营养元素都有特定的功能，当各种元素平衡供应时树木的生长发育正常。如某种元素供应不足或元素间比例失调，树木体内代谢过程就会受到干扰，体外表现的可见症状也各有差异，从而可区别诊断不同元素的缺乏或过剩。

（一）常见营养元素

碳、氢、氧是植物体的主要组分，树木能从空气和土壤中获得以满足生长需要，一般情况下不会缺乏。其他营养元素由于受土壤条件、降雨、温度等影响常不能满足树木生长需要，因此必须根据实际栽培情况给予适当补充。现将主要营养元素对园林树木生长的作用介绍如下：

1. 大量元素　有碳、氢、氧、氮、磷、钾、钙、镁、硫，共9种。其中碳、氢、氧是植物体构成的基本元素，一般情况下不会缺乏；氮、磷、钾被称为植物营养的三要素，在城市立地条件下的土壤供应量往往不能满足树木生长需求，需及时予以人为补充。

（1）氮　氮能促进树木的营养生长，是叶绿素形成的重要组分。但如果氮肥施用过多，尤其在磷、钾供应不足时会造成枝叶徒长、迟熟，特别是一次性用量过多时会引起烧苗，所以一定要注意合理施用。不同园林树种对氮的需求有差异，一般观叶树种、绿篱、行道树在生长期需氮量较多，以保持美观的枝丛、翠绿的叶色；而对观花种类来说，过度使用氮肥将影响花芽分化。

（2）磷　磷肥能促进种子发芽，提早进入开花结实期。此外磷肥还使茎发育坚韧，不易倒伏，增强根系的发育；特别是在苗期能使根系早生快发，增强植株对于不良环境及病虫害的抵抗力。园林树木不仅在幼年或前期营养生长阶段需要适量的磷肥，而且进入开花期以后对磷肥的需要量更大。

（3）钾　钾肥能增强茎的坚韧性，并促进叶绿素的形成，使花色鲜艳，还能促进根系的扩大，提高园林树木的抗寒性和抵抗病虫害的能力。但过量施用钾肥易使植株节间缩短、生长低矮，叶片变黄、皱缩，甚至可能使树木在短时间内枯萎。

（4）钙　钙主要用于树木细胞壁、原生质及蛋白质的形成，促进根的发育。

（5）镁　镁主要分布在树体的幼嫩部位和种子内。缺镁叶绿素不能形成，严重时新梢基部叶片早期脱落。沙质土壤中镁易流失，酸性土壤中流失更快，施用钙镁磷肥兼有中和土壤酸性的作用。

（6）硫　硫是树木体内蛋白质组分之一，与叶绿素的形成有关，并能促进根系的生长和土壤微生物的活动。但硫在树体内移动性较差，很少从衰老组织中向幼嫩组织运转，因此利用效率较低。

2. 微量元素　有锌、硼、铜、锰、钼、铁、氯、镍等，对园林树木生长影响较大的为：

（1）锌　缺锌导致新梢叶片狭小或节间短缩，小叶密集丛生，质厚而脆，俗称小叶病。碳酸脱氢酶的活性是诊断缺锌的有效指标。

（2）锰　锰是氧化酶的辅酶组分，有加强呼吸强度和光合速率的作用；也是多种代谢活动的催化剂，对叶绿素形成、糖分运转和淀粉水解有影响。缺锰时新梢基部老叶边缘黄化，严重时先端干枯，但叶脉仍保持绿色。

（3）铁　铁在树木体内的流动性很弱，因而不能被再度利用：树木缺铁时叶绿素不能形成，光合作用将受到严重影响。通常情况下树木不会发生缺铁现象，但铁在石灰质土或碱性土中易转变为不可给态，故虽土壤中有大量铁元素，树木仍然会发生缺铁现象而造成缺绿症。

（二）树木营养诊断

根据树木营养诊断进行施肥是实现树木养护管理科学化的一个重要标志。营养诊断是指导树木施肥的理论基础，是将树木矿质营养原理运用到施肥措施中的一个关键环节，能使树木施肥达到合理化、指标化和规范化。例如，缺氮时叶片淡绿或浅黄，是因为叶绿素减少而叶黄素出现的结果；缺铁则叶肉失绿，是由于叶绿素 a 与叶绿素 b 的比值变小所致。

1. 诊断方法　营养诊断的方法主要有土壤分析、叶样分析、外观诊断等，其中外观诊断是根据植株的形态上呈现的表现症状来判断树体缺素的种类和程度，具有简单易行、快速的优点，在生产上有一定实用价值。

现将 A. laurie 及 C. H. Poesch 概括的树木缺素症的表现列述如下：

1. 病症发生于全株或下部较老的叶片
  2. 病症通常出现于全株，但常先是老叶黄化而死亡
    3. 叶生长受阻，叶小、色淡，下部叶比上部叶的黄色淡，叶黄化、淡褐色，干枯、少有脱落；茎细弱并有破裂 ·························· 缺氮
    3. 叶生长延缓、暗绿色，下部叶的叶脉间黄化，常带紫色，特别是叶柄，叶早落 ·········· 缺磷
  2. 病症通常发生于植株下部较老叶片
    4. 下部叶在叶尖及叶缘出现枯死病斑，黄化部分从边缘向中部扩展，以后边缘部分变褐色而向下皱缩，最后下部和老叶脱落 ·························· 缺钾
    4. 下部叶黄化，晚期常出现枯斑，叶脉间黄化，叶脉绿色，叶缘反曲形成皱缩 ·········· 缺镁
1. 病斑发生于新叶
  5. 顶芽存活
    6. 叶脉间黄化，叶脉保持绿色
      7. 病斑不常出现，严重时叶缘及叶尖干枯，有时向内扩展，仅较大叶脉保持绿色 ········ 缺镁
      7. 病斑常出现于全叶面，极细叶脉为绿色，形成细网状；花小而花色不良 ············ 缺锰
    6. 叶色淡绿，叶脉色泽浅于相邻部分，有时发生病斑，老叶少有干枯 ·············· 缺硫
  5. 顶芽通常死亡
    8. 嫩叶顶端和边缘腐败，幼叶叶尖常呈钩状，根系早前已经死亡 ············· 缺钙
    8. 嫩叶基部腐败，茎与叶柄极脆，根系死亡 ······················· 缺硼

2. 营养贫乏症的成因

（1）土壤营养元素缺乏　这是引起贫乏症的主要原因，理论上不同树种都有对某种营养元素要求的最低限值，但缺乏到什么程度会发生贫乏症却是个复杂的问题。树木种类不同或相同但品种不同以及生育期、气候条件不同都会有差异，所以不能一概而论。

（2）土壤酸碱度不适　土壤 pH 影响营养元素的溶解度即有效性，铁、硼、锌、铜等元素有效性随土壤 pH 下降而迅速增加，但钼的有效性却随土壤 pH 升高而增加。

（3）营养成分的平衡　树木体内的正常代谢要求各营养元素含量保持相对的平衡，否则会导致代谢紊乱，出现生理障碍。一种元素的过量存在常常抑制另一种元素的吸收与利用，这就是所谓元素间拮抗现象，生产中较常见的有磷—锌、磷—铁、钾—镁、氮—钾、氮—硼、铁—锰等，当其作用比较强烈时就导致树木营养贫乏症发生。因此在施肥时需注意肥料的选择搭配，避免一种元素过多而影响其他元素作用的发挥。

（4）土壤理化性质不良　主要是指与养分吸收有关的因素，如土壤坚实、底层有漂白层、地下水位高等都限制根系的伸展，从而加剧或引发营养贫乏症。在地下水位高的立地环境中生长的树木极易发生缺钾症，而钙质土壤条件的高地下水位会引发或加剧缺铁症等。

（5）环境气候条件不良　主要是低温的影响，一方面减慢土壤养分的转化，另一方而削弱树木对养分的吸收能力；故低温容易促发缺素，其中磷是受低温抑制最大的一个元素。降水量多少对营养缺乏症发生也有明显的影响，主要表现在营养元素的释放、淋失及固定等。例如，干旱导致缺硼、钾及磷，多雨促发缺镁。此外，光照不足对营养元素吸收的影响以磷最严重，因而在多雨少光照的天气条件下施磷肥的效果特别明显。

三、园林树木施肥

俗话说"地凭肥养，苗凭肥长"，施肥是改善树木营养状况、提高土壤肥力的积极措施，

只有正确的施肥才能确保树木健康生长，增强树木抗逆性，延缓树木衰老，达到花繁叶茂的目的。

（一）施肥原则

1. 根据树木的营养需求进行　不同树木种类、不同生长发育时期以及不同园林用途决定了树木的需肥特点，在此基础上结合营养诊断结果进行施肥，使施肥更加科学、合理、准确和规范。一般来说，速生树、生长量大的种类比慢长树和耐瘠薄的种类需肥量大些，幼年期比成年期更需肥；营养生长期以施用氮肥为主，生殖期以施用磷、钾肥为主。

2. 根据环境条件进行　土壤厚度、土壤水分与有机质含量、酸碱度高低、土壤结构以及三相比等均对树木的施肥有很大影响。例如，土壤水分缺乏时施肥，可能因肥分浓度过高、树木不能吸收利用而遭毒害；积水或多雨时养分容易被淋洗流失，降低肥料利用率；土壤酸碱度直接影响营养元素的溶解度，这些都是施用肥料时需仔细考虑的问题。

3. 根据肥料性质不同进行　肥料性质不但影响施肥的时期、方法、施肥量，而且还影响土壤的理化性状。碳酸氢铵、过磷酸钙等一些易流失挥发的速效性肥料宜在树木需肥期稍前施入，而迟效性的有机肥料应提前施入，待腐烂分解后被树木吸收利用。氮肥在土壤中移动性强，即使浅施也能渗透到根系分布层内供树木吸收利用；而磷、钾肥移动性差，故宜深施，尤其磷肥需施在根系分布层内才有利于根系吸收。化肥的施用应本着宜淡不宜浓的原则，否则容易烧伤树木根系。事实上任何一种肥料都不是十全十美的，因此在实践中应将有机与无机、速效性与缓效性、大量元素与微量元素等结合施用，提倡复合配方施肥。

（二）肥料种类

根据肥料的性质及使用效果，树木用肥大致包括无机肥料、有机肥料及微生物肥料三大类，使用特性简介如下：

1. 无机肥料　无机肥料是由物理或化学工业方法制成，其养分形态为无机盐或化合物，无机肥料又被称为化肥、矿质肥料，按植物生长所需要的营养元素种类，可分为氮肥、磷肥、钾肥、钙肥、镁肥、硫肥、微量元素肥料、复合肥料、草木灰、农用盐等。无机肥料大多属于速效性肥料，能及时满足树木生长需要，因此一般以追肥形式使用。无机肥料虽有养分含量高、施用量少的优点，但只能供给矿质养分，一般无改土作用；养分种类也比较单一，肥效不能持久，而且容易挥发、淋失或发生强烈的固定，降低肥料的利用率。生产上不宜长期单一施用，必须贯彻与有机肥料配合施用的方针，否则对树木、土壤都是不利的。

2. 有机肥料　有机肥料指含有丰富有机质，既能提供植物多种无机养分和有机养分又能培肥改良土壤的一类肥料，常用的有粪尿肥、堆沤肥、饼肥、泥炭、绿肥、腐殖酸类肥料等。有机肥包含养分种类多而全且大多呈有机态，保水保肥能力强，供肥时间长，有显著的改土作用；但其养分含量有限，尤其是氮含量低，施用量大、肥效慢。因此，有机肥一般以基肥形式施用，并在施用前采取堆积方式使之腐熟，以提高肥料质量及肥效。

3. 微生物肥料　微生物肥料也称生物肥、菌肥、细菌肥及接种剂等。确切地说，微生物肥料是菌而不是肥，因为它本身并不含有植物需要的营养元素，而是通过微生物的生命活动来改善植物的营养条件，生产上使用的微生物肥料大致有根瘤菌肥料、固氮菌肥料、磷细菌肥料及复合微生物肥料等几大类。使用时需注意：一是使用菌肥要具备一定的条件才能确保菌种的生命活力和菌肥的功效，如强光照射、高温、接触农药等都有可能会杀死微生物，又如固氮菌肥要在土壤通气条件好、水分充足、有机质含量稍高的条件下才能保证菌株的生长和繁殖；二是微生物肥料一般不宜单施，一定要与化学肥料、有机肥料配合施用才能充分发挥其应有作用，而且微生物生长、繁殖也需要一定的营养物质。

4. 酵素菌 酵素菌是由细菌、酵母菌和放线菌等 23 种有益微生物组成的多菌种复合微生物群体，能够产生多种活性很强的酶（如淀粉酶、蛋白酶、纤维素酶、氧化—还原酶等），具有很强的好气性发酵能力，能够迅速催化分解众多有机物质，使之在短期间内转化为易于被植物吸收利用的成分，在改变土壤的物理性状、提高土壤肥力、促进农作物高产优质方面具有显著的作用。

酵素菌技术是近代发明于日本的一门高新型技术，20 世纪 80 年代后进入应用推广阶段，我国自 1994 年引进示范。江苏省于 1998 年立项研究，结果表明酵素菌的糖化能力和蛋白质分解的活性都很高，其中淀粉酶的含量为 1 500 mg/g，蛋白酶在酸性条件下为 22 mg/g、中性条件下为 55 mg/g、碱性条件下为 53 mg/g。酵素菌自身即为含有蛋白质、脂肪、纤维、糖等较高营养价值的物质，酵素菌催化分解有机物质可以产生类型丰富的维生素、核酸、促进生长的未知物质等多种营养物质，对树体的生长发育极为有效。

酵素菌用于堆制有机肥可有效缩短堆制时间，并可有效提高堆制质量。夏季上堆后 6～12 h，堆温即可升至 50～60 ℃，可比对照（不加酵素菌的自然堆肥，下同）提前 3～5 d 进入高温发酵阶段；春、秋季上堆后 2～4 d，可比对照提前 7～15 d 进入高温发酵阶段；在自然堆肥无法进行的冬季，通过采用保温措施和酵素菌增强发酵技术可照样生效。与自然堆肥方式相比，在水分、通气、酸碱度、C/N 等堆肥腐化所需条件相同的情况下，采用酵素菌技术堆肥的高温发酵阶段持续时间长，腐熟过程要缩短 1/2 以上，且堆肥质量稳定、养分保存丰富、腐熟完全、病原菌虫卵和杂草种子数存留量低。使用剂量为 1t 堆料（菜籽饼等）添加酵素菌 3～5 kg，使用前先将堆料补足水分（手握成团，松手散开），后均匀撒入菌剂、上堆，每 3～4 d 翻堆一次，夏秋季 20～30 d 即可充分发酵、腐熟；使用秸秆堆肥时，每吨堆料中需加入粪肥 100～200 kg 或尿素 5～10 kg，以调节 C/N 值。采用酵素菌技术处理粪便，在含水量 45%～65% 条件下沤制，使用剂量为每吨沤料添加 1～2 kg 酵素菌，使用时直接将菌剂加入，每天搅拌一次；夏秋季经 2～10 d 即可腐熟，达到除臭、无害化的要求。

（三）施肥类型

根据肥料的性质以及施用时期，园林树木的施肥包括以下两种类型：

1. 基肥 基肥以有机肥为主，是较长时期供给树木多种养分的基础性肥料，如腐殖酸类肥料、堆肥、厩肥、圈肥、粪肥、鱼肥、骨粉、血肥、复合肥、长效肥以及植物枯枝落叶等。基肥肥效长，但释放缓慢，所以宜早施用。树木定植时施入基肥，不但有利于改善土壤理化性状，有利于微生物活动，而且还能在相当长的一段时间内持续供给树木所需的大量元素和微量元素。春季与秋季施基肥大多结合土壤深翻进行。

2. 追肥 追肥多为无机肥，又叫补肥。追肥为速效肥、短效肥，在树木需肥急迫时施用。具体施用时间与树种、品种习性以及气候、树龄、用途等有关，如对观花、观果树木而言，花芽分化期和花后追肥尤为重要，而对于大多数园林树木来说，一年中生长旺期的抽梢追肥常常是必不可少的。与基肥相比，追肥施用的次数较多，但一次性用肥量较小；对于观花灌木、庭荫树、行道树以及重点观赏树种，每年在生长期进行 2～3 次追肥是十分必要的。天气情况影响追肥效果，晴天土壤干燥时追肥好于雨天追肥，重要风景点宜在傍晚游人稀少时施用。

（四）施肥用量

对施肥量含义的全面理解应包括肥料中各种营养元素的比例、一次性施肥的用量和浓度以及全年施肥的次数等数量指标。施肥过多既造成肥料的浪费还有可能使树木遭受肥害，但肥料用量不足则不能满足树木生长的需求。

施肥量受树种习性、物候期、树体大小、树龄、土壤与气候条件、肥料的种类、施肥时间与方法、管理技术等诸多因素影响，难以制定统一的施肥量标准。目前，关于施肥量指标有许多不同的观点。如 Ruge 建议，氮、磷、钾、镁比例按 10：15：20：2，再适当添加硼、锰等微量元素较为合理；而 Pirone 认为，氮、磷、钾按 2：1：2 更恰当。在我国一些地方，也有以 0.5 kg/cm（胸径）的标准作为计算树木施肥量依据的。近年来，国内外已开始应用计算机技术、营养诊断技术等先进手段进行数据处理，在对肥料成分、土壤及植株营养状况等给以综合分析判断的基础上计算出最佳的施肥量，使科学施肥、经济用肥发展到了一个新阶段。

（五）施肥方法

依肥料元素被树木吸收的部位，园林树木施肥主要有以下两大类方法：

1. 土壤施肥　就是将肥料直接施入土壤中供树木根系吸收利用，这是主要的施肥方法。

土壤施肥必须根据根系分布特点，将肥料施在吸收根集中分布区附近才能充分发挥肥效，并引导根系向外扩展。正常情况下的树木根系多集中分布在土壤表层 10～60 cm 范围内，其水平分布范围多与树木的冠幅大小相一致，故可在树冠外围于地面的水平投影附近挖掘施肥沟或施肥坑。但经过整形修剪的树木冠幅大为缩小，这就给确定施肥范围带来困难，可以树干为圆心、以距地面 30 cm 高处的树干直径的 10 倍值为半径画圆，作为施肥范围，即为吸收根的分布区。

事实上，具体的施肥深度和范围还与树种、树龄、土壤和肥料种类等有关。深根性树种、沙地、坡地、基肥以及移动性差的肥料等，施肥时宜深不宜浅，相反可适当浅施。随着树龄增加，施肥时要逐年加深并扩大施肥范围，以满足树木根系不断扩大的需要。目前生产上常见的土壤施肥方法有（图 5-2）：

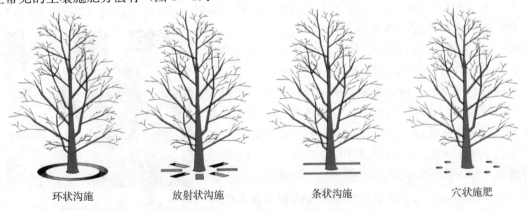

| 环状沟施 | 放射状沟施 | 条状沟施 | 穴状施肥 |

图 5-2　树木的常见土壤施肥方法

（陆万香绘）

（1）**全面施肥**　全面施肥分撒施与水施两种。前者是将肥料均匀地撒布于树木生长的地面，然后再翻入土中；优点是方法简单、操作方便、肥效均匀，但养分流失严重、用肥量大，并因施入较浅易诱导根系上浮，降低根系抗性。此法若与其他方法交替使用，则可取长补短，发挥肥效。后者主要是与喷灌、滴灌结合进行，优点是肥效分布均匀，既不伤根系又保护耕作层土壤结构，肥料利用率高且节省劳力，是一种很有发展潜力的施肥方式。

（2）**沟状施肥**　沟状施肥包括环状沟施、放射状沟施和条状沟施，其中以环状沟施较为普遍。环状沟施是在树冠外围稍远处挖环状沟施肥，一般施肥沟宽 30～40 cm、深 30～60 cm，具有操作简便、用肥经济的优点，但易伤水平根，多适用于园林孤植树；放射状沟施较环状沟施伤根要少，但施肥部位也有一定局限性；条状沟施是在树木行间或株间开沟施肥，多适合苗圃里的树木或呈行列式布置的树木。

（3）**穴状施肥**　穴状施肥与沟状施肥很相似，施肥穴沿树冠在地面投影线附近分布 2～4 圈，呈同心圆环状，内外圈中的施肥穴应交错排列，该法伤根较少而且肥效较均匀。国外穴状施肥已实现了机械化操作，把配制好的肥料装入特制容器内，依靠空气压缩机通过钢钻直接将肥料送入到土壤中，供树木根系吸收利用。这种方法快速省工，对地面破坏小，特别适合城市铺装地面中树木的施肥。

2. 根外施肥

（1）**叶面施肥**　叶面施肥是用机械的方法将按一定浓度要求配制好的肥料溶液直接喷雾到树木的叶面上，再通过叶面气孔和角质层吸收后转移运输到树体各个器官。叶面施肥具有用肥量小、吸收见效快、避免营养元素在土壤中的固定等优点，特别适合于微量元素的施用以及对树体高大、根系吸收能力衰竭的古树、大树的施肥。在早春树木根系恢复吸收功能前，在缺水季节或缺水地区以及不便土壤施肥的地方，均可采用此方法。

叶面施肥的效果与叶龄、叶面结构、肥料性质、气温、湿度、风速等密切相关。幼叶生理机能旺盛，气孔所占比重较大，较老叶吸收速度快、效率高；叶背较叶面气孔多，且表皮层下具有较疏松的海绵组织、细胞间隙大而多，利于渗透和吸收。肥料种类不同，进入叶内的速度有差异。如硝态氮、氯化镁喷后 15 s 进入叶内，而硫酸镁需 30 s、氯化镁需 15 min、氯化钾需 30 min、硝酸钾需 1 h、铵态氮需 2 h 才进入叶内。试验表明，叶面施肥以空气温度 18～25 ℃、相对湿度 60%～80% 为好，因而夏季宜在 10:00 以前、16:00 以后喷雾。

叶面施肥多做追肥施用，生产上常与病虫害的防治结合进行。喷雾液的浓度至关重要，喷布前需做小型试验，确定不能引起药害后方可再大面积喷布；在没有足够把握的情况下应宁淡勿浓（多为 0.1%～0.3%），微量元素的施用浓度应更低。

（2）**枝干施肥**　枝干施肥是指树木通过枝、茎的韧皮部来吸收肥料营养，吸肥的机理、效果与叶面施肥基本相似，有枝干涂抹和枝干注射两种方法。前者是先将树木枝干刻伤，然后在刻伤处敷设药棉；后者是用专门的仪器来注射枝干，国内已有专用的树干注射器（图 5-3）。

枝干施肥主要用于衰老古树、缺素病树以及大树移栽时的营养供给，美国在 20 世纪 80 年代生产出可埋入树干的长效团粒肥料，药物通过树液湿润缓慢释放，有

图 5-3　树干营养液注入施肥
（易小林摄）

效期可保持 3～5 年，主要用于行道树的缺锌、缺铁、缺锰等营养缺素症治疗。

第四节　园林树木病虫害防治

病虫危害是造成树体衰亡、景观丧失的重要因素，养护管理中，必须根据其发生发展规律和危害程度，及时、有效地加以防治。特别是对于病虫危害严重的单株，更应高度引起重视，采取果断措施，以免蔓延。

一、病害诊断

无论是生物或非生物性的疾病，其诊断都依赖于肉眼可见的植株变化，即症状，一般症状是叶片斑点、失绿、小枝枯梢、叶子卷曲或呈杯状、树皮褪色等。

疾病诊断的难点在于产生某一症状的原因可能有多种。例如，叶缘变褐（枯斑坏死），可能是干旱、土壤含盐高、缺钾引起的伤害，也可能是某些病理疾病和空气污染的症状，还可能是药害所致。因此，以症状为基础进行诊断，最重要的是要考虑症状出现前后的环境条件。对于其他可能存在的原因也可通过逐渐排除的过程进行分析，最终找出其真正的原因。例如，如果降雨与灌溉正常就不会是日灼或干旱的伤害，剩下的原因可能就是病理性或药物性伤害了，可以通过进一步检查施药记录进行判断。如果是病原有机体造成的，则应采集样品，进行试验分析，在培养基中对样品的组织进行培养后再做镜检鉴定。

诊断由水分不足、水分过剩、营养缺乏和其他原因造成的非生物性疾病是最困难的，因为它们是由外部原因造成的。此外，许多生物性的疾病也是非生物性因素造成的，例如，生长在紧实、缺氧土壤上的植物很容易被病原体或某一种害虫侵染或取食。

一般生物性的疾病，其病原体常有较稳定的寄生植物，如果其病原体的一般类型与其危害的寄生植物相吻合，则比较容易做出鉴别。

用下列检索表时，首先应选择表中的 1a、1b、1c 或 1d，并以此为基础按对应数字的顺序进行正确的诊断，其疾病的病原体可能在画线的种类中。

1a. 症状主要在叶子上 ·· 2

1b. 症状主要在小枝上 ·· 3

1c. 症状主要在主枝上 ·· 17

1d. 症状主要在根上 ··· 20

2a. 叶片大小正常，但已褪色或有斑点、孔洞或叶缘褪色 ························ 5

2b. 叶片小于正常状况或萎蔫，未褪色或没斑点 ······························· 3

3a. 叶片萎蔫或下垂 ·· 4

3b. 叶片未萎蔫，但比正常叶小 ······························· 冻害（冷害），干旱，病毒，霉病等

4a. 用干净锋利的刀斜切茎（干）未见变色污斑 ····················· 土壤过湿或过干

4b. 茎（干）边材中有明显的污斑 ····················· 落叶病（萎蔫病，荷兰榆病等）

5a. 叶具白色或灰色特征 ·· 白粉病

5b. 叶具斑点或白斑 ··· 6

6a. 叶的一面或两面具分散的斑点或白斑，或叶子有圆洞 ······················ 11

6b. 叶无斑点，但叶缘为黄色或褐色，有时沿叶脉间扩展 ······················ 7

7a. 叶缘褐色 ·· 8

7b. 叶缘浅褐色，一般也在叶脉间扩展

·························· 测定土壤，是否缺乏铁、锌或锰，或有土壤消毒剂

8a. 气候干热 ····························· 干旱高温灼伤，或土壤含盐量高

8b. 气候不干热 ·· 9

9a. 地域内土壤过酸，或沙性很强 ······························· 测定缺钾

9b. 土壤酸性不强或沙性不强 ·· 10

10a. 气候条件多雨、潮湿 ····························· 炭疽病和相类似的叶斑病

10b. 气候条件雨水不多或不湿润 ············· 测定土壤消毒剂，也可纳为空气污染

11a. 叶片有相对一致的空洞，空洞边缘褐色或浅红色

（注意：某些昆虫可能引起类似的伤害） ············· 穿孔病或圆孔病（真菌）

11b. 叶片无孔洞，但有斑点或白斑 ····································· 12

12a. 叶片白斑无规律，没有特殊的形状，有时有几个色点

·············· 药害（检查施药记录）；如果斑点红色或白色和"丝绒状"，或许是吹绵蚧

12b. 叶片有相对一致的斑点（邻接处为黄、红或浅绿色

且上表面最明显） ·· 叶斑病（真菌）

13a. 幼枝具有树立隆起的瘤状突起 ····································· 16

13b. 幼枝濒枯 ·· 14

14a. 幼枝枯梢，春天芽不萌发 ·· 冻害

14b. 春天芽开放，幼枝濒枯 ·· 15

15a. 新梢黑色或褐色，向背面卷 ············ 枯梢病（真菌），火疫病（细菌），霜害

15b. 新梢仍为浅绿色，皱缩；或如果褪色，叶片仍未脱落 ········ 旱害，移栽干扰，药害

16a. 突起物红色或黑色，也可能有橘红色渗出液，或黑色粉末 ············

························· 真菌性溃疡，如囊壳孢属和丛赤壳属等

16b. 突起物黄褐色或常色浅于周围的皮，椭圆、圆，或透镜形，形状规则 ········· 树干上的正常皮孔

17a. 主枝或树干有局部下陷的区域 ····································· 19

17b. 上枝或树干有隆起或肿胀结构 ····································· 18

18a. 隆起结构像橘红、浅红或黑色脓疱

························· 真菌性溃疡，如囊壳孢属、丛赤壳属和盾丛赤壳属

18b. 隆起结构在茎或树干上，树皮裂缝可能有橙色粉末 ··················· 干锈病类

19a. 凹陷区变色开裂，通常在树干西南侧呈条状 ··················· 日灼病（皮焦病）

19b. 凹陷区不规则，不一定在任何暴晒面上，且常在干基附近 ··········· 机械性创伤或溃疡

20a. 症状在树干基部，有根扩张的地方 ································· 21

20b. 症状在较小的根上 ·· 22

21a. 树皮松散；用针探查时，本质部软而脆

························· 根腐（常发生在紧实的土壤上，浇水过多之后）

21b. 源于树皮肿瘤的生长 ···································· 细菌性癌肿

22a. 根上有小豆粒似的肿胀 ············· 根癌线虫病或正常固氮细菌的小瘤（豆科和水牛果属）

22b. 吸收根有黑色黏液；有时具阴沟污物的臭味

························· 原因很多，在园林栽植中最普遍的原因是土壤严重缺氧

二、虫害鉴定

虫害鉴定首先应多收集昆虫的标本放入密封的瓶内。软体昆虫，如幼虫最好直接放入酒

精内；硬壳昆虫如甲虫和蝇的成虫期，应放入毒瓶内保存。其次是鉴定的昆虫与当地的文献资料进行比较，了解该害虫危害的主要植物和这种植物的常见虫害，通过筛选淘汰的方法，对害虫加以确认。再次是如果难以鉴定，则应将害虫标本及其背景资料送推广站或农林院校植保系进行鉴定。随寄的资料包括寄主植物、采集日期、危害程度和具危害症状的寄主植物；最后是鉴定确认以后，以有关资料和害虫防治专家的意见为基础，选择适当的防治措施（方案）。但是，如果危害症状明显，没有采到昆虫标本，则应采集受害植物和受害器官与组织的样品进行检索。虽然没有捉到害虫，一般难以保证防治措施的正确性，但一般可以确定昆虫的类型，作为采取相关防治措施的参考。

根据害虫的取食特征，可以利用以取食症状为基础的昆虫鉴定检索表，查出昆虫的常见类型。检索时先从 1a、1b 或 1c 开始，选择适当的条件，再按成对数码提供的特征，逐步查对至画线部分即为鉴定的类型。

1a. 叶损伤 ……………………………………………………………………………………… 2

1b. 小枝或皮损伤 ……………………………………………………………………………… 10

1c. 根损伤 ……………………………………………………………………………………… 15

2a. 叶片被啃食或叶背表面叶脉之间的组织丧失呈脉络状 ………………………………… 3

2b. 叶片未被啃食，褪色或出现点刻状或银灰色，有瘤或肿胀组织 ……………………… 5

3a. 叶片大都沿叶缘被啃食 …………………………………………………………………… 4

3b. 叶片大都是下表被啃食，出现脉络状或网络状叶脉
　　（保留叶脉）……………………………………………… 叶甲类、梨蛞蝓（梨粉叶蜂）

4a. 被啃食叶缘呈半圆状和光滑，不呈锯齿状缺刻 ………………… 切叶蜂（一般在玫瑰上）

4b. 叶缘被啃食呈锯齿状缺刻，不规则，不光滑，不呈半圆状 ………………………………
　　………………………………………………… 蝗虫，鳞翅目幼虫（许多类型），日本丽金龟

5a. 叶片有肿瘤或肿胀 ………………………………………………………………………… 9

5b. 叶片无肿瘤或无肿胀，显银灰色或点刻状 ……………………………………………… 6

6a. 从上方看叶片呈银灰色，不规则形 ………………………… 蓟马（一般在女贞属或樱桃上）

6b. 叶片有点刻，有时呈颗粒状或下面呈粉状 ……………………………………………… 7

7a. 有细丝织网，叶背呈粉状 ………………………………………………………………… 叶螨

7b. 不存在织网丝，叶背无粉粒；黄色或褐色点刻 ………………………………………… 8

8a. 点刻状叶卷曲或变形，若可排除某些除草剂的药害 ………… 绵蚜，叶蝉，盲蝽，某些蚜虫

8b. 叶片刻点状，不卷曲、不变形 …………………………………………………… 许多蚜虫种

9a. 叶表面似螺纹状 ………………………………………… 木虱类（常见于朴属），瘿螨类

9b. 不同形状的肿胀，但不是螺纹状；有时出现在叶柄上 ………………… 瘿蜂，摇蚊，瘿蚊类

10a. 只危害小枝或芽，不在主枝或树干上 ………………………………………………… 12

10b. 危害主枝或主干 …………………………………………………………………………… 11

11a. 树皮被部分或全部啃掉深至木质部 ………………………………………………………
　　………………………… 啮齿类动物（松鼠、老鼠类），蝗虫类（严重蔓延，食物短缺时）

11b. 树皮具圆形或 D 形孔洞，可渗出树液或树脂或锯屑状排出物 …………………………
　　………………………… 蛀干害虫（甲虫的幼虫），木蠹蛾类，象鼻虫类（甲虫类的幼虫）

12a. 小枝或芽形成虫瘿或肿胀区 ……………………………………………………………… 13

12b. 小枝或芽不形成虫瘿，小枝有孔或髓心有隧道 ………………………………………… 14

13a. 芽有虫瘿 ………………………………………………………………………………… 瘿螨类

13b. 小枝有虫瘿 ……………………………………………………………………………… 瘿蚊类

14a. 小枝有孔，髓无隧道 ·· 木蠹蛾类，象鼻虫类

14b. 小枝髓有隧道 ·· 枝梢螟，螟蛾，蛀心虫

15a. 幼根有虫瘿式肿起（注意：某些植物，如豆科植物在根上有固氮根瘤）·············· 线虫类

15b. 根被啃或有小孔 ··· 16

16a. 根被啃 ·· 啮齿类动物，蛴螬，甲虫和螟蛾的幼虫

16b. 根具孔 ·· 蛀根虫，象鼻虫类（这些虫的危害与根腐病相比是次要的）

三、园林栽培措施防治

栽培措施防治是利用园林栽培技术来防治病虫害的方法，即创造有利于园林植物和花卉生长发育而不利于病虫害危害的条件，促使园林植物生长健壮，增强其抵抗病虫害的能力，是病虫害综合治理的基础。园林栽培措施防治的优点是，防治措施在园林栽培过程中完成，不需要另外增加劳动力，因此可以降低劳动力成本，增加经济效益。其缺点是，见效慢，不能在短时间内控制暴发性发生的病虫害。主要措施有：

1. 选用无病虫种苗及繁殖材料　在选用种苗时，尽量选用无虫害、生长健壮的种苗，以减少病虫害危害。如果选用的种苗中带有某些病虫，要用药剂预先进行处理，如桂花上的矢尖蚧，可以在种植前，先将有虫苗木浸入氧化乐果或甲胺磷 500 倍稀释液中 5～10 min，然后再种。

2. 苗圃地的选择及处理　一般应选择土质疏松、排水透气性好、腐殖质多的地段作为苗圃地。在栽植前进行深耕改土，耕翻后经过曝晒、土壤消毒后，可杀灭部分病虫害。消毒剂一般可用 50 倍的甲醛稀释液，均匀洒布在土壤内，再用塑料薄膜覆盖，约 2 周后取走覆盖物，将土壤翻动耙松后进行播种或移植。用硫酸亚铁消毒，可在播种或扦插前以 2％～3％硫酸亚铁水溶液浇盆土或床土，可有效抑制幼苗猝倒病的发生。

3. 采用合理的栽培措施　根据苗木的生长特点，在圃地内考虑合理轮作、合理密植以及合理配置花木等原则。从而避免或减轻某些病虫害的发生，增强苗木的抗病虫性能。有些花木种植过密，易引起某些病虫害的大发生，在花木的配置方面，除考虑观赏水平及经济效益外，还应避免种植病虫的中间寄主植物（桥梁寄主）。露根栽植落叶树时，栽前必须适度修剪，根部不能暴露时间过长。栽植常绿树时，需带土球，土球不能散，不能晾晒时间过长，栽植深浅适度，是防治多种病虫害的关键措施。修剪下来的病虫残枝，应集中处置，不要随意丢弃，以免造成再度传播污染。

4. 合理配施肥料

（1）有机肥与无机肥配施　有机肥如猪粪、鸡粪、人粪尿等，可改善土壤的理化性状，使土壤疏松，透气性良好。无机肥如各种化肥，其优点是见效快，但长期使用对土壤的物理性状会产生不良影响，故两者以兼施为宜。

（2）大量元素与微量元素配施　碳、氢、氧、氮、磷、钾、钙、镁、硫九种元素，植物对其需要最多，称为大量元素；其他元素如铁、锰、锌、钼、铜、硼等，则称为微量元素。在施肥时，强调大量元素与微量元素配合施用。在大量元素中，强调氮、磷、钾配合施用，避免偏施氮肥，造成花木的徒长，降低其抗病虫性。微量元素施用时也应均衡，如在花木生长期缺少某些微量元素，则可造成花、叶等器官的畸形、变色，降低观赏

价值。

（3）施用充分腐熟的有机肥　在施用有机肥时，强调施用充分腐熟的有机肥，原因是未腐熟的有机肥中往往带有大量的虫卵，容易引起地下害虫的暴发危害。

5. 合理浇水　花木在灌溉中，浇水的方法、浇水量及时间等，都会影响病虫害的发生。喷灌和喷洒等浇水方式往往加重叶部病害的发生，最好采用沟灌、滴灌或沿盆钵边缘浇水的方法。浇水要适量，水分过大往往引起植物根部缺氧窒息，轻者植物生长不良，重则引起根部腐烂，尤其是肉质根等器官。浇水时间最好选择晴天的上午，以便及时降低叶片表面的湿度。

6. 加强园林管理　加强对园林植物的抚育管理，及时修剪。例如，防治危害悬铃木的日本龟蜡蚧，可及时剪除虫枝，以有效地抑制该虫的危害；及时清除被害植株及树枝等，以减少病虫的来源。公园、苗圃的枯枝落叶、杂草，都是害虫的潜伏场所，清除病枝、虫枝，清扫落叶，及时除草，可以消灭大量的越冬病虫。尤其是温室栽培植物，要经常通风透气，降低湿度，以减少花木灰霉病等的发生发展。

四、物理机械防治

利用简单的工具以及物理因素（如光、温度、热能、放射能等）来防治害虫的方法，称为物理机械防治。物理机械防治的措施简单实用，容易操作，见效快，可以作为害虫大发生时的一种应急措施。特别对于一些化学农药难以解决的害虫或发生范围小时，往往是一种有效的防治手段。

1. 人工捕杀　利用人力或简单器械，捕杀有群集性、假死性的害虫。例如，用竹竿打树枝振落金龟子，组织人工摘除袋蛾的越冬虫囊，摘除卵块，发动群众于清晨到苗圃捕捉地老虎以及利用简单器具钩杀天牛幼虫等，都是行之有效的措施。

2. 诱杀法　诱杀法是指利用害虫的趋性设置诱虫器械或诱物诱杀害虫，利用此法还可以预测害虫的发生动态。常见的诱杀方法有：

（1）灯光诱杀　利用害虫的趋光性，人为设置灯光来诱杀防治害虫。目前生产上所用的光源主要是黑光灯，此外，还有高压电网灭虫灯。黑光灯诱虫时间一般在5～9月，灯要设置在空旷处，选择闷热、无风、无雨、无月光的夜晚开灯，诱集效果最好，一般以21:00～22:00诱虫最好。由于设灯时，易造成灯下或灯的附近虫口密度增加，因此，应注意及时消灭灯光周围的害虫。除黑光灯诱虫外，还可以利用蚜虫对黄色的趋性，用黄色光板诱杀蚜虫及美洲斑潜蝇成虫等。

（2）毒饵诱杀　利用害虫的趋化性在其所嗜好的食物中（糖醋、麦麸等）掺入适当的毒剂，制成各种毒饵诱杀害虫。例如，蝼蛄、地老虎等地下害虫，可用麦麸、谷糠等做饵料，掺入适量敌百虫或其他药剂制成毒饵来诱杀。所用配方一般是饵料100份、毒剂1～2份、水适量。另外诱杀地老虎、梨小食心虫成虫时，通常以糖、酒、醋做饵料，以敌百虫做毒剂来诱杀。所用配方是糖6份、酒1份、醋2～3份、水10份，再加适量敌百虫。

（3）饵木诱杀　许多蛀干害虫如天牛、小蠹虫、象虫、吉丁虫等喜欢在新伐倒不久的倒木上产卵繁殖。因此，在成虫发生期间，在适当地点设置一些木段，供害虫大量产卵，待新一代幼虫完全孵化后，及时进行剥皮处理，以消灭其中害虫。

（4）**植物诱杀** 或称作物诱杀，即利用害虫对某种植物有特殊嗜好的习性，经种植后诱集捕杀的一种方法。例如，在苗圃周围种植蓖麻，使金龟子误食后麻醉，可以集中捕杀。

（5）**潜所诱杀** 利用某些害虫的越冬潜伏或白天隐蔽的习性，人工设置类似环境诱杀害虫。注意诱集后一定要及时消灭。例如，有些害虫喜欢选择树皮缝、翘皮下等处越冬，可于害虫越冬前在树干上绑草把，引诱害虫前来越冬，将其集中消灭。

3. 阻隔法 人为设置各种障碍，切断病虫害的侵害途径，称为阻隔法。

（1）**涂环法** 对有上下树习性的害虫可在树干上涂毒环或涂胶环，从而杀死或阻隔幼虫。多用于树体的胸高处，一般涂 2～3 个环。

（2）**挖障碍沟** 对于无迁飞能力只能靠爬行的害虫，为阻止其危害和转移，可在未受害植株周围挖沟；对于一些根部病害，也可以在受害植株周围挖沟，阻隔病原菌的蔓延，以达到防治病虫害传播蔓延的目的。

（3）**设障碍物** 主要防治无迁飞能力的害虫。如枣尺蠖的雌成虫无翅，交尾产卵时只能爬到树上，可在上树前在树干基部设置障碍物阻止其上树产卵。

（4）**覆盖薄膜** 覆盖薄膜能增产同时也能达到防病的目的。许多叶部病害的病原物是在病残体上越冬的，花木栽培地早春覆膜可大幅度地减少叶病的发生。因为薄膜对病原物的传播起了机械阻隔作用，覆膜后土壤温度、湿度提高，加速病残体的腐烂，减少了侵染来源。

4. 其他杀虫法 利用热水浸种、烈日暴晒、红外线辐射，都可以杀死在种子、果实、木材中的病虫。

五、生物防治

用生物及其代谢产物来控制病虫的方法，称为生物防治。从保护生态环境和可持续发展的角度讲，生物防治是最好的防治方法。

生物防治法不仅可以改变生物种群的组成成分，而且能直接消灭大量的病虫；对人、畜、植物安全，不杀伤天敌，不污染环境，不会引起害虫的再次猖獗和形成抗药性，对害虫有长期的抑制作用；生物防治的自然资源丰富，易于开发，且防治成本低，是综合防治的重要组成部分和主要发展方向。但是，生物防治的效果有时比较缓慢，人工繁殖技术较复杂，受自然条件限制较大。害虫的生物防治主要是保护和利用天敌、引进天敌以及进行人工繁殖与释放天敌控制害虫发生。自 20 世纪 70 年代以来，随着微生物农药、生化农药以及抗生素类农药等新型生物农药的研制与应用，人们把生物产品的开发与利用也纳入到害虫生物防治工作之中。

1. 天敌昆虫的利用 利用天敌昆虫来防治害虫，称为以虫治虫。天敌昆虫主要有两大类型：

（1）**捕食性天敌昆虫** 捕食性天敌昆虫在自然界中抑制害虫的作用和效果十分明显。例如，松干蚧花蝽（*Elatophilus nipponenses*）对抑制松干蚧的危害起着重要的作用；紫额巴食蚜蝇（*Bacch pulchriforn*）对抑制在南方各地危害很重的白兰台湾蚜（*Formosa phismicheliae*）有一定的作用。据初步观察，每头食蚜蝇每天能捕食蚜虫 107 头。

（2）寄生性天敌昆虫　主要包括寄生蜂和寄生蝇，可寄生于害虫的卵、幼虫及蛹内或体上。凡被寄生的卵、幼虫或蛹，均不能完成发育而死亡。有些寄生性昆虫在自然界的寄生率较高，对害虫起到很好的控制作用。

2. 生物农药的应用　生物农药作用方式特殊，防治对象比较专一且对人类和环境的潜在危害比化学农药要小，因此，特别适用于园林植物害虫的防治。

（1）微生物农药　以菌治虫，就是利用害虫的病原微生物来防治害虫。可引起昆虫致病的病原微生物主要有细菌、真菌、病毒、立克次氏体、线虫等。目前生产上应用较多的是病原细菌、病原真菌和病原病毒三类。目前用来控制害虫的病原细菌主要有苏芸金杆菌（*Bacillusth uringiensis*）。能够引起昆虫致病的病原真菌很多，其中以白僵菌（*Beauveria bassiana*）最为普遍，在我国广东、福建、广西等省份，普遍用白僵菌来防治马尾松毛虫（*Dendrolimusp unctatus*），取得了很好的防治效果。而利用病毒防治害虫，其主要优点是专化性强，在自然情况下，某种病原病毒往往只寄生一种害虫，不存在污染与公害问题，在自然界中可长期保存，反复感染，有的还可遗传感染，从而造成害虫流行病。

（2）生化农药　生化农药指那些经人工合成或从自然界的生物源中分离或派生出来的化合物，如昆虫信息素、昆虫生长调节剂等，主要来自于昆虫体内分泌的激素，包括昆虫的性外激素、昆虫的蜕皮激素及保幼激素等内激素。在国外已有100多种昆虫激素商品用于害虫的预测、预报及防治工作，我国已有近30种性激素用于梨小食心虫、白杨透翅蛾等昆虫的诱捕、迷向及引诱绝育防治。

昆虫生长调节剂现在我国应用较广的有灭幼脲Ⅰ号、Ⅱ号、Ⅲ号等，对多种园林植物害虫如鳞翅目幼虫、鞘翅目叶甲类幼虫等具有很好的防治效果。

有一些由微生物新陈代谢过程中产生的活性物质，也具有较好的杀虫作用。例如，来自于浅灰链霉素抗性变种的杀蚜素，对蚜虫、叶螨等有较好的毒杀作用，且对天敌无毒；来自于南昌链霉素的南昌霉素，对菜青虫、松毛虫的防治效果可达90％以上。

3. 以菌治病　一些真菌、细菌、放线菌等微生物，在它的新陈代谢过程中分泌抗生素，杀死或抑制病原物。这是目前生物防治研究中的一个重要内容。如哈茨木霉能分泌抗生素，杀死、抑制茉莉白绢病病菌。又如菌根菌可分泌萜烯类等物质，对许多根部病害有拮抗作用。

六、化学防治

化学防治是指用农药来防治害虫、病害、杂草等有害生物的方法。化学防治是害虫防治的主要措施，具有收效快、防治效果好、使用方法简单、受季节限制较小、适合于大面积使用等优点。但也有明显的缺点，化学防治的缺点概括起来可称为"三R"问题，即抗药性（resistance）、再猖獗（rampancy）及农药残留（remnant）。由于长期对同一种害虫使用相同类型的农药，使得某些害虫产生不同程度的抗药性；由于用药不当杀死了害虫的天敌，从而造成害虫的再度猖獗危害；由于农药在环境中存在残留毒性，特别是毒性较大的农药，对环境易产生污染，破坏生态平衡。

1. 杀虫剂　农药的种类很多，根据杀虫剂对昆虫的毒性作用及其侵入害虫的途径不同，一般可分为：

（1）胃毒剂 药剂随着害虫取食植物一同进入害虫的消化系统，再通过消化吸收进入血腔中发挥杀虫作用。此类药剂大都兼有触杀作用，如敌百虫。

（2）触杀剂 药剂与虫体接触后，药剂通过昆虫的体壁进入虫体内，使害虫中毒死亡，如拟除虫菊酯类等杀虫剂。

（3）内吸剂 药剂容易被植物吸收，并可以输导到植株各部分，在害虫取食时使其中毒死亡。这类药剂适合于防治一些蚜虫、介壳虫等刺吸式口器的害虫，如乐果、氧化乐果、久效磷等。

（4）熏蒸剂 药剂由固体或液体转化为气体，通过昆虫呼吸系统进入虫体，使害虫中毒死亡，如氯化苦、磷化铝等。

（5）特异性杀虫剂 这类药剂对昆虫无直接毒害作用，而是通过拒食、驱避、不育等不同于常规的作用方式，最后导致昆虫死亡，如樟脑、风油精、灵香草等。

2. 杀菌剂 按性能一般分为：

（1）保护剂 在植物感病前（或病原物侵入植物以前），喷洒在植物表面或植物所处的环境，用来杀死或抑制植物体外的病原物，以保护植物免受侵染的药剂，称为保护剂。如波尔多液、石硫合剂、代森锰锌等。

（2）治疗剂 植物感病后（或病原物侵入植物后），使用药剂处理植物，以杀死或抑制植物体内的病原物，使植物恢复健康或减轻病害。这类药剂称为治疗剂。许多治疗剂同时还具有保护作用。如多菌灵、甲基托布津等。

3. 农药的使用方法

（1）喷雾 喷雾是将乳油、水剂、可湿性粉剂，按所需的浓度加水稀释后，用喷雾器进行喷洒。其技术要点是：喷雾时，要求均匀周到，使植物表面充分湿润，但基本不滴水，即"欲滴未滴"；喷雾的顺序为从上到下、从叶面到叶背；喷雾时要顺风或垂直于风向操作。严禁逆风喷雾，以免引起人员中毒。

（2）拌种 拌种是将农药、细土和种子按一定的比例混合在一起的用药方法，常用于防治地下害虫。

（3）毒饵 毒饵是将农药与饵料混合在一起的用药方法，常用来诱杀蛴螬、蝼蛄、小地老虎等地下害虫。

（4）撒施 撒施是将农药直接撒于种植区，或者将农药与细土混合后撒于种植区的施药方法。

（5）熏蒸 熏蒸是将具熏蒸性农药置于密闭的容器或空间，以便毒杀害虫的用药方法，常用于调运种苗时，对其中的害虫进行毒杀或用来毒杀仓储害虫。

（6）注射法、打孔注射法 注射法是用注射机或兽用注射器将药剂注入树体内部，使其在树体内传导运输而杀死害虫，多用于防治天牛、木蠹蛾等害虫；打孔注射法是用打孔器或钻头等利器在树干基部钻一斜孔，钻孔的方向与树干约呈 40°的夹角，深约 5 cm，然后注入内吸剂药剂，最后用泥封口。可防治食叶害虫、吸汁类害虫及蛀干害虫等。对于一些树势衰弱的古树名木，也可以用挂吊瓶法注射营养液，以增强树势。

（7）刮皮涂环 距干基一定的高度，刮两个相错的半环，两半环相距约 10 cm，半环的长度 15 cm 左右。将刮好的两个半环分别涂上药剂，以药液刚往下流为止，最后外包塑料薄膜。应注意的是，刮环时，刮至树皮刚露白茬；药剂选用内吸性药剂；外包的塑料薄膜要及时拆掉（约 1 周）。主要用于防治食叶害虫、吸汁害虫及蛀干害虫的危害初期。

另外有地下根施农药、喷粉、毒笔、毒绳、毒签等方法。总之，农药的使用方法很多，在使用农药时，可根据药剂本身的特性及害虫的特点灵活运用。

第五节　园林树木分级管理及技术

园林树木栽植后，需要良好的养护管理才能保证树木成活和健康地生长发育，达到绿化规划设计的效果。园林树木的养护管理工作，在城市园林建设中占有十分重要的地位，因此形容城市绿化施工与树木养护管理工作的关系是"三分种，七分养"。为此，应因地制宜地制定养护管理的技术标准和操作规范，使养护管理工作目标明确，措施有力，做到养护管理科学化、规范化。目前，国内的一些城市在城市绿地与园林树木的管理、养护方面，已采用招标的方式，吸收社会力量参与，因此各地更应制定相应的养护原则及技术概要来加强管理。

一、园林树木养护管理质量标准

分级养护质量标准，是根据现时的生产管理水平和人力物力等条件而采取的暂时性措施；随着对生态环境建设投入的加大和城市绿化养护管理水平的提高，应逐渐向一级标准靠拢，以更好地发挥园林树木的景观生态环境效益。如北京市园林绿化局根据绿地类型的区域位势轻重和财政状况，对绿地园林树木制定分级管理与养护标准以区别对待的管理方法，不失为现阶段条件下行之有效的措施之一。

1. 一级管理

① 生长势好：生长超过该树种、该规格的平均年生长量（指标经调查后确定）。

② 叶片完亮：叶片色鲜、质厚、具光泽，不焦边，不卷边，无黄叶，早期落叶，叶面无虫粪、虫网和积尘，被虫咬食叶片单株在 5% 以下。

③ 枝干健壮：枝条粗壮，越冬前新梢已木质化程度高，无明显枯枝、死杈。无蛀干害虫的活卵、活虫，受虫害株数在 2% 以下。主干、主枝上介壳虫最严重处 100 cm 平均成虫数少于 1 头，较细枝条 30 cm 的平均成虫数少于 5 头，行道树下距树干 1 m 内无堆搭、圈栏等脏乱物品，树体无明显的人为损坏；分枝点适中，主、侧枝分布均称，树冠完整美观。绿篱类树木，枝条茂密，完满无缺。

④ 缺株在 2% 以下。

2. 二级管理

① 生长势正常：正常生长达到该树种、该规格的平均生长量。

② 叶片正常：叶色、大小、厚薄正常。有较严重黄叶、焦叶、卷叶及带虫粪、虫网、蒙尘叶的株数在 2% 以下，被虫咬食叶片的单株在 5%～10%。

③ 枝、干正常：无明显枯枝、死杈，有蛀干害虫的株数在 2%～4%。有介壳虫害株数在 4%～6%，主干上介壳虫最严重处 100 cm 平均成虫数少于 1～2 头、较细枝条 30 cm 平均成虫数少于 5～10 头。树下距树干 1 m 内无影响树木养护管理的堆搭、圈栏等，树体无较严

重的人为损坏，对轻微或偶尔发生的人为损坏能及时发现和处理。树冠基本完整，主侧枝分布匀称，通风透光。

④ 缺株在2%～4%。

3. 三级管理

① 生长势基本正常：正常生长接近该树种、规格的平均生长量。

② 叶片基本正常：叶色、大小、厚薄基本正常。有较严重黄叶、焦叶、卷叶及带虫粪、虫网、蒙尘叶的株数在2%～4%，被虫咬食叶片的单株10%～15%。

③ 枝、干基本正常：无明显枯枝、死权，有蛀干害虫的株数在4%～10%。有介壳虫害株数在4%～6%，主干主枝上最严重处100 cm平均成虫数少于2～3头、较细枝条30 cm的平均成虫数少于10～15头。树下无堆放石灰等对树木有烧伤、毒害的物质，无搭围、圈占等；对人为损坏能及时进行处理，90%以上的树木树冠基本完整。

④ 缺株在4%～6%。

4. 四级管理

① 叶片被食被严重：被严重吃花树叶（被虫咬食的叶面积、数量都超过一半）的株数达20%，被严重吃光树叶的株数达10%。

② 叶片异常严重：严重焦叶、卷叶、落叶的株数达20%，严重焦梢的株数达10%。

③ 枝干害虫严重：有蛀干害虫的株数在30%。有介壳虫株数在6%以上，主干主枝上最严重处100 cm平均成虫数多于3头，较细枝条上30 cm平均成虫数多于15头。

④ 缺株在6%～10%。

二、园林树木的季节性管养技术

园林树木保护性管养技术工作应遵循树种生物学特性、树体生长发育规律以及当地的环境气候条件等进行。如在季节性比较明显的亚热带、暖温带及温带地地区，保护性管养技术大致可依四季而行，分四个阶段。

1. 冬季（12～2月） 冬季有降雪和冰冻现象，露地栽植的树木进入或基本进入休眠期，此期主要进行树木的冬季整形修剪、深施基肥、涂白防寒和防治病虫害等工作。落叶乔灌木在发芽前进行一次整形修剪（不宜冬剪树种除外）。在春季干旱的华北地带，冬季在植株根部堆积降雪，既可防寒，又可用融化的雪水补充土壤内的水分，缓解春旱。要及时清除常绿树和竹子上的积雪，减少危害。

2. 春季（3～5月） 春季气温逐渐回升，树体开始解除休眠，陆续进入萌芽生长阶段，春花树种次第开花。此期应逐步撤除防寒措施，补植缺株，修整树木围堰，进行灌溉工作，并在树木发芽前结合灌溉，施入有机肥料，改善土壤肥力。及时进行常绿树篱修剪和春花树种的花后修剪。春季是防治病虫害的关键时刻，可采取多种形式消灭越冬成虫，为全年的病虫害防治工作打下基础。

3. 夏季（6～8月） 夏季气温高，光照时间长，光量大，南、北雨水都较充沛。树体光合作用强，光合效率高，树体内各项生理活动处于活跃状态，是树木生长发育的最旺盛也是需肥最多的时期，花果木应增施以速效磷、钾为主的肥料，可采用根灌或叶面喷施。及时中耕除草。夏季蒸腾量大，要及时进行灌水防旱；但雨水过多时，对低洼地带应加强排水防涝工作。行道树要加强修剪，抽稀树冠，并及时修剪与架空电线或建筑物之间有矛盾的树冠枝干，防风、防台和防暴雨。花灌木开花后，及时剪除残花枝、促使新梢萌发，乔、灌木进行剥芽，去除干蘖及根蘖；未春剪的绿篱，补充整形修剪。南方地区抓紧雨季进行常绿树及竹类的带土球补植。

4. 秋季（9～11月）　秋季气温开始下降，雨量减少，树木的生长已趋缓慢，生理活动减弱，逐渐向休眠期过渡；肥水管理应及时停止，防止晚秋梢徒长，但古树名木复壮时或重点地块在树木休眠后施入有机肥料。10月开始对新植树木进行全面的成活率调查，全面整理绿地园容，更植死树，清除枯枝，对花灌木、绿篱进行整形修剪。树体落叶后至封冻前，对抗寒性弱或引进的新品种进行防寒保护，灌封冻水。大多园林树木可进入秋施基肥和冬剪等工作，南方竹林进行深翻。

三、园林树木养护管理工作的主要内容

1. 灌水　为使树木正常生长，应根据根据各地气候特点，在树木生长的关键时期进行灌溉，尤其是3～6月、9～11月。新植树木在连续两年内都应适时充足灌溉，土质保水力差或根系生长缓慢的树种，可适当延长灌水年限。浇水围堰保证不跑水、不漏水、不低于10 cm。有铺装地块树堰直径以预留池为准，无铺装地块，乔木应以树干胸径的10倍左右，垂直投影或投影的1/2为准。浇水车浇树木时，应进行缓流浇灌，严禁用高压水流冲毁树堰。喷灌时，应开关定时，专人看护不能脱岗，地面达到静流为止。

2. 修剪　冬季修剪或夏季修剪要做到先培训，简要讲明修剪树木的生长习性、开花结果习性、修剪目的要求、采取的技术措施、注意事项，采取熟练工带学徒工的办法。个人使用修剪工具必须经过磨快、调整后方可参加操作，所用机械和车辆先检查无隐患方可使用。

3. 施肥　通过施肥，可达到增加土壤养分、改良土壤结构、补充某种元素以增强树势的目的。施底肥时，应在树木落叶后至发芽前施行。无论穴施、环施和放射沟施，应用已经过充分发酵腐熟的有机肥，并与土壤拌匀后施入土壤中，施肥量根据树木大小、肥料种类而定。施追肥时，无论根施法或根外施法，使用化学肥料要用量准确，粉碎撒施要均匀或与土壤混合后埋入土壤中。土壤中施入肥料后应及时灌水。喷施叶面肥时，所用器械要用水冲刷后再用，喷洒时间以傍晚效果最佳。

4. 除草　及时除草可保持绿地整洁，避免杂草与树木争肥水，减少病虫滋生条件。野生杂草生长季节要不间断进行除草，除小，除早，省工省力，效果好。清除的杂草要集中处理，及时运走或堆制肥料。有条件的地区，可采取化学除草方法，但应慎重，先试验，再推广。

5. 伐树　必须经主管部门批准后方可进行。主要用于密植林，适时间砍伐、更新树种，伐除枯朽、衰老、严重倾斜、对人和物构成危险的树木，或为配合有关建筑或市政工程，伐除时留锯茬高度应尽量降低，对行人、车辆安全构成影响或有碍景观的树根应刨除。注意安全，避免各种事故发生。伐倒树体不得随意短截，合理留材，并及时运走树身、树枝，清扫落叶进行处理。

6. 防汛防台　南方沿海地区夏季常遭受台风侵袭，有时潮汛、暴雨、洪水、台风同时危害，应及时注意泄洪排涝。新植树木（特别是行道树）要加固支撑或用绳索扎缚拉固，单株树木的支柱应放置在树体的迎风面（上海地区一般放在树体的东南面）以增强抗风力。支柱扎缚工作在 5 月、6 月前即应认真检查，缺桩的要补齐，扎缚不稳固和没有扎缚的要重新扎缚；树冠过密的枝叶可行疏减，以减轻风害；对已经被风吹动、倒伏的树木，要及时采取措施固正或清除，脆弱、腐朽枝要及时剪除，以免伤害人、物，发生事故。

四、工程建设过程中的园林树木管理

建设工程的合同书应包含对现有树木的保护计划，让建设者知道如果损害树木将受到什么样的惩罚。建设合同可以包含对存留树木损害的处罚，对树木的价值评估应在建设开始前根据有关法规做出，以便负有责任的建设承包商做出相应的赔偿。

（一）建设前的处理

工程建设开始前对计划保留树木采取适当的保护性处理，有助于增强树体对建设影响的忍受力。处理的要点是能最大限度地增加树体内糖类化合物的储存并调节生长，以迅速产生新根、嫩梢，适应新的生长环境。处理应能尽早地实施，因为成年树的反应需要时间。如在美国，建设开始前一年就对规划建设区内计划保护的树木进行特殊养护，使其能在建设后有一个较以前更完整的树冠构成、更好的枝干形态和更鲜明的枝叶色彩。一般经常采用的措施有：

1. 灌溉　在水分亏缺时给树体提供及时而充足的灌溉是简单而又重要的措施。在工程前期工地用水可能有困难的条件下，在树体保护圈的边缘围绕筑 15 cm 高的围堰或设置塑料隔板，用载水车引水注入，灌溉应浸湿根际土壤 0.6~1 m。

2. 施肥　肥料供给应根据树木的管护历史做具体决定。一般情况下，如果树体表现生长缓慢、叶色暗淡或有少量落叶，应考虑施肥，大多情况下氮是主要的补给元素。在工程建设之前给树体施肥是卓有成效的，在建设期间及在建设后的至少一年内仍应继续给树木施肥，以增强树体对生态环境条件改变的适应性。

（二）工程建设期间的树体保护

所有工地相关事项，包括提供被保护树木的设计、因搭建建设用房和设备运作而必需的树木修剪以及建设过程中对树木的管理等，都应在树木栽培专家的指导下完成。在确定要保留下来的树木上做明显的标记，同时为被保留的单株或树群设置一个临时性栅栏，在此范围内应禁止建筑性的活动、材料储放、倾倒垃圾或停车等。防护围栏区域以外的计划栽植区，在可能遇到建设车辆、材料储放和设备停放时，应覆盖 10~15 cm 的护土材料；覆盖材料应是容易去除的，若能有利于表层土壤结构改善的则可以被保留。当邻近的不被保留的树木在建设开始前被去除，保留下来的树将面迎更大的风，因此需要修剪以减少被风吹倒的危险；先前有遮蔽的树干如暴露在太阳直射下易遭日灼，应将其遮蔽或用白色的乳胶涂抹，以将伤害控制在最低限度。

（三）避免市政建设对现有树木的伤害

大多情况下市政建设对树木的影响不可能被完全消除，应将伤害程度尽可能减小。在我国的一些城市中已经注意到市政施工对现有树木的伤害，并建立了保护条例。例如，北京在

2001 年颁发了城市建设中加强树木保护的紧急通知，明确规定"凡在城市及近郊区进行建设，特别是进行道路改扩建和危旧房改造时，建设单位必须在规划前期调查清楚工程范围内的树木情况，在规划设计中能够避让古树、大树的坚决避让，并在施工中采取严格保护措施"。国外城市在这方面有很好的经验，现进行简单介绍。

1. 地形改造对树木的伤害　几乎每一项工程建设都可能涉及对地形的改造，随着挖土、填土、削土和筑坡造成对土壤的破坏，它不仅表现在对地表构造或地形地貌的影响上，更严重的是会导致树木根系的失调，损伤树体生长。

（1）填土　填土是市政建设中经常发生的行为，如果靠近树体填土，则应将保持树体健康的价值与堆放土方的花费进行比较，或寻找其他远离树体的地方处理土方。一般情况下，填土层低于 15 cm 且排水良好时，对那些生根容易和能忍受、抵御根颈腐烂的长势旺盛的幼树危害不大；一些树木被填埋后，可能会萌发出一些新根暂时维持树体的生命，但随着原有根系的必然死亡，最终仍将危及树体存活。另外，一些浅根系的树木则对基部的填土十分敏感，填土达到一定的厚度有可能造成树木死亡（图 5-4）。

许多树木栽培学文献都强调了保持树体基部土壤自然状态的重要性，如果树木周围必须填土来抬升高程，通常可采取以下措施：

① 设法调整周边高程，与树木根颈基部的高程尽可能一致。

② 高程必须被抬升的地方，应确定填土的边界结构，附加必需的辅助建筑。如高程变化在树体保护圈内，考虑在填土边缘设置挡土墙，并在四周埋设通气管道（图 5-5）。

图 5-4　填土过深导致水杉大树死亡
（引自 Richard W Harris，et al，2003）

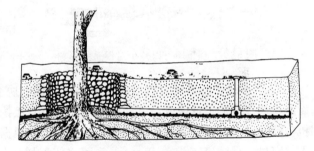

图 5-5　树体周围填土的处理
（引自 Richard W Harris，et al，2003）

③ 如果树木种植地低洼积水，应在尽可能远离树体（靠近挡土墙）的地方挖排水沟，或做导流沟、筑缓坡以利排水。

④ 如果恰当的树体保护圈不能被保留则考虑移树，或创造适宜的高程变化改植树种。

（2）取土　从树冠下方取土会严重损伤树体根系，甚至可能危及树体的稳固性，树体保护圈内的整个地面被降低 15 cm 时树的存活将受到威胁。如果取土和挖掘必须在树体保护圈内进行，应首先探明根系的分布，小心地从树冠投影外围向树干基部逐步移土；大多数情况下，在距树干 2～3 m 以外范围吸收根系分布明显减少，但为了保持树体的良好稳固状态，仍应尽量少地切断根系。树下取土时应根据树木的种类、年龄、生根模式以及该地域的土壤条件保留适当的原始土层厚度，当然未被损坏的土壤保留得越多越好。

（3）**高程变更**　大多数情况下，竣工的地面高程和自然高程间有一变更。如果位于高程变化处附近的树值得抢救，可以采取建造挡土墙的办法来减少根部土壤的高程变化（图5-6）。挡土墙的结构可以是混凝土、砖砌、木制或石砌，但墙体必须具有挖深到土层中的结构性脚基；如果脚基将伸入根系保护圈内，可使用不连续脚基，以减少对根系生长的影响。在挡土墙建构过程中，为预防被切断、暴露的根系干枯，可采用厚实的粗麻布或其他多孔、有吸水力的织物覆盖在暴露的根系和土壤表面，特别是对于木兰属等具肉质根的树种具有效预防根系失水的作用。但这点经常被忽略，有时甚至在高温干燥的气候条件下，对敏感树种的这种保护措施也很少被建设施工方采用，故必须加强施工过程中的绿化监理。

在高程变更较小（30～60 cm）的情况下，通常采用构筑斜坡过渡到自然高程的措施以减少对根系的损伤，斜坡比例通常为 2∶1 或 3∶1。如树木周围地表的高程降低超过150 cm，一般会对树木生长造成严重影响，甚至导致死亡，必须在树木的周围筑挡土墙保留根部的自然土层，避免根系的裸露（图5-7）。

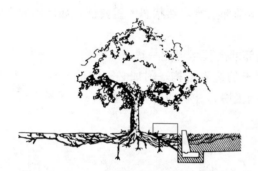
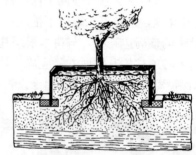

图5-6　挡土墙可以减少对根系的影响　　图5-7　降低地表必须保留根部自然土层

2. 地下市政设施建设对树木的伤害　英国标准协会（BSI）则于1989年公布了地下公用设施挖掘深度的最低限度，并建议在树体下方直接挖掘，具体方法是：在树体保护圈外侧用机械开挖地沟，直至遇到较粗的大根时为止，或根据操作规范施工；接着在树体中央根系的下部穿过一根管道（图5-8）。一些国家依据树的体量制订了树下穿过的管道深度的规范，如多伦多市确定为0.9～1.5 m，伊利诺伊州则要求深度至少达到 0.6 m，英国则建议以尽可能深为好。在根系主要保护范围的下方挖掘，任何直径大于3～5 cm 的根都应尽可能避免被切断。

据美国的一项研究报道，在伊利诺伊州的桥公园采用开挖地沟埋设水管后12年，262株被侵扰过的成年行道树中92株已死亡，27株的树冠顶部明显回缩。在该地区，如改用穿过树下铺设管道而不开挖地沟的方法需增加费用150～215 美元/m，而这仅是树木损失和移去死树、重新栽植代价的1/4。因此，该市现在采用在树下坑道施工的办法来避免对树木的伤害，并颁布了坑道施工规范；加拿大的多伦多市也有地沟和坑道的操作规范（表5-4、表5-5）。

图5-8　树下开挖地沟穿过管道
（黄永高改绘）

表 5-4　地下坑道距栽植树干的距离

多伦多		伊利诺伊	
树干直径/mm	距离/m	树干直径/mm	距离/m
50	0.6	50	0.3
75	0.9	75~100	0.6
150	1.5	125~225	1.5
300	1.8	250~350	3.0
450	2.1	375~475	3.6
600	2.4	>475	4.5
750	2.7		
900	3.0		
1 050	3.6		

表 5-5　露天地沟距栽植树干的距离

多伦多		英格兰	
树干直径/mm	距离/m	树干直径/mm	距离/m
50	0.9		
75	1.8		
150	3.0	200	1.0
300	3.6	250	1.5
450	4.2	375	2.0
600	4.8	500	2.5
750	5.5	750+	3.0
900	6.0		
1 050	6.6		

3. 铺筑路面对树木的伤害　大多数树木栽培专家认为铺筑的路面有损于树体生长，因为它们限制了根际土壤中水和空气的流通。树木可以容忍的铺筑路面量取决于在铺筑过程中有多少根系受到影响，以及树木的种类、生长状况和在路面下重建根系的潜能，还有它所处的生长环境、土壤孔积率和排水系统。国外的一些树木保护指南，建议在树下使用通透性强的路面；如铺设非通透性路面时，建议采用某些漏孔的类型或透气系统。一种简单的设计是在道路铺筑开工时，沿线挖一些规则排列、有间隔、直径 2~5 cm 的洞。另一种设计是铺一层沙砾基础，在其上竖一些 PVC 管材，用铺设路面的材料围固；路面竣工后将其切平、管中注入沙砾，安上格栅，其形状可依据通气需求设计成长条形或格栅状。另外，在铺设路面上设置多条伸缩缝也可以达到同样的功效。

路面铺设中，保护树木的最重要措施是避免切断根系和压实根际土壤所造成的损害，合理的设计可以把这些因素限制在最低程度，实际施工中有几种常用的有效方法：①采用最薄断面的铺设模式，如混凝土断面比沥青要薄。②将要求较厚铺设断面的重载道路尽可能远离树木。③调整最终高程以使铺设路面的路段建在自然高程的顶部，路面高于周围的地形可使用免挖掘设计。④增加铺设材料的强度，减少在施工过程中对亚基层（土壤）的压实。

复习思考题

1. 肥沃土壤通常有哪些基本特征？
2. 常规的土壤改良方法有哪些？
3. 园林树木对水分的需求有什么特点？
4. 试述园林树木的施肥原则。
5. 树木常见的施肥方法有哪些？
6. 防治园林植物病虫害的栽培措施有哪些？
7. 园林植物病虫害生物防治技术有哪些？
8. 常用杀菌剂的类型有哪些？
9. 园林树木一级养护管理的标准有哪些？
10. 园林树木养护管理工作的主要内容有哪些？
11. 工程建设期间如何进行树体保护？

第六章 园林树木的整形与修剪

　　整形与修剪是园林树木栽培及养护管理工作中必不可少的技术操作，是调控树木生长发育的重要手段，也是最大限度发挥园林树木的景观价值、经济价值和生态价值的有效措施。园林树木的景观价值需通过树形、树姿来体现，经济价值和生态价值要通过合理的树冠结构来提高，所有这些都可以借助整形修剪来调整和完善。此外，园林树木的病虫害防治和安全性管理也都离不开整形修剪的措施。园林树木的整形修剪水平直接反映了养护管理的水平。整形修剪不仅是一门科学，也是一门艺术，操作人员必须熟知树木的生物学特性，根据树木的园林用途和立地条件，灵活运用修剪技法，使整形修剪后的树木不仅美观，还要与周围环境相协调，以达到最佳的观赏效果，并能使树势持续稳定地发展。

第一节　园林树木整形修剪的意义与原则

　　整形是指通过一定的修剪措施来形成栽培所需要的树体结构形态，实现树体自然生长所难以完成的不同栽培功能；而修剪则是服从整形的要求，去除植株的干、枝、叶、芽、花、果、根等器官，达到调节树势、更新造型的目的。因此，整形与修剪是紧密相关、不可截然分开的完整栽培技术，是统一于栽培目的之中的有效养护管理措施。

一、整形修剪的意义

　　不同种类的树木因其生长特性以及生长环境的不同而形成各种各样的树冠形状，但通过整形修剪的方法可以改变其原有的形状，更好地服务于人类的特殊需求，我国的盆景艺术就是充分发挥整形修剪技术的最好范例。园林树木的整形与修剪虽然是对树木个体的营养生长与生殖生长的人为调节，但却不同于盆景艺术造型和果树生产栽培，城市树木的修剪具有更广泛的内涵，其主要意义是：

　　1. 改善通风透光条件，提高抗逆性　　当自然生长的树冠过度郁闭时，内膛枝得不到足够的光照，致使枝条下部光秃形成天棚形的叶幕，开花部位也随之外移而呈表面化；同时，树冠内部相对湿度较大，极易诱发病虫害。通过适当的疏剪，可使树冠的通透性加强、相对湿度降低、光合作用增强，从而提高树体的整体抗逆能力，减少病虫害的发生。

　　2. 促进观花、观果树木的开花结果　　修剪能够打破树木原来的营养生长与生殖生长之间的平衡，调节树体内的营养分配，协调树体的营养生长和生殖生长，促进开花结实。正确的修剪可使树体养分集中，新梢生长充实。及时有效地修剪，不仅可以促进大部分短枝和辅养枝成为花果枝，达到花开满树的效果，还可以避免花、果过多而造成的大小年现象。

　　3. 提高树木移植的成活率　　树木移植特别是大树移植过程中丧失了大量的根系，导致根部吸水功能下降，对树冠进行适度修剪，可以减少蒸腾量，帮助树体维持地上部分与地下部分的水分平衡，从而提高树木移植的成活率。另外，对根系的合理修剪，可以促使大量须根的形成，有助于根系尽快恢复吸收能力。

4. 促进衰老树木的更新复壮　树体进入衰老阶段后，树冠出现秃裸，生长势减弱，采用适当的修剪措施可刺激枝干皮层内的隐芽萌发形成健壮的新枝，达到恢复树势、更新复壮的目的。

5. 培养优美树形，调整树木体量，增强配置效果　园林树木以不同的配置形式栽植在特定的环境中，与周围的空间相互协调而构成各类园林景观。栽培养护中，需要通过不断的适度修剪来控制与调整树木的树冠结构和形体尺度，以保持原有的设计效果。同时，通过整形修剪可以改变树木的干形和冠形，创造出具有更高观赏价值的树木姿态。

6. 提高树木的安全性　修剪是减少树木对公共设施、人身及财产安全构成危害的重要措施之一。修剪可以增加树冠的通透性，促进树木形成牢固的树体结构，增强树木的抗风能力；及时剪除存在安全隐患的枝，可以避免因枝条折断坠落而造成的伤害；修剪可以控制树冠枝条的密度和高度，保持树体与周边高架线路之间的安全距离，避免因枝干伸展而损坏公共设施。对于城市行道树来说，修剪的另一个重要作用是避免树冠遮挡交通信号和驾驶人员视线，减少交通事故。如果根系的生长危及地下管道或地面铺装而造成安全隐患，则需要通过根系修剪来解决。

二、整形修剪的原则

（一）根据树木的生物学特性

具有不同生物学特性的树种，要求采用相应的整形修剪方式。如桂花、榆叶梅、毛樱桃等顶端生长势不太强但发枝能力强的树种易形成丛状树冠，可修剪成圆球形、半球形等树形；而香樟、广玉兰、榉树等大型乔木树种，则应维持其自然式冠形；对于桃、梅、杏等喜光树种，为避免内膛秃裸、花果外移，通常需采用自然开心形的整形修剪方式。整形修剪时主要考虑以下几个方面：

1. 萌芽力与成枝力　萌芽力指一年生营养枝上芽萌发的能力，常用萌芽数占该枝芽总数的百分数表示，称为萌芽率。成枝力指一年生营养枝上能发出长枝的多少，能发出 4 个以上长枝，则说明其成枝力强，反之则成枝力弱。因此，整形修剪的强度与频度，不仅取决于树木栽培的目的，更取决于树木萌芽力、成枝力和愈伤能力的强弱。萌芽力和成枝力因树种、品种的不同而不同，如悬铃木、大叶黄杨、女贞、圆柏等具有很强萌芽成枝能力的树种耐重剪，可多次修剪；而对梧桐、玉兰等萌芽成枝力较弱的树种，则应少修剪或只做轻度修剪。萌芽力和成枝力还与树木的年龄、栽培条件有密切的联系，因此，在整形修剪中也应兼顾考虑。

2. 分枝特性　分枝是园林树木生长发育过程中的普遍现象，主干的伸长和侧枝的形成是顶芽和侧芽分别发育的结果。各种园林树木由于芽的性质和活动情况不同，形成不同的分枝方式，从而使树木表现出不同的形态。主要的分枝方式有单轴分枝、合轴分枝、假二叉分枝和多歧分枝。

（1）单轴分枝　单轴分枝也称为总状分枝，树木的顶端优势明显，主干由顶芽不断向上伸长而形成，侧枝由各级侧芽形成。

单轴分枝的树木，其主干的伸长和加粗能力比侧枝强得多，在主干上产生侧枝，但侧枝的分枝能力要比主干弱，因此容易形成明显的主干，树木高大挺拔。裸子植物中的乔木多数属于单轴分枝，如松、杉、柏等。被子植物中也有属于单轴分枝的树木，如杨、山毛榉等。

（2）合轴分枝　合轴分枝树木主干的顶芽在生长季中生长迟缓或死亡，或者顶芽发育成花芽，花后由距顶芽最近的腋芽生长代替原有的顶芽生长，每年如此，使主干继续延长。

合轴分枝的树木其树冠呈开展形，侧枝粗壮，既提高了对树冠的支持和承受能力，又使树冠枝繁叶茂。由于合轴分枝的树木有较大的树冠，能够提供大面积的阴凉，是主要的庭荫树木，如法国梧桐、泡桐、白蜡、榆等。

（3）假二叉分枝　具有对生叶的植物，在顶芽停止生长后，或顶芽为花芽的树木开花后，由顶芽下面两侧的腋芽同时发育，形成二叉状分枝，是合轴分枝方式的一种变化。

假二叉分枝的树木多数树体比较矮小，如丁香、接骨木、石榴、连翘、迎春等。

（4）多歧分枝　顶梢芽在生长季末生长不充实，侧芽节间短或在顶梢直接形成3个以上势力相当的顶芽，第二年每个枝条顶梢抽出3个以上新梢同时生长。此类型树木往往树干低矮（李庆卫，2011）。

对于具有单轴分枝特性的树种，修剪时要注意控制侧枝，剪除竞争枝，促进主枝的发育，如钻天杨、毛白杨、银杏等树冠呈尖塔形或圆锥形的乔木，顶端生长势强，具有明显的主干，适合采用保留中央领导干的整形方式。而具有合轴分枝特性的树种，易形成几个势力相当的侧枝而呈现多干，如果为了培养主干可以摘除其他侧枝的顶芽来削弱其顶端优势，或将顶枝短截，剪口留壮芽并同时疏去剪口下3～4个侧枝，促其主干加速生长，同时应注意合理选择和安排各侧枝，以达到骨干枝明显的目的。具有假二叉分枝的树种，由于树干顶梢在生长后期不能形成顶芽，下面的对生侧芽优势均衡，影响主干的形成，可在树木幼年时剥除枝顶对生芽中的1枚，保留1枚壮芽来培养主干，定干后再用同样方法来培养3～5个主枝。多歧分枝的树种，如果欲增加主干的高度，可采用短截主枝结合抹芽的方法重新培养中心主枝，定干后，则可根据需要设计多种树形。

修剪中应充分了解各类分枝的特性，并注意各类枝之间的平衡。如强主枝具有较多的新梢，叶面积大，合成有机养分的能力较强，进而促使其生长更加粗壮；反之，弱主枝则因新梢少，营养条件差而生长愈渐衰弱。如果欲借修剪来平衡各主枝间的生长势，应掌握"对强主枝强剪、对弱主枝弱剪"的原则，即通过强剪抑制强主枝的生长，使养分转至弱主枝方面来，从而使强、弱主枝的生长势逐渐平衡。侧枝是构成树冠、形成叶幕、开花结实的基础，其生长过强或过弱均不易形成花芽，应分别掌握修剪的强度。欲调节侧枝的生长势，应掌握"对强侧枝弱剪，对弱侧枝强剪"的原则，对强侧枝弱剪，目的是促使侧芽萌发，增加分枝，缓和生长势，促进花芽的形成，而花果的生长发育又进一步抑制侧枝的生长；对弱侧枝强剪，可使养分高度集中，并借顶端优势的刺激而抽生强壮的枝条，获得促进侧枝生长的效果。

3. 花芽的着生部位、花芽性质和开花习性　不同树种的花芽着生部位有异，有的着生于枝条的中下部，有的着生于枝梢顶部；就花芽性质而言，有的芽是纯花芽，有的芽为混合芽；就开花习性而言，有的是先花后叶，有的是先叶后花。所有这些性状特点，在进行观花、观果树木的整形修剪时，都需要给予充分考虑。

春季开花的树木，花芽着生在一年生枝的顶端或叶腋，其分化过程通常在上一年的夏秋季进行，应在花后进行修剪。夏秋季开花的树木，花芽在当年抽生的新梢上形成，应在秋季落叶后至早春萌芽前（即休眠期）进行修剪，在冬寒或春旱的地区，修剪应推迟至早春气温回升，芽即将萌动时进行。在一年生枝基部保留3～4个（对）饱满芽短截，剪后可萌发出苗壮的枝条，虽然花枝可能会少些，但由于营养集中，能开出较大的花朵。对于一年可开花两次以上的树木，可在花后将残花剪除，同时加强肥水管理，促使其再次开花。

对玉兰、厚朴、木绣球等具有顶生花芽的树种，除非为了更新枝势，否则不能在休眠期或者在花前进行短截，以免影响开花效果；对榆叶梅、樱花等具有腋生花芽的树种，可视具体情况在花前短截；而对连翘、桃等具有腋生纯花芽的树种，短截时应注意剪口下第一个芽不能是花芽，因为纯花芽不能抽生枝叶，花后会留下一段枯枝，影响树体生长和观赏效果；对于观果树木，幼果附近必须有一定数量的叶片作为有机营养的供体，否则花后不能正常坐果，落果严重。

4. 树龄及生长发育时期 幼树修剪，如果为了促使其尽快形成良好的树体结构，应对各级骨干枝的延长枝采用以重短截为主的修剪手法，促进营养生长；如果为了提早开花，对于骨干枝以外的其他枝条应以轻短截为主，促进花芽分化。成年期树木处于成熟生长阶段，整形修剪的目的在于调节营养生长与开花结果的矛盾，保持健壮完美的树形，稳定丰花硕果的状态，延缓衰老阶段的到来。衰老期树木，其生长势衰弱，生长量逐年减小，树冠处于向心生长更新阶段，修剪时应主要采用重短截的手法，以激发更新复壮的活力，恢复生长势，但修剪强度应控制得当，这对萌蘖枝、徒长枝的合理有效利用具有重要意义。

（二）根据树木在园林中的用途

不同的景观配置环境和园林风格，要求不同的整形修剪方式与之相适应，即使是相同的树种，因绿化用途和配置环境不同，也应采用不同的整形修剪方式。如悬铃木做行道树时一般修剪成杯状形，做庭荫树时则采用自然式整形；圆柏孤植树应尽量保持自然形，做绿篱时则采用强修剪促使其形成规则式树形，做园景树时则可采用自然式整形或修剪成特殊的造型；榆叶梅栽植在坡形绿地或草坪上宜采用丛状扁圆形，栽植在园路两旁则采用有主干的圆头形。

（三）根据树木生长地的环境条件

树木在生长过程中总是不断地协调自身各部分的生长平衡，以适应外部生态环境的变化。孤植树光照条件良好，因而树冠丰满，冠高比大；林内密生的树木主要从上方接受光照，因侧旁遮阳而发生自然整枝，树冠变得较窄，冠高比小。因此，需针对树木的光照条件及生长空间，通过修剪来调整有效叶片的数量，控制大小适当的树冠，培养出良好的冠形与干形。生长空间较大的，在不影响周围配置的情况下，可开张枝干角度，最大限度地扩大树冠；如果生长空间较小，则应通过修剪来控制树木的体量，以防过分拥挤，降低观赏效果。对于生长在盐碱地、干旱地、土壤瘠薄或风口地段等逆境条件的树木，应采用低干矮冠的整形修剪方式，适当疏剪枝条，保持良好的透风结构。

第二节　园林树木整形修剪的时期与方法

一、修剪时期

园林树木的整形修剪，从理论上讲一年四季均可进行，只要在实际运用中处理得当、掌握得法，都可以取得较为满意的结果。但正常养护管理中的整形修剪，主要在以下两个时期集中进行。

（一）休眠期修剪

休眠期修剪亦称冬季修剪，是适宜大多数落叶树种的修剪时期，宜在树体落叶休眠至春季萌芽开始前进行。此期内树木生理活动缓慢，枝叶营养大部分回归主干和根部，修剪造成的营养损失最少，伤口不易感染，对树木生长影响较小，大量的修剪工作（如截除大枝等）均在此期内进行。修剪的具体时间，要根据当地冬季的具体温度特点而定，如在冬季严寒的北方地区，修剪后伤口易受冻害，故以早春修剪为宜，一般在春季树液流动前进行；而一些需保护越冬的花灌木，应在秋季落叶后至上冻前重剪，然后埋土或包裹树干防寒。

对于葡萄等有伤流现象的树种，应在春季伤流开始前修剪。伤流是树木体内的养分与水分在树木伤口处外流的现象，流失过多不仅会污染树皮，还会造成树势衰弱，甚至枝条枯死。有的树种伤流发生得很早，如核桃在落叶后的 11 月中旬就开始出现伤流，最佳修剪时期应在果实采收后至叶片变黄之前，此时期修剪还对混合芽的分化有促进作用。但如果为了栽植或更新复壮，修剪也可在栽植前或早春进行。

（二）生长期修剪

生长期修剪亦称夏季修剪，宜在春季萌芽后至树木进入休眠前的整个生长季内进行。此期修剪的主要目的是改善树冠的通风透光条件，一般采用轻剪，以免因剪除大量的枝叶而对树木造成不良的影响。对于发枝力强的树种，应疏除冬剪截口附近的过量新梢，以免干扰树形。嫁接后的树木，应加强抹芽、除蘖等修剪手法，保护接穗的健壮生长。对于夏季开花的树种，应在花后及时修剪，避免养分消耗并促进来年开花。一年内多次抽梢开花的树木，如花后及时剪去花枝，可促使新梢的抽生和再次开花。对于观叶、赏形的树木，生长期修剪可随时去除扰乱树形的枝条；绿篱采用生长期修剪，可保持树形的整齐美观。对于常绿树种，因冬季修剪伤口易受冻害而不易愈合，故宜在春季气温开始上升、枝叶开始萌发后进行，具体的修剪时间及强度因树种而异。

二、整形方式

整形主要是为了保持合理的树冠结构，维持树冠中各级枝条之间的从属关系，促进整体树势的平衡，达到观花、观果、观叶和赏形等目的，主要的整形方式有：

（一）自然式整形

以自然生长形成的树冠为基础，仅对树冠生长做辅助性的调节和整理，使树冠形态更加优美自然，剪除对象主要是影响树体健康和破坏树形的枝条。保持树木的自然形态，不仅能体现园林树木的自然美，同时也符合树木自身的生长发育特性，有利于树木的养护管理。研究和了解树种的自然冠形是进行自然式整形的基础，树木的自然冠形主要有：圆柱形，如桧柏、杜松、龙柏等；塔形，如雪松、水杉、落叶松等；卵圆形，如圆柏（壮年期）、加拿大杨等；球形，如元宝枫、黄波罗、栾树等；倒卵形，如千头柏、刺槐等；丛生形，如玫瑰、棣棠、贴梗海棠等；拱枝形，如连翘、迎春等；垂枝形，如龙爪槐、垂枝榆等；匍匐形，如沙地柏、铺地柏等。修剪时需依据不同的树种灵活掌握，如对有中央领导干的单轴分枝型树木，应注意保护顶芽、防止偏顶而破坏冠形，抑制或剪除扰乱生长平衡、破坏树形的交叉枝、重生枝、徒长枝等，维护树冠的匀称完整。

（二）人工式整形

根据园林景观配置需要，人为地将树木整剪成规则的几何形体或各种非几何形体，如亭、门、动物造型等（图 6-1）。人工式整形在西方园林中应用较多，近年来在我国也有逐渐流行的趋势。此整形方式适用于水蜡、黄杨、龙柏、小叶女贞等枝密且叶小的树种。

需要指出的是，人工式整形是与树木的生长发育特性相违背的，不利于树木的生长发育，而且需要频繁修剪以维持其形体效果，所以在具体应用时应全面考虑。

图 6-1　人工式整形

（何小弟摄）

（三）自然与人工混合式整形

在自然树形的基础上，结合观赏和树木生长发育的要求而进行的整形方式。

1. 杯形　杯形没有中心主枝，仅有一段主干，主干上部保留 3 个主枝，均匀向四周排开；每个主枝各自选留 2 个侧枝，每个侧枝再各自选留 2 个枝，而成 12 枝，形成所谓"三股、六杈、十二枝"的骨架（图 6-2）。杯形树冠需要从幼树开始整剪，且每年都要进行一些常规性的修剪，去除冠内的直立枝、内向枝、交叉枝等，保持树冠内膛中空。这种树形整齐美观，在城市行道树中较为常见。

2. 自然开心形　自然开心形适用于碧桃、京桃、石榴等干性弱且枝条开展的观花、观果树种，是杯形的改进整形方式。不同之处为分枝点较低，内膛不空，3 个主枝分布有一定间隔，自主干向四周放射而出，中心开展，各主枝上的分枝多于 2 个，相互错落分布，可以更好地利用空间（图 6-3）。

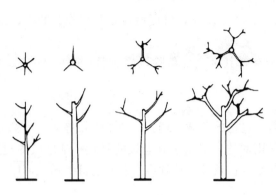

图 6-2 杯形整剪过程

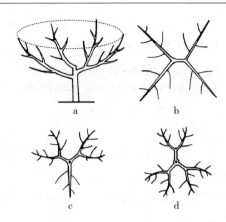

图 6-3 自然开心形示意图
a、b. 三主四头　c. 三主五头　d. 三主六头

3. 中央领导干形　中央领导干形对自然树形干预较少，适用于干性强、具有明显中央领导主干、能形成高大树冠的树种，如梧桐、银杏及松柏类乔木等。在具有单轴分枝特性的庭荫树、孤植树的整形修剪中较为常见。

4. 多主干形　多主干形适用于树干基部萌枝能力强、易形成丛生冠形的树种，如桂花、紫薇、白皮松等。自地表处选留 2~4 个领导主干，主干上合理地配列主枝和侧枝，形成均匀饱满的树冠。这种整形方式多用于孤植树和庭荫树。

5. 灌丛形　灌丛形适用于迎春、连翘、云南黄馨等小型灌木。每灌丛自基部留主枝 10 余个，每年新增主枝 3~4 个，剪掉老主枝 3~4 个，以保持旺盛的长势和开花能力。

6. 棚架形　棚架形适用于葡萄、紫藤、凌霄、木通等藤本树种的整形，是立体绿化常用的一种整形方式。先建立各种形式的棚架、亭、廊等，然后栽植藤本树种，根据其生长习性以及架形进行引导和整剪，常见的形式有棚架式、篱垣式、附壁式等。

三、修剪手法

（一）短截

短截又称短剪，指对一年生枝条的剪截处理。枝条短截后养分相对集中，可刺激剪口下侧芽的萌发，增加枝条数量，促进营养生长或开花结果。短截强度对产生的修剪效果有显著影响（图 6-4）。

1. 轻短截　剪去枝条全长的 1/5~1/4，主要用于观花、观果类树木强壮枝的修剪。枝条经轻短截后，多数半饱满芽受到刺激而萌发，形成大量中短枝，易分化更多的花芽。

2. 中短截　剪去枝条全长的 1/3~1/2，剪口处留饱满芽，可使养分较为集中，促

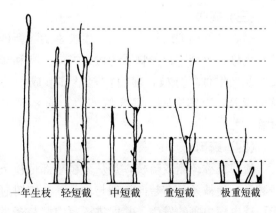

图 6-4 不同短截强度的修剪效果
（引自胡长龙，1996）

一年生枝　轻短截　中短截　重短截　极重短截

使剪口下发生较多的营养枝，主要用于骨干枝和延长枝的培养及某些弱枝的复壮。

3. 重短截　剪去枝条全长的 2/3～3/4，刺激作用大，可促使枝条基部隐芽萌发，适用于弱树、老树和老弱枝的复壮更新。

4. 极重短截　仅保留枝条基部 2～3 个芽，其余全部剪除，修剪后会萌生 1～3 个中、短枝，主要应用于竞争枝的处理。

（二）回缩

回缩又称缩剪，指对多年生枝条（枝组）进行的剪截处理。在树木生长势减弱、部分枝条开始下垂、树冠中下部出现光秃现象时采用此法，多用于衰老枝的复壮和结果枝的更新，促使剪口下方的枝条旺盛生长或刺激休眠芽萌发徒长枝，达到更新复壮的目的，也可用于紧缩树冠。

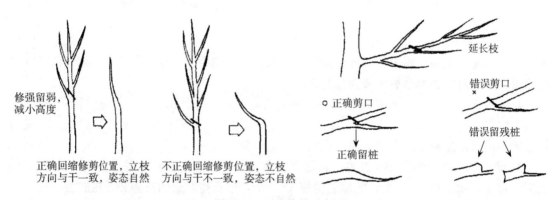

修强留弱，减小高度

正确回缩修剪位置，立枝方向与干一致，姿态自然

不正确回缩修剪位置，立枝方向与干不一致，姿态不自然

延长枝

错误剪口

○ 正确剪口

错误留残桩

正确留桩

图 6-5　回缩修剪示意图

（左：引自鲁平，2006；右：引自李庆卫，2011）

对中央领导干回缩时，要选留剪口下的直立枝做头，直立枝的方向与主干一致时，新的领导干才会姿态自然，剪口方向应与剪口下枝条的伸展方向一致（图 6-5 左）。对主枝的延长枝头回缩时，如果剪口下第一枝的直径小于剪口处直径的 1/3，必须留一段保护桩，等剪口下的第一枝长粗后再把保护桩去掉（图 6-5 右）。如果回缩的修剪量较大，宜在休眠期进行。

（三）摘心

摘心又称掐尖或打头，是在生长季摘除新梢顶端生长部位的措施，摘心后削弱了枝条的顶端优势，改变了营养物质的输送方向，有利于花芽分化和结果。摘除顶芽可促使侧芽萌发，从而增加了分枝，促使树冠早日形成。而适时摘除侧枝的顶芽，可使枝、芽得到足够的营养，充实饱满，提高抗寒力。摘心要在有一定的叶面积时方可进行，不可过早或过晚。

（四）疏剪

疏剪又称疏删或疏枝，是从分枝基部把枝条剪掉的修剪手法。疏剪能减少树冠内部的枝条数量，使枝条分布趋向合理与均匀，改善树冠内膛的通风与透光条件，增强树体的同化功能，减少病虫害的发生，并促进树冠内膛枝条的营养生长或开花结果。疏剪的主要对象是弱枝、病虫害枝、枯枝及影响树木造型的交叉枝、干扰枝、过密枝、萌蘖枝等。特别是树冠内部萌生的直立性徒长枝，因其芽小、节间长、粗壮、含水分多、组织不充实，宜及早疏剪，以免影响树形，但如果有生长空间，可改造成枝组用于树冠结构的更新、转换和老树复壮。

疏剪对全树的总生长量有削弱作用，但能促进树体局部的生长。疏剪对局部的刺激作用与短截有所不同，它对同侧剪口以下的枝条有增强作用，而对同侧剪口以上的枝条则起削弱作用。但应注意的是，疏剪在母枝上形成伤口，从而影响养分的输送，疏剪的枝条越多，伤口间距越接近，其削弱作用越明显。

对全树生长的削弱程度与疏剪强度及被疏剪枝条的强弱有关，疏强留弱或疏剪枝条过多，会对树木的生长产生较大的削弱作用；疏剪多年生的枝组，对树木生长的削弱作用较大，不宜一次性将其疏剪掉，而应分期进行。疏剪强度是指被疏剪枝条占全树枝条的比例。疏剪全树 10% 的枝条为轻疏，疏剪 10%～20% 为中疏，疏剪 20% 以上为重疏。在实际操作时，疏剪强度依树种、树势和树龄等具体情况而定。一般情况下，萌芽力强、成枝力弱或萌芽力与成枝力都弱的树种应少疏枝，如马尾松、油松、雪松等；而萌芽力与成枝力均强的树种，可多疏枝。对于花灌木类，轻疏能促进花芽的形成，有利于提早开花。幼树宜轻疏，以促进树冠迅速扩大；进入生长与开花盛期的成年树应适当中疏，以调节营养生长与生殖生长的平衡，防止开花、结果的大小年现象发生；衰老期的树木发枝力弱，为保证有足够的枝条组成树冠，应尽量少疏。

（五）抹芽、除萌、去蘖

将干或枝上多余的芽去除称为抹芽。将主干上的萌蘖去除称为除萌。将根际滋生的根蘖去除称为去蘖。抹芽可以减少树体的生长点数量，避免无用芽对营养的消耗，使营养集中到被保留的芽上。对于垂枝榆、龙爪槐等嫁接繁殖的树木，应及时去除砧木上的萌蘖和无用芽，以防止干扰树形，影响接穗树冠的正常生长。对暴马丁香、文冠果等易生根蘖的树木，生长期间要随时除去根蘖，以免扰乱树形，并可减少树体养分的无效消耗。抹芽、除萌、去蘖均宜及早进行。

（六）伤枝

用各种方法损伤枝条的韧皮部和木质部以达到调整枝条的生长势、缓和树势的方法，称为伤枝。伤枝多在生长期内进行，对局部影响较大而对整个树体的生长影响较小，是整形修剪的辅助措施之一，主要的方法有：

1. 环状剥皮（环剥）　在干或枝的适当部位环状剥去一定宽度的树皮，称为环状剥皮。此法能在一段时期内阻止枝梢糖类化合物向下输送，有利于环状剥皮上方枝条营养物质的积累和花芽分化，适用于发育盛期开花结果量小的枝条。操作时应注意：剥皮宽度要根据枝条的粗细和树种的愈伤能力而定，一般以 1 个月内环剥伤口能愈合为限，约为枝直径的 1/10，过宽伤口不易愈合，过窄则愈合过早，不能达到目的。环剥深度以达到木质部为宜，过深伤及木质部会造成环剥枝梢折断或死亡，过浅则韧皮部残留，环剥效果不明显。实施环剥的枝条上方需留有足够的枝叶量，以供正常的光合作用之需。

环剥是在生长季操作的临时性修剪措施，多在花芽分化期、落花落果期和果实膨大期进行，伤流过旺、易流胶的树种不宜采用环剥。环剥也可用于主枝，但需根据树体的生长状况慎重决定，一般用于树势强旺、花果稀少的青壮树，在冬剪时应将环剥以上的部分逐渐剪除。

2. 刻伤 用刀在芽（或枝）的上（或下）方横切（或纵切）而深及木质部的方法，刻伤常在休眠期结合其他修剪方法使用。

（1）目伤 目伤指在芽或枝的上方进行刻伤，伤口形状似眼睛，伤及木质部以阻止水分和矿质养分继续向上输送，促使在伤口下部萌芽抽枝；反之，在芽或枝的下方刻伤时，可使该芽或枝生长势减弱，有利于有机营养物质的积累，促进花芽的形成。

（2）纵伤 纵伤指在枝干上用刀纵切而深达木质部的方法，目的是为了减小树皮的机械束缚力，促进枝条的加粗生长。纵伤宜在春季树木开始生长前进行，实施时应选树皮硬化部分，小枝可行一条纵伤，粗枝可行数条纵伤。在盆景制作过程中，常用这种方法使树干基部增粗。

（3）横伤 横伤指对树干或粗大主枝横切数刀的刻伤方法，其作用是阻滞有机养分向下输送，促使枝条充实，有利于花芽分化，以达到促进开花、结实的目的。作用机理同环剥，只是强度较低。

（七）摘叶

摘叶又称打叶。主要作用是改善树冠内的通风透光条件，防止枝叶过密，减少病虫害；使果实着色好，提高观果树木的观赏性；提高生长季树木移植的成活率。摘叶还可以起到催花的作用，如丁香、连翘、榆叶梅等花灌木，在8月中旬摘去一半叶片，9月初再将剩下的叶片全部摘除，在加强肥水管理的条件下，可促使其在国庆节期间二次开花。

（八）摘蕾、摘花、摘果

摘蕾实质上为早期进行的疏花、疏果措施，可有效调节花果量，提高保留花果的质量。在花期适时摘除部分花蕾，可以提高花朵的观赏效果。花后及时摘除残花，可以减少养分消耗，使植株整洁美观，还可以促进一年内多次抽梢开花的树木再次开花。

摘果可减少营养消耗，调节激素水平，使枝条生长充实，有利于花芽分化。如对大型观果树种，可以适当摘除过多的幼果，促进保留的果实生长，提高观赏价值；对紫薇等花期延续较长但果实观赏价值不高的树种，及时摘除幼果，可有效地延长花期；丁香开花后，如不是为了采收种子也需摘除幼果，以利来年开花繁茂。

四、修剪程序

1. 制订修剪方案 作业前应对树木的树冠结构、树势、主侧枝的生长状况及平衡关系等进行详尽的观察和分析，并注意树木本身及周围环境是否存在安全隐患，如果有则应设法排除。根据修剪目的与要求以及树木自身的生长特性，制订科学合理的修剪及保护方案。对重要景观中的树木、古树及珍贵的观赏树木，修剪前需咨询专家的意见，或在专家直接指导下进行修剪。

2. 培训修剪人员，熟悉修剪规程 修剪人员必须熟练掌握操作规程、技术规范及特殊要求，工作前应接受培训，获得上岗证书后方能独立工作。修剪作业所用的工具要坚固且锋利，不同的作业应配有相应的工具。根据修剪方案，对要修剪的枝条、整剪部位及修剪方式进行示范；然后按照先剪下部、后剪上部，先剪内膛枝、后剪外围枝，由粗剪到细剪的顺序进行。一般从疏剪入手，把枯枝、密生枝、重叠枝等枝条剪去，再对留下的枝条进行短截。回缩修剪时，应按大枝、中枝、小枝的先后次序进行。修剪完成后需检查修剪的合理性，如有漏剪、错剪，应及时修正。

3. 注意安全作业　一方面是对作业人员的安全防范，所有的作业人员都必须配备安全保护装备；有高血压、心脏病、眩晕症的人不得上树修剪。另一方面是对作业树木下面或周围的行人与设施的保护，在作业区边界应设置醒目的标记，避免落枝伤害行人。当几个人同剪一株高大树木时，应有专人负责指挥，以便高空作业时协调配合。

4. 清理作业现场　及时清理、运走修剪下来的枝条十分重要，一方面保证环境整洁，另一方面确保安全。目前在国内一般采用把残枝运走的办法，在国外则经常用移动式削片机在作业现场就地把树枝粉碎成木片，既可减少运输量，又可对剪下的树枝进行再利用。需要注意的是，剪下的病虫害枝条要及时清运销毁，防止病虫害蔓延。

五、修剪技术

（一）剪口和剪口芽的选留

修剪造成的伤口称为剪口，距离剪口最近的芽称为剪口芽。

1. 剪口方式　剪口的斜切面应与芽的方向相反，其上端略高于芽 5～10 mm，下端与芽的腰部相齐（图 6-6），这样的剪口面积小，容易愈合，有利于芽体的生长发育。

正确的剪法：平行于芽上方5～10 mm，芽生长后的枝较直，平滑

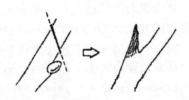

错误的剪法：大斜剪口，枝上留下尖茬

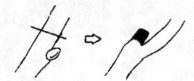

错误的剪法：平剪口离芽太远，枝上留下平茬

错误的剪法：平行剪口离芽太近，芽易枯死

图 6-6　剪口方式示意图

（引自鲁平，2006）

2. 剪口芽的选留　剪口芽的方向和质量决定新梢的生长方向和生长状况，剪口芽的选择，要考虑树冠内枝条的分布状况和对新枝培养的要求。背上芽易发强壮枝，背下芽易发中等长势枝；剪口芽留在枝条外侧可向外扩张树冠，而剪口芽方向朝内则可填补内膛空位（图 6-7）。为抑制生长过旺的枝条，应选留弱芽为剪口芽；而欲弱枝转强，则需选留饱满的背上壮芽为剪口芽。

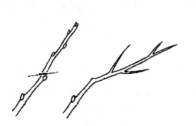

剪口在芽内侧，芽生
长后，枝条向外伸展

剪口在芽外侧，芽生
长后，枝条向内生长

图 6-7　剪口芽位置与来年新枝生长方向示意图

（引自鲁平，2006）

（二）大枝锯除方法

去除直径较粗的大枝应该使用锯。在移栽大树、恢复树势、防风雪危害以及病虫感染枝处理时，经常需要对一些大型的骨干枝进行锯截，操作时应格外注意截口的位置以及锯截的步骤。

1. 截口位置　选择准确的锯截位置是大枝修剪作业最为重要的环节，因为它不仅影响剪口的大小及愈合过程，更会影响树木修剪后的生长，错误的修剪造成伤口过大，愈合缓慢，创口长期暴露，易感染病虫害。20 世纪 70 年代以前，一般建议尽量紧贴树枝的基部锯截大枝，因其造成的伤口过大且不易愈合而不再采用；1983 年以后，美国的树艺学家采用自然目标修剪的方法 NTP（natural target pruning）：截口既不能紧贴树干，也不留一段较长的枝桩，而是贴近树干但不超过侧枝基部的树皮隆脊部分与枝基部的环痕。该法的主要优点是保留了枝基部环痕以内的保护带，如果发生病菌感染，可使其局限在被截枝的环痕组织内而不会向深处进一步扩大。截口位置的确定方法如下（图 6-8）：

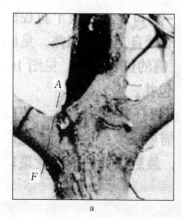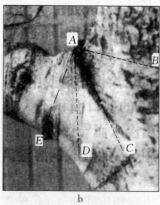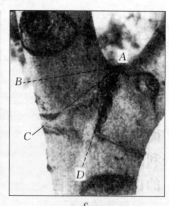

a　　　　　　　　　　b　　　　　　　　　　c

图 6-8　锯截大枝时截口位置的确定方法

（引自 Richard W Harris，et al，2003）

①　如图 6-8a 所示，点 A 为枝基部隆脊线的顶点，如果枝环痕能清楚见到，设点 F 为枝环痕的最低点，则在点 A 与点 F 的连线 AF 外侧锯截。

② 如果枝环痕不很清楚而要做进一步的确认，可按图 6-8b 所示的方法估测，即在侧枝基部隆脊线的顶点 A 设一条与欲截去的侧枝平行的直线 AB 及与枝基隆脊线一致的直线 AC，在欲截的侧枝上设线条 AE，使∠EAC 等于∠CAB，则可确定 AE 为正确的截口位置。也可以在 A 点作一条垂直于地面的垂线 AD，截口 AE 的位置应使∠EAD 等于∠DAC。

③ 如图 6-8c 所示，先在枝基部隆脊线的顶点 A 设一条与欲截的侧枝相垂直的线 AB 及与枝基隆脊线一致的直线 AD，∠BAD 的平分线 AC 即为正确的截口位置。研究表明，在截枝时应注意保护枝基的隆脊不受损伤，如果基部有明显的隆起环痕也应避免损伤，否则伤口的愈合会受影响。

④ 已死侧枝的锯截，截口位置应在其基部隆起的愈伤组织外侧。

2. 锯截步骤　对直径在 5 cm 以上的大枝进行锯截时，为避免大枝断裂时撕裂树皮，应采用三步锯截法：首先在距截口 25 cm 处由下至上锯一伤口，深达枝干直径的 1/3～1/2；然后在距第一锯口外侧 2.5～5 cm 处自上而下锯截，此时侧枝可被折断；最后在正确的截口位置将侧枝残桩锯除，并用锋利的刀具将截口修整平滑（图 6-9）。

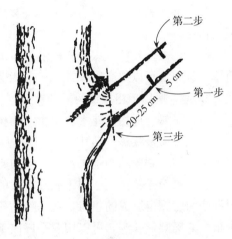

图 6-9　三步锯截法示意图
（引自李庆卫，2011）

（三）截口保护

截口面积不大时，可以任其自然愈合。若截口面积过大，易被病虫侵染，需要采取保护措施。截口修平后，用 2% 的硫酸铜溶液消毒，然后涂保护剂或用塑料布包扎。效果较好的保护剂制法如下：

1. 保护蜡　用松香 2 500 g、黄蜡 1 500 g、动物油 500 g 配制，适用于面积较大的截口。先把动物油放入锅中加热使其熔化，再将松香与黄蜡放入并不断搅拌至全部熔化，熄火后冷凝即成；取出装入塑料袋密封备用，使用时只需稍微加热令其软化即可涂抹截口。

2. 液体保护剂　用松香 10 份、动物油 2 份、酒精 6 份、松节油 1 份（按重量计）配制，适用于面积较小的截口。先把松香和动物油一起放入锅内加热，待熔化后立即停火；稍冷却后再倒入酒精和松节油，搅拌均匀；然后倒入瓶内密封储藏，使用时用毛刷涂抹即可。

3. 油铜素剂　用豆油 1 000 g、硫酸铜 1 000 g 和熟石灰 1 000 g 配制，硫酸铜、熟石灰需预先研成细粉末。先将豆油倒入锅内煮至沸热，再加入硫酸铜和熟石灰，搅拌均匀，冷却后即可使用。

4. 涂抹油漆　此法是目前生产上常用的截口保护方法，方便实用，但缺乏科学性。

六、常用修剪工具和机械

（一）常用的整形修剪工具

1. 剪刀　剪刀适用于小枝或细干的剪截。

（1）圆口弹簧剪　即普通修枝剪（图6-10a），适用于剪截直径在2 cm以下的枝条。

（2）桑剪　适用于修剪木质坚硬且粗壮的枝条，在剪粗枝时应稍加回转。

（3）小型直口弹簧剪　适用于夏季摘心、折枝及修剪树桩盆景的小枝。

（4）残枝剪　刀刃在外侧，可从枝条基部平整、完全地剪除残枝。

（5）大平剪　又称绿篱剪、长刃剪（图6-10b），条形刀片很长，刀面较薄，易形成平整的修剪面，适用于修剪绿篱、球形树和造型树木的当年生嫩梢。

（6）高枝剪　用于修剪高处的枝条。修枝剪刀安装在一根能够伸缩的长杆上，可根据修剪高度来调整杆的长度，借助滑轮及杠杆原理，通过操纵绳来完成修剪过程。

（7）长柄修枝剪　其剪刀呈月牙形，手柄很长（图6-10c），能轻快地修剪直径1 cm以内的树枝，适用于高灌木丛的修剪。

（8）大力粗枝剪　具有省力拉杆装置，刀口双面开刃（图6-10d），可修剪直径4 cm以下的粗枝。

（9）电动修枝剪　以可充电的锂电池作为动力源，可剪除直径3 cm以下的枝条。使用简单、省力，可以提高工作效率，节约劳动力；剪口平滑，容易愈合。

2. 锯　适用于粗枝或树干的锯截。

（1）手锯　适用于花木、果木、幼树枝条的锯截（图6-10e）。

（2）单面修枝锯　适用于截断树冠内中等粗度的枝条，弓形的单面细齿手锯，锯片很窄，可以伸入到树丛当中去锯截，使用起来非常灵活。

（3）双面修枝锯　适用于锯除粗大的枝干，锯片两侧都有锯齿，一边是细齿，另一边是由深浅两层锯齿组成的粗齿，在锯除枯死的大枝时用细齿，锯截活枝时用粗齿。锯把上有一个很大的椭圆形孔洞，可以用双手握住来增加锯的拉力。

（4）高枝锯与高枝锯剪　高枝锯的锯片安装在长伸缩杆上（图6-10f），适用于锯除树冠上部的大枝。高枝锯剪是高枝锯与高枝剪的集合体，即在高枝剪的基础上增加了锯片（图6-10g），同时具备修剪和锯截高处枝条的功能。

（5）电动锯　适用于大枝的快速锯截。

3. 修剪机具

（1）绿篱修剪机　以蓄电池或汽油为动力源，可用于修剪规则绿篱的平面、斜面和立面（图6-10h），有些种类还可用于修剪树球及各种不规则造型，或修剪小面积草坪。修剪质量优于手工操作，修剪面整齐美观，工作效率高。

（2）公路绿篱修剪机　用于道路两侧及中央分隔带的绿篱修剪。以汽油发电机作为动力源，通过车载的水平剪和竖直剪可修剪出矩形、梯形等简单的几何造型。修剪效果好，工作速度快，节约劳动力，还能减少道路作业中的不安全因素。

（3）油锯　通过燃烧汽油或混合油产生动力，适用于大枝的快速锯截（图6-10i）。工作效率高，但成本也相对较高。还有适于锯除高处枝条的高枝油锯。

（二）辅助机械

1. 梯子　修剪高位干、枝时的辅助工具，使用时必须注意安全，以免发生意外。

2. 升降机　修剪高大的树木时，采用移动式的升降机辅助能大大提高工作效率（图6-10j）。在国外城市树木的养护管理中已大量应用，大多是使用电力部门的作业机械。

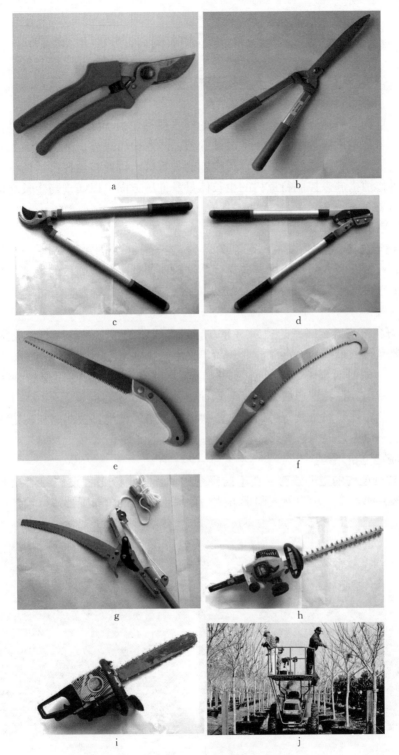

图 6-10　常用修剪工具和机械

(a~i 年玉欣摄)

a. 圆口弹簧剪　b. 大平剪　c. 长柄修枝剪　d. 大力粗枝剪　e. 手锯

f. 高枝锯（未包含伸缩杆）　g. 高枝锯剪　h. 绿篱修剪机　i. 油锯　j. 升降机

第三节 不同用途园林树木的整形修剪

一、行道树整形修剪

行道树一般为具有通直主干、树体高大的乔木树种。由于城市道路情况复杂，行道树的养护过程必须考虑的因子较多，除了一般性的营养与水分管理外，还包括诸如对交通、行人的影响，与树冠上方各类线路及地下管道设施的关系等。因此在选择合适的行道树种的基础上，通过各种修剪措施来控制行道树的生长体量及伸展方向，以实现与生长立地环境的协调就显得十分重要。

（一）行道树整形修剪原则

1. 保持适当枝下高 枝下高指树冠最低分枝点至根颈处的主干高度。行道树的枝下高一般以不妨碍车辆及行人通行为度，应充分估计所保留的永久性侧枝的数量。在我国，枝下高的标准一般以城市主干道 2.5～3 m、城郊公路 3～4 m 或更高为宜，同一条干道上枝下高要保持整齐一致。

2. 处理好树冠与架空线路的关系 上方有架空线路的行道树的修剪作业是城市树木管理中最为重要且投入最高的一项工作，据资料记载，1990 年美国用于这方面的支出大约为10 亿美元之巨。管理过程中，应根据电力部门制定的安全标准，通过修剪使树冠、枝叶与线路保持安全距离。在美国一般采用以下几种措施：降低树冠高度，使线路在其上方通过；修剪树冠的一侧，让线路从其侧旁通过；修剪树冠内膛的枝干，使线路从树冠中间通过，或使线路从树冠下侧通过。

（二）行道树整形修剪

1. 自然式行道树的整形修剪 在不妨碍交通和其他市政工程设施的情况下，行道树有任意生长的条件时，多采用自然式整形方式，如塔形、伞形、卵圆形等（图 6-11）。

国槐　　　　　　　　　　　　　　　　银杏

图 6-11　自然式行道树的整形修剪
（年玉欣摄）

（1）有中央领导主干的行道树修剪　如银杏、鹅掌楸、枫杨、毛白杨等有中央领导主干的树种做行道树，应注意保护主干顶梢，如果主干顶梢受损伤，应选直立向上生长的枝条或壮芽培养新干，抹去其下部侧芽，避免多头现象发生。选留好树冠最下部的 3～5 个主枝，一般要求上下错开、方向匀称、角度适宜，并剪掉主枝基部的侧枝。在养护管理过程中以疏剪为主，主要修剪对象为枯死枝、病虫枝、交叉枝和过密枝等，离建筑物较近的行道树，为防止枝条扫瓦、堵门、堵窗，影响室内采光和安全，应随时对过长枝条进行短截修剪。

以银杏为例，其主干发达，顶端优势强盛，幼树易形成中央领导干及圆锥形树冠，不需要过多修剪。但对于主干顶端比较直立的强枝，则需要采用短截的方法来加以抑制，减缓树势，促使主枝生长平衡。休眠期剪除树干上的病虫枝、衰弱枝、密生枝，以利于通风透光；在保持一定高度的情况下整理小枝。银杏成年后枝条上短枝多而长枝少，修剪量宜少，树形美观、树体健康即可，不必进行精密修剪（张钢等，2010）。

（2）无中央领导主干的行道树修剪　如女贞、旱柳、榆树等无中央领导主干的树种做行道树，应在树冠最下部留 5～6 个主枝，各层主枝间距要短，以利于自然长成卵圆形或扁圆形的树冠。每年修剪的对象主要是密生枝、枯死枝、病虫枝和伤残枝等。

2. 杯状行道树的整形修剪　行道树枝下高以 2.5～4 m 为宜，应在苗圃完成定干修剪，生长期内要经常进行抹芽，休眠期修剪时把交叉枝、并生枝、下垂枝、枯枝、伤残枝及背上直立枝等疏掉，定植后 5～6 年内完成整形。

以二球悬铃木为例，在主干 2.5～4 m 处截干，萌发后选 3～5 个方向不同、分布均匀、与主干呈 45°夹角的枝条做主枝，其余枝条分期剪除。当年冬季或第二年早春修剪时，将主枝短截成 80～100 cm，剪口芽留在侧面并处于同一水平面上，使其匀称生长。第二年夏季再抹芽和疏枝，幼年时顶端优势较强，侧生或背下着生的枝条容易转成直立生长，为确保剪口芽侧向斜上生长，修剪时可暂时保留背生直立枝。第二年冬季或第三年早春，于主枝两侧发生的侧枝中选 1～2 个做延长枝，在 80～100 cm 处短截，剪口芽仍留在枝条侧面，疏除原暂时保留的直立枝。如此反复修剪，经 3～5 年后即可形成杯状骨架。骨架构成后树冠扩大很快，应疏去密生枝、直立枝，促发侧生枝（图 6-12）。

图 6-12　二球悬铃木杯状树形的整形修剪

（年玉欣摄）

二球悬铃木是我国多数城市首选的行道树树种，也是国际公认的优良行道树树种，但其春季大量带毛的种子飘落，有影响人体健康之嫌，如修剪得当、养护管理到位则可以较好地解决这一问题。二球悬铃木一年生枝不结果，故在每年冬季或隔 1～2 年剪去所有 1 级或 2

级侧枝以上的全部枝条，可有效避免种毛污染环境。二球悬铃木发枝力强，修剪翌年即可形成一定大小的树冠与叶量，如此规范修剪的树形也十分整齐，具有良好的景观效果。

3. 开心形行道树的整形修剪　开心形适用于无中央领导主干或顶芽自剪呈自然开展冠形的树种。定植时，在主干3 m处截干；春季发芽后，选留3～5个不同方位、分布均匀的枝条并进行短截，疏除余枝以促使形成主枝。在生长季注意对主枝进行抹芽，培养3～5个方向合适、分布均匀的侧枝。来年萌发后，每个侧枝再选留3～5个枝短截，促发次级侧枝，形成丰满、匀称的冠形（图6-13）。

碧桃　　　　　　　　　　合欢　　　　　　　　　　樱花

图6-13　开心形的整形修剪

（年玉欣摄）

以樱花为例（图6-13右），在幼树整形时，主干上留3～5个主枝形成自然开心形。树冠形成后，冬季短剪主枝延长枝，在主枝的中、下部各选定1～2个侧枝，其他中长枝可疏密留稀以增加开花数量，侧枝长大、花枝增多时剪去主枝上的辅养枝。休眠期短剪主枝上选留的中长枝，使先端萌生长枝，中下部产生短枝开花。其余的枝条则缓放不剪，过几年后再回缩、更新。

4. 行道树篱的整形修剪　行道树篱整形修剪，首先要确定冠径的大小，尤其是与路面垂直的冠径大小（纵径）。纵径的确定要根据同一道路上各植株单体的生长情况综合考虑，目的是保证修剪后靠路的一侧位于同一个面上，以后每年按此修剪，直到相邻树冠连为一体再统一整剪，使树篱整齐美观。

二、花灌木整形修剪

花灌木通常指以观花、观果为主要目的的灌木或小乔木。修剪时要充分考虑树种的生长习性、着花部位及花芽的性质，保证其花果量，才能达到最佳的观赏效果。

（一）因势修剪

幼树生长旺盛，宜以整形为主，尽量用轻短截，以避免直立枝、徒长枝大量发生而造成树冠密闭，影响通风透光和花芽的形成；斜生枝的上位芽在冬剪时剥掉，防止生长直立枝；一切病虫枝、干枯枝、伤残枝、徒长枝等用疏剪方法除去；丛生花灌木的直立枝，选择生长健壮的加以摘心，促其提早开花。壮年树木的修剪以充分利用立体空间、促使多开花为目的

（图6-14左）；在休眠期修剪时，选留部分根蘖，疏掉部分老枝，适当短截秋梢，保持丰满树形。老弱树木以更新复壮为主，采用重短截的方法，齐地面留桩刈除以促发新枝。

金银忍冬　　　　　　　　　　　　　　　　榆叶梅

图6-14　花灌木的整形修剪

（年玉欣摄）

（二）因时修剪

落叶灌木的休眠期修剪一般以早春为宜，一些抗寒性弱的树种可适当延迟修剪时间。生长季修剪在花后进行，有利于控制营养枝的生长，增加全株光照，促进花芽分化。对于直立徒长枝的修剪以早为宜，可根据生长空间的大小采用摘心的方法培养二次分枝，增加开花枝的数量。

（三）因性修剪

1. 春花树种　连翘、榆叶梅、迎春、牡丹等先花后叶树种，其花芽着生在一年生枝条上，修剪应在花残后进行。修剪方法因花芽类型（纯花芽或混合芽）而异，如连翘、榆叶梅、迎春等可在开花枝条基部留2~4个饱满芽进行短截（图6-14右），牡丹则仅将残花剪除即可。

以贴梗海棠为例，其树形通常无主干，自地面抽生主枝，宜采用灌丛形整形方式。因其萌发力强，强修剪易长出徒长枝，故幼树不宜强剪，可选留均匀向四周生长的主枝3~5个，每个主枝上选留2~3个侧枝。树冠形成后注意对小侧枝的修剪，促使基部隐芽逐渐得以萌发成枝。如欲扩大树冠，可对主枝和侧枝的先端进行短截，并对剪口下的长枝进行中短截，对中短枝则保留2~3个芽短截。过长枝可适当修剪先端，任其分生花枝，花后立即整形修剪。贴梗海棠的基部每年会萌发较多根蘖，可保留2~3个粗壮的根蘖，并进行短截，作为更新枝。根据生长状况，适时剪除衰老枝，合理的新老更替，不仅使灌丛内总保有一定数量的枝条，还可以使植株保持旺盛的生命力。

2. 夏秋季开花的树种　紫薇、木槿、珍珠梅等树种花芽在当年萌发枝上形成，修剪应在休眠期进行；在冬季寒冷、春季干旱的北方地区，宜推迟到早春气温回升即将萌芽时进行。在二年生枝基部留2~3个饱满芽重剪，可萌发出苗壮的枝条，虽然花枝会少些，但由于营养集中会产生较大的花朵。对于一年开两次花的灌木，可在花后将残花及其下方的2~3个芽剪除，刺激二次枝条的发生，适当增加肥水则可再次开花。

3. 花芽着生在二年生和多年生枝上的树种　如紫荆、贴梗海棠等花芽，大部分着生在二年生枝上，但当营养条件适合时，多年生老干亦可分化花芽。对这类树种的修剪量较小，一般在早春将枝条先端干枯部分剪除；生长季节进行摘心，抑制营养生长，促进花芽分化。

4. 花芽（或混合芽）着生在开花短枝上的树种　如西府海棠等早期生长势较强，每年基部发生多数萌芽，主枝上发生大量直立枝，多数枝条形成短枝连年开花。对这类树木的修剪量很小，一般在夏季生长旺盛时将生长枝进行适当摘心抑制生长，并将过多的直立枝、徒长枝进行疏剪即可。

5. 一年多次抽梢、多次开花的树种　如月季可于休眠期短截当年生枝条或回缩强枝，疏除交叉枝、病虫枝、纤弱枝及内腔过密枝；寒冷地区可行重短截，必要时进行埋土防寒。生长季修剪，通常在花谢后于花梗下方第2～3芽处短截，剪口芽萌发抽梢开花后重复修剪，花开不断。

三、绿篱整形修剪

绿篱又称植篱，是由萌芽成枝力强、耐修剪的树种呈密集带状栽植而成，起到防范、界限、引导路线、分隔和观赏的作用，其修剪时期和方式因树种特性和绿篱功能而异。

（一）自然式修剪

自然式修剪多用于绿墙（高度在160 cm以上）或高篱（高度在120～160 cm）等自然式绿篱，一般不进行专门的整形，顶部多任其自然，仅疏除病虫枝、干枯枝等。

（二）整形式修剪

整形式修剪多用于中篱、矮篱和模纹篱（图6-15）。

中篱

矮篱

模纹篱

图6-15　绿篱的整形式修剪

（年玉欣摄）

1. 中篱　中篱高度为 50～120 cm，大多为单行或双行的直线或曲线。整形时先剪两侧使其成为一个弧面、平面或斜面，再修剪顶部呈弧面或平面，整个断面呈半圆形、矩形或梯形。由于符合自然树冠上大下小的规律，绿篱生长发育正常，枝叶茂盛的美观外形容易维持。

2. 矮篱　矮篱高度在 50 cm 以下，具镶边、观赏或组织人流的作用，多采用几何图案式的整形修剪，一般剪掉苗高的 1/3～1/2；为尽量降低分枝高度、多发分枝、提早郁闭，可在生长季内对新梢进行 2～3 次修剪，促使下部分枝匀称稠密，上部枝条密接成形。矮篱多为单行或双行直线、几何曲线、几何形体或建筑图案等，从其修剪后的断面划分主要有半圆形、梯形和矩形等。矩形断面较适宜用于组字和图案式的矮篱，要求边缘棱角分明、界限清楚，篱带宽窄一致；由于每年修剪次数较多，枝条更新时间短，不易出现空秃，文字和图案效果容易保持。

3. 模纹篱　将萌蘖力强的灌木经过精心布置与整形修剪，以形成精美图案的绿篱，称为模纹篱。在植株栽植完毕后依设计图纸或所需形状及时进行整形，可结合缓苗一次修剪成形，其后依此形状定期做适当修剪，使之保持形态即可。对于已成形的模纹造型，如果想进行大幅度修剪或调整造型，一般应在冬季先进行适当修剪，然后在春季芽萌动之前再按所需造型进行大幅度调整。如果等不到冬、春季节，可采取少量多次的办法逐步达到调整造型的目的，避免一次修剪量过大对植株造成伤害。

（三）更新修剪

更新修剪指通过强修剪来更换绿篱大部分树冠的过程，对于萌芽能力较强的种类可采用仅保留一段很矮主干的平茬方法进行更新，植株在 1～2 年中形成绿篱的雏形，3 年后恢复成形。

第一年，首先疏除过多的老干。绿篱经过多年生长，在内部萌生许多主干，加之每年短截新枝而促生许多小枝，从而造成整个绿篱内部整体通风透光不良，主枝下部的叶片枯萎脱落。因此，必须根据合理的密度要求，疏除过多的老主干，使内部具备良好的通风透光条件。然后对保留下来的主干留 30 cm 回缩修剪，先疏除主干下部的过密枝，再对保留下的侧枝留 10～15 cm 进行回缩修剪即可。常绿树的更新修剪以 5 月下旬至 6 月底进行为宜，落叶树的更新修剪宜在休眠期进行。剪后要加强肥水管理和病虫害防治工作。第二年，对新生枝条进行多次轻短截，促发分枝。第三年，再将顶部剪至略低于所需的高度，以后每年进行重复修剪。

四、园景树整形修剪

（一）伞形树冠的整形修剪

首先在欲培育的苗木主干达到一定高度后，进行"打头"处理，去除所有侧枝只留主干。顶端萌发枝条后，保留 4～6 个，分别与伞状护苗架绑扎。第二年对枝条进行短截，保留背部壮芽，促使其萌发新枝。第三年新枝萌发后，选留着生方位较好的强枝与伞状架绑扎，并对原有枝短截，促发新枝，使伞状树冠逐步密实。伞状树冠基本成形后，剪除交叉枝、过密枝等，使冠形整洁美观。以后再根据具体情况进行整剪（鲁平，2006）。

对于龙爪槐、垂枝榆等垂枝种类通常采用嫁接方法繁殖。嫁接成活当年，应在同一水平面上选留 3～5 个方位合理、分布自然的主枝组成骨架，枝距宜大，每个主枝上选留 2～3 个延长枝向外延伸生长。在树木旺盛生长时将当年生的下垂枝条短截 2/3～3/4，促使剪口多发枝条，扩大树冠，注意剪口芽必须为上芽或侧芽，以使萌发出的枝条呈抛物线形向外扩展生长。当树木落叶进入休眠期时，进一步调整树冠，可用绳子或铅丝改变枝条的生长方向，使枝条在树冠中分布均匀，及时剪除内膛的交叉枝、下垂枝、过密枝、枯死枝及干扰伞形树冠的枝条（图 6-16）。同时应及时疏除砧木上长出的萌蘗。以后每年按此法修剪。

龙爪槐　　　　　　　　　　　　　　　　　垂枝榆

图 6-16　伞形树冠的整形修剪
（年玉欣摄）

（二）树篱的整形修剪

树篱的整形修剪应从幼苗开始培育，若将成形的树木改造成树篱，并非所有的树种或树形都适合，一般要求树冠饱满，株距不能太大。苗圃地的树篱整形修剪步骤如下：①设立支架，至少需要 2 根立柱，如要整剪的树篱较长则要增加立柱的数量；在立柱间架设钢丝用于牵引枝条至生长方位，钢丝数量从下到上至少 4 层，最下层钢丝离地距离要与预期定干的高度齐平或略高。②在距离立柱 1.2 m 处开始，以 2.5 m 的间隔种植幼树。③待植株长到一定高度、侧枝的位置可以达到最低层钢丝的高度，就可将侧枝与钢丝绑扎以培养其生长方向，最终整成水平状。④每年夏季和冬季，都要继续采用同样的方法修剪和整形，直到其成形（鲁平，2006）。

（三）庭荫树与孤植树的整形修剪

庭荫树与孤植树对枝下高无固定要求，若依人在树下活动自由为限，以 2～3 m 以上较为适宜；若树势强旺、树冠庞大，则以 3～4 m 为好，能更好地发挥作用。在条件允许的情况下，每 1～2 年将过密枝、伤残枝、病枯枝及扰乱树形的枝条疏除一次，并对老、弱枝进行短截。整形方式多采用自然式，培养健康、挺拔的树木姿态（图 6-17），有特殊整形修剪要求的可根据配置或环境条件进行，以表现更佳的景观效果。

（四）藤本植物的整形修剪

卷须类及缠绕类树种多用棚架式修剪，在近地面处重短截使其发生数条强壮主蔓，然后将主蔓引至棚架顶部，使侧蔓在架上均匀分布（图 6-18）。篱垣式修剪，则将主蔓、侧蔓水平或垂直引导，每年对侧枝进行短截，使之成为整齐的篱垣形式。吸附类树种适用于附壁式修剪，将藤蔓引于墙面即可，修剪时注意使各枝蔓在壁面上均匀整齐地分布。茎蔓粗壮的种类可采用直立式修剪，培养灌木式或小乔木式树形，多用于公园道路旁或草坪上，有良好的景观效果。

核桃楸　　　　　　　　　　　　　　　元宝枫

图 6-17　庭荫树与孤植树的整形修剪

（年玉欣摄）

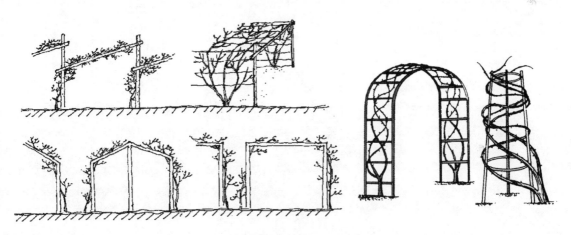

图 6-18　棚架式修剪

（左：引自李庆卫，2011；中、右：引自鲁平，2006）

复 习 思 考 题

1. 试述整形修剪的意义。
2. 整形修剪需要遵循哪些原则？
3. 树木的主要分枝方式有哪些？各有什么特点？
4. 如何根据树木的分枝特性进行修剪？
5. 如何根据树木的开花时间进行合理修剪？
6. 园林树木的整形方式有哪几种？各有什么特点？
7. 什么是短截？短截强度对产生的修剪效果有哪些影响？
8. 园林树木的修剪手法有哪些？

9. 简述园林树木的修剪程序。

10. 简述大枝三步锯截法。

11. 简述行道树的整形修剪原则。

12. 简述花灌木的整形修剪原则。

13. 绿篱的修剪方式包括哪几种？如何操作？

14. 如何对庭荫树与孤植树进行整形修剪？

第七章　园林树木的安全性
管理及灾害防除

　　园林绿地中有许多成熟的、甚至老龄的大树，这些树木不仅是改善城市生态环境的主体，同时也是城市所拥有的宝贵财产。但是，由于自然或人为活动的影响，常引起树木结构性异常，由此可能导致树枝折断、垂落，树干劈裂，甚至造成整株树木倒伏而成为城市的安全隐患。这类问题可以通过加强日常管理、科学处理而达到预防目的。因此，在园林树木的养护与管理工作中，安全性管理应列为日常管护的重点内容之一。

第一节　园林树木的安全性管理

　　随着园林城市建设的发展，城市树木不断增加，成熟、老龄大树以及古树随之增多，而其中因种种原因而引起的长势衰弱、树干腐朽、根系受损、树体倾斜的树木也会不断出现，在遇到大风、暴雨、风雪等异常天气时，就容易发生折枝垂落、树干倒伏现象，从而危及其周边的建筑设施，甚至对人群安全构成威胁。树木的危险性水平，根据其所在的位置、可能出现的时间、危及目标、损害程度的不同而不同，如具有同样结构缺陷的树木，在商业中心与林带中产生的危险程度是不相同的，可接受的危险水平因其可能危及的目标与各地政策法规的不同而有区别。具有危险的树木可能危及的人群或财产设施，即为危及目标；如果树木倒伏或断枝不会危害任何人群或财产设施等目标，这类树木可视为无潜在危险。

一、树木不安全因素

　　事实上几乎所有的树木多少都具有潜在的不安全因素，即使是健康生长的树木，亦可能因生长过速而导致枝干机械强度降低，容易断裂，成为安全隐患。因此，城市树木管理中的一个重要方面，就是确保树木不会构成对设施、财产的损害以及人身伤害。

　　确定树木的危险性程度、避免树木对人与物造成伤害的各种措施，即为树木的危险性管理（risk management），这在欧美国家已成为公共区域管理中的一个重要概念，树木对于大多数公共设施具有危险性的考虑已为人们所接受。市政管理者有责任建立树木安全性管理体系，不仅要注意已经受损、有问题的树木，还要密切关注被暂时看作是健康的树木；探测与评价树木对人群与财产可能的潜在危险，并维持一个健康、安全的城市树木群体以发挥其生态防护作用和景观效应。管理人员应得到有关树木危险性评价的训练，并具备相关的经验，拥有评价树木腐朽是否涉及安全的技术、设备，管理养护树木使其可能出现的危险性处于可接受的水平，尽可能减少树木造成的危险。

　　一般把存在安全隐患的树木称为具有危险的树木（hazardous tree），可从树体结构异常程度以及具有可能危及的目标等方面进行评测。美国林务局对一些主要城市树种经常发生的缺陷及可能原因进行了总结（表7-1）。

表7-1 一些主要城市树种经常发生的缺陷及可能原因

树 种	常易出现的缺陷	发生缺陷的主要原因
白蜡	结构性不良，分枝连接强度低 枝破损	具有多个优势分枝，枝对生时易发生树皮内嵌 胸径大于38 cm的大树，枝易脱落
白杨	溃疡、腐朽 根系问题	溃疡处枝破损，大树易发生腐朽 树干基部环绕根发生
黑杨	根系问题 枝破损、易折断	树干基部环绕根发生、根系分布浅 大树老树的枝脱皮、脱落；易遭蛀虫危害、树干折断
椴树	腐朽 枝破损	大树易发生，常见大范围柱状腐朽 胸径大于38 cm的大树，枝易脱落
桦木	腐朽 树冠上部枯死	茎、枝发生溃疡 根系衰退易导致树冠上部枯死
复叶槭	腐朽 枝条破损	木质部迅速腐朽、蔓延 胸径大于38 cm的大树，枝易脱落
朴树	开裂 分枝连接处强度低 枝破损	树干下部易发生 树木生长习性 胸径大于38 cm的大树，枝易脱落
槭树	开裂 溃疡	小树受伤，到大树时引发开裂 虫害及病菌易引发溃疡
栎树	腐朽 死枝，树木枯死 枝破损	对褐腐病敏感 对栎树萎蔫病敏感，蛀干害虫及根腐病 胸径大于38 cm的大树，枝易脱落
核桃	枝破损	胸径大于38 cm的大树，枝易脱落
柳树	开裂 枝破损	木质部容易断裂 胸径大于38 cm的大树，枝易脱落
松类	腐朽 枝破损	对溃疡、腐朽比较敏感 雪压或风灾易造成侧枝损伤

（一）树体结构异常

树体结构异常通常指由于病虫害引起的枝干缺损、溃烂，大根损伤、腐朽；各种损伤造成树干劈裂、折断，树冠偏斜，树干过度弯曲；或由于树木生长的立地环境限制及其他因素造成的树木各部构造的异常。

1. 树干部分 主枝配备不合理，树冠过大，严重偏冠；具有多个直径几乎相同的主干，开张角度小；树干木质部发生严重腐朽、空洞；树体倾斜，修剪不当造成阔叶树木在一个分枝点形成轮生状的大枝等。

2. 树枝部分 大枝（一级或二级分枝）上的枝叶分布不均匀，呈水平延伸、过长，前端枝叶过多、下垂，枝基部与树干或主枝连接处腐朽、连接脆弱；树枝木质部纹理扭曲、腐朽等。

3. 根系部分　根系浅，裸出地表，根系缺损，根颈部腐朽，根颈部出现较粗的环绕根而影响及抑制其生长；市政工程造成树木一侧根系受损。

必须强调的是，有些树木由于生长速度过快，树体高大，树冠宽广，而枝干强度低、脆弱，也很容易在异常天气的情况下发生倾倒或折断现象，这种情况却常常容易被人们所忽略。

（二）造成树势衰弱的非感染和传播性因素

1. 树冠结构　乔木树种通常具有明显的中央领导干，顶端生长优势显著，树冠成层性明显。但在生长、应用过程中常形成几种异常类型，在造成树体的衰弱方面具有一定差别。

（1）自然损伤类型　中央主干折断或严重损伤后，有可能形成一个或几个新的主干，其基部分枝处的连接度较弱；有的树木具有双主干并在生长过程中逐渐相接，在相连处夹嵌树皮木质部的年轮组织只有部分相连，结果在两端形成突起使树干成为椭圆、橄榄状，随着直径生长这两个主干交叉的外侧树皮出现褶皱，连接处产生劈裂，这种情况危险性极大，必须采取修补措施来加固（图 7-1）。

双主干连接处有裂缝（引自 Shigo, 1989）　　主枝分枝角小、相接处树皮内陷（徐小牛摄）

图 7-1　自然损伤类型

（2）截干移植类型　城市绿化中对直径 20～30 cm 的树木采取截干移植是一段时间以来的流行做法，其对树木结构产生的不利影响至少在以下几个方面。

① 截口以下一般会有多个隐芽同时萌发，而为了促使树冠迅速形成，基本不会进行修剪，侧枝呈轮状排列（图 7-2）。

② 树干养分积累充足，萌发枝生长十分旺盛，木质部的强度要低于正常状态的枝；另外萌发枝之间的距离过近，枝间十分容易发生夹嵌树皮的现象。

③ 萌发枝生长迅速而树干的直径增长明显滞后，在树干的分枝部位形成明显的肿胀，可能造成树皮开裂并向下延伸，严重时几乎整个树干的树皮条裂，木质部暴露在外。

④ 从隐芽萌发的侧枝基部与树干木质部的连接只是从萌发时的那部分木质部开始，以后虽可逐渐被年轮包围，但总要比幼年生出的侧枝与木质部的连接少，有时整个侧枝可能劈裂。

⑤ 树干截口形成伤口大，如果新发的侧枝紧靠截口，随着侧枝增粗截口有可能愈合；但一般情况是侧枝与截口有一定距离，伤口难以愈合，雨水容易渗入导致木质部腐朽（图 7-3）。目前采用的覆盖塑料膜、涂防腐剂等保护措施基本不起作用。

图 7-2　大树截干后形成的轮生状侧枝　　　　图 7-3　大树截干栽植后截口部腐朽
　　　　　　（吴泽民摄）　　　　　　　　　　　　　　　（徐小牛摄）

（3）偏冠现象　树冠一侧的枝叶多于其他方向，分布不平衡，因受风的影响树干呈扭曲状。长期在这种情况下生长，木质部纤维呈螺旋状排列来适应外界的应力条件，在树干外部可看到螺旋状的扭曲纹。树干扭曲的树木受到相反方向的作用力时，如出现与主风方向相反的暴风等，树干易沿螺旋扭曲纹产生裂口，这类伤口如果未能及时愈合则成为真菌感染的入口（图 7-4）。

树干的螺旋状扭曲　　　　　　　　沿螺状旋扭曲纹产生裂口

图 7-4　树干扭曲
（吴泽民摄）

2. 分枝状况

（1）分枝角度　正常的树木分枝保持一定的角度，在连接处侧枝的木质部年轮与主干木质部的年轮生长在一起，互相交织形成高强度的连接，在两者的基部连接处具有向上隆起的脊，称为枝皮脊（branch bark ridge）；但如果主干与侧枝之间角度过小，在其加粗生长过程中树皮会被夹嵌在两者之间成为内嵌树皮（included bark）。树木茎与枝的分叉处树皮没有隆起形成隆脊，相反，形成层组织在枝干分叉处转向内，树皮隆脊也向内形成反折的结构，这种结构易引起劈裂。

（2）**分枝强度**　侧枝特别是主侧枝与主干连接的强度远比分枝角度重要，侧枝的分枝角度对侧枝基部连接强度的直接影响不大，但分枝角度小的侧枝生长旺盛而且与主干的关系要比那些水平的侧枝密切。随着树干与侧枝的生长，在侧枝与主干的连接点周围及下部被一系列交叉重叠的次生木质层所包围，在外部表现为褶皱的重叠，Shigo 称其为枝的圆领（branch collar）（图 7-5），随着侧枝年龄的增长被深深地埋入树干；这些木质层的形成机理尚不清楚，可能是因为侧枝与主干的形成层生长的时间不一致所致，侧枝的木质部形成先于树干。研究表明，只有当连接处的树干直径大于侧枝直径时，树干的木质部才能围绕侧枝生长形成高强度的连接。

图 7-5　侧枝基部的圆领状褶皱
（引自 Shigo，1989）

（3）**夏季的树枝折断和垂落**　自 1983 年以来，世界许多地方报道，在夏季炎热无风的下午时有树枝折断垂落的现象发生。垂落的树枝大多位于树冠边缘且远离分枝的基部，断枝的木质部一般完好，可能在髓心部位见到色斑或腐朽。据英、美等国的报道，栎树、板栗、山毛榉、白蜡、杨树、柳树、七叶树、桉树、榆树、枫树、国槐、枫香、松类等树种都有类似的情况发生。英国皇家植物园邱园在每个入口处都挂上醒目的巨大警示牌，澳大利亚的公园也常这样做。

① 原因：据研究，夏季树枝折断与垂落，可能是由水分胁迫所致，主要有以下几种假设：

a. 夏季午后蒸腾作用的失水大于吸收时，一些小枝有可能出现垂落现象，这类情况很难预料。

b. 干旱会导致一些具有螺旋定向木质部的针叶树木的树干劈裂，当这类情况发生时树枝一般已十分干燥。但栎类和桉树等树种在折断部分还可以见到树液，这些树液来自含水量高的中心部位，而外侧的木质部则因处于张力的作用下而容易折断。

c. 修剪造成大枝内部木质部受伤，伤口可能向外扩伸并使树皮断裂，沿伤裂的木质部在含水量高时枝条弯曲，而当伤裂处干燥时树枝就可能折断；当蒸腾作用超过水分吸收时也会发生同样的情况，但仅在边材部分。

d. 树木受到外界环境胁迫时，树体产生的乙烯量增加，其分解、软化细胞壁之间的胶结使树枝强度降低，容易折断。

② 措施：大树在夏季无风天气发生树枝断落的现象，有可能严重危及行人的安全，因此应引起足够的重视。减少夏季树枝垂落的措施有：

a. 注意树种选择，在人群经常活动的地方尽量不要栽植容易发生夏季树枝垂落的树种。

b. 通过修剪促使形成向上生长、尖削度大的树枝，减少水平向枝，促使树冠处于理想的结构状态；剪去或剪短水平的细长枝条，除去病弱、腐朽、干枯的树枝。

c. 通过适当的养护措施来保证树木健康生长但不过于旺盛，特别是大树和老树。

3. 树干状态

（1）树干裂纹　树干在横断面上出现裂纹，在裂纹两侧尖端的树干外侧会形成肋状隆起的脊。如果树干裂口在树干断面及纵向延伸、肋脊在树干表面不断外突并纵向延长，则形成类似板状根的树干外突；如果树干内断面裂纹被今后生长的年轮包围、封闭，则树干外突程度小而近圆形。因此，从树干的外形的饱圆度可以初步诊断内部的情况。树干外部发现条状肋脊，表明树干本身的修复能力较强，一般不会发生问题；但如果树干内部发生裂纹而又未能及时修复形成条肋，在树干外部出现纵向的条状裂，最终树干可能纵向劈成两半，构成危险（图 7-6）。

图 7-6　外部肋脊指示内部裂纹
（引自 Matheck，1998）

造成树干、树皮劈裂的原因，一般是树干、枝茎承受的载荷超过其能承受的程度，树干受损伤或因修剪不当造成的伤口愈合不良，侧枝枯死或分枝部位结构不合理，以及树木根系腐朽等。Shigo 认为，树干因伤口影响树干圆度的形成而导致开裂，热冷、干旱等其他因素造成树干膨胀或收缩会导致木质部的开裂；树木在幼年时木质部受损，在伤口的外侧边缘形成开裂，裂口则可随着树木的生长而增宽。树干裂口处具有内卷或反折的愈伤组织，则内部木质部问题要严重得多；裂口位于靠近侧枝基部弯曲点附近，则指示其处于较严重的受伤害状况；只是树皮开裂或开裂很浅的情况，对树干强度的影响不大。

（2）树干倾斜　树干严重向一侧倾斜的树木最具潜在的危险性，如位于重点监控的地方应采取必要的措施或伐除（图 7-7）。

图 7-7　树干严重倾斜
（左：何小弟摄；右：徐小牛摄）

① 树木一直向一侧倾斜。在生长过程中形成了适应这种状态的木质部结构及根系，其倒伏的危险性要小于那些原来是直立的，以后由于外来的因素造成树体倾斜的树木。

② 树干倾斜的程度越来越大。树干在倾斜方一侧的树皮形成褶皱，另一侧树干上的树皮会脱落造成伤口。

③ 树干倾斜的树木，其倾斜方向另一侧的长根更为重要。它像缆绳一样拉住倾斜的树

体，一旦这些长根发生问题或暴风来自树干倾斜方向，则树木极易倾倒。

（3）树干受冻伤或遭雷击损伤 严重的雷击可把树干劈裂、粉碎造成树木死亡。当雷击击中树干时，其强大的冲击力以及高温使树皮内的树液蒸发，树皮呈条状撕落形成的条沟可从树冠上部一直到根部，在树干上留下的伤痕增加了病菌感染的机会。低温冰冻也常构成对树干的损伤，特别是在树皮已有裂纹的情况下，如遇积雪融化或降雨后的低温天气都有可能使树干冻裂。

（4）枯死的树木或树枝 城市树木发生死亡的现象十分常见，应及时移去并补植，但绝大部分情况会留在原地一段时间；问题是留多长时间而不会构成对安全的威胁，这取决于树种、死亡原因、时间、气候和土壤等因素。一般情况下，根系没有腐朽的针叶树死亡后，其结构可完好保持 3 年，树脂含量高的树种时间更长些；阔叶树死亡后其树枝折断垂落的时间要早于针叶树。

一般情况下，死亡的树枝只要不腐朽仍相对比较安全，但要确认这些枯枝何时开始腐烂，并构成对安全的威胁显然不是一件容易的事。因此一旦发现大树上有枯死大枝，在有人群经常活动的场所应通过修剪及时除去，因为直径 5 cm 的树枝一旦垂落足以伤人。

阳性树种的自然疏枝是树木的一种自我保护现象，表现为树冠内部、下部难以接受阳光的树枝因不能产生光合作用而慢慢死亡；树枝死亡后其基部与树干连接处的形成层活动增加，逐渐膨大围绕树枝基部形成盘状体，最终枯枝在该处断裂垂落。枯枝自然断裂后基部一般容易形成良好的愈合，保护树干不受病菌的侵入。

4. 根系异常

（1）根系暴露 如在大树树干基部附近挖掘、取土，致使大的侧根暴露于土表甚至被切断，根系受此影响的大树，可能有安全隐患，其影响程度还取决树高、树冠枝叶浓密程度、土层厚度、土壤质地、风向、风速等。

（2）根系固着力差 在一些立地条件下，例如，土层很浅、土壤含水过高、树木根系分布浅、固着力低、不能抵抗的大风等异常天气条件，特别是在严重水土流失的立地环境，常见主侧根裸露地表，因此在土层较浅的立地环境不宜栽植大乔木，或必须通过修剪来控制树木的高度和冠幅。

（3）根系分布不均匀 树木根系的分布一般与树冠范围相对应，但如果长期受来自一个方向的强风作用，在迎风一侧的根系要长些，密度也高；如果这类树木在迎风一侧的根系受到损伤，可能造成较大的危害。另外，在许多建筑工地，经常发生因筑路、取土、护坡等工程，破坏树木的根系，其根系几乎有一半被切断或暴露在外，这类情况常常造成树木倾倒。

（4）根及根颈感病 造成树木根系及根颈感病与腐朽的病菌很多，根系问题通常导致树木发生严重的健康问题及严重的缺陷，而更为重要的是在树木出现症状之前，可能根系的问题已经存在。一些树木主根因病害受损时长出不定根，这些新的根系能很快生长以支持树木的水分和营养，而原来的主根可能不断损失，最终完全丧失支持树木的能力，这类情况通常发生在树干的基部被填埋过多、雨水灌溉过度、根部覆盖物过厚或者地被植物覆盖过多的情况下。因此，在做树体检查之前，一般先检查根系和根颈部位，在树干基部周围挖开土壤直至暴露树木的支撑根，观察其是否有感病、腐朽等现象。根系的病菌经常可以感染周围健康的树木，因此在群植区如发现一株树木根系有腐朽菌造成根系腐朽，应及时检查其他邻近的树木，特别是同一树种的树木。

（三）危及的目标

具有危险的树木必须存在可能危及的目标才能成为不安全树木，生长在旷野的受损树木一般不会构成对财产或生命的威胁，而在城区就要慎重处理。城市树木危及的目标包括人群、各类建筑、设施、车辆等。因此，人行道、公园、街头绿地、广场、重要的建筑附近等居民经常活动地方的树木被列为主要监管对象，同时也应注意树冠上方、树干基部地面和地下部分的城市基础设施产生的影响。

另外一种特殊的情况是，树木生长的位置以及树冠结构等方面对交通的影响。例如，种植于十字路口的行道树体积过大，树冠或向路中伸展的枝叶可能会遮挡司机的视线，行道树的枝下高过低也可能造成对行人的意外伤害，这类问题也应列入树木危险性管理的范畴。

二、树木安全性测评

为了防止出现意外，应加强城市树木管理，对城市树木特别是特殊地段树木的安全性进行调查和评价，以便采取应对措施，确保其安全性。

（一）对具有潜在危险树木的检查与评测

德国树木学家 Mattheck 认为：树木有其特殊的肢体语言来展示其内部的结构变化，可通过观察或测量树木的各种表现，并与正常生长的树木进行比较，做出诊断。他建立的树木诊断 VTS 方法（visual tree assessment），即通过观察树木的外部表现来判断、评测树木的结构缺陷，观测的内容有：树木的生长表现、各部分形状是否正常、树体平衡性及机械结构是否合理等。该方法主要建立在以下基础上。

① 树干、树枝的机械强度与树体结构有关。树木在长期的进化过程中形成了各自独特的生长特性，以维持其树体机械结构的合理性，正常情况下的树木均能承受其树冠本身重量造成的应力及外界风雪的压力。

② 树木是生命体，它能通过调整各部分的平衡生长来支撑树体，因此树木的生长使各方面所受的压力、应力均衡地分布在其表面。树木适应这类经常性的应力分布规律，但一旦在某一位置发生应力的变化，该处就成为脆弱点。

③ 树木的边材起着主要的支撑作用。一般认为整个树干起着支撑的作用，这为推断树干强度提供了依据，因此对树干边材健康程度的评测应成为检查的重点。

④ 正常的树木一般情况下不会发生在某个部位负载过大或失去负荷的情况，但当发生大风、暴雪等异常天气时，会导致树木的某个部位负荷突然加重而破坏原本的平衡状态，成为脆弱点。另外，如果生长的立地环境发生变化，如周围树木被伐去、建筑拆除、根系生长范围减小，则树木生长节律发生变化、生长平衡发生改变，在重新调整结构趋向新的平衡点之前树木处于脆弱状态。

⑤ 树木在某处因外界压力而出现生长变化的反应。当树木受到机械性的损伤时，会促使形成层活动加快来修复损伤，生长旺盛处可能就是机械强度减低的位置，因修复生长产生的症状。

⑥ 树木内部的解剖特征关系到树木的机械强度，木质部纤维素的长度、排列、纤丝角等木材的超微结构都直接关系到树木的机械强度。因此，树干外表的一些异常变化往往预示其强度上的变化，这是观察评估树木是否存在安全问题的关键。例如，树干部位有隆突、肿

胀一般是内部发生腐烂或有空洞；树干有条肋状的突起指示树干内部有裂缝；树皮表面局部的横向裂缝表示该处受轴向的张力，大风或积雪后发现的此类裂缝常预示树干有横向折断的危险；树干纵向的裂缝或变形则表示该处受轴向的压力。

（二）对可能造成树木不安全因素的评测

树木可能存在的潜在危险取决于树种、树龄、立地特点、危及目标、管护水平等，必须对此充分了解，才能及时避免不必要的损失。

1. 树种特性　泡桐、复叶槭、薄壳山核桃等树种的枝条髓心比例大、质地疏松、脆弱，树枝表现的弱点要远大于树干和根系；对这类树种而言，结构本身的特点成为主要因素，而外界恶劣的天气也许不是主要的。一般情况下，阔叶树种多数为阳性，具有比较展开的树冠和延伸的侧枝，树枝容易出现负重过度、损伤或断裂；因强趋阳性而成偏冠，树干心腐较易向主枝蔓延。常绿阔叶树种易造成雪压等伤害，例如，2008年初长江流域遭遇雪灾及冻雨，侧枝过长的香樟、苦槠、青冈栎等受损严重。针叶树种的根系及根颈部位易成为衰弱点，但树冠相对较小、树干心腐不易向主枝蔓延，故冰雪造成损害的机会也少。

2. 树龄树势　一般情况下大树、老树总是要比小树、幼树容易发生问题，老树对于生长环境改变的适应性较差，因生长衰退发生腐朽、受病菌感染可能性大，加之生长的年代久，发生机械损伤的机会多。速生树种的木质部强度较低，即使在幼龄阶段也容易损伤或断裂，这是必须注意的。相同树种特别是分枝部位强度低的树种，其不同树体之间具有明显的差异，树势生长旺盛的树木因承受的重量大，受伤、折断的机会要高于生长较弱的树木。

3. 培育养护　树木栽培养护过程中的环节处理不当，同样是导致树木受损、造成安全隐患的重要因素。

（1）**育苗不当**　目前我国大部分苗圃中的小树一般不采用树干支撑，树干弯曲、折断后由萌生枝代替原有主枝的现象常有发生，这些苗木成年后的树干应力分布就有别于其他树木，构成隐患的可能性高。为了促使萌发更多的分枝，及早形成树冠提前出圃，在育苗过程中采取截干处理，结果分枝点萌发侧枝的直径大致相同，集中在一起过多、过密。

（2）**栽植不当**　由于种植方法不当造成根系环绕的现象一般不易发现，但却是风倒的主要原因（图7-8）。而对耐干旱树木过多的灌溉，容易造成根系感病及腐烂。病虫害防治不及时致使树木生长衰退，引发病菌侵入造成树干腐朽等。

（徐小牛摄）

图7-8　树木的根系环绕现象

（3）**修剪不当**　过度修剪造成不必要的伤口，如果不能很好愈合就会增加感染病菌的机会，导致腐朽发生。一些大规格苗木或大树移植时常采用截干栽植，截口下萌发的侧枝呈轮生状态，距离十分接近，与主干的连接牢固性差，容易发生劈裂。树冠内部枝条的疏剪也易使树冠失去平衡。

4. 立地环境

（1）**气候异常**　主要是异常的天气，如大风、暴雨的出现频度，季节性的降雨分布、冰雪积压等。暴风雨特别是台风暴雨通常是造成树木安全性威胁的主要因素之一，尤其是对那些已有着各种隐患的树木。例如，1987年伦敦有5 500株树木被风吹倒，2002年夏蚌埠市因暴风雨袭击而损失了近千株树木，2007年扬州被骤风吹倒二球悬铃木2 000余株；而冰雪积压可以使树枝的负重超过正常状态的30倍，常是冬季树枝折断的主要原因。

（2）**土壤异常**　生长在土层浅或土壤黏重、排水不良立地条件的树木，根系分布较浅，特别是当土壤水分饱和时易受风害。美国加利福尼亚州的一项调查表明，风倒树木的2/3以上是由于土壤水分饱和造成的。城市土壤的情况十分复杂，土壤通透性的降低影响树木根系的生长；另外树木生长位置的土壤常伴有建筑垃圾，根系生长的固着力受严重影响，易遭风倒。

（3）**立地条件改变**　如果树木生长立地周围环境发生变化，特别是根系部位土壤条件的改变，例如，在根部取土、铺装地面切断根系等，都有可能构成对树木生长的影响，地上部分与地下部分的平衡被打破。研究表明，树木根系的主要生长范围一般为树干胸径的15～18倍，如果此范围内根系损失超过40%则严重影响根系的固着能力。

（三）树木可能伤害的目标评估

城市树木可能危及的目标包括人和物，首先要认真检查与评测在人群活动频繁处的树木，另外包括建筑、地表铺装、地下部分的基础设施等。

（1）**根系损坏地下管道**　城市地下有纵横交错的各类管道，如果栽植树木时没有充分考虑这个因素，树木根系可能构成对管道的破坏。例如，管道恰位于树干迎风面一侧的主侧根上方或背风一侧的大根的下方，当遇大风时树干晃动而导致管道破裂；根系可能穿透管道接口处的缝隙，进入并堵塞管道，而这类问题如果不挖开地表一般很难发现。因此，应尽可能避免在附近有管道的位置栽植速生及具有巨大扩散根系的树木，如杨树、柳树、银叶槭等。

（2）**根系与铺装地面**　城市行道树基部往往被各种铺装物所覆盖，随着树木生长、树干增粗，常见主侧根裸露地表，结果造成人行道的铺装地表破裂、隆起。当水泥地面或人行道的路沿过于靠近树木基部，树干增粗时水泥路面嵌入树干造成极大损伤或使大根转向折断，这样的树木容易风倒，特别是影响根系的石块位于迎风的一侧。英国Manchester的一项调查发现占总数13%的2 232株行道树中，有30%损坏人行道、13%损坏人行道路缘。有栽植带的行道树与栽植在人行道上的行道树相比，后者对人行道的损坏严重；栽植带宽小于3 m的行道树对人行道表面的损坏要比宽带栽植的严重。在美国旧金山地区，7～20年生的行道树开始损坏人行道，Manchester调查中的大部分行道树在直径达10～20 cm时开始损坏人行道。

因此，行道树的栽植应保证有一定的空间，英国规定行道树必须有宽度大于3 m的栽植带，未设计栽植带的行道树至少有4 m² 的栽植面积，行道树至少应距离人行道路缘1 m。为了避免行道树对铺装表面及路缘的损坏，应注意选择适当的树种，设计适当的栽植位置，满足最低限度的栽植空间。

① 降低栽植区的土壤表面：例如，美国加利福尼亚州，行道树的栽植表面比人行道低0.5 m，形成一个井状的栽植区，使树木的根系降低，可避免对人行道铺装表面的损坏，但必须注意排水。

② 采取特殊措施促使树木根系向深层生长：例如，在栽植区边缘土层设围栏，迫使根系向下生长。

③ 对大树根系进行整修：国外常采用机械锯截断破坏路缘的根，在修剪根系之前应适当减少树冠的枝叶。但不能同时截断两侧的根，应间隔3～4年才能修整另一侧的根。

（3）根系与建筑　大树过于靠近建筑（一般为1～3层的小型建筑）常常会造成对建筑物的损害，特别是干旱季节以及黏性土壤的立地条件。因为树木根系吸收水分致使地表下陷造成墙体裂纹、门窗变形，甚至成为危房。英国 Cutler 等调查了11 000 株树木，发现最容易造成对建筑物损坏的是栎属和杨属树木，栎类占全部树木的2%，却占损坏建筑物案例的11.5%，而其中有10%与建筑物有18 m 的距离；约为树木总数3%的杨树，占损坏案例的8.7%，其中10%距离建筑物20 m。

我国目前情况则有所不同，城市建筑物以框架结构的多层、高层建筑为主，树木危害的影响很小。但对于郊区农民的建筑以及最近出现的大量别墅式建筑应给予适当的注意，为了避免树木对建筑物的损坏，应在建筑附近栽植小乔木，避免栽植柳树、榆树、栎树等生长快、树冠大、需水量多的树木，或经常修剪树冠以减少树木根系的生长及对土壤水分的消耗等。

（四）检查周期

城市树木的安全性检查应成为制度，定期检查并及时处理。美国林务局要求每年检查1次，最好是2次，分别在夏季和冬季进行；美国加利福尼亚州规定每2年1次，常绿树种在春季检查，落叶树种则在落叶以后。应该注意的是，检查周期的确定还需根据树种及其生长的位置、树木的重要性以及可能危及目标的重要程度来决定。我国在这方面还没有明确的规定，可视具体情况而定。

三、树木生物力学计算

树木在其生长过程中不断受到外力的作用，通常情况下其主要的受力部位是树冠、树枝。例如，冬天的积雪、树挂、冰冻使树冠承重；大风的时候，树干和树冠就像是船的风帆。要计算树冠承受风力的大小、确定受损或树干腐朽的树木能否抵御强风的危害十分困难，因为树枝在受风的压力时会改变方向（与风向一致），使树冠的体积变小，从而减少受力面；同时树干和树冠会在风力的作用下轻微摆动而抵消部分压力。但从树木安全管理方面来讲，如果能科学地计算出有安全隐患的树木能承受风力的程度，显然具有重大的意义，因为在大风来临前的及时处理可以避免不必要的损失，特别是对东南沿海经常受台风袭击的大城市显得更为重要。

德国 Mattheck 等建立了树木力学（tree mechanics），设计了一种简单的数学方法来计算树冠受风时受到的压力以及根系土壤的反应。计算公式为：

$$M_F = \sigma_F \times \frac{\pi}{4} \times R^3$$

式中，M_F——树干能承受的最大力（包括压力和拉力）；

σ_F——鲜材的抗压或抗弯强度；

R——树干的半径。

σ_F 值可通过实验测试，或应用便携式仪器 Fractometer 检测。Lavers 对欧洲几个主要树种树干鲜材的抗弯和抗压强度进行了测试，其结果可供参考（图 7-9）。

需注意的是上述是健康材的木材强度，对于发生腐朽情况的树木，在运用该公式时必须根据强度损失情况进行调整或用仪器测量。

上式计算结果是树干在其强度特性为 σ_F 时所能承受的最大风力，同时也是通过树干转向根部土壤的最大力，如果风力大于 M_F 值，树干就会折断或受到破坏。

Mattheck 根据树冠承受风力作用产生的受力情况，建立了树木在强度为 σ_F 的情况下可以承受的最大风力计算公式：

$$F_{\text{wind}} = \sigma_F \times \pi \times \frac{R^2}{4 \times h}$$

式中，h——承受风力的树冠到地面的高度。

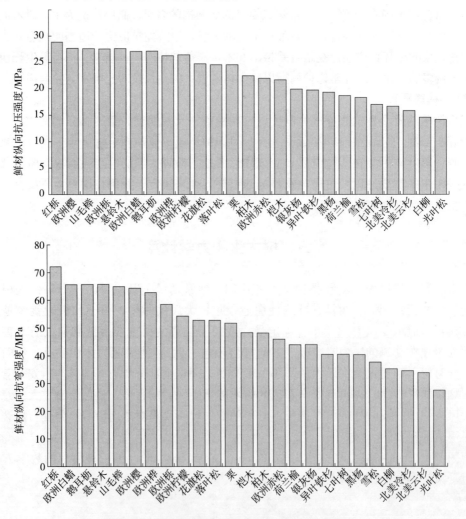

图 7-9　树木鲜材纵向抗压强度及纵向抗弯强度

（引自 Lavers，1986）

四、树木安全性的管理

（一）建立树木安全性管理系统

城市林业与园林部门应将建立树木安全性管理系统作为日常的工作内容，加强对树木的管理和养护，尽可能减少树木可能带来的损害。该系统应包括如下的内容。

1. 确定树木安全性的指标　根据树木受损、腐朽或其他各种原因，对人群、财产安全构成威胁的程度，划分不同等级，最重要的是构成威胁的阈值的确定。

2. 建立树木安全性的定期检查制度　对生长位置、树木年龄不同的个体分别采用不同的检查周期，对已经处理的树木应间隔一段时间后进行回访检查。

3. 建立管理信息系统　特别是对人行道、街区绿地、住宅绿地、公园等人群经常活动场所的树木，具有重要意义的古树名木以及处于重要景观的树木等，建立安全性信息管理系统，记录日常检查、处理等基本情况，随时了解，遇到问题及时处理。目前多利用计算机数据库代替，近年来更是运用地理信息系统来实现管理。

4. 建立培训制度　从事检查和处理的工作人员必须接受定期培训，并获得岗位资质证书。

5. 建立专业管理人员和大学、研究机构的合作关系　树木安全性的确认是一项复杂的工作，需要有一定的仪器设备和相当的经验，因此充分利用大学及研究机构的技术力量和设备是必要的。

6. 有明确的经费保障　这项工作需较大的投入，应纳入城市树木日常管理的预算中。

树木安全性的检查和诊断是一项需要经验和富于挑战性的工作，在认真观察和记录检查与诊断结果的同时，应注意比较前后检查诊断期间树木表现，确认前次检查的准确程度，这样有助于今后的工作。

（二）建立树木安全性分级评测系统

评测树木安全性的目的是确认所测树木是否可能构成对居民和财产的损害，需要做何种处理才能避免或把损失减小到最低限度。但对于一个城市，特别是拥有巨大数量树木的大城市来讲，这是一项艰巨的工作，也不可能对每一株树木实现定期检查和监控。多数情况是在接到有关的报告或在灾害性天气来到之前对十分重要的目标进行检查和处理。

1. 采用分级管理的方法　现代城市的绿化管理必须采用分级管理的方法，即根据树木可能构成的威胁程度不同来划分等级，把那些最有可能构成威胁的树木作为重点检查对象并做出及时的处理。分级管理的办法已在许多国家实施，一般根据以下几个方面来评测：树木折断的可能性，树木折断、倒伏危及目标（人群、财产、交通）的可能性，根据不同树木种类的木材强度特点来评测树种因子，对危及目标可能造成的损害程度及危及目标的价值。

上述的评测体系包括三方面的特点：①树种特性是生物学基础；②树种受损伤、腐朽菌感染程度以及生长衰退等，有外界因素也有树木生长的原因；③可能危及的目标情况，如是否有危及的目标、其价值等因素。上述各评测内容，除危及对象的价值可用货币形式直接表达外，其他均用百分数来表示，也可给予不同的等级。

2. 分级监控与管理系统　从城市树木的安全性考虑，可根据树木生长位置、可能危及的目标建立分级监控与管理系统。在美国，将树木按危险程度登记划分为非常高、高、中等、低危险性等级进行管理（表7-2）。

表7-2 根据树木危险性程度划分管理等级

潜在危险等级	举 例	检查方法及周期
危险程度非常高	紧急出入口附近，医院或城市应急设施区，残疾人专用通道附近、校园学生活动区以及经常有游人的公园、公众活动区等地段具有高度危险性树木；遮挡交通视线、城市照明的树木，结构出现严重缺陷、生长衰弱的大树，受大风严重损伤的树木，根系严重损坏道路设施的树木等	每木调查方法，1年1次
高危险性	主要通道及停车场、公交车站等交通相对拥挤的地段，高强度应用的公园、游玩地及高尔夫球场等地段具有高度潜在危险树木；遮挡交通视线的树木，受损伤的大树，生长差的大树，老树、经常有问题树种的密集处	每木调查方法，1~2年1次
中等危险性	次级道路上交通比较繁忙的道路入口，应用率不十分高的公园、停车场等地段有阻挡交通视线、交通标识树木或少量有问题大树	快速普查，3~5年1次
低危险性	不经常使用的道路、公共场所，很少被使用或进入的地块；空地、树林、河流的河岸带，大树量少、密度小的近邻林地等	快速普查，5~7年1次

3. 城市树木安全性管理计划 国际树艺学学会（International Society of Arboriculture, ISA）为有效地管理城市树木提出制订经营的计划主要模式，北美国家应用于城市树木安全性管理的计划主要包括3个核心问题，10个主要步骤。当然由于国情不同所有列出的内容不一定完全适合我国的具体情况，但类似的做法却值得借鉴。

（1）拥有什么 树木资源评价，是对现有的树木管理体系、计划的回顾评价，对经营现有树木的人力、物力、财力的保证。

（2）要做什么 确定计划项目的目标。

（3）怎样达到目标 制定树木安全性管理的策略（战略），确定优先检查重点，修正需要进行的工作，选择树木危险性分级标准系统，撰写综合性的树木安全性管理项目政策，实现树木安全性管理目标。

（4）是否达到预定的目标 评价计划的有效性。

第二节 园林树木的腐朽及其影响

树木腐朽现象是城市树木管理中应该注意的一个重要方面，因为腐朽直接降低树干、树枝的机械强度。理论上讲，当树木出现腐朽情况时就应看作对安全具有潜在威胁，但显然并非所有腐朽的树木都必然会构成对安全的威胁，重要的是确认腐朽的部位、程度以及如何控制和消除导致腐朽的因素。因此，了解树木腐朽发生的原因、过程，对其做出科学诊断和合理评价是十分重要的。

一、树木腐朽的过程

树木腐朽是在真菌或细菌作用下木材被分解和转化的过程，虽说腐朽一般发生在木质部，但其致死形成层并最终导致树木死亡。经典理论认为，有许多因素可以造成树木腐朽，但树木受伤是腐朽的开始。微生物通过伤口侵入感染树木后不断侵蚀树体，形成柱状的变色或腐朽区。如果树木有多个树枝同时死亡，那么表明树木的整个中心部位可能已出现腐朽。

（一）树木腐朽的发生

1. 与树种及树木个体有关　一些树种腐烂的速度要高于其他树种，而一个树种的不同个体也存在着差异性。与树木个体的年龄、生长情况、伤口的位置，以及生长环境都有很大的关系。

2. 与生长环境因素有关　树干的含水足以满足真菌繁殖的需要，如果水分通过树干的伤口进入木质部，真菌的孢子和细菌也能随水分一起侵入。树干中的空气量对于侵入的真菌生长显得更为重要，昆虫、鸟类、啮齿动物的活动把空气带入树干木质部，真菌得以生长致使木质部腐朽发生。

（二）木质部腐朽的阶段

1. 初期阶段　腐朽初期的木材变色或不变色，木质部组织的细胞壁变薄，导致强度降低。因此在观察到腐朽变色之前，木材的强度已经发生变化。

2. 早期阶段　已能观察到腐朽的表象，但一般不十分明显，木材颜色、质地、脆性均稍有变化。

3. 中期阶段　腐朽的表象已十分明显，但木材的宏观构造仍然保持完整的状态。

4. 后期阶段　木材的整个结构改变、破坏，表现为粉末状或纤维状。

树干发生腐朽后在早期其力学性质可能变化不大，强度逐渐降低，最终可能形成空洞。对树木腐朽实施监控的重要内容，就是确定其腐朽部位材质变化的动态过程，并找出可能危及安全的临界点，进行有效的管理。目前已有仪器来测量和判断树干或大枝腐朽的程度，如果检测的结果表明腐朽部位的残留强度已不足支持树体承受一定负荷，应及早去除或采取其他必要的加固措施。

二、树木腐朽的类型

（一）真菌的腐朽方式

真菌可以降解所有的细胞壁组成成分，不同的真菌种类具有不同的酶及其他的生化物质，导致不同的腐朽方式。

1. 褐腐　担子菌纲的真菌侵入木质部降解木材的纤维素和半纤维素，纤维长度变短失去其抗拉强度。褐腐过程并不降解木质素，腐朽的木材颜色从浅褐色到深褐色，质地脆，干燥时容易裂成小块，用手易研成粉末。褐腐菌可导致多种树木腐朽，例如，硫黄菌（*Laetiporus sulphureus*）侵染刺槐、栎类，松生拟层孔菌（*Fomitopsis pinicola*）侵染云杉、山毛榉。通过观测，腐朽木材的纤维素双折射特性的消失可以作为判断木材抗拉强度降低的指标。如在偏光下观察山毛榉的腐朽过程，真菌先侵染早材的纤维管胞，然后是晚材，在早材径切面上纤维素双折射性最为显著；这是因为早材的纤维管胞木质化程度较低，而晚材的纤维管胞木质化程度较高、密度大，因此影响真菌的菌丝侵染。

2. 白腐　担子菌纲和一些子囊菌导致的腐朽，特点是能降解纤维素、半纤维素和木质素，降解的速度与真菌种类及木材内部的条件密切相关。白腐真菌在侵染年轮部位的纤维方面有区别：

（1）选择性降解木质素　木质素的降解先于纤维素和半纤维素，至少在腐朽的早期阶段纤维素基本没有发生降解，这一点正好与褐腐相反。残留的纤维常集中在某些部位，因此形成分散的浅色囊状，感染材色较深的木材则更加明显。经典案例为真菌 *Heterobasidion annosum* 感染欧洲云杉，菌丝主要在细胞的胞间层和初生壁间生长，在管胞的初生壁和次生壁仍保持完好的情况下，胞间层已完全降解，于是在腐朽的早期阶段管胞已经互相分离。另外，真菌 *Ganoderma preifferi* 侵染山毛榉、英国栎等，在腐朽的后期阶段同样会发生纤维素降解，木材最终失去抗压强度和刚性并逐渐分解。最初在木质素降解形成的囊状处形成空点，以后扩大使树干出现空洞。

值得注意的是，如果树木受到上述真菌感染，可能导致感染树枝的基部出现肿胀和突起等异常生长，这是因为感染部位促使基部形成层活动增加，导致年轮增宽。另外树枝的曲折也致使外部树皮畸变。因此，通过外部的表现特征可以初步诊断是否有腐朽发生。

（2）刺激性腐朽　主要发生在阔叶树种中，极少见于针叶树。真菌分泌的酶可以分解木质化细胞壁的所有组分，在纤维素降解时半纤维素和木质素几乎以相同的速度降解。由于降解了纤维素，木材失去抗拉强度，腐朽部位变得十分脆。

（二）腐朽的发生部位

树木腐朽的部位是确定该树木是否构成不安全的重要因素，根据腐朽发生的部位加以划分，有心材腐朽与边材腐朽。

1. 心材腐朽　心材腐朽通常发生在树干及根颈部位，真菌经树枝的残桩侵入而引起树干腐朽，经树干基部的伤口侵入则造成根颈的腐朽。这类真菌种类能在少氧条件下生长，侵入心材并在垂直方向上蔓延。

2. 边材腐朽　有些真菌主要侵染已死亡的树干、暴露的边材或有氧的部位，这类真菌繁殖生长需要大量的氧，更容易感染阔叶树，能经由生长极度衰弱趋于死亡的树枝向其他大枝甚至树干蔓延。

（三）腐朽的演变阶段

1. 木材变色　当木材受伤或受到真菌的侵染，木材细胞的内含物发生改变以适应代谢的变化，导致木材变色。木材变色是一个化学变化，变色本身并不影响到其材性，但预示腐朽可能开始。当然，并非所有的木材变色都指示着腐朽即将发生，例如，栎类、黑胡桃的心材随年龄增长而颜色变深，则是正常的过程。

2. 树体空洞　木材在腐朽后期完全被分解成粉末，掉落后形成空洞，向外一侧有可能被愈合或因树枝的分叉而被隐蔽起来。有的心材腐朽后形成很深的纵向树洞，沿着向外开口的树洞边缘组织常愈合形成创伤材；表面光滑的创伤材较薄覆盖伤口或填充表面，但向内反卷形成很厚的边，当树干的空洞较大时有助于提供必要的强度。

三、树木腐朽的探测与诊断

（一）树木腐朽的理论

1984 年 Shigo 提出隔离（compartmentalization）的概念，即树木本身具有抵御木质部腐朽进一步侵染健康木质部的反应。木质部开始腐朽后，树木能形成隔离来限制真菌的继续侵染，称为 CODIT 模型（compartmentalization of decay in tree）；此隔离过程能维持木质部的机械强度，使得发生腐朽的树木不至于倒伏。

树木对木质部腐朽的整个反应过程包括：①树木受伤形成伤口，位于伤口后端的健康细胞立即做出反应。第一阶段，在木质部受损时形成生理性的隔离带，以特殊的化学结构层保护细胞及组织免受病菌感染、降解；第二阶段，受伤后维管形成层形成隔离区，抵御木材变色或腐朽向健康的木质部扩散。②腐朽菌有可能进一步侵染木质部，树木应用隔离带分隔空间存留的结构，限制受伤及受感染组织的扩大、加重，在隔离带内部的木材由此成为一个柱状的木质部，以避免受到腐朽菌的进一步侵染。

（二）树干腐朽后的强度减失

树干抵御一定压力和拉力的能力，取决于树种负载的类型、方向、大小及温度、湿度等环境因子。材料强度可用弹性模量（MOE）与断裂模量（MOR）来反映，木材腐朽后其强度的丧失发生在木材重量及密度损失之前，即在木材腐朽早期其强度迅速减低，然后重量减轻，而这一点常不被注意。据 Wilcox 报道，木材在早期腐朽阶段韧性损失 50％时，重量才损失 1％；对花旗松木材的径向压缩测试表明，早期腐朽的木材断裂模量损失 30％、弹性模量损失 11％，而且，与心材相比，边材更易受腐朽真菌的侵染而降解。

1. 树木腐朽后树干强度减失的计算　关于树木腐朽后树干强度减失的研究很多，这里介绍几个基本公式。

（1）Wagener 公式　1963 年由 Wagener 建立，适用于树干饱圆、腐朽部分也为圆柱状的针叶树种。

$$I = d^3 / D^3 \times 100\%$$

式中，d ——腐朽部位的直径；

D ——树干的去皮直径。

Wagener 认为，针叶树的树干因腐朽而强度减失 33％时并不会构成安全威胁；当树干强度减失 30％时，心材部分有 70％腐朽。

（2）Barlett 公式

$$I = [d^3 + R(D^3 - d^3)/D^3] \times 100\%$$

式中，R ——树干空洞的外侧长度与树干围径之比。

Barlett 认为，当强度减失 33％时，在考虑其安全方面的因素是可以接受的；但如果有其他严重的影响因素存在，则应考虑将强度减失 20％作为底限。有人曾对此公式的作用和 33％和 20％这两个强度减失阈值进行评测，用该阈值预测有危险的树木在一次飓风后有 50％倒伏。

（3）Coder 公式　适用于树干饱圆并受理想外力作用条件，对自然状态树木的应用受到限制。

$$I = d^4 / D^4 \times 100\%$$

当计算值（强度减失）≥45％时，表明树木存在着安全威胁；在 22％～44％时，管理人员应对此树木保持警惕，同时应检查是否有劈裂、倾斜等其他问题存在。

（4）Mattheck 公式　适用于柱状腐朽处于树干中心位置的树木，根据柱状体的扭曲强度来决定树木腐朽的安全阈值。

$$t/R \geqslant 0.3$$

式中，t——树干未腐朽木材部分的厚度；

R——树干半径。

该公式的条件是即使树木生长，但树干残留的健康木质部厚度与树干直径比例不变。因此，由于树木生长而健康木质部厚度增加（Δt_G），或由于腐朽严重而致使残留木质部厚度减小（Δt_D），则有：

$$\frac{t}{R} = \frac{(t + \Delta t_G - \Delta t_D)}{(R + \Delta t_G)} \text{并} \frac{\Delta t_D}{\Delta t_G} = 1 - \frac{t}{R}$$

如果该公式能够满足，那么用 t/R 比值不变来描述树干折断或倒伏的危险，则不可能做较长期的预测。

Mattcheck 等研究加利福尼亚州 800 株树木（包括活立木及断树）后得出结论：如果 $t/R \geqslant 0.3$，树木均正常而不会发生安全问题；如 $t/R \leqslant 0.3$，多数树木会倒下，没有倒下的树木也仅剩几个残枝，树木趋于死亡。Mattcheck 描述了几种可能发生的树干折断情况：

① 受负载后树干纤维弯曲，最终发生断裂，通常在树干有空洞、残桩等缺陷的情况下发生。

② 负载使树干弯曲，纤维受压弯曲最终发生轴向劈开。

③ 活立木遇大风时在迎风面受拉力，背风面受到压力，但只要迎风面受到的拉力不超过极限范围，树木就不会折断。

④ 树干具有较大的空洞或柱状腐朽，那么决定树干折断的因素可能不同。如果树干的空洞位于中心，残留的树干木质部厚度成为决定因素，在弯曲负载下残留的树干木质部较薄时发生横向折断，但如果空洞周围有残留的未腐朽部分则可以推迟折断的发生。需指出活立木的情况十分复杂，有的树木即使树干有很大的空洞也能存活很久，应具体情况具体分析。

实际上多数腐朽发生在偏离树干中心的部位，运用 Mattcheck 公式计算的可靠性就有问题，因为如果树干腐朽部分不在中心而偏向一侧的强度损失就会更大。这时应用残留的最薄部位厚度、柱状腐朽体造成的空洞直径加上残留部分的厚度，计算结果同样可较好地预示树干横向折断。

上述 4 个公式的不同之处在于对腐朽造成的强度减失的估计，Mattheck 公式根据材料扭曲的理论，强调不同类型的树干横断面断裂和扭曲发生的树干倒伏；Wagener、Coder 公式是根据刚体材料性质的特点，通过树干弯曲强度的损失来计算；而 Barlett 公式只是考虑树干腐朽造成树洞，并在树干外侧开口的情况。但几个公式都提出了一个树干腐朽后构成威胁的阈值，即理论上超过该值时应伐除，以免带来危险，这至少可作为管理者的参考（图 7-10）。

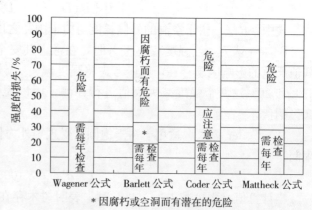

图 7-10　用 4 个公式计算确定树木因强度损失构成的树木危险程度

2. 美国的评测标准 把树木看作刚体，通过计算强度的损失来确定构成危险的阈值，在实际应用时情况比较复杂。因为公式的依据是由匀质材料构成的完全的几何体，但树木不可能是规则的几何体，也非匀质的材料，而且不同树木的木材其材性具有巨大的差异，即使相同的树种受立地条件、气候、人工管理措施的影响也存在着差异。在温带，生长初期由于水分充足，树木生长快，细胞腔大而壁薄，形成的早材细胞密度小，因此早材的强度相对较低；而晚材的密度一般是早材的 3~4 倍，其强度也远大于早材。例如，短叶松的成熟晚材其抗拉强度是早材的 5 倍。树木的生长速度影响木材的强度，但因树种而异，如针叶树种在一年中晚材的比例基本相同，而生长速度的变化主要对早材的影响较大，这表明生长速度降低会增加晚材和早材的比值，使得木材密度和强度也增加；环孔的阔叶材则不同，因早材的比例相对一致，因此生长速度快会增加晚材的比例而使木材密度增加。螺旋纹理、应力木、幼龄材、宽大的早材年轮、侧枝的连接等其他因素，都会导致木材材性的变化，特别是对于活立木，因此不可能应用某一类计算公式来确定所有树木的木材强度变化。

对于城市树木的养护与管理来说，应结合当地的实际情况，对不同树种的树木腐朽可能造成的不安全现象开展系统研究，制定切实可行的评价标准这是最为重要的。美国有关部门制定了相关的评测标准，一般认为树干外侧壳状健康木质部为封闭的、厚度小于树干直径1/6 时，树木倒伏的可能性极大；但如果外围健康木质部出现开口且长度小于树干围径的30%，则其最小厚度小于树干直径 1/3 时就有很大可能出现倒伏，在检测时必须注意应用最小厚度来计算。我国对于这方面的研究还是空白，主要原因是目前对城市树木的管理还没有达到应有的管理水平，对树木可能带来的安全隐患还认识不足，甚至错误地认为是不可避免的自然现象，这显然有违城市植树绿化的初衷。

（三）树木腐朽的探测与诊断

1. 观察诊断法

（1）**损伤外观特征观测** 主要是观察树体是否有损伤及伤口的愈合情况，因为多数伤口是发生腐朽的开始。例如，在树干或树枝上树皮脱落、伤口、裂纹、蜂窝、鸟巢、折断的树枝、残桩等，木质部暴露部分质地变软，出现变色、潮湿，木质部粉碎性脱落，脱落的树枝基部愈伤组织没有闭合，形成空洞，都指示树干各种程度的腐朽。即使伤口的表面具有较好的愈合或脱落的侧枝部位有良好的愈伤组织，但在其形成之前可能就发生腐朽而侵染心材的情况，这种情况则很难从外部观测发现，有的树木树干腐朽已十分严重但生长依然正常，故需要采取一些特殊的方法来诊断。

根部发生腐烂向树干上部蔓延导致心材腐朽的情况经常发生在大树、老树上，在检查时一般首先检查树干基部是否有损伤，然后挖土检查主要侧根的完好程度，如果有机械损伤或断根需特别检查是否有腐朽并向树干蔓延的情况。

（2）**真菌子实体观测** 树干生长有真菌的子实体常常指示树干的腐朽，而出现连续生长的几个子实体则指示发生较大范围的腐朽。鉴定树干真菌的种类十分重要，因为不同腐朽菌侵染的能力以及侵染的部位不同，有的真菌对树种具有专一性。心材腐朽真菌在少氧的情况下能正常生长，因此在几乎没有伤口的情况下同样能产生大范围的腐朽。针叶树种的树干心腐一般只局限在树干部位，但阔叶树种的心材腐朽可蔓延到侧枝，使得分枝部位强度明显降低。

树种不同、侵染的真菌不同，树木腐朽的情况有很大的差别。树种的不同解剖特性在一定程度上决定了因腐朽而造成的物理性质和强度的不同变化；同样，不同种类的真菌，其形态特征不同，降解木材细胞壁的生化系统各异，产生的结果也不同。例如，山毛榉因感染*Meripilus giganters*后造成的腐朽经常和根盘的衰退相关，而*Fistulina hepatica*引起英国栎的腐朽却很少发生类似的现象。另外，不同真菌感染不同的树种，如*Inonotus hispidus*经常感染核桃和白蜡，而不感染英国梧桐。

2. 直接诊断法

（1）槌击听声　用木槌或橡皮槌敲击树干听其声音的变化，可诊断树干内部是否有腐朽、空洞或判断树皮是否脱离，对已发生严重腐朽的树干效果较好。该方法需要有经验，但却是真正意义上的无损伤探测。

（2）生长锥观察　用生长锥在树干上钻取一段横断面木材，直接观察木材是否有变色、潮湿区等腐朽情况，也可把抽出的纤维通过实验室培养来确定是否有真菌寄生。该方法适用处于腐朽早期或中期的树木，当然如果采用实验室培养的方法，则可在腐朽的初期就做出有效的诊断。其主要缺点是造成新的伤口、增加感染的机会，不宜用于珍贵的古树名木检测。

（3）电钻探孔　用钻头直径3.2 mm的木工钻在检查部位钻孔，根据钻头进入时感觉承受到的阻力差异以及钻出的粉末色泽变化来判断木材是否有腐朽发生，也可以取样做实验室培养。该方法适用于达到中期腐朽程度的树木，但需要有经验的人员来操作。缺点同生长锥观察法。

3. 仪器探测法

（1）Resistograph仪器探测　Resistograph仪器是用于探测树干内部腐朽情况的便携式仪器。原理是通过电动机把直径1.5～3.0 mm的钻头匀速钻入树干的木质部（20～60 cm/min）；钻头穿透树干时遇到的阻力用相连的仪器记录并以图表曲线打印或输入计算机，针头遇到的阻力差异反映了木材性质的变化，通过与标准曲线的比较则可测得处于不同腐朽阶段的部位、程度、是否有裂纹等方面的信息（图7-11）。

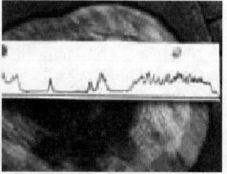

图7-11　Resistograph仪器（左）及记录曲线（右）

该仪器已有商业化生产，效率高、损伤面小，使用比较方便。由于采用的钻头直径小，因此对树木的伤害程度不及应用生长锥；但对已发生腐朽的树干来说情况可能不同，因为钻头在穿透树干腐朽部位时，会导致对原来隔离层的伤害而将真菌的菌丝体带入健康组织从而造成侵染范围扩大。

Laurence等曾对美国加利福尼亚州的桉树和榆树这两种主要城市树木，采用上述两种方法来探测并和实验室解剖研究比较。结果表明，Resistograph 仪器不适于探测木材腐朽早期（木材重量损失小于 20%）至中期阶段的树干，而适用于腐朽中期至后期的树木（木材重量损失大于 20%）。Resistograph 仪器的探测精度，桉树为 85%，榆树达到 100%；采用电钻的方法前者为 73%，后者为 81%。

（2）Fractometer 仪器探测　Fractometer 仪器是德国生产的可在野外应用的便携式仪器，和上述 Resistograph 仪器不同的是：必须用生长锥在树干上取出一段木芯，把木芯置于仪器上部固定，通过调节对木芯的压力使其弯曲、断裂，同时测量其径向抗弯、抗裂强度以及断裂的角度，来量化判断木材腐朽程度（图 7-12）。在木材褐腐的初期，真菌分解木材的纤维素但木质素依然存在，木材仍有刚性但比较脆。如白腐的早期，真菌分解的是木质素，木材刚性弱但仍有一定的韧性。该仪器就是通过测定这些变化来确定其腐朽类型，如果测定的木芯有较

图 7-12　Fractometer 腐朽探测器

大的缺裂角度和较低的破裂强度，则表明为白腐；如果有较小的断裂角度和较低的破裂强度，则为褐腐。

（3）应用声波技术探测　树木质量及安全性的无损检测方法已经成为城市林业管理中重要的检测方法。电钻式电阻检测方法可提供高精度的相对密度剖面，但只是相对于钻点来说有比较高的分辨率；近年来国外开发了运用声波传输时间技术（transmission time technique）探测活立木树干内部腐朽的仪器。基本方法是在树干的一侧用手锤敲击，另一侧通过接收、测量声波传输的时间来探测树干内部的情况。基本原理是通过树干的纵波（介质粒子在波前进方向振动的波，如声波）速度因树干的强度和密度而有变化，测量其传输的速度即可探测树干内部是否有腐朽或空洞存在。即使在树干腐朽的早期阶段，也由于木材强度性质的变化而降低声波在木材中的传播速度，北京、上海已开始应用来检测古树名木的树干内部情况。

应力波的速度取决于木材的空间结构状况，许多研究表明应力波的传播时间取决于树种本身及其他因素，运用不适当的数学分析模块及不适当的分析方法来分析木材的质量及树干的内聚力将导致严重的后果。这一技术目前已基本成熟，主要有两种商业性仪器：一为 FAKOPP 微秒计，由匈牙利大学木材 NDT 研究室开发的应力波木材无损检测仪（stress-wave timer）；另一种为德国生产的 Picus 弹性波树木层面图像诊断仪。

Picus 应用相对声速，系统有 8~12 个传感器可围绕树干安装，每个传感器尖端有金属针头打入观察点的最外层年轮，用手锤敲击安在树干上的金属钉（手锤有磁性线与仪器连接，准确记录发出声波的时间），分布在树干不同位置的传感器记录接收声波传播的时间，根据由专用工具测得的传感器之间的直线距离可计算得到声波在树干木质部传送的速度，并与电脑连接通过专用软件绘制图形（图 7-13）。树干检测断面的木质部情况在层图上以不同颜色的区域显示，黑色或褐色指示声波传送速度较快的断面，紫色及蓝色区则表示声波传送相对较慢，绿色处于中间并可指示有真菌感染；树干出现的裂缝在仪器上显示比实际宽度要宽。但该仪器不能区别腐朽与空洞，在层面图中两者均表现为灰蓝色或白色。

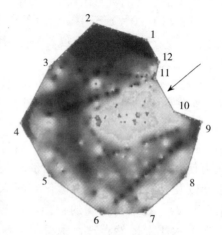

Picus 围绕树干安置的传感器　　　　树干断面不同颜色显示腐朽程度

图 7-13　应力波木材无损检测

第三节　园林树木的损伤修复

城市树木因自然灾害、人为伤害、养护不当而致使损伤的现象时有发生，对于损坏严重、濒于死亡等容易构成严重危险的树木可伐除，但对于一些有重要价值的古树、名木以及损坏程度不足以致死的大树，应积极采取各种补救措施来延续其生命。

一、树木损伤治疗

树木受到损伤后，在木射线与年轮之间因化学物质的改变及新细胞的形成，伤口周围形成分隔来限制伤口的扩大，这个过程称为隔离。一般情况下，修剪侧枝时伤及树干组织，病腐菌容易侵入；树枝因折断、修剪或枯死而留下的残桩常常发生变色及腐朽，腐朽部位被树干产生的阻隔所终止。树木伤口不能治愈恢复到原来的状态，但往往在伤口的外面可被愈合的树皮覆盖。

（一）伤口发生

树木伤口能否被树皮包覆，主要取决于伤口的位置、受伤的时间、暴露的组织及其面积。

1. 损伤发生时间　Neely（1970）认为，如果损伤发生在生长期初，此时维管形成层连接着木质部不会很快干燥，因而在一个生长季内树皮就可愈合（小伤口）；在暴露的木质部上即使只有少许形成层组织残留下来，在木质部也有足够的射线薄壁细胞分生而形成伤口材覆盖伤口。木质部生长最旺盛的时候，伤口的愈合也最快；树干基部接近生长旺盛的根部，其愈合速度也快。

Neely 研究白蜡、皂荚、栎树等发现，在春、夏、冬季受伤的伤口愈合很好，但在秋季受伤的伤口愈合速度要慢 30％；春季形成的伤口，在其后的第一个生长季中愈合面积要比夏季造成的伤口快 6 倍；夏季及秋季形成的伤其周围的树皮易发生死亡，特别是皂荚的秋季伤口更易受腐朽菌的感染，因为此时正是各类真菌孢子成熟释放的时间。有些微生物能保护伤口免受病腐菌的侵染或至少延迟其侵染。据 Shortle 研究发现腐朽菌侵入红槭伤口可延迟 2 年，因此有时对伤口采取消毒措施并非有利。另外，树木的伤口处于干湿交替的环境条件下更容易发生腐朽。

2. 树干钻孔损伤　园林树木养护管理中，经常因各种原因在树干上钻孔。有时是维护的需要，如注射营养液、农药、生长调节剂以及加固穿孔等，但也有一些人为的破坏性钻孔现象。树干钻孔，特别是孔径大、深孔，可能造成树干腐朽，影响树木生长。

许多研究结果表明，单在树干上钻孔很少影响树木长势，但如果伴随化学物质的处理过程则常常发生损害树木的现象。据 Shigo 等研究，在红槭、白栎、核桃树干上钻孔（孔径 5 mm、孔深 18 mm），不做化学处理，一年后极少数发生木材变色和形成层死亡现象；但钻孔施用化学药剂，则在孔壁周围出现变色区，同时形成层死亡。美国榆树在钻孔区的木材变色与施用控制荷兰榆树病菌的农药有密切关系，几乎一半的树木出现问题。Shigo 等建议，如果必须在树干钻孔，应该注意钻小孔、浅孔，孔的边缘切口整齐，尽量使钻孔靠近树干的基部；如在一个树干上需连续钻孔，相邻两个孔至少应相距 50 cm，且错开纹理；减少钻孔的数目和延长钻孔的间隔期，在同一株树上应间隔 3~5 年为好。

（二）伤口处理

树木不可避免会形成各种伤口，需及时采取有效措施，将伤口危害降低到最小的程度。

1. 清理伤口　一般习惯在清理伤口的同时对伤口的形状加以整理，如修去伤口周围的树皮使伤口形状变得规则；但许多研究认为这不利于伤口的愈合，应尽量保留活的树皮。如果需要对伤口整形时，不要随意扩大伤口。修理伤口必须用快刀，除去已翘起的树皮，削平已受伤的木质部并尽量避免出现锐角，使形成的愈合比较平整，可减少病虫的隐生场所。

据 Neely 对伤口形状的研究，圆形、椭圆形伤口有利于有机物质在伤口周围边缘的传输，加快伤口的愈合。他把具有垂直侧边（与木材纹理平行）、突出侧边、凹进侧边的伤口进行比较，发现其愈合的速度前两者分别是后者的 50% 和 25%；有突向伤口的活树皮能加速伤口的愈合。

2. 伤口表面涂层保护　理想的伤口保护剂应能保护木材，防止病腐菌的侵染，同时能促进伤口的愈合。Shigo 等用沥青、聚氨酯、虫胶清漆涂抹红槭和美国榆树的伤口，发现对变色及腐朽的木材在垂直方向上的蔓延没有影响；对伤口的愈合也不产生作用。但 Kielbaso 用 Fongisil、Lac - Balsam 和 Ortho 涂抹剂来处理树木的修剪伤口，发现白蜡的伤口愈合速度是对照的 1.5 倍；Lac - Balsam 是欧洲生产的一种树脂乳剂，对树木伤口的愈合有刺激作用。我国目前多数采用在修剪伤口表面涂抹沥青、杀菌剂，以减少病虫害的侵入机会，保护伤口。

3. 树皮受损修补　在春季及初夏的形成层活动期，树皮极易受损与木质部分离，可采取适当处理使树皮恢复原状。如发现受损树皮与木质部脱离，应立即采取措施保持湿度，小心从伤口处去除所有撕裂的树皮碎片，重新把树皮覆盖在伤口上用铁钉（涂防锈漆）或强力防水胶带固定，并用潮湿的布带、苔藓、泥炭等包裹伤口避免太阳直射。处理后 1~2 周可打开覆盖物检查树皮存活、愈合情况，如果已在树皮周围产生愈伤组织则可去除覆盖，但仍需遮挡阳光。

当树干受到环状的损伤时，可以采用树皮补植技术，使上下已断开的树皮重新连接恢复传导功能，近年来时常用于古树名木的复壮与修复中。第一步清理伤口，在伤口部位铲除一条树皮形成新的伤口带，约宽 2 cm、长 6 cm。第二步在树干的其他部位切取一块树皮，宽度与上述新形成的伤口宽相等但长度略短。第三步把新取下的树皮覆盖在树干的伤口上，用涂过防锈清漆的小钉固定。第四步重复上述过程，直到整个树干的环状伤口全部被移植的树皮覆盖。处理过程中要保持伤口的湿度，然后用湿布等包裹移植树皮，上、下覆盖 15 mm；再在外面用强力防水胶带扎紧，包裹范围应超过内层材料上下 25 mm。上述处理 1～2 周后移植的树皮可以愈合，形成层与木质部重新连接（图 7 - 14）。

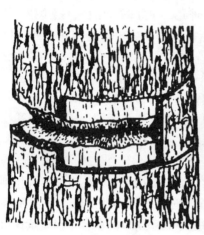

图 7 - 14　树皮移植　　　　　图 7 - 15　树洞处理

（何小弟摄）

4. 树洞处理　树洞多因木质部腐朽造成，树洞填补、清理方法的运用，完全取决于树种、树木的重要性以及树木年龄、生长情况和树洞的大小、位置。具有历史和景观价值的古树名木等重要树木，树洞也许正是其价值的一个方面，对此树洞的处理应成为养护的主要内容。但对另外一些严重影响树木安全的树洞，则应首先考虑其安全性处理。

树洞处理一般采用清理、消毒、支撑固定、密封、填充、覆盖等来终止树木进一步腐朽，在表面形成愈伤组织保护树木（图 7 - 15）。这些处理技术并未得到有效的科学和实践证明，相反有许多研究表明目前采用的一些树洞处理方法实际上是有害的。例如，彻底除去被病腐菌感染的木质部是不可能的，事实上可能损伤了腐朽部位附近已经形成的分隔带，促使病腐菌进一步感染新的部位；有的处理改变了原来的条件，造成干湿交替的环境更利于腐朽菌的繁殖生长。大多数的树艺学家认为，用水泥、石块等填补树洞对树木的生长与健康并不产生影响。Lawrence 等认为，从树木结构、健康的观点出发，最合理的处理措施是保留树洞的现有状态；而最有效的措施是改善树木的健康状况，促其旺盛生长，同时对其树冠、侧枝进行修剪，以减轻树干承受的重量；为了避免由树洞而引起火灾，可采用网状材料将其覆盖，保持树洞的通气，也便于检查。

如果必须要对树洞进行处理，则建议采用如下方法。首先去除所有腐朽的木质部，形成一个光滑平整的表面，注意不要伤及健康部分；清理树洞的底部并干燥处理，如必要可用喷灯干燥；应用的填充材料应具有无毒性、耐用性、柔韧性以及防水的特点，不会伤害树木的生长。水泥是刚性的材料，不防水、过重，难以去除，只能用于小洞的填补；沥青（洞体小）、沥青与沙的混合物，性能优于水泥，比较适用于基部呈袋状的树洞；聚氨酯泡沫材料使用方便，具重量轻、无毒性、柔韧性较好、树洞中的水分容易排出等优点，明显优于其他的常用材料。

二、树木损伤加固

树木损伤修复的主要办法有钢索悬吊、杆材支撑或螺栓加固，特别对古树名木等具有十分重要的价值。悬吊是用单根或多股绞集的金属线、钢丝绳在树枝之间或树枝与树干间连接，或把原有树枝承受的重量通过悬吊的缆索转移到树干的其他部位或另外增设的构架上，以减少树枝的移动下垂，降低树枝基部的承重。支撑的作用与缆索悬吊基本相同，它是通过支杆从下方、侧方承托重量来减少树枝或树干的压力。加固是栓箍已劈裂的主干、大枝，或把脱离原来位置的枝干铆接归位。

（一）悬吊、支撑

采用悬吊、支撑的方法可减少树木潜在的安全威胁，但必须根据树枝的强度和长度、提供支撑点的可能性、受力点间的距离以及经常发生的恶劣天气条件等具体情况而定。

1. 操作要领 据 Richard Harris 等研究，为了能有效地实现目的，应该考虑以下几点：

① 操作前应对工作对象进行一次全面检查，确定其结构状态是否适合采用悬吊或支撑。例如，对于树体过大、树枝过长、重量过大的树木，要慎重采用悬吊和支撑的方式；树干或树枝有较大范围腐朽的树木，就不适合采用悬吊或支撑方式。

② 根据树体的结构确定合理的受力点，如果能通过力学计算则可靠性更大。

③ 进行一次全面的修剪以减轻树枝的重量，也可适当截短树枝以与树冠的体量平衡；对于具有重要景观价值的树木更要全面考虑。

④ 定期检查使用的悬吊、支撑设置，若拉索、支架出现过紧或过松的情况，应及时调整以确保最合理的拉力；检查支撑物与树体的接触处是否有损伤树皮的情况发生，采取适当的防锈处理等。

⑤ 定期检查被处理树木的生长状况，因为树冠大小、重量分布、侧枝与主干的连接等在生长过程中发生变化，需及时做出必要的处理。

2. 缆索悬拉 缆索悬吊或拉固是一种韧性结构，必须根据树体结构选择适合的形式。吊索在树干或树枝上的固定位置十分重要，美国树艺学会制定的标准指出，吊索固定的位置一般约在树枝、树干的 2/3 处或以外；当悬吊一个近于水平、脆弱的侧枝时，吊索的固定点应尽可能位于侧枝的先端，以使吊索和枝杆形呈 45°夹角；为了使被吊拉的树枝有更大幅度的摆动、震动，可在钢索中加一个压缩弹簧以增加缓冲性。

3. 硬物支撑 主要采用杆、架等刚性的物体来承托、支顶下垂的树枝、倾斜的树体，使支撑物与树体构成一个刚性的结构。常用金属管、角铁、U 形支架、原木等硬质材料作为支撑物，必须注意不损坏受力点的树皮。

4. 缆索、支杆的连接固定 一般采用分成两半圆的铁箍件，通过螺栓夹固便于调整松紧；铁箍内口的直径略大于需悬吊的树枝或作为支点的树干直径，固定时必须在金属箍与树皮之间垫衬橡胶垫等软质材料，以免损伤树皮。箍上附有一个圆环，以便连接吊索或支撑杆

（图 7 - 16）。

栓箍　　　　　　　　　　拉杆　　　　　　　　　　撑柱

图 7 - 16　树木损伤加固

（何小弟摄）

（二）悬吊与支撑的力学计算

1. 悬吊的拉索受力计算　如图 7 - 17 左所示，假设悬拉的树枝主要处于弯曲负载状态，其最大的承受力 M_F 可用下式计算（只适用于拉索与被拉的树枝呈三角形的受力）。

$$M_F = \sigma_F \times \frac{\pi}{4} \times R^3$$

式中，R——树枝半径；

　　　σ_F——树木鲜材的抗弯强度。

由拉索提供的拉力 F_r 和作用的距离 l，拉索承受的拉力等于：

$$F_R = \sigma_F \times \pi \times \frac{R^3}{4 \times l}$$

图 7 - 17　吊索与支杆的受力计算

（引自 Mattheck，2002）

2. 支撑的力学计算　如图 7-17 右所示，用支杆来支撑倾斜的树干，支杆承受的压力能抵抗树干基部的折断力。受力计算如下：

$$M_F = F_B \times l = \sigma_F \times R^3 \times \frac{\pi}{4}$$

$$F_B = \sigma_F \times \pi \times \frac{R^3}{4 \times l}$$

$$F_R = \frac{F_B}{\cos\alpha}$$

式中，F_B——作用于树干的矩形方向的垂直力，相当于树干基部折断所需要的负载；

　　　F_R——支杆顶向树干方向的压力，随 α 角的增大而增加，是支杆规格需考虑的负载。

（三）螺栓夹固

有的树木分枝角度过大、树冠过于开张、主侧枝与树干或两大主枝间有夹皮现象等，虽然在基部没有伤裂，但在承受较大的树冠重量时，如遇强外力影响则容易发生折断。遇到这类情况，对具有重要景观价值的树木可采用螺栓夹固的方法加固。

使用时应注意，树体上的钻孔直径应较螺栓直径大 1.5 mm；螺帽加垫处的树皮应除去，选用圆形的螺帽垫；夹固的树干外表处应涂保护剂，暴露的螺帽等应涂防锈剂（图 7-18）。

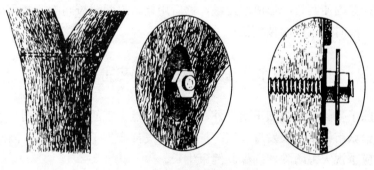

图　7-18　树体的螺栓固定

（引自 Harris，et al，2003）

1. 夹固螺栓的安置位置　Lawrence 等认为，螺栓应在分枝连接处的下方；Mattheck 等则建议，合适的位置在基部裂纹以上 10 cm 处；而美国树艺学会提出，螺栓的安置可在两枝的连接处往下到裂纹基部的部位。如果侧枝直径较大，可用平行的双螺栓来加固，但两个螺栓应位于相同水平面上，其间距约为树干或树枝的半径，应掌握在 12.5～45 cm，如是特大的树枝可在同一水平面上加用第三根螺栓。如果有腐朽现象，则应用双螺帽，两个螺帽间要加垫；随着树木直径的生长，夹固的螺栓其原来外裸的螺帽包入新生长的木质部，树干外部不再能见到（图 7-19 左）。

2. 纵向劈裂的树干或树枝夹固　沿树干纵向劈裂的现象在低温地区时常发生，通常是由于冬季冰冻造成的，一般在气温回暖后裂口可减小，但如不断发生类似的情况会对树木带来严重的影响，可采用纵向排列的螺栓来夹固。处理时夹固螺栓的排列不应与树干纵向纹理一致，螺栓的排列应错开，不能纵向呈一直线，螺栓的间距应保持在 30～40 cm；经此处理的树干或树枝其柔韧性大大降低，因此在评价树木的安全性时必须考虑这个因素（图 7-19 右）。

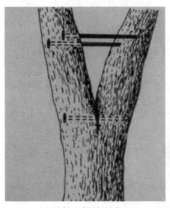

平行双螺栓固定　　　　　　　　纵向劈裂的树干固定

图 7 - 19　螺栓固定应用

(引自 Harris, et al, 2003)

3. 过于接近的摩擦枝夹固　如两个侧枝或主干与侧枝过于靠近造成摩擦，则容易损伤树皮并进一步造成木质部的深度损伤，一般情况下应去除其中一个，但如必须保留则可用螺栓将其固定在一起或用支杆将其撑开。采用螺栓固定应在春季进行，处理前将摩擦处的树皮除去，再用螺栓穿固使两枝的形成层接触，然后用蜡密封两树枝间的接缝及螺帽的周围以免形成层失水，一段时间以后两枝生长在一起。

第四节　园林树木的灾害防除

城市树木除了受到人为强烈干扰之外，还受到自然灾害的影响，特别是近年来，异常天气出现频繁，给城市树木生长发育及其防护效益的发挥产生了严重影响。因此，在园林树木养护管理中，应重视灾害防除，确保其健康生长。

一、旱涝害

水分是树木生长不可缺少的条件，水分过多或不足，都会影响树木生长发育。我国各地都存在降雨不均的问题，南方地区降雨多集中在 4～8 月，部分地区多集中 6～8 月。在雨季，低洼地以及地下水位高的地段易排水不良，造成积水成灾，影响树木生长。树木受到涝渍危害时，早期呈现黄叶、落叶落果，树木根系呼吸受阻，严重时还会使根系窒息，腐烂死亡。如果涝渍时间长，皮层易剥落，木质变色，树冠出现枯枝，叶片失绿，甚至全株枯死。因此，在园林树木养护中，要做好排水防涝工作。常用的排涝方法有明沟排水和暗沟排水。在雨季，需注意检查绿地排涝设施，确保排水系统畅通，绿地和树池内积水不得超过 24 h，防止树木涝害。在地势低洼、排水不良的地段，选用耐涝性能强的绿化树种。

由于降雨分配不均，常出现树木生长季干旱缺水。树木在短期水分亏缺时，会出现临时性萎蔫，表现为枝梢、树叶下垂、萎蔫等现象，如果及时补充水分，树叶就会恢复过来，而长期缺水，超过树木所能忍耐的限度，就会造成永久性萎蔫，即缺水死亡。因此在养护管理中，应根据天气状况，注意观察土壤水分变化，及时灌溉，保持土壤湿润，以确保树木尤其是新植树木成活必需水分条件，必要时可采用树干、叶面喷水等措施进行抗旱养护。

二、雪灾与冻害

近年来，我国气候变化异常，经常出现持续低温天气，尤其是在南方出现强降雪、冻雨的天气，给城市树木造成不同程度的危害，甚至死亡。因此，需加强树木越冬管理，防止发生雪灾和冻害损伤树木。

（一）冻害及树木防护

冻害是树木因受低温伤害而使细胞和组织受伤，甚至死亡的现象。冻害多发生在温带地区，我国南方地区也时有发生，应注意预防。

1. 冻害类型与原因　冻害类型多样，其引起原因各异。

（1）冻旱　冻旱是一种因土壤结冻而发生的生理型干旱。在寒冷地区，冬季土壤结冻，树木根系难以吸收土壤水分，而地上部分蒸腾作用不断失水，体内水分平衡受到破坏而导致细胞死亡，枝条干枯，甚至整个植株死亡。常绿树木遭受冻旱的可能性较大。

（2）霜害　由于温度急剧下降至0℃，甚至更低，空气中的饱和水汽与树体表面接触，凝结成冰晶，使幼嫩组织或器官产生伤害的现象称为霜害。根据霜冻发生时间及其与树木生长的关系，可以分为早霜危害和晚霜危害。早霜又称秋霜，是由于低温出现时间早，树木小枝和芽尚未充分木质化而遭受危害。晚霜又称倒春寒，是因为树木萌动以后，气温突然下降至0℃或更低，导致树木芽、叶萎蔫，甚至死亡。

（3）冻裂　冻裂是指树木主干在气温低且变化剧烈的冬季受冻后形成纵裂，树皮呈块状脱离木质部或沿裂缝向外侧卷折。冻裂一般不会直接引起树木的死亡，但是由于树皮开裂，木质部失去保护，容易招致病虫，特别是木腐菌的危害，不但严重削弱树木活力，而且造成树干的腐朽形成树洞。一般落叶树比常绿树更易冻裂，孤植树木比林植树木更易冻裂，生长盛期的树木比幼树或老龄树木易受害。

（4）冻拔　在纬度高的寒冷地区，当土壤含水量过高时，土壤冻结并与根系连为一体后，由于水结冰体积膨胀，使根系与土壤同时抬高。解冻时，土壤与根系分离，在重力作用下，土壤下沉，使苗木根系外露，似被拔出，倒伏死亡。冻拔的发生与树木的年龄、扎根深浅有很密切的关系。树木越小，根系越浅，受害越严重，因此幼苗和新栽的树木易受害。

（5）冻害　当温度降到0℃以下使植物体内结冰，严重时导致质壁分离，细胞膜或细胞壁破裂，导致组织死亡。冻害发生的原因多数情况下是由于持续低温，特别是温度急骤下降，植物缓冲时间过短，受冻害尤为严重。低温持续的时间越长，树木受冻害越严重。此外，树木自身状况、生长环境与冻害发生有一定关系。通常情况下，移栽时间短，特别是当年秋冬季刚移栽的树木更易受冻；长势强壮的树木受害较轻，树龄大的树木以及乡土树种更耐寒抗冻。

2. 冻害防护措施

① 贯彻适地适树的原则，选择抗寒力强的树种，并加强养护管理，提高树体内营养物质的储备，可促使枝条及早停止生长，有利于组织充实，从而能更好地御寒。同时注意栽植防护林和设置风障，改良小气候条件，预防和减轻冻害。

② 加强树体保护，适时冬灌、培土、覆土和灌"春水"，可有效防止冻害。一般在土壤封冻前浇 1 次透水，对树木进行培土、覆土，可防止树木根颈和根系冻伤，也能减少土壤水分的蒸发。灌"春水"一般在早春进行，可减小地表昼夜温差，避免春寒危害。对于一些抗冻性较弱的树种，特别是新栽树木，在冬季来临前，用草绳包裹树干、树冠，可起到很好的御寒效果。对于低矮的灌木树种，还可覆盖塑料薄膜防寒，需注意，覆膜前要灌透底水。另外，树干涂白，用石灰水加石硫合剂对枝干涂白，可减少早春树体对太阳辐射的吸收，防止树体温度快速提升，能有效防止树体遭遇早春回寒的霜冻，同时能杀死一些越冬病虫害。

③ 架设风障，为减轻寒冷干燥的大风吹袭造成树木冻害，可在树木的上风方向架设风障以御寒。防风障材料可就地取材，选用高粱秆、玉米秆或芦苇捆编成篱，其高度要超过树高，用木棒、竹竿等支牢，以防大风吹倒。

（二）雪灾及树木防护

雪灾是温带地区最为常见的自然灾害，在我国南方地区也时有发生，2008 年初我国南方广大地区就遭遇了 50 年一遇的特大冰雪灾害，造成了巨大经济损失。

为了有效防止冰雪灾害，在城市绿化树种规划和绿地建设中，应尽量选用抗雪压性强的乡土树种。不同树种合理配置，能够有效减小雪压造成的损害。另一方面，应关注天气预报，如有大雪天气，要及时做好预防工作。对于具有重要价值的古树名木，在暴雪天气来临前，搭架支撑，防止雪压。同时，及时组织人力清除树冠积雪，防止压折枝条及造成局部冻伤引发病害。

（三）灾后养护

树木受害后，通常表现生长不良，因此加强养护极为重要。应及时采取有效措施，促进受害树木恢复生长，为此需加强肥水管理，在树体得到一定恢复后，修剪受害部分，剪除枯死的枝条，并注意伤口保护。同时，对受冻造成的伤口，应及时涂白剂预防日灼，并做好病虫害防治工作。

三、风　害

风害是重要的自然灾害之一。强风吹袭可引起树木落叶（非正常落叶）、折枝，更有甚者则造成树干折断、树木倒伏，从而给城市设施、财产造成损失，甚至给居民人身安全带来危害。近年来，我国沿海地区频繁遭遇强台风影响，城市树木受到严重破坏。因此，在城市树木管理中，对风害应予以足够的重视。

在风害严重的地区，要注意在风口、风道等易遭受风害的立地环境选择抗风力强的绿化树种，并适当密植，采用低干矮冠整形。还要根据当地特点，设置防护林（带），降低风速，免受损失。

在管理措施上，应根据当地实际情况采取相应防风措施，如排除积水、改善绿地土壤、适当深植、合理修枝控制树形、设立支柱、设置风障等。特别是频繁受到暴风影响的地区，需要强化树木支撑，保证树木在强风吹袭时少受害、不受害。

对于遭受大风危害，折枝、伤害树冠或被刮倒的树木，要根据受害情况及时维护。首先要对风倒树及时顺势扶正，培土，修去树冠中部分或大部分枝条，并立支柱。对难以补救者应加以淘汰，随后重新换植新株。

四、热　　害

热害是指高温对植物的危害，由太阳辐射热引起的一种气象灾害，表现为日灼和干旱。

日灼是植物受高温危害的一种生理性病害，在我国各地均有发生。树木的日灼因发生时期不同，可分为冬春日灼和夏秋日灼。冬春日灼实质上是冻害的一种，多发生在寒冷地区的树木主干和大枝上，而且常发生在日夜温差较大的树干的向阳面。在冬天白天太阳照射枝干的向阳面，使其温度升高，而夜间的温度又急剧下降，冻融交错使树木皮层细胞受破坏而造成日灼。夏秋日灼与干旱和高温有关。由于温度高，水分不足，蒸腾作用减弱，致使树体温度难以调节，造成枝干的皮层或果实的表面局部温度过高而灼伤，严重者造成局部组织溃疡腐烂、死亡；枝梢和树叶出现烧焦变褐现象。

热害的防止措施：夏季天气干旱时，应适时灌水，保证叶片正常进行蒸腾作用，可防日灼，灌水宜在清晨或傍晚进行。其次是遮阳保护，为防止树体过度失水，在夏季高温时间应用遮阳网遮阳（尤其是新植树木）；定期给树木喷水，补水降温。再者，还可给树木喷洒抗蒸腾剂，抑制蒸腾失水，维持树木水分平衡。树木枝干涂白，以缓和树皮温度骤变，亦是防止日灼的有效措施。

伤害管理：发生日灼时，为防止病菌侵染危害，可喷 2％石灰乳，也可在喷波尔多液时，增加石灰量。

五、融　雪　剂

冬季降雪，路面结冰，给道路交通带来不便，也给人们出行带来了安全隐患。为了消除降雪带来的影响，各地在大雪期间使用融雪剂，减少路面积雪结冰，虽然缓解了交通负担，但对生态环境造成了一定的影响。早在 2002 年，北京就出台了我国第一个关于环保型融雪剂的地方标准。2008 年 2 月 20 日，全国绿化委员会、国家林业局紧急下发了《关于防止使用融雪剂造成树木危害的紧急通知》，要求高度重视融雪剂的使用对环境和树木可能带来的次生灾害隐患。融雪剂使用的安全性受到了人们的重视。

（一）融雪剂的种类

融雪剂主要分为两大类：一类是以醋酸钾为主要成分的有机融雪剂，这类融雪剂融雪效果好，腐蚀损害程度较低，但价格昂贵；另一类是氯盐类融雪剂，包括氯化钠、氯化钙、氯化镁、氯化钾等，通称作工业盐，其最大优点是价格低廉，仅相当于有机类融雪剂的 1/10，这类融雪剂对绿化植物的损害非常严重。

（二）融雪剂的危害

主要是造成道路两侧树木盐害，一方面是盐雪水对树木的直接伤害；另一方面可能引发土壤次生盐碱化，导致土壤性质恶化而间接影响树木生长。造成树木盐害的直接原因有如下几种：①人为地将道路上的盐雪堆积在绿地里。②撒盐后的盐雪，在融化的过程中，过往的车辆将盐水飞溅到树上和绿地内。③盐雪水由道路路牙缝隙渗入土壤深处树木根系。

高浓度盐雪水洒落在树木上，会引起直接伤害，造成组织脱水，破坏体内水分平衡，严重时导致坏死。土壤盐分过多，会使植物根际土壤溶液渗透势降低，从而给植物造成一种水逆境，使植物吸水困难，抑制生长。高盐浓度还会使植物体内积累有毒的代谢产物，如胺、氨等的积累，致使植物生长不良，毒素积累是盐害的重要原因。

（三）防护措施

为了防止融雪剂的不利影响，应采取综合防治措施。

1. 严格控制融雪剂使用　冬季暴雪时，全民动员，以人工和机械除雪为主，尽可能减少融雪剂使用范围，严格控制使用量，尽量避免把融雪剂直接撒入树池或绿化带内。施撒融雪剂的区域应距车行道外侧路牙 1.5 m 以上；禁止将含有融雪剂的积雪堆放在绿地、树池及融化后有可能影响植物生长的其他地方。

2. 提倡环保除雪　在道路上撒炭渣、粗沙、树枝渣等物质来防滑，这些渣类物质多深色，利于吸收太阳辐射热，提高地面温度来融雪。使用后的炭渣和树枝渣可以放入道路边的绿地中，有利于改良土壤，增加土壤肥力，没有污染。

3. 更换污染土壤　受到融雪剂大量污染的地段，为防止盐水下渗危害树木根系，必要时应更换土壤，换土深度应达 20 cm 以上。

4. 受害树木养护　对受害地段树木进行喷水、灌溉洗盐，降低土壤中盐分浓度；修剪受害树木，受害严重的树木可行截干，促其萌芽生长；深翻土壤，增加通透性，防止表土盐分积累；适当追肥，促进生长。

六、火灾与雷击

（一）火灾

火灾是森林大敌，大火能直接烧毁树木、地被物以及土壤生物。因此，在城市园林建设中应重视防火，特别在园林绿地规划中，应重视防火规划，绿地建植中注意选用防火能力强的树种。防火树种不仅具有防火功能，也同样具有卓越的绿化、美化、净化人居环境的功能。防火树的叶层，可有效地阻挡热辐射传导。其阻挡功能的强弱，因不同的树形、叶形、叶片密度和分布状况而异。试验证明，种一行桧柏，可阻挡 90％的辐射热，如果种植三行，可阻挡 95％以上的辐射热传导。通常情况下，种植行数越多，挡热功能越强。

火灾预防措施：①科学选用防火树种，形成防火隔离带。防火性能强的树种有罗汉松、柳杉、山茶、海桐、冬青、八角金盘、女贞、黄杨、珊瑚树、槐树、三角枫、樱桃、银杏等。②加强防火管理。做好防火宣传，强化防火意识，旅游景点重点防范，严禁携带火种入林。③秋末冬初，清除枯叶，割去杂草。

（二）雷击

据统计，我国每年至少有数百株树木遭受雷击伤害，轻者局部烧焦，重者整个树干劈裂、烧毁，导致死亡。通常体形高大的树木、空旷地的高大孤立木以及湿润土壤或沿水体附近生长的树木较易遭受雷击。

1. 雷击伤害的症状及其影响因素

（1）**伤害症状**　树木遭受雷击后，树皮可能被烧伤或剥落，树干木质部可能完全破碎或者烧毁。有时内部组织被严重灼伤而无外部症状，部分或者全部根系可能致死。

（2）**影响雷击伤害的因素**　树木遭受雷击的类型和伤害程度差异很大，这不受负荷电压大小的影响，而且与树种及其含水量有关。据调查，水青冈、桦木、七叶树等阔叶乔木树种很少遭受雷击；而银杏、皂荚、榆树、槭树、栎树、蓝果树、鹅掌楸、松树、杨树、云杉等树种比较容易遭受雷击，其内在原因尚不清楚。一般认为与树木的组织结构及其内含物有关。如水青冈、桦木等木材中含油脂，是电的不良导体，不易遭雷击；而槭树、栎树等木材淀粉含量多，是电的良导体，因此易遭雷击。

2. 雷击伤害的防治　对于生长在易遭雷击位置的树木和高大、孤立的珍稀古树与具有特殊价值的树木，应分别安装避雷针，消除遭受雷击伤害的隐患。应有专业人员负责安装避雷针，垂直导体应沿树干用铜钉固定，导线接地端应连接在几个辐射状排列的导体上，这些导体水平埋置于地下，并延伸到根区以外，再分别连接到垂直打入地下约 2.4 m 的地线杆上。每隔几年应该定期检查一次避雷系统，并将顶端延伸至新梢之上，进行一些必要的调整。

3. 雷击树木的养护　对于遭受雷击的树木应该及时进行检查，对受害程度进行评估。对内、外部组织和地下部分损害不太严重，尚有挽救可能的树木应及时采取措施，加以养护，促其恢复。

（1）树皮处理　如果仅仅是树皮的撕裂或灼伤，应切割至健康部分，进行适当的整形、消毒、涂以保护剂，防止感染、腐烂，如有条件可以施行植皮手术。

（2）外部加固　对于撕裂或翘起的树皮和边材可及时钉牢，并以麻布等物覆盖保湿，促进其愈合生长。

（3）枝条复位和修剪　对劈裂的大枝应及时复位加固，并适当修剪，对伤口进行修整、消毒并涂以保护剂加以保护。

（4）施肥灌溉　通过土壤或叶面喷洒的方法施用速效肥料，补充营养，配合灌溉以促进生长，加速创伤愈合。

复 习 思 考 题

1. 为何强调城市园林树木的安全性管理？
2. 造成园林树木安全隐患的主要原因有哪些？
3. 如何进行城市园林树木的安全性评估？
4. 树木腐朽有哪几种类型？各有什么特点？
5. 树木腐朽对其安全性有什么影响？
6. 如何科学诊断树木腐朽的状况及其安全性？
7. 树木受到创伤时，如何进行伤口的治疗和保护？
8. 树穴是怎样形成的？如何进行树穴处理，防止产生安全隐患？
9. 简述树体加固的常用方法。
10. 城市园林树木常见的自然灾害有哪些？如何防止？

第八章　古树名木的养护与管理

古树名木素有"绿色文物""活化石"之誉。我国幅员辽阔、历史悠久，古树名木资源极其丰富，其分布之广、种类之多、数量之大、树龄之长为世界罕见，是自然与人类历史文化的宝贵遗产，具有重要的科学、文化、经济价值。加强古树名木的保护，对于弘扬民族精神，普及林业科学知识，增强人们的绿化和环境保护意识，促进社会主义精神文明和物质文明建设都具有十分重要的意义。

第一节　古树名木的保护价值与现状

古树名木是指在人类历史过程中保存下来的年代久远或具有重要科研、历史、文化价值的树木。随着经济的迅速发展、社会文明程度的逐步提高，古树名木的价值逐渐被人们所认识，保护与管理古树名木的工作开始得到社会的广泛关注和重视。

一、概念与定义

《中国农业百科全书》的释义为：树龄在百年以上的大树，具有历史、文化、科学或社会意义的木本植物。

国家建设部 2000 年 9 月重新颁布的《城市古树名木保护管理办法》规定：古树是指树龄在一百年以上的树木，名木指国内外稀有的、具有历史价值和纪念意义以及重要科研价值的树木。古树名木分级为一级和二级（表 8-1）。

2007 年 4 月全国绿化委员会制定了《全国古树名木普查建档技术规定》，对古树名木的分级标准进行了界定（表 8-2）。

国家环保总局的界定为：树龄在百年以上的大树即为古树，而那些树种稀有、名贵或具有历史价值、纪念意义的树木则可称为名木。并有更为具体的进一步说明（表 8-3）。

古树、名木常一身二任，亦有名木不古或古树未名者，均应加以研究和保护。

表 8-1　国家建设部古树名木分级标准

级　别	标　准
一级古树名木	树龄在 300 年以上，或者特别珍贵稀有，具有重要历史价值和纪念意义，重要科研价值
二级古树名木	其余为二级

表 8 - 2　全国绿化委员会古树名木分级标准

级　别	标　准
一级古树	树龄 500 年以上（含 500 年）
二级古树	树龄 300～499 年
三级古树	树龄 100～299 年
名木	不分级

表 8 - 3　国家环保总局界定的古树名木分级标准

级别	古树		名木	
	种类或胸径（距地面 1.2 m 处干径）	树龄	种类	分级特征
一级	60 cm 以上柏树类、白皮松、七叶树 70 cm 以上油松 100 cm 以上银杏、国槐、楸树、榆树	300 年以上	树龄 20 年以上或胸径在 25 cm 以上的各类珍稀引进的稀有名贵树木；外国朋友赠送的礼品树、友谊树以及有纪念意义的树木	国家元首亲自种植
二级	30 cm、40 cm、50 cm 以上的树木	100～300 年		其他

二、保护与研究价值

　　古树名木是不可再生的自然与历史文化的宝贵遗产，是活的文物、历史的见证，是研究植物起源、演化和分布的实物资料，是研究气候、地理、水文、地质、园林史、古自然史等的主要素材，是风土民情、地域文化的载体等，可见，对古树名木实施有效的保护和研究具有十分重要的现实意义。

（一）古树名木的社会历史价值

　　我国古树名木不仅资源极其丰富，而且纵跨数朝历代，具有几千年的树龄。例如，我国传说中的周柏、秦松、汉槐、隋梅、唐杏（银杏）、宋柳都可作为我国悠久历史的见证（图 8 - 1）。如河北冉庄古槐，树龄约 1000 年。抗战时期悬钟报警，为我抗日军民传递信息，称为"消息树"，现虽已枯亡，但精神依然年轻（图 8 - 2）；又如北京颐和园东宫门内的两排古柏，在靠近建筑物的一面保留着火烧的痕迹，真实记录了八国联军侵华的罪行。可见，"名园易建，古木难求"，古树不仅具有重要的社会历史价值，有些也是开展爱国主义教育的重要素材。

图 8 - 1　陕西黄陵黄帝手植柏（前）、
汉武帝挂甲柏（后）

图 8 - 2　河北冉庄古槐
（孟庆瑞摄）

（二）古树名木的文化艺术价值

各地不少古树名木曾与历代帝王、名士、文人、学者紧密相连，或为其手植，或受其赞美，或留下诗篇文赋、泼墨画作，均成为中华文化宝库中的艺术珍品。嵩阳书院的"将军柏"，有明、清文人赋诗三十余首之多；而苏州拙政园文徵明手植紫藤（图8-3），历经500年，其茎蔓直径逾20 cm，枝蔓盘曲蜿蜒逾5 m，似乎解读着拙政园的过往和荣衰。旁立光绪三十年江苏巡抚端方题写的"文徵明先生手植紫藤"青石碑。名园、名木、名碑，被朱德的老师李根源先生誉为"苏州三绝"之一，具极高的人文景观价值。

图8-3　苏州拙政园文徵明手植紫藤
（孟庆瑞摄）

更有许多古树或被赋予了各种民间故事与人文传说，或有了某种感情意义，使当地的民间文化熠熠生辉。如北京孔庙大成殿前的古柏，名"触奸柏"，传说因明代奸相严嵩狂妄入孔庙而被柏枝打落乌纱帽而得名，成为树辨忠奸的一段佳话。

城市现代化建设中的拆迁改造，使众多古树的伴存生境和历史背景发生了巨大的变化，对其进行积极有效的保护利用，会使原有的历史典故和文化底蕴得以保存。江苏扬州雄踞文昌中路中心绿岛的1 200年树龄的古银杏保护则为成功的一例，既营造了古朴典雅的街心绿岛，又成为扬州文化的城标和灵魂。

（三）古树名木的景观价值

古树名木因其苍劲古雅、姿态奇特，成为名山大川、旅游胜地、名胜古迹的绝妙佳景，在园林中构成独特的景观，令中外游客流连忘返。北京太庙的古树有710多棵，树种为侧柏或桧柏，多为明代太庙初建时所植，少数为清代补种。其中最为高大的古柏为明成祖手植柏，也是太庙最为特别的古柏，此柏在8 m高的斜枝上长出，蔚为奇观，也被称为"树上柏"（图8-4）。

另外，黄山的"迎客松"、泰山的"卧龙松"，北京天坛公园的"九龙柏"、故宫御花园的"连理柏"（图8-5）、北海公园的"遮阴侯"以及戒台寺的"九龙松""自在松"等，均是世界奇观珍品、旅游佳景。

（四）古树在研究古自然史中的宝贵价值

古树是进行科学研究的宝贵资料，其中蕴藏着千百年来的气象、水文、地质、植被演变等资料。复杂的年轮结构和生长情况可反映历史气候的变化情况，对古树年轮的研究最终发展成树木年轮气候学。如北美的树木年轮学家通过对古树的研究推断出3 000年来的气候变化；我国学者通过对祁连山圆柏从1059—1975年的917个年轮的研究，推断了近千年气候的变迁情况。另外，通过古树可追溯树木生长、发育、衰老、死亡的若干规律。

（五）古树在园林树种规划中的参考价值

饱经沧桑、历时越代的古树多为乡土树种，对当地气候和土壤条件有很强的适应性。因此，古树是制定城镇树种规划的可靠依据，可推举为绿地系统规划的基调或骨干树种。如北

图 8-4　北京太庙"树上柏"
（孟庆瑞摄）

图 8-5　北京故宫"连理柏"
（何小弟摄）

京的古树中侧柏最多，说明侧柏经受了历史的考验，是北京的适生树种。上海古树中银杏、榉树占 40% 以上，可指导绿化树种的选择。

（六）古树在保存优良种质资源中的重要价值

古树是优良种源基因的宝库，它们能历经千百年的洗礼而顽强地生存下来，往往孕育着该物种中某些最优秀的基因，如长寿基因、抗性基因以及其他有价值的基因等，是植物遗传改良的宝贵种质材料。育种上用这些古树可繁殖无性系，发挥其寿命长、抗逆性强、形态古朴的特点；也可用其花粉和其他树种杂交，培育抗逆性强的新的杂交类型。如我国各地从古银杏树中筛选培育出了许多优良品种，包括核用、药用、材用及观赏等各种用途的品种，并广泛用于生产。

三、衰弱因素

树木的生命周期有衰老期阶段，此为树木一生的必然规律。而生存环境的改变，也易导致古树树势衰弱，生长不良，严重时会导致死亡。可见古树衰弱受其内因与外因的影响，探明古树衰弱原因，可有效地采取保护措施，减缓衰老过程。

（一）古树衰弱的内因

有着成百乃至上千年树龄的古树，尽管树木本身具有长寿的遗传因子，但也必然会经过生长、发育、衰老、死亡的生命周期。研究古树衰弱的内因，其目的是通过掌握古树衰亡的内在机理和进程，以便有针对性地采取延缓古树衰弱的措施，而非反其道而行之。古树衰弱内因研究是开展一切古树养护管理的基础，不仅具有重要的理论意义，更具有广泛的实践意义。

（二）古树衰弱的外因

除自身遗传因素外，自然或人为造成环境条件的改变亦影响或加速古树衰弱甚至死亡。

1. 自然因素影响

（1）自然灾害　主要包括雷电、干旱和水涝、雪压、风害等。古树一般树体高大，如遇雷击轻则树体烧伤、断枝、折干，重则焚毁。如山东各地史志曾多次记载雷击古树的事件，曲阜著名的"先师手植桧"原树曾在雍正十二年遭雷击死亡，现树恢复生长，萌生新枝（图8-6）。长期的干旱，使发芽推迟、枝叶生长量减小、叶片失水卷曲，严重者可使古树落叶、小枝枯死、树势减弱，从而导致进一步的衰老。而水涝发生时，树木根系长期浸于水中，极易导致根系腐烂。

（2）土壤营养不良　一些古树分布于丘陵、山坡、墓地、悬崖等处，土壤贫瘠、营养面积小，根系摄取的养分不能维持其正常生长，很容易造成严重营养不良，导致树体衰弱或死亡。即便古树栽植在较好的土壤上，但历经千百年，土壤中的营养物质也大量被消耗，加之养分循环差，致使有机质含量低，而且有些必要元素匮乏、营养元素间的比例失调，均加重古树的衰弱，甚至死亡。北林名木成森古树名木保护研发中心实践研究表明，北方古柏土壤中缺乏有效的微生物菌群，以及有效铁、氮和磷，古银杏土壤缺乏钾，而镁含量偏高。例如，山东邹城孟林御桥旁原长势衰弱的古柏，经土壤检测后，改良时加入有益菌古树松土发根肥等古树复壮基质，现已恢复生机。

（3）土壤剥蚀根系外露　古树历经沧桑，土壤表层水土流失严重，不仅使土壤肥力下降，亦造成土壤剥蚀后根系外露，易遭干旱和高温伤害，甚至人为擦伤，使古树生长受到抑制（图8-7）。

图8-6　孔府遭雷击古柏　　　图8-7　水土流失致使古树根系裸露
（孟庆瑞摄）　　　　　　　　（孟庆瑞摄）

（4）有害生物危害　古树经历了上百年的风风雨雨，虽然其先天抗有害生物危害能力较强，但高龄的古树大多已开始或者步入了衰老阶段，生长势减弱；再加上漫长岁月中受到各种自然和人为因素的破坏，造成破皮、树洞、主干中空、主枝死亡，导致树冠失衡、树势衰弱而诱发有害生物危害。对已遭到有害生物危害的古树，如得不到及时有效防治，其树势衰弱的速度将会进一步加快，衰弱的程度也会因此而进一步加剧（图8-8）。

北京市园林科学研究所对北京地区古树的调查表明，有害生物危害是造成古树衰弱甚至死亡的重要因素之一，许多古树名木曾遭受天牛、小蠹虫、白蚁、腐朽菌、枝枯病等危害，严重的已枯萎死亡。

2. 人为因素影响

（1）踩踏造成土壤密实度过高　古树名木原大多生长在土壤深厚、土质疏松、排水良好、小气候适宜的区域，但是近年来随着旅游业的发展，名胜古迹、旅游胜地的游客量大大增加，其地面受到过度践踏，土壤板结、密实度增高、透气性降低，致使树木生长受阻。尤其是一些姿态奇特或具神话传说的古树名木周边更是游人云集，致使其根系生长的土壤环境日趋恶化。

北京中山公园古柏林土壤，土壤容重 1.7 g/cm³、通气孔隙 2.2%；天坛"九龙柏"周围，土壤容重 1.59 g/cm³、通气孔隙 2%；北京戒台寺的"活动松"周围，土壤容重 1.33 g/cm³、通气孔隙为 1.1%。可见古树周围的土壤通气孔隙均小于 10% 的最低限，根系生长受到很大抑制，致使树体日趋衰弱。

图 8-8　有害生物危害造成古油松衰弱
（孟庆瑞摄）

（2）根际铺装面积过大　城市为了地面的美观和人行方便，在古树名木周边用水泥或其他硬质材料做非透气性铺装，且仅留很小的树池（图 8-9）。铺装地面不仅造成土壤通透性能的下降，而且阻碍枯枝落叶归根还土的养分循环利用，形成的大量地面径流大大减少了土壤水分的积蓄，致使古树根系经常处于水、气、肥极差的环境中，加快了树体衰老。

图 8-9　硬质材料铺装对树体的影响
（孟庆瑞摄）

（3）人为损害　人们在古树保护范围内乱堆杂物，如构筑物、生活和建筑垃圾及工业"三废"排放物等有害物质，不但引起土壤化学性质及 pH 的改变，而且也直接毒害根系，危害树木的生长与生命；在城市街道，有人在树干上乱钉乱挂。更甚者对妨碍其建筑或车辆通行的古树名木不惜砍枝伤根，使树体受到极大伤害。

另外，不正确的管理养护措施也会对古树造成影响，例如，缠绕绳索的不当维护（图 8-10），对古树过多浇水、不适当的施肥、过度修剪等。

图 8-10　维护不当造成损伤
（孟庆瑞摄）

第二节　古树名木的保护与养护管理

古树衰老期是树木生命周期的一个阶段，衰老死亡是树木一生的客观规律。但通过合理的人工措施可减缓衰老进程，延长其生命周期。分析古树衰弱原因，尤其导致古树衰弱的自然与人为因素，可作为制定管理措施的切入点，从自然灾害、土壤、养分、有害生物、人为损伤等入手，探索行之有效的养护管理措施。

一、一般保护与管理措施

制定具体的保护与养护管理办法和技术措施，如设置围栏、树体加固、树体保护、自然灾害预防保护、肥水管理、树冠整理、有害生物防治等安全措施等。应设置长期、中期、近期目标，按计划有序实施。

（一）保护措施

1. 立地环境保护　要确保古树名木树冠垂直投影外 5 m 范围内的土壤疏松，透气良好。在其范围内严禁进行不透气的地面铺装、挖土或堆放杂物、设置临时构筑物和排污渗沟。应铲除根系发达、争夺土壤水肥能力强的竹类植物、草本植物，可补植相生或竞争能力弱且观赏效果良好的草本植物。保证古树名木周围有足够的生长空间及充足的光照。

2. 设置围栏　为防止人为破坏和践踏，对根系裸露、枝干易遭受破坏或生长在人流密度较大地方的古树名木应设置围栏保护（图 8-11）。围栏设在距树干 3~4 m 处或树冠的投影范围之外，围栏高度宜大于 1.2 m，式样应与古树名木的周边景观相协调。

特殊地段无法设围栏时，为减少对土壤的破坏和践踏，可采用龙骨加木栈道形式进行地面保护。目前在承德避暑山庄等众多旅游景区中采用（图 8-11），但要注意不能造成根部积水。

石质围栏　　　　　　　　　　铁艺围栏　　　　　　　　　木栈道

图 8-11　安全防护

（孟庆瑞摄）

3. 树体加固　古树因年代久远常出现主干中空、大枝下垂、树体倾斜等现象，需要对其树体进行加固（图 8-12）。

（1）**硬支撑**　硬支撑是指从地面至古树支撑点用硬质材料支撑的方法。根据树体倾斜程度与枝条下垂程度，可采用单支柱、双支柱等支撑，为保护藤本或横向生长的古树名木采用棚架支撑方法，如北京故宫御花园的龙爪槐、皇极门内的古松，采用钢管棚架支撑。支柱可采用金属、木桩、钢筋混凝土等材料，外观应美观并与周边环境协调，与树干连接处要用软垫以免损害树皮。支柱与被支撑主干、主枝夹角宜不小于30°。

泰安岱庙圆柏柱桩支撑（何小弟摄）

北京故宫龙爪槐棚架支撑（何小弟摄）

拉纤固定（孟庆瑞摄）

活体支撑（李玉和摄）

艺术支撑（孟庆瑞摄）

扁钢箍干（孟庆瑞摄）

图 8-12　树体加固

（2）拉纤固定 适用于无硬支撑条件的地方，在古树主干或大侧枝上选择一牵引点，在附着体上选择另一牵引点，两点之间用游丝绳等柔性材料牵引的方法。随着树体直径的生长，应适当调节绳的松紧度。

（3）活体支撑 在适当位置栽植同种健壮幼龄树木以实现古树支撑的支撑措施。

（4）艺术支撑 将古树的硬支撑经过处理，使其与古树形态相似、颜色相近的支撑方法。

除此之外，干裂的树干用扁钢箍住，效果也很好。有些榕树可采用人为引根的办法，将气生根引入地下起到支撑侧枝的作用。

4. 树体保护

（1）损伤处理 古树名木进入衰老期后，对各种伤害根系和干皮的恢复能力减弱，更应注意及时处理。对于干、枝上因病、虫、冻、日灼等造成的伤口，或机械及人为造成的干皮创伤，应对死组织进行清理、消毒，用熟桐油防腐，对活组织应先清理伤口、消毒，然后涂抹伤口愈合剂。根系应修剪伤根、劈根、腐烂根，做到切口平整，并及时喷生根剂和杀菌剂。

（2）树洞处理 古树韧皮部或木质部受创伤后未及时处理，长期外露受雨水浸渍，逐渐腐烂形成树洞，严重时树干中空，影响水分和养分的运输和储存，甚至削弱树势、缩短古树寿命。

对古树进行树洞处理，原则上不做树体填充，以开放式为主（图8-13）。多在孔洞不大且雨水不易进入，或树洞虽大但树体稳固能得到保障的前提下采用此法。先将洞内腐烂木质部彻底清除，若局部凹陷积水则应留出排水孔，然后涂抹杀菌剂和防腐剂，伤口愈合剂涂抹在活组织边缘。洞壁干燥后，其表面应刷2～3遍熟桐油，使其表面形成保护层。防腐处理每年进行1～2次。

图8-13 开放式树洞
（左：孟庆瑞摄；右：何小弟摄）

对朝天洞或容易进水的侧面洞，如底部能自行排水，则对树洞进行防腐处理；如底部不能自行排水的，可在树洞最下端做好排水，也可改变洞口方向，并对树洞进行防腐处理。应经常检查排水情况避免堵塞。

树洞中空或主干缺损，严重影响树体稳定，可做金属龙骨加固树体。龙骨架应选用新鲜干燥的硬木或其他硬质材料，并涂防腐剂。龙骨架按洞内形状大小制作安装，其下端与洞壁接牢，上端高度应接触洞口壁内层与洞口平接。洞内支撑材料与洞壁之间应选用优质胶粘牢固定，其他空间作为通气孔道。

5. 自然灾害预防保护 自然灾害预防保护包括对雷击、风灾、雪灾、冻害等的预防保护措施。

（1）雷击 树体高大的古树名木，30 m半径范围内无高大建筑或超过古树高度的构筑物、竞生树木时应安装避雷装置。如果遭受雷击应将烧伤处进行清理、消毒，涂上防护剂；劈裂枝可打箍或支撑；如有树洞需妥善处理。

（2）风灾　及时维护、更新已有的支撑、加固设施。对劈裂、倒伏的古树名木应及时进行树体支撑、拉纤、加固或修剪。

（3）雪灾　及时去除古树名木树冠上覆盖的积雪。不能在古树名木保护范围内堆放含有融雪剂的积雪和使用融雪剂。

（4）冻害　对易受冻害和处于抢救复壮期的古树名木，应采取在其根颈部盖草、覆土或搭建棚架的方法进行保护。

（二）养护管理措施

1. 浇水与排水　根据古树名木的生长状况、立地条件和土壤含水量，适时浇水，浇水次数要适当，每次浇足浇透。以在古树营养面积内浇水为宜，应尽量扩大浇水的范围。根据当年气候特点、树种特性和土壤含水量状况，确定是否浇灌返青水。返青水宜在发芽后浇灌。古树立地土质坚硬时，除进行土壤改良外，还可埋设通气透水网管进行根部高效灌水，也可采用滴灌补水。

处于低洼处容易积水的古树，应利用地势径流或原有沟渠及时排出，如果不能排出时，宜挖渗水井并用抽水机排水。

2. 施肥　根据古树实际生长环境和生长状况采用不同的施肥方法，做到合理施肥，保持土壤养分平衡。遇有密实土壤、不透气硬质铺装等不利因素时，应先改土后施肥。肥料以生物有机肥、菌肥为主，可在3月上旬或11月穴施。肥料应与土壤充分混合，施入后及时浇水。如土壤施肥无法满足树木正常生长需要时，可增施叶面肥。

3. 树冠整理　树冠整理分为树枝整理和疏除花果。一般情况下以基本保持古树原有风貌为原则进行树枝整理，以疏剪为主，去除枯死枝、病虫枝，适当对伤残、劈裂和折断的树枝进行处理。对生长衰弱、花果量大的古树名木，应进行合理的疏花疏果，减少养分消耗，以增强树势。截口面应做到平整、不劈裂、不撕皮，截面涂伤口愈合剂或防腐剂。

4. 有害生物防治　由于古树名木逐渐衰老，树势减弱，抗性降低，容易招虫致病，加速死亡，应注意有害生物防治（图8-14），以预防为主，定期检查，适时防治。提倡采用生物防治。

另外，要注意采用行之有效的施药方法，推广利用低毒无公害农药，避免造成对树体及环境的影响。

图8-14　有害生物防治
（孟庆瑞摄）

二、复壮技术措施

古树复壮主要通过改善影响古树根系生长的立地条件，诱导根系活力，满足根系的生长需求。包括创造适宜古树根系生长的营养物质条件，土壤含水、透气条件等，使原本衰弱的树体增强树势，以延缓其生命进程。北京、上海等地研究表明，采取埋条促根、换土、铺透气砖、嫁接、使用菌根肥等方法保护古树，能取得较好的效果。

常采用的技术措施如下：

1. 环境改良 拆除周边影响古树名木正常生长的构筑物和设施。如果属于历史遗留等影响古树名木生长的构筑物和设施，在改造时应为古树名木留足保护范围。去除古树名木周边的竞生植物，修剪影响古树名木通风透光的树木枝条。

2. 透气铺装 为解决古树表层土壤的通气问题，拆除古树名木保护范围内铺装，在必须进行铺装的地方采用透气铺装。铺设面积一般要大于树冠的投影，下层用沙衬垫，砖与砖之间不勾缝，留足透气通道。2010 年，北京名木成森生物技术有限公司在北京市八宝山革命公墓古柏复壮时采用了铺装透气砖的方法，取得了明显的效果。

3. 土壤改良

（1）**复壮沟土壤改良技术** 复壮沟是指在古树周围开挖沟槽，以增加土壤通透性。复壮沟分为放射状沟、环形沟和平行沟三种。复壮沟宜在春、冬两季开挖，春季作业要在树液开始流动前完成，冬季作业要在树液停止流动后、土壤冻结前完成。

放射状沟在树干中心外 2～3 倍胸径距离处，向外挖掘 4～8 条沟，长度因环境而定；环形沟以古树树干为中心，从树冠投影边缘线内外 1～3 m 挖弧状沟；平行沟以古树树干为中心，在树冠投影边缘线内外 1～3 m 挖直线型沟。

复壮沟内可根据土壤状况和树木特性添加腐殖土、松针土等复壮基质或菌根菌剂适量。土壤黏性较大时可掺入部分粗沙、中沙或陶粒。混合均匀后回填于复壮沟内，浇透水沉降后再覆盖园土。

复壮沟的一端或中间可设渗水透气井，井比复壮沟深 30 cm 左右，直径 60～80 cm，井内壁用砖干砌而成，留砖缝利于通气，井口加盖。也可每个复壮沟内埋入 2～4 根直径100～150 mm 的渗水透气网管，用于透气、浇水和施肥。

（2）**复壮井土壤改良技术** 当古树所处位置不适宜挖复壮沟时，可采用复壮井方式进行土壤改良。复壮井可采用圆形或方形，圆形井立体结构为 1 m 深的圆台形，井口为直径0.8 m 圆形，井底为直径 1.2 m 圆形。在离主干 2～4 倍胸径距离处挖掘，坑深 1.0～1.2 m，坑径视场地大小和距古树的距离而定，沿每棵树周围挖复壮井 4～8 个。

（3）**土壤通气改良措施** 在不宜挖沟、挖井及无法拆除铺装的区域可在地面挖复壮孔，是一种微创式复壮方法（图 8-15）。钻孔直径以 10～15 cm 为宜，深以 80～100 cm 为宜。孔内填充陶粒或草炭土、菌根菌剂等复壮基质。另外，也可在土壤中埋设通气透水网管。通气透水网管可用外径 10～15 cm 的塑笼式通气管外包无纺布做成，长 80～100 cm，管口加盖。此方法操作简单、快捷，能够在短时间内缓解古树生长不良的状况。

4. 嫁接 采用嫁接更新方法抢救濒危古树，也是探索古树复壮的一条新路径。

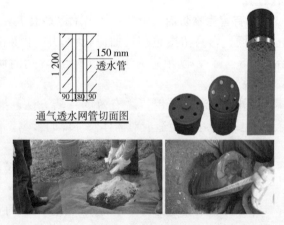

图 8-15 通气透水网管
（李晓亮摄）

如采用在树势衰弱、嫁接易成活的古树边栽植同种幼树进行靠接，或对有树洞、大面积缺失的古树名木利用枝条上下桥接。针对枝条伸出较远、有风折危险、生长衰弱的古树名木，可采用在其下方栽植同种青壮龄树木并使其接触部位愈合的活体支撑方法。

三、古树名木综合生态保护实例

（一）黄山麒麟松的综合保护

麒麟松生长在海拔 1 470 m 的北海狮子峰，黄山十大名松之一。树高 4.6 m、胸径 47.4 cm，树龄约 450 年。在树高 1.5 m 处分二叉、左高右低，状似昂首翘盼的麒麟，由黄山风景区园林局实施复壮（图 8-16）。

措施实施前　　　　　　　　　　　　措施实施后

图 8-16　麒麟松处理对照

（丛生摄）

1. 树体衰弱诊断　1983 年麒麟松遭受松落针病、松栎锈病和中华松针蚧等病虫危害，生长势减弱，当时采取摘除球果、清理病死枝、清除周围树木根系、变更游道以减轻人为影响等措施，生长状况得到好转。1997 年再度发现严重的衰退现象，全树枯枝败叶多，当年生长的针叶不足 60%、新梢生长不足 1 cm；在营养生长减弱的同时，大量球果过度消耗了树体营养。主干与西向主侧枝 70% 的树皮表皮组织坏死，树干基部木质部腐朽深达 5 cm，并有黄蚂蚁筑巢；树干及主侧枝有伤痕 5 处，面积 150～2 160 cm² 不等，其中一主侧枝树皮纵裂宽达 17 cm；地下部分根系在向南与向东方位的 5 m 范围内减少，并发现多处烂根。

经分析，引起麒麟松衰退的原因：①有害生物及机械性伤害造成树皮受损；②20 世纪 80 年代实施改道后形成的表土层过厚，修筑的石围栏影响根系的伸展，同时排水不畅造成部分积水；③植被影响，特别是附近的灌木生长过快，引起对麒麟松侧枝的遮阳。诊断结果认为，造成麒麟松衰退的主要原因在根部。

2. 综合保护措施

（1）地上部分处理

① 清理环境：去除枯枝败叶与球果，清理周围环境，保持通气透光。

② 有害生物防治：用药棉饱蘸甲胺磷 50 倍液堵塞树干木质部裸露的树蜂和黄蚂蚁孔道。

③ 树洞处理：对树皮脱落露出木质部的部位以及树洞进行密封处理，用刮刀修理腐朽部分后，用农抗 120 稀释液与愈伤剂（生物激素）按 25：1 混合做消毒处理，然后将密封剂

DB－XM－Ⅱ与DR－2号硫化剂（北京航空材料研究所制）按10：1配比混合，用专用注入器填注，不留空隙，抹平后在外面贴上树皮做修饰。

（2）地下部分处理

① 回填土处理：鉴于当时回填土不当的情况，取走土壤3.8 m³，回填森林营养土2 m³，使原来的根颈部位重新露出。回填土时，森林土与灌木小枝分层填埋，在增加土壤通气性的同时也增加有机质。

② 设置排水沟：在树体上坡开设排水沟，使上坡方向来的地表径流绕过树木的根部。

③ 铺设通气管道：在麒麟松的东南方位垂直设4根通气管道，管道为打通竹节的毛竹并在壁上打孔。水平方向的通气管道铺设，首先开挖4条宽60 cm、深70 cm的水平沟，回填森林土壤10 cm后铺设一层碎树枝，再设毛竹通气管道。在横向也采取类似的铺设，形成通气管道的纵横相连，最后铺设混沙后的原表土层。

3. 效果 第二年麒麟松就表现出良好的生长，逐渐恢复健康，至今生长正常（表8-4）。

表8-4 麒麟松复壮处理后的生长情况

（引自黄山风景区园林局）

观察生长指标	观察样枝Ⅰ		观察样枝Ⅱ		观察样枝Ⅲ	
	1998年4月	1999年6月	1998年4月	1999年6月	1998年4月	1999年6月
新梢生长/cm	1	3	0.5	4	1	2.5
芽长/mm	3	15	4	15	7	10
芽径/mm	1	12	3	12	2	7
针叶长/cm	2.5	5.5	3	6	3	6
当年针叶宿存/%	83	80	68	88.3	72.7	76.1
针叶色泽	1998年，绿色、无黄化现象；1999年浓绿、粗硬有光泽					

（二）山西晋祠古侧柏的综合保护

山西晋祠是蜚声中外的旅游胜地，历史悠久，内涵丰富，风景宜人，古树林立。在这里的210株古树名木中，有特别珍贵的周柏、隋槐、古银杏及造型奇特的蟠龙松等。

1. 树体衰弱诊断 由于环境污染、土壤贫瘠干旱、地下水位急剧下降、病虫害及人为损伤等原因，致使许多古树名木生长衰弱。1989年，因土壤污染严重致使3 000年树龄的周柏及4株古侧柏枝叶黄化、稀少，已濒临死亡。

2. 综合保护措施 1989—1995年，晋祠风景名胜区管理局聘请国内知名专家在进行反复考察论证的基础上，对其采取了相应措施：

（1）地上部分处理

① 树体加固：对树体有裂缝的1株古柏进行了打箍处理，即用宽10 cm、厚1 cm的钢板进行环箍，保证裂缝不再扩大；对树体倾倒的周柏和有倾斜现象的另3株古柏用直径10.16 cm的钢管加以支撑，支撑点设在树体重心偏上部，以保证树体的稳定性与牢固性。

② 铺设膨化砖：在每株古柏附近100 m²的范围内铺设北京市古树复壮专家推荐使用的BT-88岩石膨化砖，以改善土壤透气、透水性能。其特点是重量轻（密度1 000～1 300 kg/m³），耐压强度高（12～20 MPa），通透性能好（透隙率80%～90%），且无毒性。

（2）地下部分处理 在距树主干3 m的范围内挖复壮沟，并填入富含有机质的松针土作为复壮基质，以保证根系范围内有足够的营养成分及良好的土壤通透性。由于古柏周围地面人为踩踏较多，为防止复壮基质下陷，复壮沟的结构采用支撑设计。

3. 效果　经过对 5 株古侧柏支撑、加固一年多的观察、记录，古侧柏树体原有主干、侧枝裂缝不再继续扩大，支撑架无变形，地面支撑面无下陷，特别是周柏已倾倒的主干与地面夹角无变化，起到了稳定树体、防止再倾倒的作用，为古侧柏的正常生长创造了有利条件。

经设置复壮沟、增添复壮基质及铺设膨化砖后一年的观察、研究，复壮沟周围土壤条件明显改善。土壤密实度明显降低，土壤容重的平均值由原来的 1.4 g/cm³ 下降到 1.25 g/cm³；基质有机质分解形成的胡敏酸、黄腐酸等增加了有效离子的活性，降低了有害元素的含量。古柏根系活力增强，逐渐恢复生机；变化最为明显的是周柏，下部小叶明显转绿，向心衰弱减缓，离心生长逐渐恢复。

（三）北京 19981 号古柏的移植及养护管理

1995 年 11 月，北京市园林局古树规划处对古柏进行移植复壮。

1. 树体衰弱诊断　有关专家对此树进行了现场考察及诊断，一致认为，该树生长衰弱，环境恶化，树体细高冠小，生长量很低，为濒弱树。土壤为黄沙壤，土质瘠薄，周围还有其他树木，根系交叉，且分布较远，需于第二年冬休眠期进行移植。一般在移前进行断根，缓养 2~3 年，发新根后再移植；但因工程紧迫，需马上移植，这给保证成活造成了极大困难，需多方采取措施，进行实验研究。

2. 移植过程及措施

（1）挖坨　1995 年 11 月 17 日，采取木箱包装法进行挖掘。箱体用 5 cm 厚木板，上口 2.5 m×2.5 m，下口 2.4 m×2.4 m，高 1.7 m；立面为四扇组合木板，加底加盖，全封闭包装；立面四个拐角及底面、上盖均使用铁腰连接固定，最后拦腰用紧线器紧固，以确保土球牢固。箱体四周及下部挖空后，在底部用直径 30 cm 的木墩垫起，尽量保护根系，并有利于起吊。

（2）根系保护　按照专家意见寻根，没有盲目切根，以尽量保持根系完整。并对木箱进行特殊处理，打洞留缝，使木箱无法容纳的主根系留在箱外，并用生根剂 IAA 1000 ＋ Azone1（透皮剂）均匀涂抹在裸根上，再用保湿剂处理并加裹麻袋片，以充分保护根系水分不致很快散失。

（3）吊装栽植　用 45t 吊车垂直起吊的重量表显示为 10t，用大型平板车转运至 30 m 外的移植坑中，坑底最低点设置渗水井。种植时用树叶腐殖质肥料，一层杨树枝条、一层酱渣交叉叠放。在坑底四角及边缘垂直安置 6 根直径 8~10 cm 的通风管，移植完成后用直径 8 cm 的长铁管支撑固定。

3. 移植后养护管理

（1）树体修剪　移植前后进行部分修剪，以减少水分蒸腾散失。

（2）水肥管理　定植后按常规连灌三遍水，因时值冬日故相当于灌防冻水。1996 年春季至 7 月中旬，在正常灌水时沿通风管施用尿素，每周用高压泵叶面喷水 2 次。1997 年 4 月中旬至 6 月底，每周叶面喷水 3 次，用高压泵叶面喷肥 5 次：高效叶面肥（N 28%，P_2O_5 7%，K_2O 13%，并含 Mg、Mn、B、Zn、Cu、Mo 等元素）稀释浓度为 300 倍，并结合稀土元素加兑尿素稀释后叶面喷施，以提高光合作用，促进树体生长。

4. 效果　为监测古柏移植后的生长情况，采用分光光度法连续 3 年测试叶绿素 a 和叶绿素 b 的含量（ug/mL）：移植前，1995 年 11 月 17 日测试值为 9.46；移植后，1996 年 11 月 3 日测试值为 6.14，1997 年 11 月 24 日测试值为 10.83。叶绿素监测结果表明，在移植后的第一年指标值有所下降，在移植后的第二年监测指标迅速上升。古柏移植后生长情况良好，并于 1998 年 1 月通过了专家组的鉴定。

（四）北京团城白皮松的综合保护

团城白皮松据考证已有 800 年树龄，曾被乾隆皇帝封为"白袍将军"，树高 18.25 m、胸围 5.4 m，是北京市知名古树。由于高龄加之生态环境的变化，1984 年发现该树处病危状态，1986 年北京市园林局由古树专家丛生主持全面实施复壮。

1. 树体衰弱诊断

（1）根系生长　分布范围严重缩小，根系密度低，活根基本分布在 10 cm 的表层土壤，10～25 cm 土层只见少数死根，60 cm 以下死根增多。菌根衰退，未见有形成菌套的根系。

（2）根际土壤　在表层土壤下 10～25 cm 的范围为两合土，影响水气交换及根系生长，25 cm 以下为具虽良好透水性但缺少养分的细沙土层，表层土壤含盐量高达 0.7%，严重影响白皮松生长。1984 年曾在距树干 2.5 m 处开沟施肥，因填入的肥土浓度过高影响根系生长。

（3）周边环境　古树南侧有一方亭，其阴影导致南侧受光不足，树冠明显衰弱并出现大的枯枝。古树附近有一深 120 cm、宽 70 cm 的排水沟，内壁均由灰砖砌成，沟壁发现大量枯死根系。

（4）病虫危害　松大蚜、红蜘蛛等危害严重，树下常见蚜虫分泌物。病虫害导致树体衰退，木质部腐朽加速，树干树皮大面积脱落。

（5）乌鸦践踏　造成树冠顶部小枝顶部枝丫光秃，叶量减少。

2. 综合保护措施

（1）开沟施肥、接种菌根　1987 年在西侧开两条沟，分别为长 3.4 m、宽 0.9 m、深 1.7 m，沟内填放碎砖 1.4 m³、腐叶土 60 kg、松林土 300 kg 以及与细沙混合的树枝 15 捆（40 cm×20 cm），填入后浇水，覆盖铁篾片后用梯形砖复原。北侧结合喷灌设施安装，在距树干 1.5 m 处开沟，长 1.7 m、宽 0.5 m、深 1.2 m，安放水管后在回填的细沙土中掺入隔年腐熟锯末 60 kg、枯枝土 100 kg、腐叶土 200 kg、骨粉 40 kg、腐熟麻油渣 25 kg，灌水后地面复原。3 年内浇施生物制剂 1 kg/年。

（2）水分控制　定期测土壤含水量，在土壤含水量低于 10% 时供水，保持土壤含水量在 15%～18%。安装喷灌设施，1990 年后树势基本恢复，停止喷灌。

（3）病虫害防治　喷药同时加入 1 000 倍常绿树生物生长剂。

（4）物理防护　采用聚硫密封剂修补树体，采用仿声措施驱赶乌鸦。

3. 效果（图 8-17）

① 新梢生长量、发叶量好转，针叶长度逐年增加。1996 年后针叶逐渐变得粗壮浓绿，枝叶层明显增厚、变密。

② 树冠逐年扩大，树体进入正常生长状态。1986—1996 年的 10 年间，树高增长 1.6 m，胸围增加 0.1 m，冠幅南北增加 2 m、东西增加 3.9 m。

复壮前

复壮后

图 8 - 17　白皮松复壮处理前后对照

（丛生摄）

复 习 思 考 题

1. 为何要保护古树名木?
2. 古树衰老的原因有哪些?
3. 简述古树养护管理技术措施。
4. 简述古树复壮的技术措施。

第九章　园林树木资源调查及信息管理

随着园林绿化事业的飞速发展，园林树木的数量和类型越来越多，分布情况、立地条件和生长情况也多种多样，对园林树木的栽培和管理也提出了越来越高的要求。相关专业行政部门通过对园林树木进行调查，建立资源信息系统，可及时掌握园林树木种类、栽培类型、数量、分布、生长状况、管理状况等方面的现状和动态，分析和了解存在的问题，在此基础上制定科学合理的栽培、管理和养护等技术措施，编制相应的规划设计文件，组织施工验收、质量评估。

第一节　园林树木资源调查

园林树木调查，是对当地的树木种类、生境、生长状况、绿化效果和功能等方面的现状调查。树木调查是掌握园林树木种类、栽培类型、数量、分布、生长状况、管理状况等方面的现状和动态，分析和发现栽培养护和管理等方面存在的问题，并据此提出解决问题的途径和方法，以建立园林树木资源和管理技术档案的基础工作。

园林树木调查在内容、技术方法、结果整理和分析等方面都有其自身特点，也因不同调查对象而有所区别，需要进行专门的学习。对一个城市、城区、小区或公园的园林树木进行调查，应结合总体园林绿地调查进行；但在城市园林绿地调查中，园林树木是主要的调查内容。

一、园林树木资源调查目的与意义

制定园林绿化规划和方针、政策，确定园林绿化建设措施，编制设计方案，了解园林树木在城市发展中的作用和效益，科学合理地经营管理好现有园林树木资源以使其发挥更大的效益，都必须掌握园林树木资源的现状及其发展变化趋势和特点，而园林树木调查就是有效的基本途径，其意义概括起来有以下几个方面：

① 了解园林树木的现状，包括结构、生长、健康等状况，为编制养护和管理作业计划提供依据。

② 为测算园林树木的价值、功能、效益提供基础资料。

③ 分析园林树木资源的现状，预测其未来发展趋势，为制定和调整园林绿化方针政策、编制规划和计划提供依据。

④ 分析园林绿化建设工作成效，为评价工作实绩、考核工作目标完成情况提供依据。

⑤ 检查园林绿化方针、政策、计划、方案和有关规定、措施的执行落实情况。

⑥ 为编制地区发展规划和经济计划提供相关的生态环境建设目标和基础数据。

二、园林树木资源调查内容

不同树木种类、栽培类型以及不同配置方式的园林树木，在栽培、养护、管理等方面的重点不同，园林树木调查的内容因不同的调查对象而有较大差别，需要分别加以介绍。

（一）园林树木调查的一般内容

对于大多数园林树木来说，无论其栽培方式、目的和分布情况如何，都有一些必须掌握的基本情况，如栽培类型、分布位置、数量（面积、株数、林带长度和宽度）、立地条件、种类、年龄（或栽植年度）、密度（郁闭度或覆盖度）、高度、粗度、生长情况等。

1. 分布位置　分布位置包括在整个调查区域范围内的分布位置和具体地点上的局部位置，除了文字记载外还要绘制分布图，将园林树木的分布情况反映在图面上。

2. 立地条件　立地条件主要包括自然立地和人工立地，要分不同类型记载相应的立地因子，二者的差异主要表现在土壤特征上。人工立地是指经人为改造后基本没有原来的土壤条件的立地，而自然立地是指基本保持其原有土壤条件的立地。记载项目见表9-1。

表9-1　园林树木立地条件调查项目

立地类别	地貌	地形	土壤	水文	地质或基质
自然立地	地貌类型，如山地、丘陵、平原、河川、沟谷等	位置和小地形特征，如坡地的坡位、坡向、坡度、坡形等	土壤类型、土层厚度、土壤质地、砾石含量、肥力特征等	地下水位、洪水淹没特征等	地质条件、母岩类型和成土母质类型
人工立地	根据实际情况参照自然立地记载	根据实际情况记载地形起伏等内容	附加客土、翻动、土层厚度、土壤质地、杂质类型、砾石含量、性质肥力特征等人为改造的方式	地下水位、灌溉条件等	地质条件或土层基底性质

3. 种类　种类主要反映园林树木的分类地位和生物学类群。一般按乔木、灌木、藤木、竹，针叶与阔叶，常绿与落叶，记载科、属、种和品种名称。

表9-2　园林树木种类记载分级类型

类 型			科名	属名	种名（拉丁学名）	品种名
乔木	针叶树	常绿				
		落叶				
	阔叶树	常绿				
		落叶				
灌木	针叶树	常绿				
		落叶				
	阔叶树	常绿				
		落叶				
藤木		常绿				
		落叶				
竹						

在园林树木调查过程中，应该按照此表翔实记载园林树木的种类。

4. 数量 根据不同的园林树木类型，反映园林树木数量的指标可以是片林的面积、树木带的长度和宽度、散生树木的株数。

对于管理强度和水平较高的地区，片林和树木带可以同时调查记录面积和株数或者树木带长度和株数，面积用公顷（hm²）表示、长度用米（m）表示。有时为了计算园林绿地覆盖率，也以树木带的栽植地宽度作为计算树木带面积的指标。

5. 年龄 一般来说，对园林树木进行调查时，天然林木可记载其年龄或龄级，对人工栽植的树木要同时记载其栽植年度和年龄。

6. 栽植配置方式 调查记录园林树木的栽植配置方式，包括平面配置方式和垂直（立体）配置方式。平面配置又可分为规则式、不规则式、混合式3种类型。对以自然的方式配置的，还应分清孤植、丛植、群植、片植、散点植等种植类型。混合式配置时，也应记录清楚配置的主要方式和辅助方式。

7. 密度、郁闭度 密度与郁闭度主要是针对片林。密度一般用单位面积上的树木株数来定量描述，树木带密度可以用株行距来定量描述。郁闭度（覆盖度）用树冠覆盖地面的面积占其分布面积的比率来表示，可以用百分制，也可以用十成制表示。

8. 高度、粗度和冠幅 高度是树木从地面到树梢的高度，一般以米（m）为单位，乔木树种记载到小数点后一位数字，灌木树种记载到小数点后两位数字。乔木树种的粗度是以树木距地面1.3 m高处的胸高直径（cm）表示，灌木树种则不需调查粗度。园林树木的冠幅是指树冠在水平方向上的平均直径或树冠在地面上投影的最大直径。

9. 生长情况 生长情况主要是文字描述性记载，如生长情况良好、中等、差，树势衰弱，濒临死亡等，还可以记载树木受病虫害危害及人为损害的情况等。

（二）各类园林树木的调查内容

不同栽培类型的园林树木调查内容应该有一定的差异。

1. 片林 片林指树冠郁闭度或覆盖度＞0.2，或者树木密度＞2 000 株/hm²、面积＞0.04 hm² 的林木成片分布的林地。调查内容一般包括：种类、栽培类型、年龄（或栽植年度）、平均高度、平均胸径和生长情况、分布位置、立地条件、数量（面积）、密度（郁闭度或覆盖度）等。

2. 一般绿化树木 一般绿化树木包含园林绿地中带状或行状配置的树木及散生零星分布的树木。调查内容一般包括：种类、栽培类型、年龄（或栽植年度）、平均高度、平均胸径、平均冠幅和生长情况、株行距、数量（树木带长度和宽度、株数、面积）、分布位置、立地条件等。

3. 古树名木 古树名木指树龄在100年以上或具有特殊意义的珍稀树木，调查内容一般包括：种类、栽培类型、年龄（或栽植年度）、数量（株数）、分布位置、立地条件、树高、胸径、冠幅和生长情况及独特意义等。

三、园林树木资源调查方法

本节主要介绍园林树木密度（和郁闭度）、高度、粗度和生长情况的调查方法和调查工具的使用。

（一）园林树木群体特征的调查

1. 片林调查

（1）面积　一般不直接测量林地的面积，而是先将片林的边界勾绘在一定比例尺的图纸上，再在图纸上用求积仪测量其面积。如果建立地理信息管理系统，可以将园林树木分布图输入后从中直接读出面积。

（2）密度　密度调查可采用样地或标准地法，在调查的林地中选择有代表性的地段，设置调查地块作为标准地，以标准地调查结果作为林地调查的结果。

（3）郁闭度

① 对于树冠比较低矮的片林可以采用样线法。在林地内有代表性的地段或样地内，用皮尺、测绳等工具拉样线。十字交叉拉样线，样线长度 30～50 m，累计样线上有树冠的长度，合计后计算有树冠的样线长度占样线总长度的比例，以百分比或换算成十成制表示。

② 对于树冠较高的片林，既可以采用样线法，也可以采用样点法。在样地或标准地内确定两条十字交叉的直线，用相同的步幅沿直线每走 1 步或 2 步抬头看一次作为一个观测样点，看正对观测者的上方是否被树冠覆盖；分别记下有、无树冠覆盖的点数，计算有树冠覆盖的点数占总样点数的比例，以百分比或换算成十成制表示。

2. 公园树木的调查
公园不同于单纯的片林，树木的分布构成比较复杂。据美国 McBride 的建议，一般的城市公园采用样带调查，即从公园的一侧开始，每隔一段距离设一样带，调查样带内的所有树木；样带的宽度可根据具体情况设计，一般要求调查的面积为公园总面积的 5%～20%。

3. 行道树的调查
行道树比较规则，因此一般调查其总量的 10%。沿道路每 1 km 调查 100 m 范围内道路两侧的所有树木，记载株数、株距、缺株以及每株树木的个体特征。

（二）园林树木个体特征的调查

1. 树木高度调查
除幼树或低矮树木（<10 cm）可以用测杆或特制的伸缩式测高杆直接测定外，一般都使用测高器测定。

（1）使用布鲁莱斯测高器测定　步骤如下：

① 先从测高器刻度盘上 10 m、15 m、20 m 和 30 m 的水平距离值中选定一个合适的水平距离。一般来说，水平距离的选定以与树木的高度相近为好，树木高的水平距离可远些，树木低的可近些。

② 确定一个合适的测点，要求通视条件良好，能方便地看到树木的顶梢和树干基部的位置。

③ 测高时，按下仪器背面制动按钮，让指针自由摆动。用瞄准器对准树梢后，即按下制动钮使指针处于固定状态。

④ 在度盘上读出对应于所选水平距离的指针树高值，再加上观测者眼高 AE 即为树高 H（图 9-1）。

在坡地上测定树高时，要先测得观测者眼高到树梢的高度 h_1，再测观测者眼高到树干基部的高度 h_2，仰视为正，俯视为负。若两次观测为一仰一俯，则树木全高 $H=h_1+h_2$（图 9-2a）；若两次观

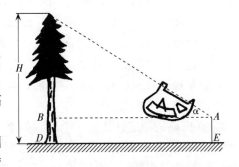

图 9-1　布鲁莱斯测高原理

测值均为仰视或俯视，则 $H = h_1 - h_2$（图 9-2b、c）。

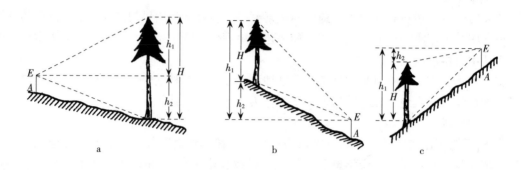

图 9-2 测高器使用方法示意图

（2）使用林分速测镜测定 林分速测镜除可以测定树高外，还可以测定水平距离和树木上部直径等。用一手握住仪器下部，食指按下制动钮使鼓轮自由转动，用一只眼睛紧贴接目孔观看，这时鼓轮上的各标尺均在圆形视域中出现，且被准线分为上下两半。有时按下制动钮鼓轮摆动很大，可连续制动两三次，待鼓轮静止时再在准线上读取测量值。测量时所用标尺带宽及刻度数字均以准线上出现的为准，如果测量时的外界光线较强，被测木迎光反光时，可将遮光罩放下挡住接目孔。使用两只眼睛同时观测效果较好。

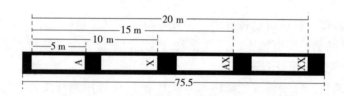

图 9-3 林分速测镜特制标杆示意图

① 水平距离的测定：先将作为林分速测镜附件的特制标杆（图 9-3）直立于被测树干旁边，按下制动钮使准线大致对准 S 标尺中央，然后松开制动按钮使鼓轮固定，再将仪器横转 90°。这时在圆形视域中的 S 标尺处于横摆状态，观测者通过前后移动位置，使准线上 S 标尺的条带宽度恰好与标杆上所用的标杆尺度相重合。如果各条带宽于标尺，观测者需前进，反之则适当后退。这时对应于所用标尺的水平距离，就是观测者至标杆的水平距离，如图 9-4 所示，观测者至树木的水平距离应为 5 m。

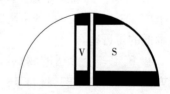

图 9-4 测距离时的 S 标尺示意图

② 树高的测定：选定一个适当的水平距离，如 20 m（仪器的 H 标尺是根据 20 m 水平距离设计的）；按上述方法通过测定水平距离确定测定树高的观测点。在观测点上按下制动钮使鼓轮能自由转动，待鼓轮静止时使准线对准树梢，松开制动钮使鼓轮处于被制住状态，从 H 标尺上读取一个观测值；依相同方法对准树根，再在 H 标尺上读取另一观测值。如观测者的眼高水平线高于树木根部，将两个观测值相加即为树木全高；如观测者的眼高水平线

在树根之下，则将两数相减即为树高。

根据林地情况，若用 20 m 水平距不合适，也可选用 15 m 或 10 m 的水平距；其测量方法相同，但需将所得数值分别乘以 3/4 或 1/2。如上两种距离仍不方便，可在 5～20 m 范围内任意选用一个整数值作为水平距离，依前述方法测定树高后，用下列公式将观测读数值换算成实际树高值：

$$h = HS/20$$

式中，h——待测树木实际树高；

　　　H——用仪器测定的树高读数值；

　　　S——实际选用的水平距离；

进行测量时，为了提高测定精度，根据所要求的距离确定观测点后，测者应向前移动一脚长的距离（一般为 20～30 cm）后进行测高，以抵消观测时由于头部仰俯所引起的误差。

2. 树木粗度调查　粗度用直径来表示，一般是测定立木胸高部位的直径，简称胸径。有时也需要测定树木上部某一特定高度处的直径，可利用上部直径测树仪进行测定。

（1）胸径的测定　胸高指成人的胸高位置，是测定立木直径时常用的测量数据，树干一般在此高度处受根部扩张的影响已很小。各国对此位置的规定略有差异，我国和欧洲大陆为 1.3 m，日本为 1.2 m，英国为 1.31 m，美国和加拿大为 1.37 m 等。在我国，胸高位置在平地为距地面 1.3 m 处，在坡地为坡上方距地面 1.3 m 处（图 9-5）。胸高以下分叉的树，可当作分开的两株树分别测定胸径。

胸径调查一般用轮尺和围尺进行测定。

① 在使用轮尺测径时应注意以下几点：

a. 测径时应使尺身与两脚所构成的平面与树干垂直，且尺身和两脚同时与所测树木断面接触。

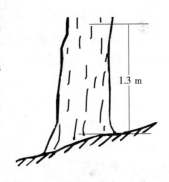

图 9-5　胸径测径位置示意图

b. 测径时要先读数，然后再从树干上取下轮尺。

c. 树干断面不规则时，应测定其互相垂直的两个直径，取其平均值作为该树直径。

d. 遇测径部位有节疤、突起或其他畸形时，可分别在其上部和下部等距的两个部位测径，取其平均值作为该树木的直径。

在采用整化刻度的轮尺测定直径时，最靠近滑动脚内缘的刻度值就是被测树木所属的径阶。

② 使用围尺进行直径测定时，围尺要拉紧围在树干的胸高部位，并使围尺在树干的各面保持在同一个水平平面上与树干垂直。由于多数树木的树干横断面不是正圆，用围尺测量的树干直径与轮尺相比一般略微偏大，而且对树皮粗糙的树干用围尺测径时也会产生一定的偏差。因此，在调查中不宜与轮尺混用。

围尺与轮尺相比携带方便，也不必经常调整。用轮尺测径时，由于树干横断面不是正圆，前后两次的测定方向不一致就会产生偏差，在测定间隔期前后的直径用以推算直径生长量时，用围尺比用轮尺测定的结果更准确。但在用围尺测径时往往容易歪斜，不易与干轴保持垂直，也会造成测定误差，而且用围尺测定速度也比用轮尺慢。

（2）上部直径的测定　通常把胸高以上任意部位的直径称为上部直径，主要用光学仪器测定，其中以林分速测镜比较常用。可以用 H 标尺及其左边黑白相间的 4 条带，在距立木 5 m、10 m、15 m 或 20 m 的任一水平距处，利用这些标尺条带的宽度衡量所测树干直径。基本步骤如下：

① 首先确定适当的水平距离，如 10 m，并用测定水平距离的方法确定测点位置。

② 测者在测点上用测定树木高度的方法确定要测定的高度在树干上的位置。如在水平距 10 m 处测定树干高度为 h 处的直径：先按下制动钮将仪器准线对准树根，由 H 标尺上读取一个读数为 h_1，可以从公式 $h = (h_1 \pm h_2)/2$ 解出相应的 H 标尺上的测点读数 h_2，再按下制动钮使标尺上 h_2 的刻度恰好在准线上出现，这时准线与树干相截之点即为指定树高的位置。

当选用的水平距为 5 m、15 m 或 20 m 时，要用不同的公式求 h：

水平距为 5 m 时，$h = (h_1 \pm h_2) \cdot \dfrac{1}{4}$

水平距为 15 m 时，$h = (h_1 \pm h_2) \cdot \dfrac{3}{4}$

水平距为 20 m 时，$h = (h_1 \pm h_2)$

③ 在确定了指定树高的位置后，用食指按下制动钮使仪器准线对准树干上该指定高度，然后用 H 标尺去衡量该高度处的树干宽度，按上表读出直径。

3. 树木年龄调查

（1）直接查数年轮法　伐倒树木，截取根颈处树干圆盘；将圆盘工作面刨光，由髓心向外 2 个以上方向逐年查数年轮数。如果截取的树干圆盘断面高于根颈，则树木年龄等于总年轮数加上树干长到此断面高所需年数。当圆盘年轮识别困难时可用化学染剂着色，利用春秋材着色的浓度差异辨认年轮；当髓心有心腐现象时，应将心腐部分量其直径并剔除它的年轮，则树木年龄等于总年轮数加上心腐生长所需年数。本法要伐倒个别单株而且费工费时，调查时要控制使用。

（2）生长锥木芯查数年轮法　用生长锥在树干上钻取木芯，然后查数木芯的年轮数，如果木芯是由树皮直通髓心，则树木年龄等于总年轮数加上树干长到钻取木芯高度处所需的年数。用此法时一定要保证木芯通过髓心，并要防止木芯碎裂，查数年轮时要注意区别树木的伪年轮。

（3）查数轮生枝法　松树、云杉等树种，每年自梢端生长出轮生顶芽，逐渐发育成轮生侧枝。杨树、银杏等树种虽然没有严格的轮生枝，但每年所发生的枝条中，基部的较粗大而上部的较细小或没有枝条；当树木年龄不太大、枝条脱落不严重时，可通过查数轮生枝和轮生枝痕迹的方法确定树木年龄。

（4）查阅档案法　查阅栽植技术档案或访问有关人员，根据栽植年度和苗木情况确定树木年龄。

（5）目测法　根据树木直径大小、树皮颜色、树皮粗糙程度和树冠形状等特征估计其年龄。

（6）古树名木年龄的测定方法　古树名木的年龄调查，既要求有一定的准确性，还不能伤害树木本身，影响其生长，最常用方法的有两种：

① 可以通过历史考证来确定，也可以通过相关历史事件或其他相关历史资料进行考证

推断。

② 既没有历史记录也没有可靠的历史考证依据时，可以通过对本地区已经伐倒或死亡的同类树木的年轮进行测定，确定其一定年代期间的直径生长量，再根据树木的直径推断其年龄。

4. 树木生长情况调查 一般用目测调查法。由 2～3 人组成一组，可有若干组同时进行，但必须事先进行培训，形成统一的标准。实际工作时，通过观察树木的生长势、树冠饱满度、叶色、枯枝的多少、病虫害情况、受损程度等来确定树木的健康等级。

5. 树种调查卡 在实际调查中，为了提高调查效率，可事先制作园林树种调查记录卡，在外业调查时填入测量数字及做记号即可完成记录。有条件的可以附上各栽培点的实地照片。记录卡的项目及格式见表 9-3。

表 9-3 园林树种调查卡

编号：	树种名称	学名：			科：	属：
类别：乔木、灌木、藤木或竹，针叶或阔叶，常绿或落叶						
栽植地点：			来源：乡土、引种		树龄：	年生
冠形：卵、圆、塔、伞、椭、圆卵			干形：通直、稍曲、弯曲		生长势：强、中、弱	
展叶期：		花期：		果期：		落叶期：
其他重要性状：						
调查株数：				最大树高：		最大胸围：
最大冠幅：东西　　　　南北				平均树高：		平均胸围：
栽植方式：片林、丛植、列植、孤植、绿篱、绿墙、山石点景						
繁殖方式：实生、扦插、嫁接、萌蘖						
园林用途：行道树、庭荫树、防护树、观花树、观果树、观叶树、篱垣、垂直绿化、覆盖地面						
生态条件　光照：强、中、弱			坡向：东、西、南、北		与建筑物的关系：	
地形：坡地、平地、山脚、山腰			海拔：　　　　m			
坡度：		土层厚度：　　　m		土壤 pH：		土壤类型：
土壤质地：沙土、壤土、黏土			土壤水分：水湿、湿润、干旱、极干旱			
土壤肥力：好、中、差		病虫危害程度：严重、较重、较轻、无			病虫种类：	
主要空气污染物：			风：风口、有屏障			
适应性　耐寒力：强、中、弱　　耐水湿水淹力：强、中、弱　　耐盐碱：强、中、弱　　　　　耐旱力：强、中、弱　　耐高温力：强、中、弱　　耐风沙：强、中、弱　　　　　耐瘠薄力：强、中、弱　耐阴性：喜光、半耐阴、耐阴						
伴生树种：			其他：			
标本号：		照片号：		调查人：		调查时间：　年　月

四、园林树木资源调查成果

园林树木资源调查结束后要对调查资料进行整理、统计和总结，形成完整的调查成果，主要成果应包括三个方面，即调查登记表或登记卡片、统计表和树木分布图。

（一）调查表簿

1. 调查簿　调查薄是反映各项调查因子的表格，可按城市的行政分区和小区，区分不同栽培类型归并装订成册，称为簿册式园林树木调查簿（表9-4），也可以是卡片的形式和计算机数据库档案的形式。

表9-4　园林树木调查簿（簿册式）表头式样

城区小区	斑块编号	栽培类型	数量			立地条件（地貌、地形、土壤、水文、地质）	种类[科、属、种（拉丁名）品种、类型]	年龄栽植年度	平均高度/m	胸高粗度/cm	生长情况	特殊意义	栽培措施
			面积/hm²	长/宽/m	株数								

2. 统计表　在调查簿的基础上进一步统计整理，得到反映统计单位和地区树木总体状况的表格。常见的统计表有各类土地面积统计表、片林树种统计表、绿地树种统计表、散生树木统计表、古树名木统计表等，可以根据需要分别按不同的类目进行统计汇总，填入相应的统计表中。

（1）各类土地面积统计表　反映各类土地面积组成情况、绿地覆盖率等。

（2）树木统计表　即不同绿地类型树木的统计表，用来反映不同树种的面积组成情况、数量及树木个体特征（表9-5）。

表9-5　园林树木统计

绿地类型：　　　　　　　　位置：　　　　　　　　　斑块编号：

树种	学名	株数	平均径阶/cm	平均树高/m	平均冠幅/m	树木生长状况（株数）						胸径等级/cm（株数）				
						I	II	III	IV	V	VI	<10	10~20	20~30	30~40	>40

（二）树木分布图

园林树木调查结果的图面表现形式，是将树木的类型、种类、数量和其他一些属性标注制成的专题图件。它与园林规划设计图不同，要求反映树木现状的真实情况。

（三）调查分析报告

调查结束后编写的调查报告，基本内容应包括以下几方面：

① 调查情况的说明：包括调查任务来源、时间、方法、精度要求，调查单位、主要的调查成果、调查中存在的问题等。

② 自然环境情况：包括自然地理位置、地形、地貌、海拔、气象、水文、土壤、污染情况和植被情况。

③ 城市性质、社会经济及人文历史和城市特点。

④ 树木数量和生长状况：包括园林树木的树种结构、年龄结构、生长状况分析。

⑤ 树种调查统计表：统计表可按针叶常绿乔木、针叶落叶乔木、阔叶落叶乔木、阔叶

常绿乔木、常绿灌木、落叶灌木、藤木及竹几大类分别填写。在此基础上，总结出树种名录，并列出行道树表、公园中现有树种表、生长最佳树种表、抗污染树种表、特色树种表、边缘树种表、引种栽培树种表、古树名木表等。

⑥ 经验教训的总结：本地区园林绿化中成功与失败的经验教训和存在的问题及解决方法。

⑦ 群众意见。

⑧ 参考图书、文献资料。

⑨ 附件：图片、标本等。

五、园林树木资源调查工作程序

园林树木资源调查的工作程序一般分为三个阶段，即准备工作阶段、外业调查工作阶段和内业总结阶段。

（一）准备阶段

准备阶段的主要工作内容可以分为组织准备和技术准备两部分。

1. 组织准备

① 接受任务，明确调查对象和要求。

② 根据调查任务和地区的实际情况制订外业工作计划，明确调查内容、技术指标、定额、进度、劳动组织和人员配备等。

③ 编制调查工作定额指标和装备供应计划、经费预算。

④ 组织调查队伍，介绍任务、要求和方法，制订分区、分项进度计划。

2. 技术准备

（1）收集现有资料　要尽可能地收集现有的测绘、图面资料，当地自然、经济和社会等有关资料，有关园林绿化和园林树木栽培管理的数据和文字资料，特别是现有的图面资料。在实际调查前做到心中有数，可以有效地提高调查效率，提高调查质量。

（2）制定技术方案　根据调查对象的特点制定出切实可行的调查技术方案，包括境界勾绘和测量的方法、内容与项目，调查精度和要求等，并编制出实施细则和工作步骤。

（3）领取或购置航片和地形图　尽量能准备好最近时期的航片，购置相应的地形图。

（4）进行室内判读勾绘　利用航片、城市测绘资料和地形图，结合现有的图面材料进行室内判读，勾绘出园林树木分布位置和境界。

（5）外业调查训练　选择有代表性的地段进行外业调查训练，统一调查方法，熟悉调查仪器，掌握调查资料的使用方法，提高工作效率。

（二）外业调查阶段

1. 区划测量　在原有的基本图基础上，结合航片勾绘和境界测量方法，核实各类境界线、区划，测定树木分布具体地段的位置和边界。

2. 细部调查　在区划出的树木分布地段内，根据不同树木栽培类型的要求进行各项内容的调查和测量。

3. 外业调查质量检查　在调查完一定面积或区段后要及时对调查质量进行检查，以便发现问题，予以纠正，必要时要调整调查方法，修改有关规定。

（三）内业总结阶段

1. 编制调查簿 调查簿是进行统计分析和编制经营管理措施的基础，调查簿的记载内容是否完整、真实、可靠，关系到以后各项工作的质量，在内业开始时要认真检查和整理调查簿。以园林树木片段为单位分别编号，详细转载和计算各项调查内容并填入卡片或表格中，对发现的问题及时进行纠正和补充。

2. 绘制分布图 分布图是编制其他图面材料和求算分布面积的基础。在整理好调查簿后，将外业调绘和测定的境界线转绘到图上并进行着墨，各种地物和树木类型也要标注到图上。经清绘、整饰、加注图例、标注调查时间、调查单位、制图人等内容后，制成完整的园林树木分布图。

3. 进行统计 以调查簿或卡片为基础，按要求的类别进行统计，编制各种统计表。

4. 分析现状 根据调查统计结果，对调查对象的资源现状进行分析，计算各种分析指标，总结园林绿化现状及问题，提出调整和改进的意见。

5. 撰写调查报告 调查报告的内容包括任务来源、调查时间、技术标准与要求、调查方法、主要成果、统计结果和分析结论，以及本次调查中的存在问题、今后经营管理的意见等。

第二节　园林树木信息管理

随着城市园林绿化事业的发展及生态城市建设的需要，园林树木管理对象也越来越复杂多样，对管理的要求也越来越高，建立园林树木管理信息系统就成为提高管理水平和管理效率的必要技术手段。但目前在城市园林绿化建设中管理信息系统的建立和应用还很少，水平也比较低，需要及时把握信息管理技术手段迅速发展的机遇，尽快提高园林树木的信息管理水平。

一、园林树木档案及其管理

（一）树木档案概述

1. 树木档案的概念 树木档案属于技术档案，是一定时期内树木资源状况及栽培、保护、管理、更新等方面的措施、经验、技术、效果等内容的真实记录和园林绿化建设的技术经济文件或资料。因此，园林树木档案是以一定格式的表簿、卡片、图面材料及文字，记录和反映管理单位一定时期树木资源变化情况、经营管理活动及科学研究等方面具有保存价值并经过归档的技术经济文件、数据和材料。

2. 树木档案的类型 大体上可以分为两类，即以基层经营管理单位为主建立的园林树木经营管理档案，各级城市绿化管理部门建立的园林树木资源档案。

基层经营管理单位的主要任务是开展园林树木的栽培、管理、保护等经营管理活动。因此，它建立的档案与经营管理活动有密切联系，不仅记录园林树木资源的现状及其变化，而且要记录与经营管理有关的技术经济活动情况，这类记录和资料经过归档称为园林树木经营管理档案。

城市绿化和园林主管部门的职能主要是制订计划、下达任务、检查和监督基层单位的园林绿化和园林树木经营管理情况，不直接组织经营管理活动。因此，这些部门建立的档案主要的是关于园林树木资源状况及其动态变化情况的，这类档案一般称为园林树木资源档案。

3. 树木档案的主要作用

① 掌握城市园林树木及园林绿化的现状，预测城市绿地和园林树木资源发展变化的趋势。通过档案可以准确而及时地进行园林树木资源统计，掌握现状及其消长情况，为制定园林绿化建设规划、计划、方针、政策、措施、途径等提供依据，还可为有关的国民经济部门（如农、牧、渔、水利、工业等）制定规划和计划提供重要依据。

② 分析评价园林树木管理及城市绿化工作的成果和效益，总结经营管理工作经验和规律，检查城市绿化与建设计划、规划和目标的落实完成情况。通过对园林树木资源变化和经营管理活动的调查记载，确实掌握生产情况，作为指导生产、总结经验、改进技术的依据。

③ 记载园林树木经营管理活动，完善计划和规划管理体制，分析经营管理活动和其他因素对园林树木资源和园林绿化工作的影响。对计划落实情况进行详细和完整的记录、对设计项目的施工过程进行记录，是检查项目设计执行情况的重要依据。通过年度档案材料的汇总，又可为下年度编制计划提供依据。

④ 完善劳动和财务管理制度，提高管理水平。通过对项目施工过程记录的分析，了解在不同自然条件下，采取不同经营措施的劳动力安排、资金耗费以及经济效果等，作为正确制定劳动、财务计划和定额的依据。

⑤ 为园林树木科研和教学提供大量丰富的原始数据和资料，促进园林树木科学研究和教学水平的提高。

（二）园林树木档案的建立

1. 建档单位　林业部于 1998 年颁发的《森林资源档案管理办法》规定，森林资源档案分四级建立和管理，园林树木是森林资源的重要组成部分，也要按要求进行园林树木档案的建立和管理。由于档案级别不同，档案内容的细致程度即基础单位亦有不同。

① 省（自治区、直辖市）园林主管部门为第一级建档单位。一般要建到县（市、区）级，也可建到森林公园、城市公园和小区等具体绿地经营管理单位，并以市（地、州）为二级统计汇总单位。

② 市（地、州）城市建设和园林主管部门为第二级建档单位，一般建到森林公园、城市公园和小区等具体园林绿地经营管理单位，并以县（市、区）为统计汇总单位。

③ 县（市、区）城市建设和园林主管部门为第三级建档单位，一般建到森林公园、城市公园、小区。

④ 森林公园、城市公园、小区、城镇为第四级建档单位，一般建到林地斑块或绿化地块，以及单株树木（主要指古树名木）。

各级建档单位每年向上级主管部门提报的园林树木档案，可不列到本级的基本建档单位，而列到上一级所需基本建档单位即可。

省、市、县三级城市建设和园林主管部门都要建立相应的业务部门，设置专人，负责园林树木档案的管理工作。森林公园、城市公园、小区和城镇应建立档案室，设专职或兼职技术人员，对园林树木档案进行管理，并应尽量保持档案员的相对稳定。

2. 档案的主要内容

① 资源档案卡片或簿册，或者是计算机资源档案数据库。以调查登记表为基础建立，

或者与调查卡片、登记表相统一。

② 资源统计表、资源消长变化统计分析表和资源变化分析说明，是园林树木资源统计分析的成果。

③ 有关的图面材料，包括基本图、园林树木分布图、经营管理规划图及资源变化图等各类专题图。

④ 调查的样地和标准地调查资料及其分析成果。

⑤ 园林树木权属和各类涉及园林树木的纠纷和案件处理结论、结果的有关文件和资料。

⑥ 经营管理、科研试验和经验总结等资料，以及其他与园林树木档案管理有关文件。

⑦ 森林资源数据处理系统等计算机软件。

3. 建立园林树木档案的依据

① 近期的调查成果（包括各种图、表及文字说明资料），没有完整的调查资料时也可用其他类型的城市绿化调查资料。

② 园林树木栽培、更新、造林专项调查资料。

③ 近期与园林绿化和绿地建设有关的其他专业调查资料。

④ 近期城市区划、园林绿地规划设计方面的资料。

⑤ 各种园林绿地和园林树木栽培、保护、管理项目施工设计资料。

⑥ 园林树木资源逐年变化数据和分析资料。

⑦ 各种经验总结、实验结果或专题调查研究资料。

⑧ 有关处理园林树木栽培、管护责任和权属问题的文件和资料。

⑨ 其他与园林树木有关图面资料、文字材料和数据。

4. 建立档案的步骤　一般包括外业调查、内业整理分析和归档三个基本步骤。在确定档案主要内容的基础上，根据收集资料的情况确定是否进行补充调查。

（1）外业调查或补充调查　对于初次建档的单位来说，外业调查或补充调查是建档的第一步。通过专门的园林树木资源调查掌握翔实的资料和数据，作为档案核心内容的基础。

（2）内业整理分析　在对调查资料数据进行初步整理的基础上，编制园林树木资源统计表，编绘各种图面材料，并对资料进行分析、归类和整理，编写建档说明书和建档工作总结。

（3）归档　将上述有关资料进行整理、归类、装订和编目，按不同项目和要求分类分项存入档案柜，并创造条件确保档案安全。

（三）园林树木档案数据更新

1. 档案数据更新依据　在园林树木档案管理中，建档后必须不间断地及时地将资源变动情况反映到档案中去，并将变动情况标注在相应的图面材料图上，到年终时要进行统计汇总和绘制变化图。园林树木资源的变化主要有以下几方面。

① 栽培、营造、更新和新造林地成长为林地以及经营管理活动引起的地类变化和数量变化。

② 林木自身生长以及病虫害、兽害、火灾等自然灾害、人为破坏引起的变化。

③ 调整区划境界引起的变化。

④ 树木经营管理活动及新造林地成长为林地引起的变化。

⑤开垦、筑路等基本建设项目占用绿地以及调整区划境界引起的变化。

⑥其他原因引起的变化等。

随着城市绿化和园林经营管理水平的提高，对档案管理工作的要求将会越来越高，电子计算机及相关软件的普及和发展，将使园林树木档案管理工作向规范化、数字化和自动化方向发展。应用微机进行资源数据处理和档案管理的实例也会越来越多，数据更新和管理工作水平和效率都会有极显著的提高。

2. 档案数据更新要求　为保证档案数据更新准确、及时、可靠，要注意做到以下几点：

① 对于各种活动所引起的土地类别变化，必须深入现场调查核实其位置和数量，随时修正档案数据和图面材料。

② 对因病虫害、兽害、火灾等自然灾害以及人为破坏引起的变化，要经过样地、标准地调查和现地勾绘或测量确定其受害程度和面积等，及时更新档案数据。

③ 基层经营管理单位的档案要每年更新一次，除了用定期的调查成果进行数据更新外，也要根据经营管理活动记录和变更记录，每年进行及时的数据更新。

④ 园林管理技术力量强和经济条件较好的地区，应建立定期进行园林树木资源调查的技术体系，随时掌握资源状况，保证档案质量。

二、园林树木管理信息系统

（一）管理信息系统的概念

1. 管理信息（management information）　管理信息指反映实体管理对象特征或属性的与管理活动有关的信息，也是通过信号、声音、图形、图像、数字、文字、符号等多种形式表现出来的数据。

2. 信息系统（information system）　信息系统是由若干相互独立而又相互联系并为某一共同目标服务，以信息作为纽带的要素所组成的整体。从计算机角度解释，信息系统则由信息、软件、硬件和操作人员组成。一般来讲，信息系统具有对信息进行收集和录入、存储、更新、评价、检索、查询和传输等功能，信息系统的目的是产生使用者所需要的信息。

3. 管理信息系统（management information system，MIS）　管理信息系统是对管理信息进行处理加工，为管理工作提供技术支撑和服务的信息系统。随着数据库技术和各类通用数据库软件的开发和普及，增强了数据库的管理、维护、数据通信等功能，能够进行数据自动更新、定义数据库，能不同程度地进行数据分析，输出较为完整的信息。管理信息系统的主要目的并不局限于提高信息处理效率，而是为提高管理水平服务并与管理中的决策活动结合起来提高决策的科学性。

（二）园林树木管理信息

1. 园林树木管理信息（landscape wood management information）　园林树木管理信息是与园林树木管理活动有关的，经过加工的，能反映园林树木资源现状、动态及管理指令、效果、效益等管理活动的一切数据。它们是管理的基础，并意味着知识、情报、科学技术及其新的发展方向，是园林企业计划、核算、调度、统计、定额和经济活动分析等工作的依据，是构成园林树木信息管理系统的最主要因素和管理对象。

2. 园林树木管理信息的特点　园林树木管理信息具有所有信息的基本特征，同时具有类型多样、来源广泛、数量庞大和动态变化等特点。

（1）种类多样　园林树木管理信息的数据类型有多种多样，既包括园林树木本身的属性，也包括园林树木所处的社会经济环境、生态环境以及有关管理活动及其影响。其属性主要表现为几何属性和非几何属性的数据，几何属性的数据又有图像数据和图形数据，而非几何属性信息也有定性描述和定量数据，以及社会、经济、自然等多方面的文字或其他形式的数据和知识，如经验总结、规程规范、技术标准和规划方案等。

（2）来源广泛　多种类型的园林树木管理信息决定了其信息来源的广泛性，如可以通过测绘部门收集航空航天遥感图像、地形图和其他图面资料，可以通过气象和水利部门收集气象、水文方面的信息，可以通过林业专业调查部门进行一、二、三类调查采集各级森林区划单位的森林资源信息，还可以通过生产经营活动及其检查验收采集经营活动的相关数据。

（3）数量庞大　由于园林树木管理信息类型多样、来源广泛，而且涉及园林树木管理有关的多方面情况。如前所述，一个园林树木经营管理基本单位的资源调查项目可多达几十项，一个较大的调查管理对象的园林树木斑块可达几千个，加上地区社会、经济、环境等方面的数据数量非常大，而反映园林树木空间特征和关系的图像、图形数据的数量更加庞大。

（4）动态变化　园林树木本身及其所处的社会经济和生态环境随时都在发生变化，园林树木管理者及其管理活动也在不断变化，使管理信息处于快速变化的动态过程中，要求管理信息系统能及时反映其动态变化过程和趋势。

3. 园林树木管理信息的作用　园林树木管理信息是管理单位的重要资源，是管理者对园林绿化建设活动和工作过程进行调节和控制的有效工具，是保证管理单位内部各部门有秩序活动和密切联系的纽带，是管理者制订计划、规划、措施等决策活动的依据。

决策是确定经营活动目标和为实现目标所采取的措施的过程，要使经营管理单位决策的目标和措施符合实际，就需要大量可靠和及时的信息；并且在工作过程中也要有及时的信息反馈，反映管理效果、影响和问题，及时调整措施才能保证总体目标的实现。管理就是要通过信息流对物流的数量、质量、方向、目标和速度进行规划和调节，使之按一定的目标和规则运动，在管理实施过程中的各工作环节也是根据处理不同类型管理信息的需要而有机地联系起来，以保证管理工作的连续性和完整性。

管理工作的成败取决于管理者的决策是否科学合理，而决策质量的优劣又依赖于管理信息的准确性和完备性。因此，作为园林树木管理者要学习和掌握园林树木信息管理的理论和技术、研究有关管理组织中存在的各种信息的特点及其运行规律，重视开发利用与园林树木管理活动有关的各种信息资源，以提高决策的有效性和科学性。

（三）园林树木管理信息系统的结构和功能

园林树木管理信息系统是一类专用的管理信息系统，它既具有一般管理信息系统的共性，又具有部分自身的特点。

1. 管理信息系统的结构　管理信息系统由管理者、信息源、信息处理器和信息用户四部分组成。其中信息处理器主要是由计算机硬件和软件及外部设备构成（图9-6）。

2. 管理信息系统的功能　园林树木管理信息系统是在多个层次上建立的，可以是城市园林主管部门也可以是基层单位，其具体要求和目的不同、管理信息系统的作用也有很大差别。一般来说，各个层次上的管理者都要求信息系统能够提供园林树木管理事务处理和满足日常工作所需要的信息，并能及时与有关部门和有关单位进行信息交流，对外提供信息服务和支持。

基层建立的管理信息系统应能提供满足制定短期计划（年度计划）、项目施工设计（作业设计）以及计划和设计执行过程检查、监督、控制和评价所需要的信息。在中层（如市、地、州）建立的信息系统，应能为制定园林建设目标和发展指标、发展方向和总体布局，编制中期规划方案，对方案执行情况进行坚持监督、反馈控制和修订等管理工作所需要的信息。而在上层建立的管理信息系统（如省、直辖市、自治区乃至国家建设部城市建设主管部门），要为制定城市绿化和园林建设发展计划和长远发展规划，确定发展战略方针、政策、目标提供充分的信息，为宏观决策和控制提供保障。

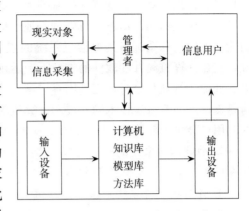

图 9-6 管理信息系统的结构示意图

概括地说，各级园林树木管理信息系统都应该具有以下几方面的功能：

① 针对园林树木管理和城市园林绿化建设事业的特点，进行数据采集、信息提取和数据快速输入的功能。

② 对数据进行规范化处理、初步整理、统计和结果输出功能。

③ 根据数据和统计结果进行初步分析、整理输出统计报表、提出初步经营管理意见的功能。

④ 对现有数据进行修改、查询、编辑、批量更新的功能。

随着与地理信息系统和专家管理系统的集成，管理信息系统的功能会得到进一步扩展和完善，信息处理和分析能力会进一步加强，在园林树木管理中发挥的作用也会越来越大。

（四）园林树木管理信息系统的建立

管理信息系统包括硬件、软件、数据、应用、用户、系统管理与维护等诸多要素，而单为解决某个问题而临时应用某一项信息系统技术，实际上可能体现不出管理信息系统在园林树木管理中的优越性。必须建立起稳定的信息系统，把硬件、软件、数据、人员系统地组织起来，经常地、协调地发挥作用，并与规划、管理、决策部门密切结合，使信息资源得到频繁利用，才能充分发挥管理信息系统的功能和优势。

目前园林树木管理工作的规范化和制度化工作还很不够，园林树木管理信息系统的开发和建设才刚刚开始，主要采用一般管理信息系统的建立方法。具体内容请参阅本节"一、园林树木档案及其管理"的相关部分。

三、地理信息系统在园林树木管理中的应用

（一）地理信息系统概述

1. 地理信息系统的概念 地理信息系统（geographic information system，GIS）是用于管理与地理空间分布有关的数据的管理信息系统，由数据采集系统、数据库系统、数据转换与分析系统和成果生成与输出系统四部分组成。

地理信息系统是在计算机图形学和计算机制图、航空摄影测量与遥感技术、数字图像处

理技术和数据库管理系统技术的基础上，通过技术综合而发展起来的一类信息系统。对空间信息及其相关的属性信息进行处理是地理信息系统的基本功能，而对空间信息的查询和分析功能是地理信息系统与其他信息系统的主要区别。地理信息系统是一种特殊的空间信息系统，它在计算机硬件和软件的支持下，运用系统工程和信息科学的理论，对地理数据进行采集、处理、管理和分析，编制内容丰富、信息量高的图件，为规划、管理、决策和研究提供信息支持。随着科学技术的发展和计算机应用的普及，地理信息系统技术在园林树木管理中的应用也会越来越普遍。

2. 地理信息系统的一般结构　地理信息系统主要由四部分组成，即计算机硬件系统、计算机软件系统、空间数据和用户。

① 计算机硬件系统：包括计算机主机、输入设备、存储设备和输出设备。

② 计算机软件系统：地理信息系统运行所必需的各种程序，包括计算机操作系统，用来完成空间数据的输入、储存、转换、输出及与用户接口等功能的计算机程序，作为地理信息系统功能扩充和延伸的应用程序。

③ 空间数据：包括空间位置坐标数据、地理实体间的空间拓扑关系数据、对应于空间实体的属性数据，各种数据以一定的逻辑结构存放于空间数据库中。

④ 用户：即系统使用、管理和维护人员。

3. 地理信息系统对园林树木管理的意义　园林树木管理中有大量空间属性，不仅园林树木的数量和质量是园林树木栽培管理的依据，其空间属性也是全面分析，描述和评价园林树木现状，制定发展建设规划和设计的基本要素；在反映园林树木现状的调查成果中，图面资料是其重要组成部分。应用地理信息系统技术就可以为园林树木管理的决策提供各种数据和辅助信息，可以建立园林树木管理的交互式查询系统，特别是对各种类型的园林树木在绿化区域的空间分布格局进行分析，确定其合理性，调整园林树木管理目标，并按需要生成各种专题图，形成图文并茂的信息处理结果，方便地将规划设计成果反映在图面上。

4. 地理信息系统在园林树木管理中的应用　地理信息系统功能十分强大，应用范围广泛，目前在园林树木管理中主要应用在以下五个方面。

（1）**数据输入管理**　地理信息系统软件都提供了空间数据和属性数据的输入、编辑和存储功能。常用的空间数据输入方法一般包括：数字化仪直接跟踪矢量化、扫描仪图像识别监督矢量化、遥感图像处理系统矢量化等。属性数据的输入主要以键盘直接输入为主，有些类型的数据也可以借助于图像处理系统的判别直接输入到属性数据库中。

（2）**建立园林树木交互式查询系统**　一些通用型地理信息系统软件具有图形和数据库交互式查询功能，如 ARCVIEW、MAPINFO、TITAN 等，也可以在通用地理信息系统软件平台上进行二次开发，建立具有交互查询功能的专用地理信息系统软件，是一个亟待开发的软件领域。

（3）**园林树木空间分析**　园林树木管理信息或数据进入地理信息系统后，在其对应的数据库中就建立了包括位置、斑块面积、斑块周长、相邻关系等内容的基本数据项，并可以进一步整合出斑块形状、廊道或斑块的连接度或连通性、斑块的聚集度等新的分析指标，从而对一定地区或范围内各类园林树木空间格局的合理性提出调整方案和措施。

（4）**园林树木管理辅助决策**　利用地理信息系统建立园林树木管理效果分析模型，借助模型分析手段对各种不同管理方案的效果进行多情境研究，反复优化、改进和完善，为最后的决策提供依据。

（5）园林树木管理及规划设计制图 以图纸的形式输出现状的、规划的或预测的景观图是地理信息系统的主要优势之一。利用地理信息系统可以很方便地将各种规划成果编辑成图，形象地提供给管理者和决策者，便于对规划成果进行评价和修改，也便于规划的执行。与传统的成图方法相比，出图的质量和效率都非常高，而且可以随时根据需要分解成不同的专题规划设计图输出，例如，把规划设计总图分解成分区分幅图、行道树绿化规划图、古树名木维护措施图等专题图，使用十分方便。也可以将调查规划地区现状的各种专题属性选择性地单独制图，还可以将空间格局分析结果以图的形式反映出来，如果需要还可将上述内容用三维动画形式在计算机上显示，丰富规划成果的表现形式。

（二）城市树木地理管理信息系统实例

目前我国许多城市已采用地理信息系统建立城市树木的管理系统。哈尔滨市勘察测绘研究院建立了哈尔滨市树木管理信息系统，该系统分为树木管理应用系统和数据管理系统：树木管理应用系统选用 Arc/GIS 为地理信息平台，基于 Brow - ser/Server（B/S）架构，实现浏览功能、查询功能、打印功能、距离量算等基本功能；数据管理系统基于 Client/Server（C/S）架构，实现数据转入转出、数据入库出库、图库管理、用户管理、数据备份恢复、数据浏览与打印等功能。

该信息系统可以一目了然地查询覆盖哈尔滨市 8 个区的树木空间数据，包括树木（散点树、行道树、古树名木、林区、枯死树木、伐木等）的图形信息和属性数据（包括现状数据和规划数据），以及其他相关的专业数据。系统集档案管理、数据汇总为一体，具有档案管理、绿化决策、数据报表、树木绿化示意图等功能，在树种决策、绿化示意图部分实现了树种样本库和典型路段实况播放、数据与图像有机结合，使管理更加直观生动。

该信息系统采用矢量化地图，可进行各种基于 GIS 的操作，主要功能包括：①显示功能：放大、缩小、漫游、全图、刷新以及分层显示、多源数据叠加显示功能。②数据采集：可向系统录入树木的属性信息及空间位置。③图层控制：根据需求设置图层颜色和显示样式及图层加载、移除等功能。④树木档案：树木数据管理和档案查询，设有树木档案明细报表。⑤查询统计：可进行全市各类树木数据的图形属性互查分析（包括点查询、多边形查询、模糊查询和 SQL 查询），并可按区域、条件进行统计分析，进行数据汇总及报表输出，反映整体或局部树木绿化情况。⑥动态浏览：结合多媒体技术，具有动态效果浏览功能，直观表现树木绿化实景和树木绿化数据。⑦专题分析：使用不同的图形样式（颜色、填充方式等）展示地图所蕴涵的其他属性信息。⑧量算功能：长度及面积量算。⑨空间分析：使用地理信息系统（GIS）软件对规划区域树木绿化资源调查数据进行统计分析。⑩绿化决策：包括树种方案选择、资金预算、气候分析、土壤分析、种植与维护等 5 个方面，建立丰富的树木绿化效果样本库、树种适应环境参数库、绿化资金套价库、树种种植、维护与病虫害防治信息库，依托多媒体手段，借助模糊数学法，从美学、经济、技术等方面支持有关决策。⑪数据传输：可以通过网络技术完成上下级数据传输，使本单位数据参与上级部门的汇总及决策，实现信息共享。⑫数据输出：可对查询到的信息进行打印、输出，包括打印机输出或输出为位图文件。⑬快速定位：突遇树木倒伏、突发各类树木病虫害向园林绿化管理部门求助，在系统中可根据提供的大概位置进行快速定位，及时进行处理。

复 习 思 考 题

1. 园林树木调查的一般内容有什么？
2. 园林树木群体特征的调查包含什么内容？
3. 园林树木个体特征的调查包含什么内容？
4. 园林树木个体特征的调查方法有什么？
5. 树木资源调查分析报告的内容有什么？
6. 园林树木资源调查的内业总结阶段包含什么工作？
7. 园林树木档案的主要内容是什么？
8. 园林树木信息管理系统有什么特点？
9. 地理信息系统在园林树木管理中有什么应用？

第十章　常见园林树木栽培实例

掌握树木栽培的要领，是影响树木栽植成活率的关键，应根据不同园林树木的生长特性、栽植地的环境条件等，实施树木定植，及时到位地养护管理，这对提高栽植成活率、恢复树体的生长发育、及早表现景观生态效益具有重要意义。

第一节　乔木栽培

一、雪　　松

雪松（*Cedrus deodara*）别名喜马拉雅雪松、宝塔松，为松科雪松属常绿大乔木（图 10-1）。树冠圆锥形，老树广卵形。枝呈不规则轮生，有长短枝之分，短枝为发育枝，长枝为生长枝。叶针状，灰绿色，在长枝上呈螺旋状互生，短枝上呈轮状簇生。雌雄异株或同株，花着生于短枝顶端；雌花出现于 8 年生以上的短枝上，雄花出现于 6 年生以上的短枝上。秋季开花，雌花受粉后次年发育成球果，秋季成熟。球果椭圆状广卵形，成熟后果鳞与种子同时散落，种子具翅。雪松树姿端庄，挺拔苍翠，与南洋杉、金钱松被誉为世界著名三大珍贵观赏树种，是优良的园林绿化树种。

图 10-1 雪　松
（孟庆瑞摄）

1. 产地与分布　雪松原产亚洲西部、喜马拉雅山地区，广泛分布于不丹、尼泊尔、印度至阿富汗等地的海拔 1 200～3 000 m 的山地中。中国西藏西南喜马拉雅山北坡海拔 1 200～3 000 m 地带有纯林群落。1920 年我国从国外引种栽培，目前在年降水量 600～1 200 mm 的地区都能生长良好。

2. 生长习性　雪松对土壤要求不严，在酸性土、碱性土及瘠薄土壤上能生长，以深厚、肥沃和排水良好的土壤为宜，忌积水；抗污染能力较弱，如对烟尘、氯气和二氧化硫等有害气体均不适应；浅根性树种，易被风刮倒。

3. 栽植要点

（1）栽植时间　雪松带土球栽植，一般只要地不冻，常年都可进行，但以春季萌动前的 3 月中旬至 4 月中旬和秋后天气转凉后为最佳时间，避开麦收前后干热风季节和立冬降温后种植。

（2）栽植地选择　雪松喜光，应种植于背风向阳处。不宜种植在地势低洼处，地下水位应低于 1.6 m，在草坪中或盐碱地区种植，应适当抬高地势，否则植株受水渍而生长不良甚至死亡。对土壤要求不严，在 pH 8.8、含盐量 0.25％的轻度盐碱土中能正常生长。

（3）苗木选择 选择枝条粗壮，树冠丰满匀称，树干挺拔而没有徒长现象的平枝厚叶类型。规格以 3.5～7.0 m 为宜。

（4）起苗和运输 起苗前一周浇一次透水。起苗前将最下部的侧枝用草绳拢起，以防折枝。起挖土球的直径为雪松基部干径的 6～8 倍，或按树体高度规范土球直径（表 10-1），土球高度一般为直径的 80％左右。土球挖好后立即用湿润的草绳呈橘子式绑扎，土球绑扎好后将植株轻轻推倾斜，用草绳将整个植株的侧枝收拢。

表 10-1 雪松不同高度与土球规格

树高/m	土球直径/cm	备　注
1.0	15～20	
1.5	15～25	
2.0	25～35	
2.5	35～45	
3.0	40～50	8 m 以上的雪松，土球按胸径的 6～10 倍计
3.5	45～55	
4.0	50～60	
5.0	60～80	
6.0	70～100	

吊装时要轻吊轻放，放置时要树梢朝前，土球在后（即车尾处），放下后要在土球两侧放置固定物，防止在运输过程中因颠簸而使土球滚动，导致土球松散。

（5）栽前修剪 栽植时不宜疏除大枝，下部枝条尽量保护，定植后可适当疏剪，使主干上侧枝间距加大，过长枝实施短截。

（6）定植 栽植前挖好种植穴，宽度比土球直径大 50 cm 左右，深度要大于土球高度 25 cm 左右，起挖时将表土和底土分开放置。穴底施入腐熟的圈肥，并堆成小丘状。

放苗入穴，栽直扶正，向土球下部填土，待填至 1/2 时，用脚将土球周围的土踏实，然后继续填土，边填边踏实，最后埋至比原土球高出 7～8 cm。

（7）栽植后养护 种植后围堰浇第一次透水，3 d 后浇第二次水，5 d 后浇第三次水，此后要及时松土保墒。此外，及时设三角式支架，或搭设风障。

4. 养护管理要点

（1）水肥管理 栽后视天气情况适当浇水，可多实施叶面喷水。成活后秋施有机肥，以促发新根，生长季进行 2～3 次追肥，并保持土壤疏松。2～3 年以上的大苗栽植必须立支架，以防风吹摇动。

（2）整形修剪 雪松幼树中央领导枝顶端优势强。因生长迅速，主干顶梢柔软下垂，易受风吹折而影响树形，可辅助支撑扶直。若顶梢受损或较其相邻侧枝生长势弱，可以侧代主，保持顶端优势，2～3 年后可形成自然的树冠造型。雪松下部大小枝条一般保留，自然贴地，美观而整齐，如做行道树要求有一定枝下高时，可剪除下部枝条。

（3）病虫害防治　雪松幼苗期易发虫害有地老虎、蛴螬等，大树主要有大袋蛾（避债蛾）、红蜡蚧、松毒蛾等，应及时防御防治。

二、油　松

油松（*Pinus tabulaeformis*）又名东北黑松、短叶马尾松，为松科松属双维管束亚属常绿针叶乔木（图 10-2）。幼树塔形，老树伞形、平顶，树皮暗褐色，鳞状不规则裂，裂口红褐色。大枝平展至下垂。叶 2 针 1 束，长 10～16 cm，稍粗硬。球果卵形，鳞脐凸起具尖刺；种子卵形至长卵形，具翅，长于种子 2 倍。油松树冠开展，四季常青，老树姿态奇美，枝叶婆娑，在园林绿化中广为应用。

1. 产地与分布　油松产于我国，北起辽宁、内蒙古，经河北、山西至青海，南至河南伏牛山及四川与甘肃、陕西交界处，东自山东蒙山均有分布。

2. 生长习性　喜光，幼树较耐阴，随树龄增加，对光照需求增加。喜中性、酸性土壤，不耐盐碱，要求土壤透气性良好，最忌积水，较耐干旱瘠薄；对大气中的二氧化硫及氯气较敏感；深根性树种，根系穿透能力强；寿命较长，上千年古松在华北随处可见。

3. 栽植要点

（1）栽植时间　休眠季进行，春、秋两季均可，春季树液流动前的 1 月下旬至 3 月上旬最佳，秋季 10～11 月利于树体恢复，夏季栽植应错过新梢生长旺盛期。

（2）栽植地选择　栽植地地下水应在 2 m 以下，地面切忌积水。在干旱瘠薄土壤上能勉

图 10-2　油　松
（孟庆瑞摄）

强生存，适于年降水量 300～400 mm 的地区，在降水量不足 300 mm 或生长季节过于干旱地域，会全株甚至成片枯死。污染严重地方不宜栽植。土壤 pH 达 7.5 的地区不宜栽植。

（3）苗木选择　苗木规格符合设计要求，选择无病虫害、无机械伤、生长健壮的植株，城区园林中种植的需树形优美、规格一致。1.2～1.5 m 高的苗木，树形应饱满，轮生枝在 3 层以上，3 m 以上大苗，枝下高应不大于树高的 2/3，轮生枝较完整。

（4）起苗和运输　起苗时提前一周到半月浇水一次，以土壤含水量达 45%～55% 为宜。起苗时把树冠枝叶用绳捆好。①带土球软包装移植，适用于胸径 10～15 cm 的油松，起挖前确定土球直径，对未经断根缩坨措施的植株，土球直径为胸径的 7～8 倍，土球高度为土球直径的 2/3；实施断根缩坨措施的，在断根处外放 10～20 cm，挖好的土球立即用湿润的草绳捆扎。②带土球方箱移植，适用于胸径 15～30 cm 的油松，土球直径约 1.3 m，需带土球方箱移植，土台呈正方形，上大下小，一般下部比上部小 1/10（表 10-2）。

运输时根系、土球、方箱向前，树冠向后，土球固定，运输途中覆盖湿草袋等以保证根系湿度。

表 10 - 2　油松的土球规格

胸径/cm	土球（土台）直径/cm	备　　注
<4	30~50	带土球软包装移植
4~10	>50	带土球软包装移植
10~15	胸径的 7~8 倍	未断根缩坨，带土球软包装移植
	沿断根处外放 10~20 cm	断根缩坨，带土球软包装移植
15~30	胸径的 7~10 倍	带土球方箱移植

（5）栽植前修剪　油松生长缓慢，萌芽力较弱，栽前只剪除病虫枝、受损枝，适当疏枝疏叶即可，对修剪造成的较大伤口，施用伤口涂抹剂，防治病菌感染。

（6）定植　提前备好栽植穴，带土球植株的栽植穴为圆形，直径比土球大 60~80 cm，深度加大 20~30 cm，底部垫 20 cm 的熟土。木箱包装的树木适用方形穴，宽度与深度同圆形穴。栽植的深浅保持与原土痕一致或高于地面 5 cm。树木入穴，用种植土加腐殖土分层填入，每 20~30 cm 的土踏实一次。

（7）栽植后养护　栽后浇第一遍水，2~3 d 内浇第二遍水，第三遍在 7 d 内完成。大树要做好支撑。

4. 养护管理要点

（1）水肥管理　根据天气和土壤情况适当浇水，水下渗后覆土，防土壤开裂，雨季防积水。夏季高温时可采用树冠喷水，必要时可加叶面肥。

（2）整形修剪　如不对油松进行造型，自然树形的油松对修剪要求不高，可注意将过密枝条进行疏除，对于一些内向枝、病虫枝、下垂枝、交叉枝及时进行疏剪，不能短截。塔状树形以中央领导干的顶端优势较低为宜。造型树应按要求进行修剪，可采取绑扎、拉伸、摘心等方法进行造型。

（3）病虫害防治　油松主要病虫害有松赤枯病、松针锈病、松毛虫、松梢螟、红脂大小蠹等，要及时防治。

（4）越冬防寒　采用草绳缠绕枝干，包裹御寒。

三、桂　花

桂花（*Osmanthus fragrans*）又名木犀、岩桂，为木犀科木犀属常绿乔木（图 10 - 3）。单叶对生，革质；椭圆形至卵状椭圆形，缘有稀锯齿或间有全缘。花簇生叶腋呈聚伞花序；花小，黄白色，极芳香。核果椭圆形，紫黑色。花期仲秋；核果次年夏初成熟。常见栽培种有：丹桂 'Aurantiacus' 花橙黄色或橘红色，香味差；金桂 'Thunbergii' 花金黄色，香气最浓；银桂 'Odoratus'（'Latifolius'），叶长椭圆形，花乳白色，香味较金桂淡；四季桂 'Everaflorus' 花黄白色，几乎每月开花，故又称月月桂。桂花为中国十大名花之一，园林可地栽或盆栽欣赏。花为食品加工原料；花、果、根、皮可入药。

1. 产地与分布　原产我国西南、华中等地。现广泛栽植于淮河流域及以南地区的热带、北亚热带地区，适生区北可抵黄河下游，南至两广、海南。以年平均气温 15 ℃，极端气温不低于-8℃为宜。

2. 生长习性 桂花喜光，喜湿润，不耐寒，淮河、秦岭以南露地栽培，以北除局部环境以外应盆栽。黄河以北的局部小环境露地栽培即能越冬，但开花效果较差；喜土层深厚、排水良好的偏酸性沙壤土，不耐盐碱，pH 以5.5~6.5 为佳。能抗氟，不耐烟尘。

3. 栽植要点

（1）栽植时间 除炎夏和寒冬季节外，均可栽植，以早春新芽萌发前和秋季花后新芽形成后栽植为宜。秋植（10 月下旬至 11 月中旬）利于伤根的恢复，且发生新根的时间早。春植（2 月下旬至 3 月上旬）在春季有低温危害的地方比较安全。北方盆栽应于"霜降"节气入室存放。

图 10-3 桂 花
（孟庆瑞摄）

（2）栽植地选择 平地栽植应选择地势高燥、排水良好、土壤疏松及透气性能好、富含有机质、呈酸性或微酸性的地方。桂花忌风，不宜在风口处栽植。丘陵或山地栽植，应选择坡度 5°~15°的缓坡地，坡度超过 15°应修筑梯田。

（3）苗木选择 选择花枝粗壮、树冠饱满、无病虫害的健壮植株。有直径 8 cm 以上的下垂枝的植株尽量不选。

（4）起苗和运输 起苗前一周浇一次透水。土球直径是植株胸径的 10 倍左右，土球高度是土球直径的 70%。土球下口直径是上口直径的 1/3。挖土球对需断除的大根要用手锯锯断，不要用其他工具劈砍，根的断面用硫黄粉和 ABT 生根剂按 3:2 的比例调成糊状进行处理。挖好的土球要用包装材料包好，避免土球松散。

运输时要轻装、轻放、轻卸。装车时要将大树固定好，并隔以缓冲物，防止树木碰撞，以免伤及皮部，碰散土球。途中要注意保湿。反季节栽植运输时可喷施蒸腾抑制剂。

（5）栽植前修剪 疏除树冠内部的交叠枝、平行枝、病虫枝及细弱枝等，树冠外侧的要谨慎，以确保全冠树形。因桂花萌发新枝能力较弱，疏枝量不要超过 20%，可摘除树冠下部和内部的叶片。

（6）定植 移栽前一周左右挖好树坑，挖出的表层土和下层土分开放置，晾晒并清理土中杂质。按 10:1 配合比（土为 10 份）拌入硫酸亚铁，可增加土壤酸度、肥力，并对土壤进行消毒。

栽植穴要施足基肥，宜选用腐熟的有机质肥，如堆肥。将桂花树按原生长朝向放好，然后在树坑的四个角各放入塑料管一条，以增加根部透气性。去掉包装后回填土到土球高度的1/3，紧贴土球的周围填原土，填一层踏实一层，防止土球破裂。因桂花树不耐水淹，所以栽植深度要比原地面高出 10~15 cm。

（7）栽植后养护 树坑全部填完踏实，围堰浇第一次透水，3~4 d 后浇第二次透水，之后将原树坑周围剩余的土围在树根的周围，形成中间高四周低的土堆，避免积水。另外做好支撑。

4. 养护管理要点

（1）水肥管理　栽后充分灌水。如需要在高温干旱季节进行，一定要在栽植后增加相应的遮阴设施同时每天增加枝叶喷水的次数，并结合灌根或随水施用生根剂。桂花成活后除基肥外，每年进行 3 次追肥，3 月下旬追施一次速效性氮肥，7 月追施一次速效性磷钾肥，10月再施一次有机肥。每次施肥后都要及时灌水和中耕除草。

北方盆栽桂花冬季入室应控制浇水，过多会使土壤过湿缺氧。室内最低温应保持 5 ℃以上。春季气温上升稳定在 10 ℃时可移于室外摆放。3～5 年换盆一次。

（2）整形修剪　桂花以短花枝开花，应尽量少短截或不短截，防止短截过重。除因树势、枝势衰弱需要回缩更新外，应以疏枝为主。

主干分层形适于干性较强的金桂、丹桂等。留主干 40～60 cm，在其上选留两层主枝，每层主枝上保留 3～4 个分布均匀的枝条。层内距为 10～15 cm，层间距为 40～50 cm。在主枝上距中干 40～50 cm 选留第一侧枝，每隔 30～50 cm 再选留第二、第三侧枝。对主干延长枝进行短截，主干基部萌蘖要剪除，对过密的外围枝适当疏除，并剪除徒长枝和病虫枝，以改善植株通风透光条件。

圆头形适于干性较弱的银桂等。留主干 40～60 cm，在其上选留 4～6 个均匀分布的主枝。侧枝选留同主干分层形。注意对外围过密枝及时疏除。

四季桂易形成丛生形。树冠距地面较近，注意改善其通风透光条件。

（3）病虫害防治　桂花的病虫害主要有炭疽病、叶斑病、叶螨和蛎盾蚧等，可用波尔多波、石硫合剂、退菌特、甲基托布津、敌敌畏、三氯杀螨醇等药剂进行防治。

四、香　樟

香樟（*Cinnamomum camphora*）又名樟树，为樟科樟属常绿乔木（图 10-4）。树冠卵圆形，老树多呈伞状扁球形，全株具樟脑香气，小枝绿色。单叶互生，卵状椭圆形，薄革质有光泽，具离基 3 出脉，脉腋有腺体。圆锥花序生于新梢叶腋，花小，黄绿色，花被片 6。核果紫黑色，球形，浆果状，具盘状果托。香樟是长江以南城市绿化的优良树种，广泛用作庭荫树、行道树、防护林及风景林。

图 10-4　香　樟
（孟庆瑞摄）

1. 产地与分布　香樟是我国特产的经济树种，为中亚热带常绿阔叶林的代表树种。分布于长江流域以南，栽培区域较广，以台湾、福建、浙江、江西、广东、广西最多。垂直分布可达 1 000 m，在海边 500～600 m 以下。

2. 生长习性　香樟喜光，较耐阴，喜温暖湿润，不耐严寒，最低温度－10 ℃或者－8 ℃持续 5 h 即遭受冻害；适栽植于肥沃的黏性壤土、沙性壤土及酸性、中性土及含盐量0.2％以下的土壤；不耐干旱和瘠薄，忌积水；对氯气、二氧化硫、氟化氢、臭氧等有较强的抗性，对烟尘、海潮风有一定适应能力；深根性，主根发达，侧根少，但在平原地下水位高处则扎根浅，易遭风害。寿命长，有千年古樟。

3. 栽植要点

（1）栽植时间　一般在 3 月中旬至 4 月中旬，以春季刚要萌芽时栽植为宜。在梅雨季节可以补植。秋季以 9 月为宜。江南在清明前后。冬季少霜冻或雨量较多的地方也可冬植，如广东在冬季 1～3 月均可栽植。

（2）栽植地选择　选择背风向阳的地方，避免庇荫和风口处，适宜深厚、疏松、肥沃、排水良好的微酸性土壤，年平均温度 16～17 ℃生长良好。只要气候温暖、土质肥沃，山地、丘陵、台地及江河堤坝均可栽植。冬季气温达－10 ℃的地区或地下水位较高的地区不宜栽种。

（3）苗木选择　应选主干呈深绿色，树体结构合理，生长健壮，无病虫害的植株，最好经过 1～2 次移植，地径与苗高之比大于 1：60～1：80 的苗木。用于行道树和庭园绿化，根颈粗不得小于 2～3 cm，高度不小于 150 cm。反季节栽植应注重选择经移植或假植的苗木，选择土球较大的苗木，尽量选择小苗。

（4）起苗和运输　香樟 2 年以上苗木起苗带土球，土球直径可为胸径的 5～6 倍，或参照表 10－3 规格。起苗时要带直径 30 cm 左右的护根土，切勿使土团散失。土球高度为土球直径的 70%。

起苗后如果运输距离较远，采用井字式或五角式包扎，对断根、破根和枯根进行修剪，剪后用加入 0.03% 萘乙酸的泥浆浸裹，促进新根的生长。根部要用湿草、塑料薄膜等加以包扎以便保湿。如土质松散、运输距离近或土球较大，可采用橘子式。运输中树干用浸湿草绳缠绕包裹保湿，夏季栽植时加强遮阳、降温措施，如对主干及粗枝用草绳包扎、用塑料膜封裹并喷水等，要轻拿轻放，不得损伤树根、树皮和枝干。

表 10－3　香樟移植苗土球直径及包扎要求

胸径/cm	全冠苗土球直径/cm	截干（枝）苗土球直径/cm	包扎要求
8.0～8.5	45～50	40～45	
9.0～9.5	50～55	45～50	
10.0～11.0	50～55	45～50	
11.0～12.0	55～60	45～50	
12.0～13.0	55～60	45～50	
13.0～14.0	60～70	55～60	用草绳紧密包扎，树冠分层捆扎
14.0～15.0	60～70	55～60	
15.0～16.0	70～80	60～70	
16.0～17.0	70～80	60～70	
17.0～18.0	80～90	70～80	

（5）栽植前修剪　移植胸径在 5 cm 以上的樟树，可将树冠做适当修剪，可剪掉枝叶的 1/3～1/2，以减少水分蒸腾。胸径 2 cm 以下的则可在地表上 5 cm 处截头让其萌发新枝，或实施重截，截到主干 2～3 级分枝处，注意及时在伤口施用伤口涂抹剂。夏季移栽，在栽植前时需剪掉枝叶的 50%～70%。

（6）定植　种植穴口径应比香樟土球大 1/3，深度以土球入土，根颈部与地面相平即可。穴底施基肥并铺设细土垫层。

栽植时，土球底面与穴内土面呈平面接触，不能呈倒三角形，护根土要与穴土紧密相连。去除不腐烂的包装，填入挖出的表土，将填土夯实，但不能砸碎土球。再填入开坑挖出的底土并夯实。最后在原土坑的外缘堆起高 15 cm 左右的圆形围堰，并用铁锹将土打实。

（7）栽植后养护　无雨天气 24 h 内必须浇一次定根水。如果遇到干燥、暴晒的天气要每 7 d 左右灌一次透水，连续 3～4 次即可。胸径在 10 cm 以上的大树需立支柱。

4. 养护管理要点

（1）水肥管理　生长期控制浇水次数，不旱不浇，浇则浇透。如遇特殊高温干旱树冠出现萎蔫症状时可补充水分。雨季注意树穴防积水。反季节栽植的植株可结合浇水加一定生根剂。对香樟应施酸性肥，每年施基肥 1 次，可在秋末冬初进行，施后及时覆土。生长期进行追肥，叶面喷施磷酸二氢钾或磷酸亚铁水溶液，每月进行 1 次。在土壤 pH 高造成叶片缺铁黄化严重时，可每年喷施硫酸盐铁或柠檬酸水溶液 2～3 次。

（2）整形修剪　及时抹除植株中下部萌芽；培养侧枝以早日形成树冠外形，对独立无分枝的主干，应从不同角度保留粗壮枝条。对主干保留分枝侧枝的，保留 3～5 个一级分枝，每个一级分枝上保留 2～5 个二级分枝，以形成卵圆形树冠，之后视情况进行整形修剪。

（3）病虫害防治　樟树主要害虫有樟叶蜂、樟梢卷叶蛾、香樟巢蛾、红蜡介壳虫等，发现病虫害时，应及时防治。

（4）越冬防寒　南樟北移或新抽枝条木质化程度低时，可采用裹草绳绑膜等措施御寒，也可采用用土封好树盘或增施有机肥等措施。

五、广　玉　兰

广玉兰（*Magnolia grandiflora*）别名荷花玉兰、洋玉兰，为木兰科木兰属常绿乔木。芽、小枝及叶背均被锈色毛。叶大，长椭圆形，厚革质，背面亮绿色。花大，白色，芳香。广玉兰为优良城市绿化及观赏树种，叶可入药。

1. 产地与分布　广玉兰原产北美东部，约于 1913 年引入我国，长江流域至珠江流域园林中常见栽培。现向北方地区引种扩大，兰州及北京公园有栽培。本种广泛栽培，超过 150个栽培品系。

图 10-5　广玉兰

（孟庆瑞摄）

2. 生长习性　广玉兰性喜温暖湿润的环境，喜光，较耐寒冷。适生于高燥、肥沃、湿润与排水良好的微酸性或中性土壤，在碱性土种植时易发生黄化；肉质根忌积水和排水不良；叶片有一定的抗火能力，对烟尘及二氧化硫气体有较强的抗性，并能吸附粉尘，病虫害少；深根性，抗风力强。

3. 栽植要点

（1）栽植时间　以早春芽未萌动但根系尚待萌动前栽植为宜，梅雨季节最佳。栽植时要注意最好选在阴天或多云天气，尽量避免暴雨或高温天气。

（2）栽植地选择　选择土层深厚、肥沃、湿润、排水良好的微酸性或中性土壤，以背风向阳处为佳。

（3）苗木选择　苗木选择生长旺盛、健壮、无病虫害、树干直立的植株。以干径 6～8 cm、高度 3 m 左右，或 2 年内移栽过的苗木为宜。

（4）起苗和运输　广玉兰根系发达，虽栽植易成活，为确保工程质量，栽植时都带土球。起苗时，树干中下部、一级主枝用草绳密绕。土球直径一般为树木胸径的 8～10 倍，土球应挖成陀螺形，而非盘子形和圆锥形，厚度为土球半径，底部为土球直径的 1/3。挖好后用草绳扎紧土球，以免运输途中土球松散。

运输过程中应确保土球不破不裂，树冠不折不损。反季节广玉兰高温运输，应对树木用草绳捆绑至分枝处，并及时喷水保湿。

（5）栽植前修剪　因其枝叶繁茂，叶片大，移栽时应随即疏剪叶片，若土球松散或球体太小，根系受损较重，还应疏去部分小枝或赘枝。修枝应修掉内膛枝、重叠枝和病虫枝，并力求保持树形的完整。摘叶以摘掉枝条叶片量的 1/3 为宜，定植修剪冠高比大于 2/3。

（6）定植　栽植穴比土球直径大 40～50 cm，深度比土球直径深 30 cm。穴底填入熟土或表土，盐碱地区穴底可垫 30 cm 炉渣、粗沙等材料做隔碱渗水层。树木入穴，剪除包装，用掺腐殖酸肥料的种植土填入树穴，边填入边夯实。栽植深度以达到土壤深度为宜或高出 2 cm。

（7）栽植后养护　做围堰浇水，第一次定根水要及时，并且要浇足、浇透。7 d 左右浇第二次水，20 d 左右再浇第三次水即可。另外，用草绳裹干 2 m 左右防止水分蒸发。设支架固定树干，以防晃动。

4. 养护管理要点

（1）水肥管理　根据当地的环境条件适时浇水，浇水后及时松土，若栽植后降水过多，需排水防涝。栽植后每年施 3～4 次肥，有机肥配合氮、磷、钾肥穴施。在生长期或谢花后，可施稀薄粪水 1～2 次，促进花芽分化。可使其叶绿花繁，第二年花大香浓，增强植株的抗病能力。随时剪去枯枝、病枝或过密枝，以及砧木上的萌蘗枝，集中养分保蕾保花。

（2）整形修剪　定植后回缩修剪过于水平或下垂的主枝，维持枝间平衡关系。疏剪冠内过密枝、病虫枝。对主干上的第一轮主枝，要剪去朝上枝。主枝顶端附近的新枝要注意摘心，降低该轮主枝及附近枝对中央主枝的竞争力。夏季随时剪除根部萌条，中心主枝附近出现的竞争枝要及时进行摘心或剪梢。

（3）病虫害防治　病虫害较少，4 月要注意防止卷叶蛾危害嫩芽、嫩叶和花蕾。

（4）越冬防寒　新移植的广玉兰一定要注意防寒 3～4 年。入冬后，搭建牢固的防风屏障，在南面向阳处留一开口，接受阳光照射。在地面上覆盖一层稻草，以防根部受冻。

六、杧　　果

杧果（*Mangifera indica*）又名抹猛果、望果、蜜望子、莽果、芒果等，为漆树科杧果属常绿乔木（图 10-6）。小枝绿色。单叶互生，常聚生枝端，长椭圆状披针形，全缘，革质；叶柄基部膨大。花小，杂性；圆锥花序长 20～35 cm，有毛。核果长卵形或椭球形，微扁，熟时黄色。杧果在华南地区可栽为庭荫树和行道树。

1. 产地与分布　原产云南、广西、广东、福建、台湾，生于海拔 200～1 350 m 的山坡、河谷或旷野的林中。分布于印度、孟加拉国、中南半岛和马来西亚。本种国内外已广为栽培，并培育出百余个品种，仅我国目前栽培的已达 40 余个品种。

2. 生长习性　性喜高温、干燥的天气，营养生长期（根、茎、叶）最适合温度为 24～30 ℃，气温降到 18 ℃以下时生长缓慢，10 ℃以下停止生长；以排水良好且含腐殖质的沙质土壤最适宜，pH 以 5.5～7.5 为佳。

3. 栽植要点

（1）栽植时间　一般种植期以春季为宜（3～5 月），当寒潮已过、气温明显回升、空气湿度大、果苗新芽尚未吐露时栽种，成活率高。秋植应选择有秋雨的时候种植，方能提高成活率。栽植时间最好选择在阴天。

图 10-6　杧果
（孟庆瑞摄）

（2）栽植地选择　选择排水好、年平均温度 20 ℃以上的地方，要求土壤土层厚、土质好且不易板结。

（3）苗木选择　应选择生长旺盛、健壮、无病虫害、树干直立、树冠均匀的植株。

（4）起苗和运输　起苗前先拢冠。根据树木胸径确定土球直径为胸径的 7～8 倍，土球高度为土球直径的 2/3。挖好后，对土球喷施生根剂，重点为切口和须根多的地方，之后用草绳等进行包装。

吊、运时保护好土球和树体。固定树身后，根部注意用湿草等做好保湿。

（5）栽植前修剪　每片叶片剪除 2/3，以减少水分蒸腾，保持地上部和地下部的生理平衡，有利于成活。

（6）定植　栽前挖好栽植穴，其直径比土球直径大 50 cm，穴底施加适量基肥，用拌有蛭石等的壤土堆成 20～30 cm 的小土堆。树木定位后，拆除包装，然后填土，边填土边夯实，填土 2/3 时浇水，水中加入生根剂。待水渗下后再填土，至堆成丘状。夏季栽植时，土球覆土不能超过 5 cm。

（7）栽植后养护　栽植后立即浇一次定根水，之后视天气、土壤情况浇水。栽好后立支架。

4. 养护管理要点

（1）水肥管理　高温季节，可每天早晚向树干、树叶喷水。

（2）遮阴保湿　栽植初期或高温干燥季节，可架设 70%～80% 遮阳率的荫棚，以减少树体失水。也可喷施蒸腾抑制剂或对树干裹草保湿。

（3）抹芽除萌　定期分次进行抹芽和除萌。去除基部、中下部的萌芽，保持顶部 30～40 cm 范围内的高位芽，确保高位芽调集水分、养分，带动全株生长。

（4）病虫害防治　主要病虫害是白粉病、炭疽病、细菌性黑斑病、横纹尾叶蛾、橘小实蝇。发现病虫害时应及时防治。

七、棕　榈

棕榈（*Trachycarpus fortunei*）别名棕树，棕榈科棕榈属常绿乔木（图 10 - 7）。茎直立，单干生，株高 3～10 m，树皮被黑褐色纤维叶鞘。叶簇生干顶，叶片扇形，深裂成 30～50 片，裂片狭长，线状剑形，叶柄长 60～70 cm，下部被棕皮所包。肉穗花序下垂，多分枝，通常雌雄异株，淡黄色，花期 5～6 月。核果阔肾形，蓝黑色。棕榈树干挺直，叶形如扇，可用于庭院、广场及盆栽摆放，是我国广大中南部地区绿化的优良树种。

1. 产地与分布　原产中国。分布于我国长江以南各地。北自秦岭以南，长江中下游地区，直至华南沿海都有栽培，淮河以北及秦岭北坡幼苗稍加保护即能越冬。以湖南、湖北、四川、云南等地栽培居多。

2. 生长习性　棕榈为热带及亚热带树种，是棕榈科最耐寒的植物，北方地区露地栽植前几年，冬季需采取防寒措施。棕榈喜温暖湿润，有较强耐阴能力；喜排水良好、肥沃的中性、石灰性或微酸性黏质壤土，耐一定的干旱和水湿；耐烟尘，抗二氧化硫及氟化物，有吸收有害气体的能力；根系浅，无主根，易被风吹倒。

3. 栽植要点

（1）栽植时间　春季和梅雨季节均可栽植。以雨后阴雨天栽植最佳。

（2）栽植地选择　选择土层深厚、肥沃、质地疏松、排水良好的地方，以中性、石灰性或微酸性黏质壤土为佳，低湿、黏土和风口等处不宜栽植。

图 10 - 7　棕　榈
（孟庆瑞摄）

（3）苗木选择　以生长旺盛、枝叶密、树形好的健壮树为好。

（4）起苗和运输　棕榈肉质根系发达，栽植宜带土球。起苗时，以植株地径的 3～5 倍确定土球直径，土球高度为 30 cm 左右，大树移植时土球直径不小于 100 cm。挖掘中保护好树木顶梢和须根根尖。挖掘后用蒲包包好，叶及叶柄用草绳收拢，装车前用清水对土球和树体进行喷雾，利于保湿。运输过程中用苫布覆盖，防止风干。

（5）栽植前修剪　栽植前视不同种类、气候、养护条件等适当修剪，一般以保留原叶片数量的 30％～60％为宜，保留好顶部 6～8 片叶。如新栽植株生长不良，可加大剪叶的范围，即剪去下部成熟的部分叶或掌状叶的 1/3～1/2。防止剪叶过度，严禁剥棕。

（6）定植　棕榈叶大柄大，成片栽植株行距不应小于 3.0 m。栽植穴不宜过深，可大于土球 1/3。栽植穴底施入 20 cm 腐熟的腐叶肥等，上垫 30 cm 的土层，然后放入植株，分层填土，至栽植穴深的一半时，向上轻提，然后继续填土、拍实，直至填土至根颈处；裸根栽植可采用泥浆法，即在栽植穴内先填入 1/2 熟土，加入适量水搅拌成泥浆，然后将棕榈放入，使其须根与泥浆充分结合，然后填土到原土痕。

栽植不能过深及积水，以免造成烂根。四川西部及湖南宁乡有"栽棕垫瓦，三年可剐"之说，即栽前穴底垫瓦片以利排水，促根系生长。

（7）栽植后养护　栽植后注意保湿和防晒。栽植后浇第一次透水，3 d 后浇第二次水，7 d 后浇第三次水，每天上下午阳光充足时对树体、树叶喷水。

4. 养护管理要点

（1）水肥管理　进入夏季，30 d 左右浇一次透水，10 月初浇最后一次水。北方 11 月初浇封冻水并用土培根。雨天注意排水。每年施肥两次，以酸性肥为主，秋施鸡粪、腐熟肥料等有机肥，生长期硫酸亚铁、过磷酸钙等速效肥。

（2）整形修剪　剪除下垂变黄叶。新叶发出后及时剪去下部干枯老叶，待干径长到 10 cm 左右时，注意剥除外面的棕皮，以免棕丝缠绕树干影响加粗生长。

（3）病虫害防治　棕榈常见病虫害有叶斑病、炭疽病、腐烂病、介壳虫和金龟子，发现病虫害时应及时预防。

（4）越冬防寒　栽植前两年，采用树干缠草、根部培土、树体覆膜等方法进行保温御寒。

八、大王椰子

大王椰子（*Roystonea regia*）别名王棕，为棕榈科大王椰子属常绿乔木（图 10 - 8）。茎直立，树干中部以下膨大，灰褐色，光滑，有环纹。羽状复叶聚生于干端，小叶互生，通常排成 4 列，线状披针形。花单性，雌雄同株，圆锥花序长 0.6～1.5 m。果球形，熟时暗红色至淡紫色。大王椰子树形优美，枝叶茂盛，是优良的绿化观赏树种，可用作行道树、风景树等。

图 10 - 8　大王椰子
（孟庆瑞摄）

1. 产地与分布　原产于古巴、牙买加、巴拿马，我国南方常见栽培。

2. 生长习性　性喜高温多湿气候，要求阳光充足；对土壤适应性强，但以疏松、湿润、排水良好、土层深厚、富含有机质的肥沃冲积土或黏壤土最为理想，喜酸性或微酸性土壤；雨量要充沛；适宜生长气温为 20～25 ℃，能忍受短时 0 ℃低温；有较强的抗风能力。

3. 栽植要点

（1）栽植时间　大王椰子偏阴性喜光，适生温度 23～25 ℃，苗期怕强光照射。应选 4～5 月和 8～10 月进行栽植。避免雨季栽植。

（2）栽植地选择　大王椰子喜温暖不耐严寒，栽植地区温度不能低于 15 ℃，否则会造成停止生长。栽植地应选择土层较深、排水良好、湿润疏松、肥沃的酸性或微酸性土。

（3）苗木选择　选择生长健壮、无病虫害的苗木，自然高度以 3～3.5 m 为宜。

（4）起苗和运输　起苗时带土球，土球直径一般不得低于树干基径的 3～4 倍。土球深度应在树木根系主要分布区以下，土球外形基本保持圆柱形，其底部逐渐曲线回收。掘苗时应减少对根系的损伤，伤口用杀菌剂消毒处理。土球打包多采用草绳，可根据土壤的松散程度采取不同的打包方式，有井字包、五角包和橘子包等。对于直径120 cm以上的大土球则应采用木箱打包，防止土坨散裂。

运输过程要保持最短时间，并采取挡风、遮阳等措施，有条件的还可对树冠适当喷水，避免长途拉运失水严重。

（5）栽植前修剪　适当疏剪和短截叶片，以减少水分蒸腾。

（6）定植　栽植前挖栽植穴，栽植穴直径比土球直径大30～40 cm，深度大于土球直径20～30 cm，并向内撒上基肥。将土球放入栽植穴中，保持树木直立，当填土至坑的1/2时，将苗木轻轻提几下，再填土、夯实。

（7）栽植后养护　栽植后立即灌一次透水，保证树根与土壤紧密结合，促进根系发育，然后连续浇3次水。水渗透后扶正树木，树坑补填缺土。采用三柱支撑固定法，将大王椰子牢固支撑，确保其稳固。

4. 养护要点

（1）保持树干基部有气生根露出泥面　大王椰子根属肉质根，栽植后2年内留一定气生根在外透气及进行光合作用。有利于大王椰子树体尽快恢复。

（2）水肥管理　保持树体水分平衡，可裹干或做好喷水、遮阳等工作。生长旺季要每天浇1次水。每月追施氮肥一次，可干施（开沟浅施），也可水施，入秋后增施磷、钾肥。

（3）冬季防寒　入冬寒潮来临前，做好防寒工作，可采取覆土、地面覆盖、设风障等方法。北部寒冷地区盆栽，冬季应移进温室或室内向阳的地方，温度保持在10 ℃以上，最低不能低于5 ℃，短时间0 ℃左右的低温不会受到冻害。

（4）病虫害防治　大王椰子易感染干腐病、心腐病、叶斑病等，可增施有机肥及钾肥提高植株的抗病能力。发病期间，可用代森锰锌等防治。高温高湿条件下可能发生褐斑病和霜霉病，对此要加强防治。

九、白玉兰

白玉兰（*Magnolia denudate*）又名玉兰、望春花，为木兰科木兰属落叶乔木（图10-9）。树冠卵形或扁球形，树皮灰褐色；嫩枝及冬芽均被灰褐色绒毛。单叶互生，倒卵状椭圆形，先端突尖。花顶生，前一年秋季形成花芽，先花后叶；花白色具香气，萼片与花瓣相似，共9枚。蓇葖果，熟时暗红色；种子具鲜红色假种皮。白玉兰是著名花木，因早春开花，花朵洁白如玉，又香气如兰，故极具园林观赏价值。

图10-9　白玉兰
（孟庆瑞摄）

1. 产地与分布　原产中国中部。自秦岭到五灵均有分布。在北京以南地区广为栽植。各地庭院栽培有近千年历史。

2. 生长习性 喜光，稍耐阴，具一定耐寒性，能在 −20 ℃ 条件下越冬；喜肥沃、湿润且排水良好的弱酸性土壤（pH 5～6），但在 pH 7～8 的碱性土中也能生长；对二氧化硫、氯和氟化氢等有毒气体有较强的抗性；肉质根，忌积水；寿命长，可达千年以上。

3. 栽植要点

（1）栽植时间 白玉兰不耐移植，在北方不宜在晚秋或冬季移植。一般以春季开花前 10～15 d，或花谢后展叶前栽植为佳。秋季以中秋为宜，过早、过晚均影响成活。

（2）栽植地选择 白玉兰喜光，幼树较耐阴，不耐强光和西晒，可种植在侧方挡光的环境下，不宜种植于大树下或背阴处，会导致生长不良，树形瘦小，枝条稀疏，叶片小而发黄，无花或花小。白玉兰较耐寒，但不宜种植在风口处，否则易发生抽条，在北京地区背风向阳处无需采取缠干等措施可露地安全越冬。种植地地势要高，在低洼处种植容易烂根而导致死亡。

（3）苗木选择 应选择生长良好、主干通直、主枝及侧枝分布均匀、树形健美、无偏冠现象、无病虫害的青壮龄树木，顶梢保持完好，树体无损伤、劈裂等。

（4）起苗和运输 起苗前 4～5 d 浇一次透水。起苗要带土球，土球直径为胸径的 8～10 倍。挖掘时要尽量少伤根系，断根的伤口一定要平滑，以利于伤口愈合，土球挖好后用草绳捆好，防止在运输途中散裂。

（5）栽植前修剪 进行疏枝、摘叶。剪掉内膛枝、重叠枝和病虫枝，并力求保持树形的完整，大的截口涂保护剂。摘叶以摘除叶片量的 1/3 为宜。如所种苗木带有花蕾，应将花蕾剪除，防止因植株开花结果消耗大量养分而影响成活率。

（6）定植 栽种前要将栽植穴挖好。栽植穴直径比土球直径大 30～40 cm，深度比土球高度深 30～40 cm。穴底土填熟化土壤，土壤过黏或 pH、含盐量超标都应当进行客土或改土。树木定位后，拆除草绳等包装材料，然后均匀填入土壤，分层夯实，栽植深度可略高于原土球 2～3 cm，过深则易发生闷芽，过浅会使树根裸露，还容易被风吹倒。

（7）栽植后养护 种植完毕应立即浇水，3 d 后浇第二次水，5 d 后浇第三次水。或树冠喷雾和树干保湿。如果所种苗木带有花蕾，应将花蕾剪除，防止开花结果消耗大量养分而影响成活率。栽植后及时设支架，防止被风吹倾斜。

4. 养护要点

（1）水肥管理 白玉兰既不耐涝也不耐旱，在栽培养护中应严格遵循其"喜湿怕涝"特性，保持土壤湿润而不积水，入秋后减少浇水以利越冬。北方干旱缺雨，花后叶芽膨大期可适当浇水；白玉兰喜肥，忌大肥，施肥多用腐熟的有机肥，于春季花前、5～6 月、入秋前施入，利于生长，改善土壤。新栽植树可待落叶后或翌年春天施肥。如欲使栽植的白玉兰花大香浓，应在开花前及花后施以速效液肥，并在秋季落叶后施基肥。

（2）整形修剪 白玉兰枝干愈伤能力差，一般不进行修剪，避免短截，以免剪除花芽。如必须修剪，可结合情况将病虫枝、干枯枝、下垂枝、过密枝及竞争枝等疏除，以利通风透光，使树形优美。修剪一般应在花谢而叶芽伸展时进行，过早或过晚易使伤口干枯。此外，花谢后如不留种，应将残花和蓇葖果穗剪掉，以免消耗养分，影响来年开花。

（3）病虫害防治 白玉兰是抗性较强的树种，但也有大蓑蛾、霜天蛾等害虫。病害有炭疽病、黑斑病、黄化病等，注意综合防治。

（4）越冬防寒 小规格白玉兰和当年栽种的白玉兰都应加强越冬管理，可进行覆草、覆膜或培土等处理。也可采用卷干、包草及设风障的方法。

十、悬 铃 木

悬铃木（*Platanus acerifolia*）又名二球
悬铃木、英桐，为悬铃木科悬铃木属落叶乔木
（图 10 - 10）。树冠卵圆形或圆形，树皮褐色，
片状剥落，内皮呈绿白色，光滑。叶互生，三
角状广卵形或广卵形，3～5 掌状裂，缘有不规
则大尖齿；基部平截或浅心形。花单性，雌雄
同株，花密集生成球形花序下垂。瘦果多数聚
为球形聚合果，多两球一串。悬铃木树冠雄伟、
枝叶繁茂，且适应性广，可做庭荫树和行道树，
素有"行道树之王"的美称。

图 10 - 10　悬铃木

（孟庆瑞摄）

1. 产地与分布　悬铃木为一球悬铃木与三
球悬铃木的杂交种，原在英国育成，故有英国
梧桐之称，因多为两球一串，别称二球悬铃木。
适应性强，在世界各地广为引种栽培。我国引入栽培已有百余年，现北京、太原、大连、营
口等地栽培大都是本种。

2. 生长习性　喜光，好温暖湿润气候，有一定抗寒性，在 -15 ℃低温下可安全越冬。
在北方，春季晚霜常使幼叶、嫩梢受冻害，并使树皮冻裂；对土壤适应力强，喜微酸性或中
性、深厚、肥沃、排水良好的土壤；对二氧化硫、氯气等有害气体有较强抗性；萌发力强，
耐修剪；根系浅。

3. 栽植要点

（1）栽植时间　最佳移植大树的时间是早春和秋季落叶后。在华北地区不提倡秋季栽
植，易受冻害。

（2）栽植地选择　适生气候为年平均气温 13～20 ℃，年降水量 800～1 200 mm。栽植
地地下水位以低于 1 m 为宜。

（3）苗木选择　选择大苗时要求树干通直、枝条开展、无病虫害，有阔大的自然形树
冠。树龄 4～5 年生，胸径 6～8 cm，定干高度以 320～350 cm 为宜。

（4）起苗和运输　带土球起苗，要求土球直径为胸径的 4～6 倍。裸根起苗时要保留
3～5 个大型主根，主根长度 30～50 cm，切口平、光滑。挖掘后用湿草包覆盖并用草绳
捆扎。

苗木长途运输时要加以保护，防止根系失水，运输时避免伤根伤枝。

（5）栽植前修剪　以背侧芽或里芽外蹬技术进行短截留芽，按短截 2/3，保留 1/3 的比
例进行。裸根栽植的，根短截，可按短截 1/3，保留 2/3 的比例进行根短截。

（6）定植　定值穴一般比土球直径大 20～30 cm、深 60～80 cm。穴内施用厚 10 cm 左
右的杂肥，再覆盖 5 cm 左右熟土后栽植。土壤质地差时应换土，将客土与腐熟有机肥混合
均匀，有机肥用量为 40～50 kg。回填土于坑内达 1/2 高度时踏实，再回填客土至树穴 2/3
处，向穴内灌水，待水下渗后植苗，回土踏实。栽植时根颈与地面平行，不能过深。

（7）栽植后养护　栽后浇第一次透水，2～3 d后视干湿程度浇第二次透水，见干后浇第三遍水，注意中耕松土。栽植后应将树木的主干及主枝基部缠绑草绳保湿，并立好支柱。

4. 养护要点

（1）水肥管理　生长季及时补水，浇水后或透雨后应进行松土。5～6月气温高，湿度小，采用环状沟施磷酸二铵，秋后株施有机肥50～75 kg，施后浇水。

（2）保温保湿　采用树干缠草绳，随浇水随喷湿，以保持树干树冠的湿度，减少蒸发量。加盖地膜可提高地温，保护墒情。

（3）整形修剪　夏剪除去干蘖、根蘖，适当进行疏枝。冬剪在落叶休眠后至发芽前进行疏枝、短截。根据树木整形进行修剪。

杯状树冠：应在定植后3～5年内连续整形修剪，定植的幼树一般只有主枝和第一级侧枝，冠幅约5 m时，整形工作即基本完成，并在末级侧枝上留辅养枝条构成树冠。

自然杯状树冠：栽植后先培养成有3～4级侧枝的杯状树冠，以后任其自然生长。如树冠上面有电线通过，在冬季整形为开心形，使线路在树冠内的空隙间通过，修剪时要疏除徒长枝、重叠枝、下垂枝、病虫枝。

开心形树冠：如果道路不是很宽，上方又无电线通过，可采用开心形树冠。在栽植定干后，选留4～6根主枝，每年冬季短截后，选留1个略向斜上方生长的枝条作为主枝延长枝，使树冠逐年上升，即可形成椭圆形内腔中空的冠形。修剪时应强枝弱剪，弱枝强剪，使树冠均衡发展。

悬铃木球果刺毛会引发呼吸道、眼部等疾病，近年来上海、南京等地于秋末至初春进行重修剪，压缩树冠，将结果母枝剪掉，只长叶，少结果或不结果，可减轻其污染。

（4）越冬防寒　定植后的第一年秋季到落叶树体要进行防寒，即在树干上缠绕草绳，高度达2 m，草绳外包一层塑料膜，为了环境美观，最好使用绿色塑料膜。如果树干单包塑料膜，会加重树干的冻害。

（5）病虫害防治　悬铃木害虫主要有星天牛、光肩星天牛、六星黑点蠹蛾、美国白蛾、褐边绿刺蛾等。防治上多采用人工捕捉或黑光灯诱杀成虫、杀卵、剪除虫枝，集中处理等方法。大量发生时，在成虫及初孵幼虫发生期，可用化学药剂喷涂枝干或树冠。病害主要是法桐霉斑病，可采用换茬育苗，严禁重茬，秋季收集落叶烧掉，或采用药剂处理等方法。

十一、栾　　树

栾树（*Koelreuteria paniculata*）别名灯笼树、摇钱树，为无患子科栾树属落叶乔木（图10-11）。树冠近球形，枝开张。一至二回奇数羽状复叶互生，小叶卵形或卵状椭圆形，有不规则粗齿或羽状深裂。顶生圆锥花序，花金黄色，杂性。蒴果卵形，果皮膜质膨大，熟时红褐色。种子圆形黑色。花期5～6月。栾树嫩叶紫红，夏季黄花满树，秋叶黄色，是理想的观赏庭院树及行道树种。同属黄山栾树（*K. integrifolia*），亦是优良的园林绿化观赏树木。

1. 产地与分布　产于中国北部及中部，北自东北南部，南到长江流域及福建，西到甘

肃东南部及四川中部均有分布，华北较为常
见。多分布于海拔 1 500 m 的低山及平原，最
高可达海拔 2 600 m。

2. 生长习性　栾树喜光，耐半阴；耐寒、
耐干旱、瘠薄；喜石灰质土壤，在微酸性及微
碱性土壤都能生长，能耐盐渍及短期水涝；抗
烟尘及部分有害气体，如二氧化硫、氯化氢
等；深根性，主根发达，抗风力强，萌蘖能
力强。

3. 栽植要点

（1）栽植时间　秋季落叶至翌春萌芽前均
可定植。

图 10-11　栾　树

（孟庆瑞摄）

（2）栽植地选择　选择光照充足、排水良
好的地方，要求土壤土质深厚、肥沃、湿润，微酸性及碱性的土壤均可。

（3）苗木选择　要求主干通直，胸径 4～8 cm，主侧根粗，须根较多。

（4）起苗和运输　起苗前可适当剪除最下层分枝，并用草绳捆扎。挖掘后及时对土球进
行包扎，保证土球不松散，最后用锋利的铁锹切断主根。运输时要土球朝前，树梢向后，固
定土球，并保持土球湿润。

（5）栽植前修剪　定植时选留主枝 3～5 个，短剪至 40 cm，要求每个主枝上留侧枝 2～
3 个，冠高比 1∶3。

（6）定植　一般要求定植穴长、宽为 0.8 m，深 0.6～1.0 m。基肥以有机肥为主，配施
适量速效性肥料。栾树定植在定植穴中间，回埋土时注意扶正苗木、舒展根系，以利定植后
形成良好的有效根系和树体。

（7）栽植后养护　栽植后要浇足浇透水，此后以土壤保持湿润为宜。如天气不是过于干
旱，则可不浇水。夏天雨季大雨后还应及时排除积水，防止水大烂根。

4. 养护要点

（1）水肥管理　根据苗木生长和土壤状况，适时灌水和施肥。灌水后和雨后及时进行中
耕、松土除草，全年 5～6 次。生长旺期，施以氮为主的速效性肥料，促进植株营养生长。
入秋后要停施氮肥，增施磷、钾肥，提高植株木质化程度和抗寒能力。冬季宜施农家有机肥
料，提供养分、保温和改良土壤。

（2）整形修剪　栾树树干不易长直，栽植后可采用平茬养干方法养直苗干。

栾树萌蘖能力较强，但生长速度中等，定植后及时剪掉干高 2.5 m 以下的萌芽枝，可促
进主干生长，减少下部枝条对过往行人的影响。做行道树用要求第一分枝修剪高度为 2.5～
3.5 m，庭荫树则第一分枝高度比行道树低。

栾树整形与修剪一般可在冬季进行。一般剪去下垂枝、过密枝、折断枝和枯枝，使栾树
树冠保持近圆球形，树形端正，树冠完整丰满，枝条分布均匀、开展。也可结合病虫害防治
进行修剪。

（3）病虫害防治　栾树适应性强，病虫害少，主要做好栾树蚜虫防治工作及流胶病的
预防。

十二、银　杏

银杏（*Ginkgo biloba*）又名白果树、公孙
树、鸭脚树，为银杏科银杏属落叶大乔木
（图 10 - 12）。叶折扇形，先端常 2 裂，有长
柄，在长枝上互生，短枝上簇生。雌雄异株；
种子核果状，具肉质外种皮。银杏为世界著名
的古生树种，被称为"活化石"。树干端直，
秋叶鲜黄，颇为美观，宜做庭荫树、行道树及
风景树等。

图 10 - 12　银　杏
（孟庆瑞摄）

1. 产地与分布　各地栽培银杏均从我国引
种。在我国分布范围很广，广州以北、沈阳以
南均有栽培，栽培中心在江苏、山东、浙江
等地。

2. 生长习性　喜光，不耐阴，较耐寒，也
能适应高温多雨气候；对土壤要求不严格，在特酸、特碱及盐分过重土壤上生长不良，以深
厚、湿润、排水良好的土壤为宜，忌水涝；抗风力强，对大气污染有一定抗性；生长速度
慢，寿命长。

3. 栽植要点

（1）栽植时间　银杏从秋季落叶后至翌年春发芽前的整个休眠时期都可以栽植。

（2）栽植地选择　选择向阳避风、土层深厚、肥沃、排水良好的沙壤土、壤土，pH
5.5～7.5，含盐量小于 0.3％的中性至微酸性土壤，年降水量在 800 mm 以上，无内涝积水
的地区。

（3）苗木选择　要求选择生长健壮、根系发达、树干较直、树形优美的苗木，芽健壮、
饱满，茎干无干缩、皱皮、损伤。

（4）起苗和运输　银杏移植比较容易，裸根或带土球均可。土球规格一般按干径的 6～8
倍，土球的高度一般为土球直径的 2/3 左右。遇到较大根系应用手锯锯断，以免造成根系撕
裂，并用杀菌剂涂抹。尽量带完整的根系，尤其是毛细根。土球采用双五星包扎法，并用草
包裹住土球。

装、运、卸时都要保证不损伤树干、树冠及土球，做到轻、慢、稳。外地苗木在装车
后，应用篷布将车体包裹、封严，这样可以减少在运输途中树体损伤和水分蒸发。

（5）栽植前修剪　因银杏生长缓慢，一般不做强修剪，可进行定形修剪，同时将过密
枝、病虫枝、伤残枝及枯死枝剪除。非适宜季节移栽可做短截处理，但要保持基本树形。修
剪时剪口必须倾斜平滑，截面要小，修剪较大、较粗的枝条，剪口应涂抹防腐剂。

（6）定植　种植穴的规格根据大树胸径、土球大小而定，应加大、加深，不能挖出"锅
底坑"。掘好后在坑底先回填加有基肥的沙壤土，并拌放适于植物生长的微量元素。为保证种
植土壤的疏松、透水性能，在种植穴底部铺一层用陶粒或炉渣和种植土以 3∶7 比例混合的基
质，厚度为 40 cm。栽植时要将苗木在种植穴中扶直，拆除包装，分层回填好土并压实。银杏

宜浅栽，深埋不易发根，以原苗木的根际线与地面相平或略高于地面5 cm左右为宜。

（7）栽植后养护　栽植后做水堰，用3～4根管径10 cm的塑料管做透气孔，插入种植穴周边渗水层以下。浇透水，水渗后封土，7 d后再浇一次水。立好支柱，支稳树木。

3. 养护要点　因天气、雨水等原因，当年不发芽，或发芽后萎蔫，只要树皮或枝条韧皮部是绿色或仍有水分，即使当年不发芽，次年仍能发芽抽枝，此为银杏"假死"现象，一旦发现大树萎缩情况，要加强相关的养护和管理措施，宁舍树形，也要保证大树成活。

（1）水肥管理　其管理的关键要经常保持土壤湿润而不致积水，遇高温干燥天气，可每日进行枝叶喷水。雨季避免积水，当积水深15 cm时，十余天即可导致死亡。另外，每年春秋各施肥一次。

（2）整形修剪　银杏主干发达，应保护好顶芽，不需修剪，放任其自然生长。修剪时枝顶不可实施短截，因短截后发枝性差，很难萌发延长生长枝条。对主干顶端比较直立的强枝，进行留外芽短截，或拉枝、开张角度。银杏成年树剪量宜少，可疏除主干上的密生枝、衰弱枝、病虫枝、枯死枝、下垂衰老的侧枝等。

（3）病虫害防治　病害主要有根腐病和叶枯病。根腐病主要是根部积水造成的。叶枯病主要是缺肥、树势衰弱造成的，根部渍水时尤为严重。平时注意排涝、施肥即可。

（4）越冬防寒　新植树易受低温危害，应采取根部覆土、草绳缠干、石灰水涂白等方法加以保护。

十三、鸡 爪 槭

鸡爪槭（*Acer palmatum*）又名鸡爪枫，为槭树科槭树属落叶小乔木（图10-13）。树冠扁圆形或伞形。小枝细。单叶对生，有5～9深裂片形成掌状。伞房花序顶生，花瓣黄色，有紫晕。翅果小，紫红色，成熟时黄色。常见栽培的变种有：红叶鸡爪槭（红枫）'Atro-purpureum'，叶终年紫红色或红色；细叶鸡爪槭（羽毛枫）'Dissectum'，叶片深裂达基部，裂片数可达12片；金叶鸡爪槭（黄枫）'Aureum'，叶全年金黄色。鸡爪槭树姿优美，叶形秀丽，庭园种植或盆栽均可，是园林观赏佳品。

1. 产地与分布　原产长江流域，日本及朝鲜南部有分布。我国自然分布于贵州、湖南、湖北、江西、安徽、江苏、浙江、河南及山东等地，于长江流域、黄河流域以南广泛栽培。

2. 生长习性　鸡爪槭为弱阳性树种，较耐阴，在高大树木庇荫下长势良好，阳光直射处孤植夏季易遭日灼。喜湿润、肥沃壤土，对土壤酸碱性不敏感，微酸性土、中性土、微碱性土均能适应生长，但以微酸性土为好。耐涝，较耐干旱，有一定耐寒性。对二氧化硫和烟尘抗性较强。

3. 栽植要点

（1）栽植时间　在秋冬落叶后或春季萌芽

图10-13　鸡爪槭
（孟庆瑞摄）

前进行。

（2）栽植地选择　选择在通风透光、温暖湿润之处，土壤湿润、肥沃和排水良好，华北栽培需选择小气候好的栽植地。

（3）苗木选择　选择冠形丰满、生长健壮、无病虫害的苗木。

（4）起苗和运输　小苗可裸根栽植，大苗需带土球。土球直径为胸径的7～8倍，土球高度为土球直径的2/3。挖好后用草绳等进行包装。运输时保护好土球和树体，根部注意用湿草等做好保湿。

（5）栽植前修剪　对树冠进行适当修剪，疏剪过密枝叶，以树冠通透、树形不变为原则，修剪不宜过重。

（6）定植　栽前挖好栽植穴，其直径比土球直径大50 cm，穴底施适量基肥。树木定位后，拆除包装，边填土边夯实，使根部或土球与土壤紧密结合。定植好后，应及时围堰浇水，保证浇3遍透水。栽好后立支架。

4. 养护要点

（1）水肥管理　根据树木情况，保持土壤湿润，适时浇水。高温季节，对叶片进行喷水，降低叶面温度等。春夏季在生长旺盛期，可施用稀薄的肥水，并注意增加磷、钾肥的成分，利于叶色。如肥料不足，入秋寒霜侵袭时，叶色不能转红，而陷于落叶。

（2）整形修剪　幼树易产生徒长枝，应在生长期及时疏除。5～6月短截保留枝，以调整新枝分布，创造优美树形。成年树，落叶后休眠期剪去病弱枝、交叉枝、平行枝及重叠枝，尽量使树冠丰满、紧凑，枝条分布均匀，无偏冠、缺枝现象。10～11月剪去对生树枝，以促进枝条错落生长。绿地中没有整形基础的树，主要疏除影响主干生长的大型辅养枝、萌蘖枝和影响树冠平衡的大型徒长性骨干枝。对主枝长势弱或主枝受损的，可选择生长健壮的侧枝代替主枝。鸡爪槭粗枝剪口不易愈合，应避免对粗枝的修剪。

（3）病虫害防治　鸡爪槭主要害虫有刺蛾、大蓑蛾、蚜虫和星天牛。病害有锈病、白粉病、白纹羽病、褐斑病，均应注意防治。

十四、樱　花

樱花（*Prunus serrulata*）为蔷薇科梅属落叶乔木（图10-14）。树皮暗栗褐色，光滑具横纹，老树略粗糙，小枝红褐色，光滑或幼时有短柔毛。叶卵形或卵状椭圆形，端尾尖。基部圆或浅心形，缘具芒状单齿或重齿，两面光滑，下面苍白色，叶柄常有2～4腺体。伞房状总状花序，花白色或浅粉红色。核果球形，熟时近黑色。樱花早春满树繁花，是优良的园林观花树种。

1. 产地与分布　樱花原产中国东北、华北至长江流域，朝鲜及日本亦有分布。野生或栽培于山谷林中，海拔500～1 500 m。

图10-14　樱　花

（孟庆瑞摄）

2. 生长习性　喜光，喜深厚而排水良好的微酸性土壤，忌盐碱；耐寒、耐旱；大气干燥及空气污染会影响其寿命，并诱发病虫害。花期怕风，萌蘖力强且生长迅速，但树龄较短，盛花期在 20～30 年生，衰老期在 50～60 年生。

3. 栽植要点

（1）栽植时间　在我国南方，春秋两季均可进行栽植，但以秋栽为宜，利于根部伤口当年愈合。我国北方由于冬季寒冷，宜于早春土壤解冻后至萌芽前进行，因为秋栽时如果越冬保护不当或土壤沉实不好，容易抽干影响成活。

（2）栽植地选择　除极端低温及寒冷之地外，一般区域均可进行栽植。适宜在避风向阳、通风透光、疏松肥沃、排水良好之处栽植。注意尽量不要在以前栽植过樱花或桃、梅、李等蔷薇科树木的地方栽植樱花。

（3）苗木选择　选择根系完整发达，无病虫危害，树冠丰满匀称、生长健壮的樱花苗木。

（4）起苗和运输　樱花移栽容易成活，近距离移栽可裸根起苗，远距离移栽大苗应带土球，土球直径一般按苗地径的 8 倍确定，厚度 35～50 cm。用草绳将土球捆紧扎牢，避免松散。大规格苗木，应用草绳将树冠部分收紧，以免运输过程中挤伤枝条。

装苗时，土球对车头方向，依次后压，逐层压住下一层的枝干。装车后用防雨布盖严，避免日晒雨淋，影响成活率。

（5）栽植前修剪　对裸根苗修剪，对树冠采取重剪，一般以短截为主，疏枝与短截相结合，要剪到原有树冠枝条的 1/3 以上；带土球苗木修剪时以疏为主，剪除内膛枝、重叠枝，保留骨架枝，疏除过密枝条，过长枝条留 2/3～3/4 截头，剪掉原树冠枝条的 1/4，并把留在枝上的花蕾疏掉 1/3～2/3，以减少对水分和养分的消耗，促使樱花在移植后尽快得到恢复。土球外过长的根系也应修剪整齐。

（6）定植　栽植穴的大小可根据树木根系（或根盘）的大小而定，一般深 40～60 cm，直径为 60～100 cm。若栽植地土质较差，可挖大栽植穴，换土改良。先在穴内填约一半深的改良土壤，放入樱花苗木，裸根栽植时应使根系舒展，带土球栽植的应剪断草绳。填土前在断根的伤口涂抹杀菌剂。填土时应一边填土一边用脚踏实或用栽打锤打实，使根与土壤密接。栽苗深度要使最上层的苗根距地面 5 cm。

在栽植地易积水或地下水位较高的地方采用高栽法，即把整个栽植穴垫平后，再在上面堆土栽苗。北方碱性土，需要施硫黄粉或硫酸亚铁等调节 pH 至 6 左右。

（7）栽植后养护　栽好后浇足定根水，水渗后在树干基部培一个小土堆。最后用竹片等支撑，以防刮风吹倒。

4. 养护要点

（1）水肥管理　保持土壤潮湿但无积水。灌后要及时松土，最好用草将地表薄薄覆盖，减少水分蒸发。樱花每年施肥 2 次，以酸性肥料为好。一次是冬肥，在冬季或早春施用豆饼、鸡粪和腐熟肥料等有机肥；另一次在落花后，施用硫酸铵、硫酸亚铁、过磷酸钙等速效肥料。

（2）整形修剪　生长期修剪在 4 月下旬至 8 月下旬，休眠期修剪在 10 月下旬至翌年 3 月下旬。樱花修剪以回缩为主，以开张枝条角度和防止枝条延伸过远。对一年生枝勿急于短截，先放一年后根据情况回缩，即先放后缩。适时剪去枯萎枝、徒长枝、重叠枝及病虫枝，以春季花前、花后和新梢生长期进行为好。一般大樱花树干上长出许多枝条时，应保留若干长势健壮的枝条，其余全部从基部剪掉，以利通风透光。修剪后的枝条伤口要及时用药物消毒，防止雨淋后病菌侵入，导致腐烂。

（3）病虫害防治　易感染流胶病、根瘤病、枯梢及烟煤病，常见虫害有蚜虫、叶螨、介壳虫等，加强水肥管理，以及时预防为主。

第二节　灌　　木

一、山　　茶

山茶（*Camellia japonica*）又名山茶花、茶花、曼陀罗树、耐冬、海石榴等，是山茶科山茶属常绿灌木或小乔木（图10-15）。山茶花期较长，从10月至翌年5月都有开放，盛花期通常在1～3月。花瓣为碗形，分单瓣或重瓣，单瓣山茶多为原始花种，重瓣山茶的花瓣可多达60片。花色有不同程度的红、紫、白、黄及彩色斑纹等，花枝最高可以达到4 m。山茶植株形姿优美，叶色浓绿亮泽，花形艳丽缤纷，品种极多，因此受到世界园艺界的珍视，是中国传统十大名花之一，亦是世界名贵花木。

图10-15　山　茶
（陆万香摄）

1. 产地与分布　山茶原产我国东部，云南、四川、江西、浙江等地的山岳沟谷林下多有野生山茶分布。山茶在我国已有1 400年的栽培历史，南部长江流域、珠江流域和云南等地普遍露地种植，北部地区则进行温室盆栽。

2. 生长习性　山茶喜温暖，怕寒冷。最适生长温度18～25 ℃，最适开花温度10～20 ℃，高于35 ℃会灼伤叶片。大部分品种可耐-8 ℃短时间低温（云南山茶稍不耐寒），在淮河以南地区一般可自然越冬。喜空气湿度大环境，忌干燥，宜在环境湿度70％以上、年降水量1 200 mm以上的地区生长。喜半阴、忌烈日。喜排水良好、疏松肥沃的沙质壤土、黄土或腐殖土，以pH5.5～6.5最佳。

3. 栽植要点

（1）栽植时间　山茶是常绿树种，在技术措施保证的情况下，一年四季均可移植，但以每年的秋冬季也就是植株休眠期至翌年春季花谢萌芽前为最适宜时期。温暖地区秋植较春植好。

（2）栽植地选择　选择土层深厚、疏松，排水性好的微酸性土壤，碱性土壤不适宜山茶生长。小苗怕直射光暴晒，要有庇荫树为伴，成年植株需较多光照，但仍应避免强光直射。

（3）苗木选择　首先选择冠形丰满、生长健壮、无病虫害的山茶树，其次山茶花的树形、花色、品种和规格一定要符合设计要求，最后对选好的山茶花现场进行挂牌、编号、登记，并在树干朝阳部位做好记号，便于移栽时定向栽植。

（4）栽植前修剪　山茶通常枝叶茂密，移栽前需要对树冠进行合理修剪。

剪枝：剪去重叠枝、内膛枝、病虫枝、徒长枝、枯枝等，并尽量保留较丰满的树冠，维持一定的树形。

摘叶：摘去老叶、病叶和新抽梢的嫩叶，摘叶量以移栽的具体时间来确定，一般以不超过全部树叶的 1/3 为宜。

摘花除蕾：为减少树体水分和养分的消耗，不论是在孕蕾期还是花期都应将其全部摘除。

（5）起苗和运输　湿润土起苗，起苗前可适当剪除山茶树最下层分枝，并用草绳束冠。挖掘时，以主干为圆心，用石灰画一圆圈确定土球大小，然后用铁锹在圈外环形开挖 40～50 cm 的操作沟。当挖掘深度至 2/3 土球直径时，应及时对土球进行包扎，保证土球不松散，最后用锋利的铁锹快速切断主根。运输时要土球朝前，树梢在后（即车尾处），并固定土球。

（6）定植　定植穴的大小应是土球大小的 1.5 倍，穴底应提前施入充分腐熟的饼肥 6 kg，钙镁磷肥 0.5 kg，并用原心土拌匀，覆土至合适的高度。

栽植时，应将植株轻轻吊入早已准备好的穴中，剪断捆扎树冠草绳，确认原栽植地标记的朝向并调整到位。扶正植株，先填入表土，到土球 1/3 处时，将腰箍剪断，从四周向穴内填土，边填土边用脚或锄头将土捣实，使根部土球与土壤紧密结合。山茶大树栽植深度应比原栽地高出 15～20 cm，以防浇水后穴内土壤下沉，避免产生积水烂根现象，造成植株死亡。如栽植过深时应填入原心土将土球垫高，直到符合要求为止。山茶定植好后，应及时围堰浇水，保证头三遍水浇透。如遇冻害天气，浇水应在 15:00 之前进行，并及时覆盖稻草以免冻伤根系。

（7）遮阳保湿　若移栽的是山茶大树，为安全越夏，一般在山茶花大树的上方架设 70% 遮阳率的荫棚，以减少夏日强日光照射，避免造成树体灼伤和过度失水。如果山茶采用高位嫁接，砧木高度在 10 cm 以上时，则要对树干裹草绑膜进行保湿。

4. 养护要点

（1）水肥管理　浇水要依据"不干不浇，浇则浇透"原则，根据天气和土壤干湿情况来确定浇水的间隔时间和次数。炎热夏季，应缩短浇水间隔时间，并对树冠喷水。在梅雨季节，则要注意排水抗涝，避免积水，以防出现沤根、烂根现象。北方地区尤其要注意将碱性水经过酸化处理后才可浇花，具体办法是将自来水储放 2 d，使水中的氯气挥发掉，再加入适量硫酸亚铁（0.5% 左右）。

山茶移栽后根系损伤大，根系脆弱，除栽植时施足基肥外，栽后半年之内不宜对其根部进行施肥。当新栽山茶开始抽梢时，可用 0.5% 的尿素溶液，选早晚或阴天进行叶面喷施，10～15 d 一次。当部分新根已经长出，可进行地面施肥，以沤熟的有机肥最佳，要求薄肥勤施，以免烧根。

山茶喜肥。每年春季萌芽后，每 15～20 d 施一次薄肥水，夏季施磷、钾肥，初秋可停肥 1 个月左右，花前再施矾肥水，开花时再施速效磷、钾肥，使花大色艳，花期长。冬季是山茶花蕾膨大期，每月要结合叶面喷水喷施 0.1%～0.3% 的磷酸二氢钾液一次，或根施以磷、钾为主的稀薄液肥（肥水比为 1:4）一次。

（2）整形修剪　在日常管理中，主要剪去干枯枝、病弱枝、交叉枝、过密枝和明显影响树形的枝条，以及疏去多余的花蕾。

（3）**病虫害防治**　山茶易感染轮纹病、炭疽病、叶斑病、烟煤病等，导致叶片正反两面出现病斑甚至落叶等症状，主要防治药剂有退菌特 800 倍液，多菌灵 500 倍液，百菌清 800 倍液，克霉灵 800 倍液。花前要注意灰霉病、花枯病的防治。

山茶虫害以叶螨、蚜虫、介壳虫、卷叶蛾为主，主要用氯氰菊酯 15 mL＋水胺硫磷 20 mL 或久效磷 25 mL 兑 15 kg 水喷雾。移栽后的山茶抽出新梢后，新叶片易受蚜虫等刺吸性害虫危害，可喷施 40％氧化乐果 1 000～1 500 倍液防治。

二、石　榴

石榴（*Punica granatum*）别名安石榴、若榴等，石榴科石榴属落叶乔木或灌木。单叶对生或簇生；花顶生或近顶生，单生或几朵簇生或组成聚伞花序，近钟形；浆果球形，种子多数，果熟期 9～10 月。石榴树冠矮小，枝条柔软，花朵娇艳美丽，枝干扭曲多姿，果实外形美观，籽粒晶莹剔透，味美多汁，营养丰富，花、果、枝、叶、干均有很高的观赏价值，是一种集观赏与食用于一体的优良树种（图 10 - 16）。中国传统文化视石榴为吉祥物，视它为多子多福的象征。

图 10 - 16　石　榴
（陆万香摄）

1. 产地与分布　石榴原产于伊朗、阿富汗等小亚细亚国家，全世界的温带和热带都有种植。中国三江流域海拔 1 700～3 000 m 的察隅河两岸的荒坡上也分布有大量野生古老的石榴群落。

中国栽培石榴的历史已有 2 000 多年，可上溯至汉代，据陆巩记载是张骞从西域引入。如今，我国石榴大面积栽培主要集中在陕西、山东、安徽、四川、云南、新疆等地，河北、北京、江西、海南、福建等地也有分布。

2. 生长习性　石榴喜温暖向阳的环境，有一定耐寒力，适宜的生长温度为 15～20 ℃，冬季温度不宜低于－18 ℃，否则会受到冻害。耐旱，也耐瘠薄土壤，不耐涝和荫蔽。对土壤要求不严，但以排水良好的夹沙土栽培为宜，可适应 pH 4.5～8.2 的土壤。

3. 栽植要点　石榴为喜光怕涝树种，要求光照充足、地势较高、土质疏松、排水良好的土壤，周围不宜有高大遮光的物体等。一般在秋末冬初落叶后进行栽植。品种可选当地大果型品种，栽前地上部分适当短截修剪。石榴异花授粉，结实率高，栽植株数较多时可选 2～3 个品种。栽植前先挖好排水暗沟，然后按株行距 4 m×5 m，挖深 80 cm、宽 80 cm 的栽植穴，穴内施有机肥 5 kg，与挖出的表土混匀后填入穴底。加 1 层土壤将苗木根系舒展在穴中，填土使苗木根颈露在土面上，轻轻踏实土壤浇 1 次透水。

4. 养护管理要点

（1）**水肥管理**　石榴忌花期大水大肥，花期应适度浇水，少施氮肥，可适量施磷肥、钾肥、硼肥和锌肥。施肥以有机肥为主，10～11 月挖深穴施畜禽粪等，花前挖浅穴施人粪尿，果实膨大期施 1 次氮、磷、钾复合肥有利于果实生长与花芽分化，采果后再挖浅穴施人粪尿，有利于树体储藏养分。

石榴生长期缺水对生长结果不利，萌芽期、生长期、果实膨大期遇干旱及时浇水，生长期连续阴雨要清理暗沟，及时排水，降低土壤湿度。果实成熟以前以干旱天气为宜。尤其在花期和果实膨大期，空气干燥、日照良好最为理想，果实近成熟期遇雨易引起生理性裂果或落果。

（2）整形修剪　石榴需年年修剪，可整成单干圆头形，或多干丛生形，也可强修剪整成矮化平头形树冠。通常主干高 40～60 cm，树高 2～2.5 m，主枝 3～9 个，主枝角度约 65°，一个主枝配 2～3 个侧枝，或直接配结果枝组。幼树长势旺，要轻剪长放，以培养骨干枝为主，促其早成形早结果。盛果期发枝力强，易郁闭，旺树要多疏少截，弱树要适当短截促发枝。石榴一年萌发 2～3 次枝条，影响通风透光，生长期要及时摘心、抹芽、疏枝，使树体通风透光。

（3）病虫害防治　主要着重于坐果前后两个时期，前期防虫，后期防病害。

石榴树从 4 月底至 5 月上中旬易发生刺蛾、蚜虫、椿象、介壳虫、斜纹夜蛾等虫害。坐果前用 33%水灭氯乳油 12 mL（1 支），稀释 1 500 倍，喷施在石榴树正反叶面上。如果间隔 3～5 d 仍发生蚜虫，可用 2.5%扑虱蚜可湿性粉剂 10 g 稀释 1 500 倍喷洒正反叶面，以后每隔 7～10 d 交叉用药喷洒一次，效果极佳。每年 6～7 月是石榴树发生桃蛀螟的高峰季节，用 50%辛硫磷乳油，稀释 800 倍与泥混合糊住花柄，或用敌敌畏、功夫稀释 2 000 倍进行喷洒。为避免桃蛀螟寄生传播，应将石榴果周围的叶片摘除掉。喷施敌杀死、杀灭菊酯等防治刺蛾、蚜虫；杀扑磷、毒死蜱等防治介壳虫，效果良好。

坐果后，病害主要有白腐病、黑痘病、炭疽病。每半月左右喷一次等量式波尔多液 200 倍液，可预防多种病害发生。病害严重时可喷退菌特、代森锰锌、多菌灵等杀菌剂。

（4）越冬防寒　冬季寒冷，石榴因品种不同耐寒能力不一样，可采用根部培土并用稻草围捆树体主干的方法防寒。

三、垂丝海棠

垂丝海棠（*Malus halliana*）又名垂枝海棠、解语花，为蔷薇科苹果属落叶小乔木。树冠开展，幼枝紫色；叶卵形或椭圆形，先端渐尖，边缘锯齿细小而钝；伞形总状花序，着花 4～7 朵，花梗细长，下垂；花期 4 月；梨果倒卵形，稍带紫色；果熟期 9～10 月（图 10-17）。垂丝海棠树姿婆娑，花色艳丽，花姿优美，花蕾嫣红，朵朵弯曲下垂，如遇微风飘飘荡荡，娇柔红艳，远望犹如彤云密布，美不胜收，是深受人们喜爱的庭院木本花卉，也是优良的园林绿化观赏花木。

1. 产地与分布　原产中国西南、中南和华

图 10-17　垂丝海棠
（李先源摄）

东地区，尤以四川最多，是中国的特有植物。散布于中国的四川、安徽、陕西、江苏、浙江、云南等地，生长于海拔 50～1 200 m 的地区，多生长于山坡丛林中和山溪边。当前已由人工引种栽培，各地常见栽培。

2. 生长习性 喜温暖湿润环境，适生于阳光充足、背风之处，不耐阴，也不甚耐寒。土壤要求不严，微酸或微碱性土壤均可成长，但以土层深厚、疏松、肥沃、排水良好略带黏质土壤生长更好。

3. 栽植要点 垂丝海棠是落叶小乔木。每年秋冬季植株休眠至翌年春季花谢萌芽前为最适宜栽植的时期。温暖地区秋植较春植好。此花生性强健，栽培容易，不需要特殊技术管理，唯不耐水涝，因此，应栽植在地势稍高不易积水、向阳的地带，防止积水烂根。土壤为中性偏碱，pH 不低于 7.0。土质要求疏松，但不能过于肥沃，过于肥沃易造成徒长，开花削减。

移栽前对树冠进行合理修剪，剪去重叠枝、内膛枝、病虫枝、徒长枝、枯枝等，以利于成活。栽植穴应根据根系大小而定，不宜太大太深，以能舒展开根系为好。栽植深度以距地上 10 cm 为宜。最好带土团栽植，栽后浇足水。

4. 养护管理要点

（1）水肥管理 生长季节要有充足的水分供应，以不积水为准。春、夏应多浇水，夏季高温时早晚各浇 1 次水；梅雨期间及遇到久雨不晴要注意排水，防止积水烂根；秋季减少浇水量，抑制生长，有利于越冬。

在深秋或冬季施 1 次较浓的有机肥，春季至梅雨季节施 2 次稀薄速效肥。肥水一般不宜过足，否则易引起枝叶茂盛而开花稀少的现象，故施肥时间与施肥量都应注意控制适当。

（2）整形修剪 垂丝海棠枝条生长旺盛，易杂乱丛生，以自然开心形为其主要形式。

在垂丝海棠小苗长至基径达 1～2 cm 粗时，在冬季移植修剪，一般留一主干，剪除基部萌蘖枝及分枝点较低的侧枝，在离地 60～100 cm 处主干打头，细弱苗可略低，壮苗可稍高。对主干各主侧枝应选定长势适中、方向适宜的枝条，并短截 1/3，使主干与各级主侧枝分布合理，上下几层错落有序，形成树体基本骨架。

移栽成活后的大苗应及时剪除病虫枝、枯枝及过密枝，促发萌芽。根据长势情况对树冠上部的发育枝，进行短截修剪，截去总长度的 1/3～1/2。掌握强枝弱剪，弱枝强剪的原则。长枝茎部留 5～6 芽处短截，促进侧芽萌发新的中短花枝。中短花枝，一般不宜短截，留作开花供观赏。翌年花后在先端可抽发 2～3 个长枝，其中部抽发中、短花枝，共同成为花枝组，大量开花。长势衰弱的植株，在枝条基部留 2～3 芽处短截，促发新花枝。短花枝一般不做短截修剪，在生长过密的情况下，做适当疏剪。

（3）病虫害防治 垂丝海棠主要病害有锈病，常用的药剂有硫制剂敌锈钠、胶体硫以及内吸剂粉锈宁等。

垂丝海棠常见虫害有角蜡蚧、苹果蚜、叶螨等。角蜡蚧的若虫和成虫喜聚集在叶片、枝条上吸取花卉液汁，造成树势衰弱，可在植株发芽前喷 5 波美度石硫合剂，杀灭越冬卵。苹果蚜虫群集在叶背及嫩梢上危害，初期，叶片周缘下卷，以后由叶尖向叶柄方向弯曲、横卷，影响新梢生长和花芽分化。可结合修剪，剪去有虫枝集中烧毁，减少越冬基数。用竹片刮除或用麻袋片抹除虫体。若虫期用 25% 亚胺硫磷乳油 1 000 倍液或 40% 氧化乐果乳油

1 000倍液或80％敌敌畏乳油1 000倍液喷雾防治，7 d 1次。叶螨常在叶片上正反两面吸食，使叶片枯干脱落，影响全株生长，可用由6％三氯杀螨砜加6％三氯杀螨醇混合制成的可湿性粉剂的300倍稀释液喷杀。

四、无刺枸骨

无刺枸骨（*Ilex corunta* var. *fortune*）是冬青属枸骨的自然变种，常绿灌木或小乔木。枝繁叶茂，叶形奇特，浓绿有光泽；树冠圆整；4～5月开黄绿色小花；核果球形，初为绿色入秋成熟转红，满枝累累硕果，鲜艳夺目，经冬不凋直至来年春季（图10－18）。经修枝整形可制作成大树形、球形及树状盆景，是园林绿地观叶、观形、观果的优良树种。

图10－18　无刺枸骨
（李先源摄）

1. 产地与分布　原产于我国长江中下游地区，长江流域及以南园林绿地常见露地栽培。

2. 生长习性　喜光，也耐阴；喜温暖气候，耐寒性差。喜肥沃、湿润、排水良好的微酸性和微碱性土壤，在贫瘠的沙砾土中也能生长，对石灰质土壤有一定的适应能力。

3. 栽植要点　移栽在春秋两季进行，而以春季较好。枸骨直根系多，须根少，移植需带土球。栽植时防止土球散开，并剪去部分枝叶，以减少蒸腾。

4. 养护管理要点

（1）水肥管理　生长旺盛时期需勤浇水，一般需保持土壤湿润、不积水，夏季需常向叶面喷水，以利蒸发降温。一般春季每2周施一次稀薄的饼肥水，秋季每月追肥一次，夏季可不施肥，冬季施一次肥。

（2）整形修剪　无刺枸骨萌发力很强，很耐修剪。每年6～7月剪去过高、过长的拥挤枝及枯枝、弱小枝，保持苗木冠生长空间，促使新枝萌生。3～4年整形修剪1次，创造和保持优美的树形。

（3）病虫害防治　无刺枸骨病虫害很少，有时枝干因生木虱而引起煤污病，可在梅雨季节前4～5月，每10 d喷洒一次波尔多液或石硫合剂。或于早春喷洒50％乐果乳油2 000倍液，毒杀越冬木虱，每周1次，连续3次即可。偶见介壳虫危害时，可用砷酸铅喷杀。

五、紫　薇

紫薇（*Lagerstroemia indica*）又名痒痒花、痒痒树、紫金花、百日红、无皮树等，为千屈菜科紫薇属落叶灌木或小乔木，有红薇、翠薇和银薇几个变种。紫薇树姿优美，树干光滑洁净；顶生圆锥花序，花期6～9月，花色艳丽，开花时正当夏秋少花季节，花期长，故有"百日红"之称，是观花、观干的优良园林绿化树种（图 10-19）。

图 10-19 紫 薇
（陆万香摄）

1. 产地与分布 原产亚洲，广植于热带地区。在我国分布极广，在华中、华南、华东以及西南城市绿化中普遍栽培。

2. 生长习性 喜光，能耐半阴，抗寒性较强，耐旱忌涝，偶遇水渍也能忍受，喜温和湿润气候，对土壤要求不严，适生于肥沃、排水良好的碱性（石灰性）土壤中，喜肥，不耐贫瘠。在黏土中生长缓慢，在地下水位高处，如根部渍水约 40 d 尚能存活，若长期水涝则容易烂根。萌蘖性强，生长较慢，寿命长，树龄可达 500 年以上，仍然开花茂盛。耐修剪，抗污染性强，有较强的杀菌能力。

3. 栽植要点 移植宜在 11 月秋季落叶后至第二年 3 月春季芽萌动前进行，小苗移植可裸根，大苗移植需带土球。定植时施堆肥，植苗时要保持根系完整。

栽植地点应选择阳光充足之处，在湿润肥沃、排水良好的壤土上生长良好。植苗时要保持根系完整，栽前施足基肥。栽种的紫薇要注意修剪，在栽植较大的紫薇时，栽前要重剪。可按栽培要求统一定干，留主干 100～120 cm，把上部树冠全部剪掉，使树冠长势旺盛且整齐美观；待新的春梢生长后，选留角度适宜的 3～4 个主枝，让其开花。幼树生长期间，应随时将茎干下部的侧芽摘除，以使顶芽和上部枝条能得到较多的养分而健壮成长，早日形成完整树冠。栽植后连灌 3 次透水，以后适时灌水、松土和除草。

4. 养护管理要点

（1）水肥管理 在整个生长季应经常保持土壤湿润，春旱时 15 d 左右浇水 1 次；秋季开花期不宜浇水太多，一般 25 d 左右浇水 1 次；入冬季节浇防冻水。紫薇施肥主要在秋季或早春，每株可施 10～15 kg 腐熟的人粪尿或 2～4 kg 有机肥。4～6 月生长期每月施稀薄饼肥液 1～2 次，7～9 月盛花期每 7～10 d 施 1 次液肥，每 10～15 d 叶面喷 0.2% 磷酸二氢钾。冬季休眠期、雨天和夏季高温的中午不要施肥。

（2）整形修剪 紫薇萌芽力强，极耐修剪，花芽形成速度快，通常有冬季修剪和花后修剪两种方式：

① 冬季修剪：为保证正常开花，且形成大花序，冬季修剪很重要。首先剪去所有的萌蘖枝、病枯枝、交叉重叠枝，在主枝定干高度处剪去当年生枝条，注意在饱满芽的上方 1 cm 处短截，一般只保留 5 cm 左右。使翌年抽出壮枝开花。

② 花后修剪：夏季待每次花谢后随时剪去残花，防止结果，减少养分消耗，促进萌发新枝和开花，从而多次开花，延长花期。生长期切忌对春季萌发的新枝进行修剪或短截，否则易造成只长枝不开花。

（3）病虫害防治 主要有蚜虫、紫薇绒蚧、大蓑蛾及煤污病。日常管理中，应加强防治。合理施肥，增强植株抗病虫能力；合理安排种植密度，及时修剪病枝和多余枝条，以利于通风、透光从而增强树势，减少发病；结合冬季、早春修剪将病虫枝及时集中烧毁。

防治蚜虫可喷 2.5％敌杀死 2 500～3 000 倍液，或 10％吡虫啉 3 000～5 000 倍液进行叶面喷雾。防治紫薇绒蚧，可在若虫孵化盛期 7 d 内，向枝叶喷施 40％速蚧杀乳油 1 500～2 000倍液，或与吡虫啉、菊酯类农药交替使用，隔 7～10 d 喷 1 次，连续 2～3 次。大蓑蛾可于冬季落叶后人工摘除袋囊，用频振式杀虫灯诱杀成虫，喷 90％敌百虫晶体 1 000～1 500 倍液能取得较好效果，也可用 2.5％溴氰菊酯乳油 3 500～4 000 倍液。煤污病可喷洒 70％甲基托布津可湿性粉剂 1 000 倍液，或 50％多菌灵可湿性粉剂 1 000 倍液等进行防治。喷药防治蚜虫、介壳虫等是减少煤污病发病的主要措施，可适期喷洒 40％氧化乐果 1 000 倍液或 80％敌敌畏 1 500 倍液。

六、木 绣 球

木绣球（*Viburnum macrocephalum*）又名绣球花、绣球荚蒾、粉团花，为忍冬科落叶或半常绿灌木或小乔木。树冠球形；叶对生，纸质，卵形至卵状椭圆形，叶表面羽状脉不下陷；夏季开花，花于枝顶集成聚伞花序，边缘具白色中性花，花初开带绿色，后转为白色，具清香（图 10-20）。作为夏季开花的重要花木，木绣球花如雪球累累，簇拥在碧绿叶丛中，煞是好看；繁茂者，雪花压树，清香满院，为我国传统的珍贵观赏花木。

图 10-20　木绣球
（陆万香摄）

1. 产地与分布　原产中国的长江流域、华中和西南以及日本，欧洲则原产于地中海。现我国长江流域、南北各地都有栽植。

2. 生长习性　喜光，略耐阴，暑天不宜直接接受暴晒。生性强健，耐寒，耐旱。为暖温带半阴性树种。能适应一般土壤，但好生于湿润肥沃的地方。长势旺盛，萌芽力、萌蘖力均强，种子有隔年发芽习性。

3. 栽植要点　移植必须带土球，裸根移植成活率较低。选择半阴环境，移植时间以 10 月底至翌年 4 月初为宜，以 2 月底大量落叶时进行移栽成活率最高。选择 1～3 年生小苗定植，长大后树形优美开张，枝繁叶茂，着花繁盛。大苗（冠径 2 m 以上）移栽后，枝叶稀疏，生长势逐渐衰弱，着花较少，且很难恢复树势。木绣球定植时应预留足够的生长空间（株距＞5 m）以利于后期生长。定植后需进行修剪整枝处理，以确保翌年的旺盛生长。加强定植后的水分供应，提高成活率。

4. 养护管理要点

（1）水肥管理　保持土壤湿润和较高的空气湿度，雨季注意排水。每月施有机肥（如花生麸、菜籽饼等）和氮、磷、钾比例均衡的复合肥各一次，生长旺盛期还应防止枝条徒长，喷施多效唑，后期适当增施磷、钾肥，也可用磷酸二氢钾水溶液进行叶面喷施。花后应施肥 1 次，以利于生长。

（2）整形修剪　主枝易萌发徒长枝，扰乱树形，花谢后需及时将枝条剪短，促进分生新枝；夏季剪去徒长枝先端，以整株形。

（3）**病虫害防治**　木绣球适应性较强，栽培环境只要地势高燥、通风良好，生长旺盛的植株少有危害性病虫害发生。目前较为常见是蚜虫和刺蛾，危害较重时可用 40％氧化乐果1 500～2 000 倍液喷杀。叶片下表皮的角化程度较低，有些病菌孢子在萌发时的分泌物能溶解这部分角质层，所以在梅雨季节，通常需喷些波尔多液防治。

七、含　笑

含笑（*Michelia figo*）又名含笑花、含笑梅、山节子，为木兰科含笑属常绿灌木。高2～3 m，树皮灰褐色，分枝繁密；叶革质，狭椭圆形或倒卵状椭圆形，光泽无毛，托叶痕长达叶柄顶端，花期 3～5 月，果期 7～8 月（图10-21）。含笑树冠自然长成圆形，枝密叶茂，四季常青，苞润如玉，香幽若兰，是优良的园林绿化观赏花木。

图 10-21　含　笑

（陆万香摄）

1. 产地与分布　原产华南地区，在广东、福建等亚热带地区的山坡杂木林中生长。现在，从华南至长江流域各省均有栽培。

2. 生长习性　喜稍阴条件，在弱阴下最利生长，忌强烈阳光直射，夏季要注意遮阳。喜温暖湿润环境，不甚耐寒，长江以南背风向阳处能露地越冬。不耐干燥贫瘠，也怕积水，喜排水良好、肥沃深厚的微酸性土壤，中性土壤也能适应，但在碱性土中生长不良，易发生黄化病。

3. 栽植要点　含笑移栽时，不论植株大小，皆需带土球，时间可选在 3 月中旬至 4 月中旬的晴天上午进行。栽培含笑所用的泥土，必须疏松透气，排水良好，否则，会导致植株生长不良，根部腐烂，甚至发生病虫害而死亡。土壤以微酸性壤土为宜，中性壤土也能适应。

含笑移栽前需要对树冠进行合理修剪，但不宜过度修剪。只需剪去徒长枝、病弱枝和过密重叠枝，疏去一些枯枝老叶，摘除适量树叶和花蕾，注意维持一定的树形。

定植穴的大小应比土球大 0.5 倍，穴底应提前施入充分腐熟的有机肥，并用原心土拌匀，覆土至合适的高度后将土球放入。含笑适合浅栽，栽植深度应比原栽地高出 10 cm 左右，以防浇水后穴内土壤下沉，避免积水烂根现象发生。定植好后及时浇透水。

4. 养护管理要点

（1）**水肥管理**　含笑根属肉质根，平时要保持土壤湿润，但不宜过湿，如浇水太多会造成烂根，故阴雨季节要注意控制湿度。生长期和开花前需较多水分，每天浇水 1 次，夏季高温天气需往叶面浇水，以保持一定空气湿度。秋季冬季因日照偏短每周浇水 1～2 次即可。

含笑喜肥，多用腐熟饼肥、骨粉、鸡鸭粪和鱼肚肠等沤肥掺水施用，在生长季节（4～9

月）每隔 15 d 左右施 1 次肥，开花期和 10 月以后停止施肥。若发现叶色不明亮，可施 1 次矾肥水。

（2）整形修剪 含笑树冠自然呈球形，不宜过度修剪。平时可在花后将影响树形的徒长枝、病弱枝和过密重叠枝进行修剪，并减去花后果实，减少养分消耗。春季萌芽前，适当疏去一些老叶，以促发新枝叶。

（3）病虫害防治 叶枯病多发生于含笑叶缘，叶上密生许多黑色小粒点，病情严重时，叶片枯死下落。预防叶枯病，也可在初春每隔 15 d 左右喷洒 1 次 0.3％的石硫合剂进行预防；发病后需要及时清除病叶，发现病株及时喷施 50％托布津可湿性粉剂 800～1 000 倍液或用 65％代森锌可湿性粉剂 500～600 倍液进行喷雾防治。煤污病可用清水擦洗或喷多菌灵500～1 000 倍液进行防治。

八、牡　丹

牡丹（*Paeonia suffruticosa*）是毛茛科芍药属牡丹组落叶小灌木。牡丹花色泽艳丽，玉笑珠香，风流潇洒，富丽堂皇，素有"花中之王"的美誉。牡丹花大而香，故又有"国色天香"之称。牡丹品种繁多，色泽亦多，主要根据花的颜色，可分成上百个品种，以黄、绿、肉红、深红、银红为上品，尤其以黄、绿为贵。牡丹在中国有数千年的自然生长和 1 500多年的人工栽培历史，是我国特有的木本名贵花卉。在清代末年，牡丹就曾被当作中国的国花（图 10 - 22）。

图 10 - 22　牡　丹
（戴碧霞摄）

1. 产地与分布 原产于中国西部秦岭和大巴山一带山区，汉中是中国最早人工栽培牡丹的地方。中国牡丹资源特别丰富，有悠久的栽培史，栽培范围极广，目前我国除海南省外，各省、市和自治区均有分布。主要分布于黄河中下游地区，包括河南、山东、河北、山西等省。分布中心在山东菏泽、河南洛阳和北京。在国外，已经引种栽植到日本、荷兰、英国、法国、德国、美国、澳大利亚、意大利、新加坡等国。

2. 生长习性 性喜温暖、凉爽、干燥、阳光充足的环境。喜阳光，也耐半阴，耐寒，耐干旱，耐弱碱，忌积水，怕热，怕烈日直射。适宜在疏松、深厚、肥沃、地势高燥、排水良好的中性沙壤土中生长。酸性或黏重土壤中以及低洼处生长不良。

3. 栽植要点

（1）栽植时间 一般在 9 月下旬至 10 月上中旬栽植。由于牡丹是春季进行花芽分化的植物，春天对牡丹进行分株或者移栽，会使其肉质根系受损，养分难以供给，植株体内正常的营养平衡受到破坏，从而影响花芽分化，导致花芽不分化或者分化不完全，难以开花。因此，如果是反季节移栽，要选择在植株花芽已完全分化且花蕾已经形成时进行。

(2) 栽植地选择　选择背风向阳、不易积水的环境，牡丹喜疏松、肥沃、排水良好的中性微碱沙质土壤，土层厚度最好在 1 m 以上。

(3) 苗木选择　选择植株健壮、无病虫害且根系发达的牡丹种苗。

(4) 栽植前修剪　为保证牡丹移栽的成活率和着花率，应及时摘除根茎部长出的多余萌蘖芽和多余的花蕾，防止消耗大量营养。每个花枝以保留一个花蕾为宜。

(5) 起苗和运输　小苗裸根起苗，大苗或反季节移栽起苗应该保留土球，土球直径应为 40～50 cm，以延长根部水分供给。为保证牡丹种苗能完整平安运达目的地，可以采取稻草兜根护枝护苗的方法，减少水分蒸发，保湿透气，避免根部干燥，提高移栽成活率。

(6) 定植　牡丹苗运到目的地应尽快定植。定植时，应去掉稻草包装，连土球带牡丹一起放入已挖好的栽植坑中，栽植坑的大小以根能伸展或大于土球直径的 0.5 倍为度。坑内留些细土拢成小墩，使根在土壤上坐定，理顺根系，然后覆土、踏实，栽植深度以根、茎交接处齐土面为宜。株行距约为 50 cm×50 cm。如果不能立刻定植，应将牡丹苗存放于阴凉透气处，并根据当地天气及时向叶面喷洒清水。

(7) 栽后养护　定植后应立即浇足第一遍水，第二次浇水可在 2～3 周后进行，并在 6 月上旬浇完第三遍水，此后可停止浇水。雨季应做好牡丹的排水措施。在天气较为干燥且温度较高的地区，为减少牡丹叶面蒸腾和延长花期，可用遮阳网遮阳 1 个月，1 个月后见到须根长出，便可以撤去遮阳网。

4. 养护管理要点

(1) 水肥管理　牡丹宜干忌湿，北方干旱地区一般浇花前水、花后水、封冻水，南方地区仅在夏季特别干旱时需要适量浇水，一般情况下不必再浇水，直至翌年植株萌芽，雨季注意及时排水。

新栽植的牡丹半年内少施肥或不施肥，以免伤根。一般牡丹栽培中一年施 3 次肥，3 月上旬施花前肥，促进牡丹开花；4 月下旬至 5 月施花后肥（开花后 15 d 左右），以补充牡丹开花过程中养分的消耗，并促进新的花芽分化；11 月中下旬施基肥，以增强苗木越冬的耐寒力，提高翌年植株的生长势。肥料种类以充分腐熟的有机肥为好，如禽畜粪便、饼肥等。牡丹于 7～8 月高温酷热时进入半休眠状态，12 月至翌年 2 月进入休眠期，在半休眠或休眠情况下不宜施肥。

(2) 整形修剪　栽植当年，多行平茬。春季萌发后，留 5 枝左右，其余抹除，集中营养，使第二年花大色艳。秋冬季，剪去干花柄、细弱枝、无花枝。

(3) 病虫害防治　牡丹常见的病害是褐斑病，初起时叶面出现黄绿色斑点，以后逐渐扩大，形成褐色或黑色斑纹。可用波尔多液每月喷 1～2 次，若病情严重则可喷 3 次。对染病较重的叶子要剪下烧掉，以防蔓延。另外一种是根腐病，专门危害牡丹根部，病状是根部变黑、腐烂，妨碍生长，重的可导致整枝死亡。防止此病在分株栽植时就要认真检查，若发现有病根，一定要剪除烧掉，并于栽植时在栽植穴中撒些硫黄粉。

常见的虫害为吹绵蚧。可用 40% 的氧化乐果乳剂 1 500 倍液喷洒，入冬或早春时用石硫合剂涂在枝干下部，也有较好的效果。

(4) 越冬防寒　进入 11 月后，在牡丹根基部培土防寒，最好能在根部周围盖一层干马粪，为其御寒；11 月底浇一次冻水；若在北方栽植，还应在栽苗地的北面竖挂一些挡风的草帘，以防冻伤。

九、木　　槿

木槿（*Hibiscus syriacus*）又名白槿花、桐树花、大碗花、朝开暮落花，为锦葵科木槿属落叶灌木。树皮灰褐色，分枝多、角度小，树姿较直立。叶菱形至三角状卵形，具深浅不同的 3 裂或不裂，边缘具不整齐齿缺，花单生于枝端叶腋间，花萼钟形；花朵色彩有纯白、淡粉红、淡紫、紫红等，有单瓣、复瓣、重瓣几种（图 10 - 23）。木槿花多色艳，非常美丽，是一种庭园绿化很常见的花灌木，同时也可以入药和食用。

图 10 - 23　重瓣木槿
（李先源摄）

1. 产地与分布　主要分布在热带和亚热带地区，中国中部系原产地之一，在我国各地均有栽培，以华东及华南地区较为常见，中国台湾、福建、广东、广西、云南、贵州、四川、湖南、湖北、安徽、江西、浙江、江苏、山东、河北、河南、陕西等地均有栽培。

2. 生长习性　喜温暖、湿润、阳光充足的气候条件，较耐干旱，耐瘠薄，耐半阴，忌涝，耐寒冷，生长适温 15～28 ℃。对土壤要求不严，能在贫瘠的砾质土中或微碱性土中正常生长，在重黏土中也能生长，但以深厚、肥沃、疏松的中性至微酸性土壤为好。萌蘖性强，耐修剪。

3. 栽植要点　木槿春、秋季都可移栽，也可在多雨的生长季节进行。栽植时除应适当选择大规格（3 年生以上）苗木外，应尽量种植于背风向阳处，避免种植于高坡、风口处，以防冻害，池塘、沟渠边也不适宜种植。移栽时要剪去部分枝叶，裸根蘸泥浆，极易成活。定植时，植穴要施基肥，一般施用堆肥或腐熟圈肥配少量复合肥，以后可不施肥；但为了提高开花产量与品质，在夏季开花前应对树势较弱的树进行追肥，可用堆肥拌适量的复合肥，并结合除草和培土施于基部。定植后应浇 1 次定根水，并保持土壤湿润，直到成活。粗放管理，亦能自然繁茂。

4. 养护管理要点

（1）水肥管理　木槿适应性强，唯忌干旱。立秋后应适当控制浇水量，防止枝条徒长而木质化程度低，11 月初应浇足浇透防冻水，翌年早春 3 月初可浇解冻水，4、5 两个月气温回升较快，故应浇 2～3 次水，每次浇足浇透。若春季缺水，易导致植株叶片窄小、发黄、花小或不能完全开放。雨水过多时要及时排水防涝，并在适当的时候松土，增加土壤的通透性，防止因积水而烂根。

木槿喜肥。当枝条开始萌动时，应及时追肥，以速效肥为主，促进营养生长；现蕾前追施 1～2 次磷、钾肥，促进植株孕蕾；5～10 月盛花期间结合除草、培土追肥两次，以磷、钾肥为主，辅以氮肥，以保持花量及树势；冬季休眠期间，在植株周围开沟或挖穴施肥，以农家肥为主，辅以适量无机复合肥，以供应来年生长及开花所需养分。

（2）整形修剪 用做花篱的木槿，在栽植后进行第一次修剪，以后每年初冬进行一次修剪，主要是保持绿篱的完形美观。对于片植、孤植的木槿，可疏除冗杂的小枝，对于已开花的枝条应进行短截，留 8～12 cm。对花圃中已成形的主干开心形的木槿，应以培养中、短花枝开花为主，可于每年秋季落叶后将长枝适当短截，疏去过密枝、下垂枝、交叉枝、病虫枝、内膛枝，冬剪时对中花枝在分枝处短截，可有效地控制树势和促进开花。如果不需要留种，花谢后要及时将残花剪除。

（3）病虫害防治 木槿常见的病害是煤污病，多发于高温高湿天气。在夏季到来前可喷施 75％百菌清可湿性粉剂 800 倍液进行预防。也见叶斑病和锈病危害，可用 65％代森锌可湿性粉剂 600 倍液喷洒防治。

木槿常发生的害虫主要有蚜虫、卷叶蛾和尺蠖。防治蚜虫应在春季若蚜初孵时，喷 80％乐果乳剂 200 倍液，或喷 40％乐果 2 000 倍液毒杀枝干上的若蚜；对已形成虫瘿或秋季在树上产生的蚜虫，应适当加大药剂浓度。对于卷叶蛾虫害，应在幼虫初孵时或处在卷叶危害状态而未落地之前，喷施 50％辛硫磷 1 000 倍液或 90％敌百虫 1 000 倍液。防治尺蠖虫害，应在幼虫发生期，喷 90％敌百虫或 40％乐果 1 000 倍液。

（4）越冬防寒 冬季低温地区，于 11 月末用稻草将株体捆好，根区浇一次透水，培厚些细土和马粪，可保证安全露天越冬，到翌年 5 月末，将稻草捆解开，木槿枝干就会随气温升高发绿叶，茁壮成长。

十、杜 鹃 花

杜鹃花（*Rhododendron simsii*）又名映山红、满山红、山踟蹰、红踟蹰、山石榴等，为杜鹃花科杜鹃花属常绿或落叶灌木。古有杜鹃鸟，日夜哀鸣而咯血，染红遍山的花朵，因而得名。杜鹃花一般春季 4～6 月开花，每簇花 2～6 朵，花冠漏斗形，有红、淡红、杏红、雪青、白色等（图 10-24）。因其品种繁多、花色艳丽、花朵繁茂、色泽丰富而闻名于世，具有较高的观赏价值，在世界各公园中均有栽培。杜鹃花为中国三大高山花卉之一，也被列入中国十大名花。

图 10-24 杜鹃花
（陆万香摄）

1. 产地与分布 主产地为东亚和东南亚。中国是杜鹃花属的集中产地，集中分布于我国长江流域及珠江流域，东至台湾，西至四川、云南。

2. 生长习性 杜鹃花生于海拔 500～1 200 m（～2 500 m）的山地疏灌丛或松林下，喜欢酸性土壤，在钙质土中生长得不好，甚至不生长。因此土壤学家常常把杜鹃花作为酸性土壤的指示作物。

杜鹃花性喜凉爽、湿润、通风的半阴环境，既怕酷热又怕严寒，生长适温为 12～25 ℃，夏季气温超过 35 ℃，则新梢、新叶生长缓慢，处于半休眠状态。夏季要防晒遮阳，冬季应注意保暖防寒。忌烈日暴晒，适宜在光照度不大的散射光下生长，光照过强，嫩叶易被灼伤，新叶、老叶焦边，严重时会导致植株死亡。冬季，露地栽培杜鹃花要采取措施进行防寒，以保其安全越冬。观赏类的杜鹃花中，西鹃抗寒力最弱，气温降至 0 ℃以下容易发生冻害。

3. 栽植要点　杜鹃花最适宜在深秋或初春萌芽前栽植，如在其他季节栽植，必须架设荫棚。栽植地点宜选在通风、半阴的地方，土壤要求疏松、肥沃，含丰富的腐殖质，以酸性沙质壤土为宜，并且不宜积水，否则不利于杜鹃花正常生长。碱性土地区需要更换或改土成酸性土壤，并加一定量的泥炭土。杜鹃花喜阴，直射光对其生长不利，所以栽植地最好有遮阳条件。

定植时必须使根系和泥土匀实，但又不宜过于紧实，而且使根颈附近土壤面呈弧形状态，这样既可保护植株浅表性的根系不受严寒的冻害，又有利于排水。栽植后浇 1 次透水，使根系与土壤充分接触，以利根部成活生长。

4. 养护管理要点

（1）水肥管理　杜鹃花对土壤干湿度要求是润而不湿。浇水的时间宜在早晚，特别是炎热的夏季更不宜在中午浇水。因为根部受冷水刺激后会使花卉受到伤害。春秋两季是杜鹃花的生长、开花、育蕾期，供水要适当多些，可以隔 2～3 d 浇 1 次透水，但花期不能浇得太多，水大会使花朵及早凋谢。在炎热夏季，每天至少浇 1 次水。日常浇水，切忌用碱性水，应酸化处理（加硫酸亚铁或食醋），在 pH 达到 6.0 左右时再使用。从 3 月开始，生长期逐渐加大浇水量，特别是夏季不能缺水，但也勿积水，梅雨天或多雨情况下，应停止浇水并及时挖沟排积水。9 月以后浇水量应酌情减少，冬季则应待土壤干透再浇。

杜鹃花喜肥但忌浓肥，因此，养花行家对杜鹃花施肥总结出了 8 个字的经验即"干肥少施，液肥薄施"。在一般情况下，1～2 年生幼苗可以不必施肥，因为腐殖土中含有的肥力已够供给幼苗生长发育的需要。2～3 年生小植株，从晚春起，可每隔 10～15 d 施一次稀饼肥水或稀薄矾肥水。4 年生以上的植株，可于每年春、秋季各施约 20 g 的干饼肥。6 月中旬，可施一次速效性磷、钾肥，以促进花芽分化。6 月以后就可停止施肥。在花谢之后，正是新枝生长的时候，可施一次浓度稍微高的液肥，但切不可施得太浓，更不可施生肥，否则会损伤根系。夏季过多施肥会使老叶脱落，新叶发黄。立秋后，杜鹃花又开始第二次旺盛生长，在这段时间内，可追施 1～2 次过磷酸钙等磷肥的稀液，以供给植株生长和孕蕾的需要。每次施肥后，隔 2 d 应浇一次清水，还要将盆土刨松一次，使盆土充分通气。入冬以后，随着天气渐冷，植株停止生长，施肥也应立即停止。

（2）整形修剪　杜鹃花的萌发力和再生力很强，每隔 1～2 年在花谢之后，就要进行修枝整形，培养美观的树形。

在进行疏剪时，应剪去过密枝、交叉枝、纤弱枝、下垂枝、徒长枝和病虫枝，以便节省养分，促使主枝强壮，尽快萌发新梢，使来年开花时能达到花多、花大、色艳的目的。杜鹃花开花后，残花常常经久不落，会耗去不少养分，应该及时把残花摘去，让养分满足萌发新枝的需要。另外，植株较矮的杜鹃花，长有很多的横生枝，每到春季，根部的枝干上就会萌发出许多小枝，为了使养分集中供应主枝和花朵，让它生长更快、更大，也应及时把这些小枝剪去。如果花蕾太多，蕾期应及时摘除过多花蕾，使养分集中供应，促花大色艳。

整形一般以自然树形略加人工修饰，因树造型，常见有伞形、圆形、半圆形、宝塔形、方形等。

（3）病虫害防治　杜鹃花的病害主要有根腐病、褐斑病、缺铁黄化病等。

杜鹃花患根腐病后，生长衰弱，叶片萎蔫、干枯，根系表面出现水渍状褐色斑块，严重的软腐，逐渐腐烂脱皮，木质部变黑。此病在温度高、湿度大的环境下最易发生。防治方法是保持土壤疏松、湿润，使其有良好的通透性，避免积水。如果发现植株患病，可用0.1%的高锰酸钾水溶液或2%的硫酸亚铁水溶液淋洗病株，或用70%的托布津可湿性粉剂1 000倍液喷洒土壤。

褐斑病是杜鹃花的一种主要病害，常发生于梅雨季节湿度大的时候。治疗方法是平时要注意让植株通风透光，不使湿度过大，并增施有机肥及氮、磷、钾混合肥，增强植株抗侵染及生长能力。如果发现病叶要及时摘除，集中烧毁。病害发生初期，喷洒0.5%波尔多液或0.4波美度石硫合剂，并加4%面粉增加黏附力。叶斑病、黑斑病也可以用同样方法治疗。

杜鹃花缺铁黄化病常发生在土壤偏碱的地区。防治方法是改变土壤缺铁性质，降低土壤碱度。增施有机肥改造黏质土壤。对缺铁植株可直接喷洒0.2%～0.3%硫酸亚铁液。也可在植株周围土壤上用筷子戳几个深15 cm左右的孔，用1∶30的硫酸亚铁水溶液慢慢注入，将孔注满，以增加土壤酸性，减少碱性。

杜鹃花常见的虫害有叶螨、蚜虫、短须蛾等。

防治叶螨的方法是进行人工捕杀。药物杀虫可用5波美度石硫合剂喷施，也可用胡桃叶、夹竹桃叶、青蒿等份弄碎浸泡出液汁，加水稀释后喷洒，或敌敌畏1 000倍液喷洒杀灭。防治蚜虫的方法是平时要特别注意越冬期的蚜虫，入冬后可在植株上喷洒一次5波美度石硫合剂，消灭越冬虫卵，铲去花卉附近杂草，消灭虫源。在蚜虫危害期，用40%的乐果或氧化乐果1 200倍液进行连续喷治，3～4次即可见效。短须蛾是杜鹃花的重要害虫之一，常在叶片背面主脉附近刺吸汁液，使叶背形成许多油渍斑块，最后引起叶片脱落。此虫以夏季天热干燥时最多见，降水量多时随即减少。防治方法是在10月中下旬和早春3月各喷一次0.5波美度石硫合剂，或喷25%杀虫胀水剂500倍液。

十一、海　桐

海桐（*Pittosporum tobira*）别名海桐花、山矾、七里香、宝珠香、山瑞香等，为海桐科海桐花属常绿灌木或小乔木。海桐树冠球形，单叶互生，有时在枝顶轮生，倒卵形，全缘，厚革质，有光泽。海桐树冠整齐，枝叶繁茂，嫩枝绿色，叶片浓绿，4～5月开花，伞形顶生，花小，乳白色略带黄绿色，香气袭人；果期9～10月，果皮由绿色渐变黄色至棕色，自动开裂，红色种子有黏液（图10-25）。海桐季相明显，可观亮叶、赏花香、看红果，是城市园林绿化中观赏价值较高的树种之一。

图10-25　海　桐

（李先源摄）

1. 产地与分布　原产于我国江苏南部、浙江、福建、台湾、广东等地；朝鲜、日本亦有分布。我国华中地区、长江流域及其以南各地常见露地栽培观赏。

2. 生长习性 对气候的适应性较强，能耐寒冷，亦颇耐暑热。黄河流域以南，可在露地安全越冬。华南可在全光照下安全越夏。以长江流域至南岭以北生长最佳。黄河以北，多做盆栽，置室内防寒越冬。对光照的适应能力亦较强，较耐阴，亦颇耐烈日，但以半阴地生长最佳。喜肥沃湿润土壤，干旱贫瘠地生长不良，稍耐干旱，颇耐水湿。生长适温 15～30 ℃。冬季放于冷凉的室内，最低温度为 5 ℃。海桐能忍受结冰的温度，但为使其良好生长，最低夜温应保持在 13 ℃以上。

3. 栽植要点 海桐栽培容易，无需特殊管理。露地移植一般在 3 月进行。如秋季种植，应在 10 月前后进行。大苗在挖掘前必须用绳索收捆，以防折断枝条，且挖掘时一定要带土球，土球的大小根据主干的粗细而定。小苗可裸根移植，但也要及时定植。海桐虽耐阴，但栽植地不宜过阴，植株不可过密，否则易发生吹绵蚧危害。

4. 养护管理要点

（1）水肥管理 海桐较抗旱。夏季消耗大量水分，应经常浇水；冬季如所处温度较低，则浇水量应相应减少。空气湿度应在 50%左右。要求肥沃土壤。生长季节每月施 1～2 次肥，平时则不需施肥。

（2）整形修剪 海桐分枝能力强，耐修剪，开春时需修剪整形，以保持优美的树形。如欲抑其生长，繁其枝叶，应于长至相应高度时，剪其顶端。亦有将其修剪成为各种形态者。

（3）病虫害防治 吹绵蚧是海桐的主要害虫之一，通常采用药物防治，休眠期喷施 1～3 波美度石硫合剂；若虫孵化期可用 40%氧化乐果乳油 1 000 倍液加 10%吡虫啉可湿性粉剂 1 500 倍液；成虫发生时使用狂杀蚧 800～1 000 倍液或 40%速扑杀乳油 1 500 倍液均匀喷雾，喷药时加入适量柴油可增加其渗透性，同时要求药液一定要喷透喷匀。狂杀蚧对介壳虫有特效。

十二、月 季

月季（*Rosa chinensis*）别名月月红、月月花、长春花、庚申蔷薇等，为蔷薇科蔷薇属常绿或半常绿低矮灌木（图 10-26）。自然花期 8 月至翌年 4 月，几乎四季开花；花朵大型，由内向外，呈发散形，有浓郁香气；其色彩艳丽、丰富，不仅有红、粉黄、白等单色，还有混色、银边等品种；多数品种有芳香。月季的品种繁多，花形秀美，姿色多样，四时常开，深受人们的喜爱，被称为"花中皇后"。世界上已有近万种，中国也有千种以上，广泛用于园艺栽培和切花。中国有 52 个城市将月季选为市花，被列入中国十大名花。

图 10-26 月 季
（陆万香摄）

1. 产地与分布 月季原产于中国中西部的

贵州、湖北、四川等地，现遍布世界各地。在我国月季已有 2 000 多年的栽培历史，主要分布于湖北、四川和甘肃等省，尤以上海、南京、常州、天津、郑州和北京等城市最盛。

2. 生长习性　性喜温暖，大多数品种最适温度白天为 15～26 ℃，晚上为 10～15 ℃；较耐寒，冬季气温低于 5 ℃即进入休眠，有的品种能耐－15 ℃的低温；夏季温度持续 30 ℃以上时，即进入半休眠，对开花不利。喜欢阳光，但过多的强光直射又对花蕾发育不利，花瓣容易焦枯，盛夏需适当遮阳。耐旱，空气相对湿度宜为 75％～80％，但稍干、稍湿也可。对土壤适应性较广，但以富含有机质、排水良好的微带酸性沙壤土为好。有连续开花特性。

3. 栽植要点　移栽月季宜在休眠期进行，以 2 月上旬至 3 月上旬最适宜，立地条件应选择地势较高，阳光充足，空气流通，土壤微酸性的地方。栽前深翻土地，施有机肥料做基肥。栽植密度，直立品种株行距为 60 cm×60 cm，扩张品种株行距为 80 cm×80 cm，丛生品种株行距为 40 cm×50 cm，如要求当年见效，可以 25 cm×25 cm 密植。栽时要求根系完整，短截枝条。月季栽后需立即浇第一遍水，3～5 d 内浇第二遍水，其后 5～10 d 内浇第三遍水。待水下渗后，及时进行中耕扶直，以保持土壤中的水分。旱季要适当浇水，雨季要注意排水，及时松土和除草。

4. 养护管理要点

（1）水肥管理　月季浇水要做到"见干见湿，不干不浇，浇则浇透"。月季怕水淹，浇水因季节而异。冬季休眠期保持土壤湿润，不干透就行。开春枝条萌发，枝叶生长，应适当增加水量。夏季高温，水的蒸发量加大，植物处于虚弱半休眠状态，最忌干燥脱水，每天早晚各浇一次水，避免阳光暴晒。浇水时不要将水溅在叶上，防止病害。

月季喜肥。生长期每半月加施腐熟的饼肥水一次，能常保叶片肥厚，深绿有光泽。早春发芽前，可施一次较浓的液肥，在花期注意不施肥，花谢后施追肥 1～2 次速效磷肥，9 月间第四次或第五次腋芽将发时再施一次中等液肥，12 月休眠前施迟效性有机肥越冬，如腐熟的牛粪、鸡粪、豆饼、油渣等，冬季休眠期不可施肥。

（2）整形修剪　露地栽培月季的修剪分为生长期修剪（夏剪）和休眠期修剪（冬剪）。

生长期修剪通常轻剪。当月季花初现花蕾时，拣一个形状好的花蕾留下，其余的一律剪去。目的是每一个枝条只留一个花蕾，将来花开得饱满艳丽，花朵大而且香味浓郁。每季开完一期花后进行全面修剪，及时剪去开放的残花和细弱、交叉、重叠的枝条，留粗壮、年轻枝条。为使株形美观，对长枝可剪去 1/3 或一半，中枝剪去 1/3，在叶片上方 1 cm 处斜剪。若修剪过轻，植株会越长越高，枝条越长越细，花也越开越小。及时剪除嫁接砧木的萌蘖枝。

休眠季修剪时将枯枝、病枝、弱枝、过密的内向枝、重叠枝及破坏树形的徒长枝自基部剪除，每株留主枝 3～5 条，最多 7 条。蔓生或藤本品种则以疏去老枝，剪除弱枝、病枝和培育主干为主。

（3）病虫害防治　月季常见害虫包括蚜虫、各种食叶害虫及叶螨等，可喷施 40％氧化乐果乳剂 3 000 倍液，或 80％敌敌畏乳剂 2 000 倍液，或 50％灭蚜松乳剂 1 500 倍液，或 25％鱼藤 1 000～1 500 倍液，或 25％ 亚胺硫磷乳剂 1 000 倍液进行防治。较难防治的害虫主要为蔷薇的轮蚧，可在 12 月初萌动前喷施 40％氧化乐果乳剂 1 500 倍液，或 80％敌敌畏乳剂 1 000～1 500 倍液。

病害主要为黑斑病及白粉病。防治月季白粉病和黑斑病一般多用硫黄粉、多菌灵、托布津、石硫合剂、波尔多液、福美双、退菌特等农药，但均难以有效控制病害的蔓延，并造成一定污染。在实践中证明，以高锰酸钾和小苏打防治月季白粉病效果特别好，且费用低，无残留，无污染。以 0.02%～0.03% 的高锰酸钾水溶液喷雾，叶片上的白粉层 24h 便可消失，2 d 后卷叶展开，5～7 d 病叶恢复正常。一般病轻的喷 1 次，重症喷 2 次，间隔 2～3 d，叶片正反面都要喷到。据测定，全株喷洒 0.1% 的小苏打水溶液 1～2 次，防治效果达到 80% 以上，若将上述两种化学品交替喷雾防效更佳。也可在抽新叶后喷澄清的石灰水，每 7 d 喷 1 次，连续 2～3 次。该方法既简单又有效，还不会对空气造成污染，早秋亦需喷施数次，秋天是病害发生的高发期，提前喷药可减少发病率。

十三、锦 带 花

锦带花（*Weigela florida*）别名锦带、五色海棠、山脂麻、海仙花等，为忍冬科锦带属落叶小灌木。株高 2～3 m，枝条开展，树形圆筒状，有些树枝会弯曲到地面，小枝细弱，花冠漏斗状钟形，花为淡红紫色或玫瑰色，花期 4～6 月（图 10-27）。锦带花枝繁叶茂，花色艳丽，开满枝头，花期长达数月，而且锦带花的花期正处于园林植物开花较少的春夏之交，从而弥补了常见的绿化植物开花期的空白，在园林应用上是东北地区主要的、首选的园林绿化花卉。

图 10-27　锦带花
（陆万香摄）

1. 产地与分布　原产中国长江流域及其以北的广大地区，日本、朝鲜、俄罗斯等地也有，现在我国长江流域以北地区为常见园林绿化植物。

2. 生长习性　喜温暖湿润、阳光充足环境，耐寒、耐半阴、耐旱。生长适温为 15～30 ℃，花期适宜温度为 18～22 ℃，适宜空气湿度为 65%～75%，耐低温，北方可露地越冬。对土壤要求不十分严格，能耐较贫瘠土壤，但以土层深厚、湿润且腐殖质丰富的土壤生长为最好。怕水涝低洼地，轻微盐碱地也可栽培。萌芽力强，生长迅速。如栽于避风向阳处，开花数会增多。

3. 栽植要点　一般在春、秋季移栽，北方地区移植时间以 3～4 月为宜，秋末冬初也可。种植地应选择肥沃、湿润、排水良好的沙质壤土，北方地区宜选背风向阳地或有防风林作为依托地，便于越冬。小苗留宿土移植，大苗带土球并去除部分枝叶。栽植时适当疏剪枝叶，减少植株水分消耗，但注意保护下部枝条，使树形圆整美观。栽植后及时浇透水。

4. 养护管理要点

（1）水肥管理　生长季节注意浇水，春季萌动后，要逐步增加浇水量，经常保持土壤湿润。夏季高温干旱易使叶片发黄干缩和枝枯，要保持充足水分并喷水降温或遮阳养护。每月要浇 1～2 次透水，以满足生长需求。

栽种时施以腐熟的堆肥做基肥，以后每隔 2～3 年于冬季或早春的休眠期在根部开沟施一次肥，在生长季每月要施肥1~2次。

（2）整形修剪　由于锦带花的生长期较长，入冬前顶端的小枝往往生长不充实，越冬时很容易干枯。因此，每年的春季萌动前应将植株顶部的干枯枝以及其他的老弱枝、病虫枝剪掉，并剪短长枝。若不留种，花后应及时剪去残花枝，以免消耗过多的养分，影响生长。对于生长3年的枝条要从基部剪除，以促进新枝的健壮生长。由于它着生花序的新枝多在1~2年生枝上萌发，所以开春不宜对上一年生的枝做较大的修剪，一般只疏去枯枝，以利于多年开花。

（3）病虫害防治　此花病虫害不多，偶有蚜虫和叶螨危害。蚜虫危害严重时用10％吡虫啉可湿性粉剂1 000倍液喷施，效果明显；叶螨危害严重时用40％乐斯本1 000倍液或40％三氯杀螨醇乳油1 000倍液防治，效果较好。

第三节　藤木栽培

一、紫　藤

紫藤（*Wisteria sinensis*）又名藤萝、朱藤、葛花、绞骨佬、小黄藤、豆藤等，属蝶形花科紫藤属落叶藤本（图10-28）。紫藤总状花序顶生，长15 cm以上，花蓝紫色至淡紫色，蝶形花冠，北方花期在4~5月，南方3月。紫藤生长迅速，寿命长，在民间很受欢迎。成年紫藤茎蔓蜿蜒盘曲，花繁叶茂，一串串的花序倒悬于绿叶间，轻盈飘逸，自古以来就是文人墨客诗画的题材。在庭院中种植于花架、棚架旁，攀缘而上形成花廊，景色优美。现代园林中也常用支撑、扭蔓、修剪整形等栽培措施，培育成独干的伞状树形，或做成姿态优美的悬崖式盆景，老桩横斜，别有风味。

图10-28　紫　藤
（田旭平摄）

1. 产地与分布　原产我国，是著名的观花藤木，栽培历史悠久。华北地区多有分布，以北京、河北、河南、山东、山西最为常见，辽宁、内蒙古、江西、江苏、浙江、湖北、湖南、陕西、甘肃、四川、广东等省份也有栽培，朝鲜、日本亦有分布。

2. 生长习性　紫藤喜光、稍耐阴、较耐寒，可耐－25 ℃的低温，耐热性一般；耐水湿、瘠薄土壤，在土层深厚、排水良好、向阳避风处生长最宜；对土壤酸碱度适应性较强；抗二氧化硫、氯气、氟化氢能力强，对铬也有一定的抗性。缠绕能力强，对其他植物有绞杀作用。

3. 栽植要点

（1）栽植时间　紫藤栽植3~11月均可进行，春秋移植成活率较高，最晚以不迟于4月中旬为好。南方可不带土球移植，北方则带土球移植成活率高。

（2）栽植地选择　紫藤喜光，栽植要选择土层深厚、土壤肥沃、排水良好的向阳干燥处，土壤不宜过度潮湿，否则容易烂根。种植前需先设立棚架，由于紫藤寿命长，枝粗叶茂，重量大，缠绕力强，棚架应坚实耐久。植株在棚架南侧定植。

（3）苗木选择 多选择生长健壮、枝条饱满、分布匀称的紫藤苗木。2年生以上苗木都可移栽。

（4）栽植前修剪

① 剪枝：紫藤移栽前先要剪掉枯枝、病枝、过密的枝条等。为保证主枝移栽后爬上架顶，下侧枝、萌蘖要及时修剪拿掉，减少肥力消耗；还要根据茎蔓上部枝条密度适度剪除部分顶部枝条以减少蒸腾，使养分集中于根部，促进成活。

② 剪根：紫藤主根发达，侧根稀少，修剪时尽量减少对根系的伤害。起苗时要用利刃修剪根系。

（5）起苗和运输 紫藤直根性强，因此在起苗过程中应尽量扩大挖掘范围，树穴也要深挖，小心挖掘，不要伤根，多掘侧根。尽量带一定的土球，土球大小依据藤长和地径来定，一般为地径的6～8倍。

挖出的土球要用草绳缠绕，枝条部分也要轻轻缠绕盘曲，力度以不损伤藤蔓为好，再用麻布包裹好，需要时可适当捆扎固定，以便运输。包装前可在断根处喷施生根药物。起苗后和运输途中要注意遮光。

（6）定植 栽植前挖好种植穴，宽度比土球直径大30 cm左右，深度要大于土球高度。种植穴底部要适当施一些基肥以改良土壤，基肥上再盖一定量疏松的土壤，再行栽植。种植前将草绳拆掉，放苗入穴后扶正压实。

（7）栽后养护 紫藤移栽后要及时浇水，以后视土壤墒情而定。浇水时可用少许多菌灵，栽后只浇1次水，浇水量不宜太多。

此外，如果栽植紫藤小苗，要将比较粗的枝条均匀绑缚在棚架柱杆部，使其能够沿架攀缘生长，尽早覆盖成荫；如果移栽紫藤大苗，则最好将粗壮且较长的枝条均匀搭到棚架顶部，并且捆绑固定。对攀缘缠绕扭绞在一起的细弱枝条，可适当疏剪。

4. 管理养护要点

（1）水肥管理 紫藤生长迅速，生长期萌生枝条较多，肥力消耗很大。如果肥力不足，可于每年早春、秋季、花前、花后均施一定量的有机肥、草木灰等基肥。生长期可每月施稀薄肥1次，休眠期施1次有机肥，多施钾肥。

紫藤喜湿润环境，充足的水分可使植株长势旺盛、枝丰叶茂，花期尤需充分供水。华北地区每年春季要灌足返青水，冬季前浇足封冻水也非常重要。

（2）整形修剪 春季长出嫩芽时，要及时疏解，以防枝条过密。休眠期对紫藤进行修剪时，要剪除下部萌蘖枝、过密枝、病枝、细弱枝、枯死枝、缠绕重叠枝等。生长正常的枝条也需要进行适当短截或回缩修剪以减少养分消耗，平衡树势。紫藤花后也可适当疏剪。生长多年后的紫藤，应在早春萌芽前疏剪，以减轻棚架负担，保持合理密度，利于阳光通透。

（3）病虫害防治 紫藤病害有紫藤软腐病、灰斑病、花叶病、白粉病等。防治病害首先应保持栽培环境的整洁卫生，经常清除杂草及枯枝落叶，及时检查并清除黄叶病株。病害严重的植株要彻底清除废弃，以免感染其他健康植株。对发病较轻的病株要用剪子剪除病叶，马上喷洒相应的农药以控制病害蔓延。紫藤软腐病发病较多，发生时植株整株可能死亡，发病时宜采用50％多菌灵可溶性粉剂1 000倍或50％甲基托布津可溶性粉剂800倍液进行防治；紫藤灰斑病发病初期喷洒 50％甲基硫菌灵硫悬剂 800 倍液或 40％多菌灵硫悬剂 500 倍液，隔 10 d 左右 1 次，防治 2～3 次。

紫藤常见虫害有枯叶蛾、蚜虫、紫藤潜叶细蛾、介壳虫等，紫藤潜叶细蛾危害较多。潜叶细蛾的幼虫在叶片上危害并结茧越冬，发生后要在秋后落叶时清除叶片并烧毁；成虫和幼虫生长期可喷洒 40％氧化乐果乳剂 1 000 倍液或 2.5％溴氰菊酯乳油 3 000 倍液多次，以防止虫害扩散。介壳虫也可用 40％的氧化乐果乳剂 1 000 倍液喷杀。

二、凌　霄

凌霄（*Campsis grandiflora*）别名紫葳花、陵时花、女葳花、武葳花、倒挂金钟、吊墙花等，是紫葳科凌霄花属落叶攀缘藤本（图 10-29）。凌霄枝杈间有气生根，以此攀缘他物向上生长。花期自 6 月至 9 月中下旬，花期很长，花冠漏斗状钟形，外面橙红色，内面鲜红色。蒴果细长如豆荚。

图 10-29　凌　霄
（田旭平摄）

凌霄生长旺盛，绿叶之中一簇簇橘红色的喇叭形花缀于枝头，给人热情、奔放、自由之感；凌霄花色艳丽，花形饱满，有如火如荼之势。凌霄寓意积极向上，中国古代文人墨客多有诗文吟诵。凌霄茎、叶、花均可入药，是一种集观赏和药用于一体的优良园林树种，多植于庭园中墙根、树旁、棚架、山石旁，繁花动人，绿化效果很好。

1. 产地与分布　原产我国，主要分布于长江流域及华北地区，在北京、河北、山东、河南、江苏、浙江、江西、福建、广东、广西、湖北、湖南、四川、陕西等省份均有分布，日本也有。做药材栽培的主产地在江苏、浙江、江西等省。

2. 生长习性　凌霄喜光而略耐阴，稍耐寒，对气候和土壤适应性强，耐干旱，忌积水，在盐碱瘠薄的土壤中也能正常生长；萌芽力、萌蘖力均强。在土层深厚、疏松肥沃、排水良好、背风向阳的土壤中生长最好。

3. 栽植要点

（1）栽植时间　在北方移栽凌霄宜于早春萌动前进行，南方移栽凌霄则在春秋季节均可进行。每年 3 月栽植最好，这时叶芽尚未萌动，成活率较高。小苗也可在雨季移栽，栽后注意遮阳，避免烈日暴晒，保持土壤湿润。

（2）栽植地选择　凌霄适宜栽植在背风向阳的地方，园林应用时可栽植在墙基、花架、柱旁或预先设计的地点。移栽前挖穴，穴宜适当深广。凌霄在沙土中和黏土中均能生长，积水低洼地不宜栽种。

（3）苗木选择　凌霄苗高 2 m 以上即可移栽。栽前宜选择生长健壮、枝条分布匀称、无病虫害的幼苗。

（4）栽植前修剪　首先修剪枝叶，要疏去衰老枝、细弱枝、伤残枝、病虫枝；生长期移栽要多去掉一些叶子，仅保留枝梢部分嫩叶即可。掘苗后还要对根系进行修剪，把老根、病根剪除，将伤根截面剪平，以利于愈合。

（5）起苗和运输　在北方移栽凌霄，起苗时要多带宿土；南方则可以裸根移植。远距离运输的应蘸泥浆并保湿包装。起苗后及运输过程中需注意遮阳。

（6）定植　定植前应事先挖好栽种坑，深度为 40 cm 左右，清理干净穴底杂质，栽种时可在坑底垫 5 cm 腐熟的有机肥做基肥。栽后踏实并应立支架或引杆使其攀附而上。枝条上可设置绳索牵引。

（7）栽后养护　移栽好的凌霄一定要注意遮阳，避免烈日暴晒；根部土壤可以放置草帘等以保持土壤湿润。栽好后浇一次透水，隔 3~5 d 再浇一遍，一般连浇 3~4 遍。待其叶片长出后，进入正常管理。

苗木定植后一般需进行一次较强的修剪，常在枝条近基部 10 cm 处剪截，先养好根系，以后才能抽生枝条。

由于凌霄生长较快，植株体量大，栽种前要选择坚固耐实的支架进行支撑。

4. 管理养护要点

（1）水肥管理　经常浇水，但不必太勤，每年春季需视墒情浇水，花期需水较多，要勤浇。休眠期要适当控制水分，少浇或不浇。夏季炎热干旱时要及时浇水，以免叶片发黄脱落。

生长期间要进行中耕除草，改善土壤条件，减少养分消耗。每隔两三年于秋季落叶后在根际周围开沟施一次腐熟厩肥。花前再施一次腐熟的有机肥，每次施肥后都要浇一次透水。开花前，在植株根部挖孔施腐熟有机肥，并立即灌足水，开花时会生长旺盛，开花茂密。

在养护中随着枝蔓的生长，需将茎蔓逐段牵引或绑扎在篱垣和棚架上，不使其在地面上匍匐生长。牵引、缚扎时要使枝条分布均匀，才能尽早形成景观效果。

（2）整形修剪　凌霄一般在定植后 3 年内不需要进行大修剪。为了促其生长旺盛、开花繁茂，每年早春萌芽前可疏剪掉杂乱、干枯、纤弱、重叠的枝条；进行轻度短截；理顺主侧枝，使枝叶分布均匀，使各个部位都能通风见光，有利于花繁叶茂。修剪时还可适当打头，促使其多生侧枝，增加遮阳面积。

栽后第四年开始进行入冬前和春季修剪，每株保留 4~5 根强壮的主藤，剪除过多的老藤，不宜过多地修剪 2~3 年生的藤蔓。

（3）病虫害防治　凌霄虫害主要包括蚜虫、霜天蛾、刺蛾和星天牛等。发现蚜虫危害后应及时剪除有虫卵的枝条，在越冬卵孵化高峰期喷药防治，可喷施 40％乐果 800~1 500 倍液或 50％的敌敌畏 800~1 000 倍液进行防治。2.5％敌杀死 2 500~3 000 倍液，5％啶虫脒乳油 5 000~6 000 倍液等也可。发现霜天蛾则需在冬季翻土以杀死越冬虫蛹，人工捕杀幼虫或安装杀虫灯诱杀成虫，严重时可喷施 25％灭幼脲 2 000~2 500 倍液，20％米满悬浮剂1 500~2 000 倍液等药物，防治效果较好。

凌霄主要病害有黑斑病、白粉病等。越冬期间可用 3~5 波美度的石硫合剂消灭越冬病源；发病前喷洒保护性杀菌剂，如 50％退菌特可湿性粉剂 800~1 000 倍液，75％百菌清500~600 倍液等；发病后喷洒 25％粉锈宁可湿性粉剂 2 000~3 000 倍液，或 50％多菌灵可湿性粉剂 500~600 倍液等。发病严重时每 7~10 d 喷一次，共 2~3 次。

不同药剂应交替使用，避免病菌产生抗药性。

（4）越冬防寒　凌霄幼苗期耐寒力差，北方栽植需要实行越冬保护。东北和西北的大部分地区在入冬前需在地面开挖纵沟，将凌霄枝蔓修剪整理后放入沟内，上面覆盖落叶和草帘等以保证越冬。华北地区的凌霄可以包草防寒越冬，也可培土堆或覆草。

在江北地区凌霄若植于背风向阳处，冬季就能防止枯梢。生长3～5年后的大苗在华北地区也能露地越冬，但也需要栽在背风向阳处，秋梢易受冻抽干。

三、叶子花

叶子花（*Bougainvillea glabra*）别名三角花、三角梅、九重葛、勒杜鹃或宝巾等，为紫茉莉科叶子花属常绿攀缘藤状灌木（图10-30）。椭圆形叶互生，被厚茸毛。茎长，弯曲并密生茸毛，长有针状枝刺。花黄绿色，周围有3片苞片，苞片叶状，质如彩绢，3片围合呈三角状。叶子花的苞片是主要观赏部分，其大而色彩鲜艳，有橙黄色、紫红色、白色、黄色、红色等，且持续时间很长。叶子花分为单瓣、重瓣和斑叶等品种。

图10-30　叶子花
（乔琼摄）

叶子花花繁似锦，热烈奔放，节日时常成为花坛主景。叶子花攀缘能力很强，能攀缘10余米，是园林绿化中理想的垂直绿化树种，开花后远观十分壮观，常用在花架、拱门、棚架、墙垣等处。叶子花还可用于制作盆景和桩景等，可布置于阳台、厅堂、台阶两侧等处。叶子花还可用于地面栽植，植于道路边缘、草坪中央等作为花境、花带、护坡或彩色地被植物来观赏。

1. 产地与分布　原产于南美洲的巴西、秘鲁、阿根廷等地，几乎全世界都有引种栽培。18世纪中叶从泰国、新加坡等地引入我国。现广东、云南、福建、海南等南方地区广泛应用并已成为乡土树种，是深圳、厦门、惠州等城市的市花。在华南北部以北的广大地区均只宜室内盆栽或温棚内栽培方可越冬。

2. 生长习性　叶子花为强阳性花类，喜温暖、湿润、阳光充足的环境；需水量大，忌积水；不耐寒，忌霜冻；耐贫瘠、耐碱；耐高温，较耐干热，适宜气温15～30℃；性强健，萌芽力强，耐多次修剪；抗尘埃和废气的能力强；适宜pH5.5～7.0。

3. 栽植要点

（1）栽植时间　种植期以春季最为适宜，在清明前后进行较好。温带地区需在温室内盆植，最好选择阴天17:00以后进行。

（2）栽植地选择　对土壤要求不严，宜在肥沃、疏松、排水良好的沙质土中生长。应栽植在阳光充足处。地势稍高即可。叶子花喜阳，在园林中应用时不要种在建筑的阴面、高大乔木下边等光照不足的地方，否则会少开花或者不开花。

（3）苗木选择　应选用抽枝能力强的品种，选择生长健壮、无病虫害的幼苗。幼苗要木质化程度较高，茎不要过短，根也不宜过短。

（4）栽植前修剪

① 剪枝：在保留原有冠形的基础上尽可能多地修剪掉枝叶，去掉重叠枝、徒长枝、密枝、弱枝、病枝、枯枝等。

② 摘叶：叶子也要抽稀。不仅要摘掉老叶、病叶等生长弱的叶子，还要摘掉每根枝条中下部的大部分叶片，最好只在顶端留 2～3 片叶子，其余全部打掉。

③ 剪根：根系需要重剪，剪掉粗根和老根，适当短截根尖，其余根系保留。

（5）起苗和运输　起苗时依株丛大小而定土球直径，通常挖宽 25～40 cm，深 25～30 cm。起苗后将枝条理顺盘拢，根部要装入袋中，整个植株也可用无纺布或麻袋片适度包裹。北方移栽可带土球。

（6）栽植　北方地区叶子花多用盆栽，南方温暖地区常见露地栽培。

盆栽时以富含腐殖质、疏松肥沃的沙质壤土为好，花盆需要提前浸水备用。栽前盆底先放 1/3 左右的熟土，把幼苗移入盆中，再放土并轻轻压实。

叶子花露地栽植时，首先挖好种植穴，要比植株土球直径稍深稍大，一般穴深 40 cm 以上。穴底宜放一些腐熟厩肥作为基肥，上面再放一层熟土，然后放入苗木，扶正，再加入熟土，压实，浇水；做好围堰。

（7）栽后养护　幼苗移栽后，浇透定根水，并把栽好的花盆移入温度较低的荫棚下缓苗数天。

栽老株时，不要马上浇水，可在 1 d 后浇 1 次透水。种植完成后设立支架，固定枝蔓，防止风吹倒伏。用遮阳网搭建荫棚。

4. 管理养护要点

（1）水肥管理　叶子花生长期水分必须充足，需水量较大，要浇透水，保持土壤湿润。进入花期时浇水要及时，土壤应保持湿润，水量要适宜。花期过后可适当减少浇水次数。干旱时需施叶面喷水。

叶子花生长旺期，可适当补充氮肥，可用腐熟的豆饼或有机肥等薄氮肥，每个月施两三次，以保证植株的健康生长。开花前多施磷肥，花期和花落后多施磷、钾肥，可用骨粉、草木灰等。冬季到来前露天种植的叶子花施足一次越冬肥即可。室内盆栽的叶子花在冬季需要禁肥控水，保持适合的温度和充足的光照，及时松土。

（2）整形修剪　修剪一般在春、夏季进行，8 月中旬以后不宜修剪。修剪对象为内膛枝、纤弱枝、徒长枝、交叉枝等，某些过长枝条留 1～2 个芽短剪。盆栽幼苗长至 10～15 cm 高时应及时摘心。开花后应重剪过密枝、纤细枝等，同时将所有侧枝短截。入冬以前，要对植株进行一次修剪，以提高植株的抗寒能力。

在养护中随着枝蔓的生长，需要适度轻剪并逐段进行牵引和绑扎，引导枝蔓，使枝条分布均匀合理，布满花架。根据需要也可单独进行造型。

（3）病虫害防治　叶子花易受刺蛾、白蚁、介壳虫和蚜虫等危害。蚜虫是叶子花的主要害虫，蚜虫一年中世代重叠，危害时间长，发生时喷 800～1 000 倍 40% 氧化乐果或 80% 敌敌畏乳油或用 50% 抗蚜威 2 000～2 500 倍液等进行防治，喷药浓度要控制好，多喷几次，即多次轻量。介壳虫多在光照、通风不良等高温高湿环境中发生，可用 45% 的马拉硫磷乳油 1 000 倍液喷杀，每 5 d 喷 1 次，连续 2～4 次。

常见病害有炭疽病、叶枯病、褐腐病、枯梢病、叶斑病和褐斑病等。发现褐斑病时病叶及时摘除烧毁，发病时可用 70％的代锰森锌可湿性粉剂 400 倍液，连续 2～3 次间隔喷洒来防治。炭疽病发生严重时，用托布津 800～1 000 倍液隔周喷 2～3 次即可控制。

叶子花栽培要加强苗木管理，适时浇水施肥，松土除草，及时清除枯枝、病叶，注意通气，发现虫害要进行处理。

（4）越冬防寒　北方盆栽叶子花冬季应及时放入室内，少肥少水，维持不低于 5 ℃的环境温度，否则易受冻落叶。南方地栽叶子花首先需要栽植地避风向阳，其次要根系得到很好的保护，宜于地面覆盖草垫或地膜等以保温。

第四节　观赏竹栽培

一、粉 单 竹

图 10-31　粉单竹
（王彩凤摄）

粉单竹（*Bambusa chungii*）又称为单竹、白粉竹，禾本科簕竹属单竹亚属丛生竹种（图 10-31）。秆直立，顶端微弯曲，高 5～15 m，胸径 5～7 cm，浅黄绿色至粉白色；节间幼时被白色蜡粉，无毛。秆的分枝高，以数枝乃至多枝簇生，枝彼此粗细近相等，无毛，被蜡粉，节间长，节平；叶片质地较厚，披针形乃至线状披针形，一般长 15～20 cm，宽 1.5～3.5 cm。竹类植物很少开花，花枝细长；成熟颖果卵形，长 8～9 mm。

粉单竹生长快，绿叶婆娑，高大葱翠，竹丛疏密适中，姿态挺拔秀丽，可用来营造成片竹林，或栽作围墙绿篱，或庭园景栽，都具有很好的观赏性。

1. 产地与分布　原产中国南部，分布于广东、广西、湖南、福建、海南、云南等地，是华南地区广泛栽培的优良丛生竹种。粉单竹适宜热带地区种植，在降水量 1 400 mm 以上地区分布较多，其垂直分布达海拔 500 m，但以 300 m 以下地段生长为佳。

2. 生长习性　粉单竹具有生长快、成林快、伐期短、适应性强、繁殖易等特点，无论在酸性土或石灰质土壤上均生长正常，但以温暖湿润、疏松肥沃的沙壤土最佳。粉单竹适宜在南方热带地区种植，耐寒温度约－4 ℃，北方的植物园室内也可生长。

3. 栽植要点

（1）栽植时间　2～4 月都可移栽，但以 3 月下旬至 4 月上旬的雨后最宜。

（2）栽植地选择　选择土壤酸性至中性（pH 4.5～7.0）、土层深厚、疏松肥沃、水气通透性良好、排灌方便的丘陵山脚或缓坡、河滩地种植。栽植地需全面垦复 20～30 cm 深，除去石块、树根等杂物，将表土翻底层或直接开穴，植穴规格通常为 80 cm×80 cm×60 cm 或 1 m×1 m×1 m。

（3）苗木选择　选择生长健壮、发枝低、枝叶繁茂、无病虫害、秆基芽眼饱满、须根发达的 1～3 年生的优良竹苗或母竹进行移栽。

　　（4）栽植前修剪　起苗时先将每竹丛的枝叶剪去一半，减少营养消耗。

　　（5）起苗和运输　母竹移栽应先在离母株25～30 cm的外围挖开土壤，由远到近，逐渐深挖。在靠近老竹的一侧，找出母竹秆柄与老竹秆基的连接点，然后用利凿或快刀切断秆柄，连蔸带土挖起。母竹挖起后，在竹秆1.5～2 m高处，从节间中斜向切断，砍去竹梢，形成马耳形切口。保持根系及竹蔸无损伤，多带宿土，如胸径1.5～4 cm，竹秆留枝3～4盘，长1～2 m。用湿稻草包蔸。

　　竹苗挖起后应轻拿轻放，注意通风、保温、防日晒，放在阴凉避风处，并适当淋水。后将竹蔸上的竹箨剥掉，露出笋目和隐根，可用生根粉调泥浆蘸根，以促进生根。

　　如远距离搬运，需用包装，可将5～10丛绑成一捆，头部用湿润稻草或其他材料包扎，套上编织袋。运输途中要覆盖，并及时洒水。

　　（6）栽植　栽植穴中需施有机肥或复合肥，深翻入土，搅拌均匀。母竹轻拿轻放，蔸土密接。将母竹竹秆与地面呈45°～60°斜植于穴中，基部芽眼水平朝向两旁，马耳形切口向下以便接存雨水，或灌以泥浆防止竹秆干枯。调正母竹位置后要分层填土，适当提苗，使根系与土壤紧密接触，压实，覆土以母竹入土深30 cm为宜。

　　竹苗移栽时将竹蔸平放，竹秆与地面呈45°～60°。基部芽眼水平朝向两旁，竹蔸部覆土时要与细土紧密结合，适当提苗，再覆第二次表土，踏实，再覆心土，直至穴面呈弧形，栽植深度以刚露出竹枝的一个节为准。

　　移母竹造林株行距4 m×4 m，竹苗造林株行距3 m×4 m，园林中栽植可采用的株行距如下：径粗2～3 cm，高2～3 m，每丛3～12株，种植距离2～3 m；径粗3～4 cm，高3～4 m，每丛3～12株，种植距离2～3 m；径粗5～6 cm，高3～4 m，每丛3～12株，种植距离3～4 m；径粗6 cm以上，高4～6 m，每丛3～12株，种植距离4～6 m；全梢种植，径粗2～6 cm，高4～8 m，每丛6～12株。

　　（7）栽后养护　移栽之后的粉单竹要浇足水，保持土壤湿润，但不可积水。

4. 管理养护要点

　　（1）水肥管理　新栽幼竹根系尚不发达，应及时除去杂草，覆盖保湿，防旱保苗。2月、10月除草、松土。施肥应根据长势、天气、土壤干湿度的情况，以有机肥为主，化肥为辅，结合除草、培土，于外围开环状沟施草木灰、腐熟粪肥等，施后覆土。

　　竹林郁闭后，每年2～3月清除杂草，灌水1次。需及时砍除竹林中争夺养分的杂草灌木。竹笋出土后易受到自然因素和人畜活动的影响，要注意防止人畜破坏，防治病虫害和堆土育竹。冬季休眠期可进行松土，6～9月可中耕除草。

　　（2）整形修剪　为保证竹林的正常发育，需合理调整竹林结构，主要包括合理采伐、正确疏笋和护笋养竹等。留笋要选择3月下旬及4月上旬出土的粗壮竹笋留养，对弱小的、过密的及后期出土的竹笋要及时疏除。要适时淘汰老龄竹，根据造景需要来选择，一般选择3～4年以上老竹于冬季伐去，砍伐时要贴地斜砍，斩烂竹蔸。

　　（3）病虫害防治　粉单竹常见虫害有竹象鼻虫、黄脊竹蝗、竹织叶野螟等。竹象鼻虫的防治首先要在冬季松土，其次6月、7月人工捕捉成虫，用刀挖出虫卵和幼虫。幼虫蛀食竹笋，可用胃毒剂如敌百虫、杀虫双等搅拌木薯粉，涂抹于笋尖，每笋涂抹3次。粉单竹常见病害有锈病、枯梢病、笋腐病、竹丛枝病、竹黑粉病等，应及时清除病原，将带病的竹梢、竹株或竹笋砍除烧毁，清洁竹林，加以防治。锈病严重的可用1波美度石硫合剂或敌锈纳

100～150 倍液喷施防治；枯梢病、笋腐病可用 1％的波尔多液每 10～15 d 喷施一次。

二、刚　竹

刚竹（*Phyllostachs viridis*）又名胖竹、柄竹、台竹、光竹等，是禾本科刚竹属多年生竹种（图 10 - 32）。秆高 10～15 m、径 4～10 cm，节间圆筒形，新秆绿色无毛、微被白粉。每小枝有 2～6 片叶，披针形，长 6～16 cm，宽 1～2.2 cm，叶片夏、秋翠绿色，冬季变黄色，笋期 5 月。刚竹秆高挺秀，枝叶翠绿，在园林中适合用作竹林、道路两旁，建筑前后，有幽静雅致的美感；古典园林中经常与假山石搭配成为庭院主景；与松、梅搭配种植，形成"岁寒三友"之景。

图 10 - 32　刚　竹
（乔琼摄）

常见变种有槽里黄刚竹、黄皮刚竹等，观赏价值很高。

1. 产地与分布　原产于我国，黄河至长江流域及福建均有分布，江苏、浙江尤其多。美国、法国也有栽培。在平原、河滩、山坡、沿海轻度盐碱地上均生长良好，土壤深厚肥沃的地方最佳。

2. 生长习性　刚竹抗性强，适应酸性土至中性土，pH8.5 左右的碱性土及含盐 0.1％的轻盐土亦能生长，但忌排水不良。能耐 -18 ℃的低温。

3. 栽植要点

（1）栽植时间　每年的秋后到初春都可进行移竹栽培。早春 2～3 月最好。

（2）栽植地选择　要求选择疏松肥沃、微酸至中性、背风向阳、坡度平缓、透气保水性好、光照充足的乌沙土或沙质土。房前屋后、河滩、山脚缓坡和沿河两岸空地均可种植。

（3）苗木选择　多采用移竹绿化。选择 2～3 年生、分枝较低、枝叶繁茂、节间均匀、无病虫害的刚竹母竹。母竹直径以 1～3 cm 为宜。

也可移鞭造林，取 2～3 年生的竹鞭，鞭色淡黄，根系健全，侧芽饱满的竹鞭。

（4）栽植前修剪　移竹绿化时，如果母竹一丛之中株数太多，则需要修剪以疏去一些生长弱的植株，留 3～5 株即可。此外还可将每株竹秆上各节的次枝及主秆上着地一面的侧枝剪去，侧枝 2～3 节短截，剥去顶梢。

（5）起苗和运输　移竹绿化，在母竹根基附近 15 cm 处挖圈，顺竹鞭方向挖取，连蔸挖掘，留来鞭 30 cm 左右，去鞭 30～40 cm，带土 10～15 kg，留枝 4～5 盘。挖母竹时，可将 3～5 株一起挖为一丛母竹，栽植效果更好。也可在母竹基部离地 16～30 cm 处截干。起苗时不要用力摇晃竹秆，以保护竹鞭、笋芽不受伤害，防止宿土震落。移鞭绿化，竹鞭切口要齐，留根要多，多带宿土，取竹鞭长度 0.6～1 m。

母竹丛或者竹鞭采集好后，应尽快栽植。就近栽植无需包扎；远途运输，应连鞭根带土用稻草、蒲包、麻袋等一起包牢扎紧，以防失水干燥，搬运过程中要保持竹秆直立。运输时间越短越好，途中要覆盖或对母竹竹枝经常喷水，保持湿润，以减少蒸发。

（6）栽植　母竹移栽，以穴状整地为主，穴深 30～40 cm，坡地栽植时穴长方向宜与等高线平行。整地后的穴内先用表土垫底，解去包扎物，将母竹平埋，鞭根舒展，地上部分倾斜 15° 左右。在竹根周围施适量有机肥后分层填土，逐层踩实，适当灌压根水，再覆土，覆土深度比母竹原来入土部分稍深 3～5 cm。

竹鞭移栽时，每穴可栽两条竹鞭，穴底先垫表土，竹鞭平放，覆土压实，覆土略高于地面，上面覆盖稻草，周围开排水沟。

（7）栽后养护　栽好后，用稻草等覆盖于母竹周围，减少蒸发，植后前 3 d 要充分浇水。大竹栽植下去，要有支撑。

4. 管理养护要点

（1）水肥管理　刚竹在 2 月下旬浇春水，苗展叶前应根据天气状况及时浇水，展叶后、出笋期不能缺水，5～6 月浇足拔节水，雨季视土壤湿度给予补水，孕笋期应保证土壤湿度。11～12 月冻水要浇足、浇透。冬季过于干旱时可适当喷水。保持土壤湿润，注意通风。

竹林应以施有机肥为主，烂草、落叶都可用以改良土壤结构。出笋期、拔节期、行鞭育笋期应每月施 1 次复合肥。每年秋季结合施肥适量培土。

（2）整形修剪　竹林过密应适当间伐或间移，剪密留稀、剪小留大，使留竹分布均匀。间伐修剪应在晚秋或冬季进行。南方北方间伐多保留 3～5 年生以下立竹，去除 6～7 年以上，尤其是 10 年生以上老竹。要及时清除枯死竹秆和枝条，砍除病竹和倒伏竹。每 3～5 年应深翻、断鞭。园林中的竹林要注意将地下部分与外界隔离。

（3）病虫害防治　刚竹的虫害主要有竹象虫、竹螟、竹笋夜蛾、蚜虫等。首先要合理间伐，松土抚育，去死鞭老根；其次针对不同病虫采取相应的防治手段，如竹象虫可在每年 4 月人工捕杀成虫，竹螟防治要清除杂草，冻死越冬幼虫或 5 月用灯诱杀成虫、药剂防治等手段。

病害有赤团子病、竹丛枝病、紫斑病、茎腐病等，凡已发病的刚竹砍伐烧毁效果最好。发病的刚竹也可针对病原用药剂防治，紫斑病孢子期喷多菌灵等农药可防止扩散；茎腐病用 50% 托布津 100 倍液和 50% 萎锈灵 30 倍液可抑制。

（4）越冬防寒　新植竹子，成活 2～3 年，地上地下部分尚未发育充分成熟，在冬、春北方干风季节应采用风障、覆膜、搭保温棚等手段进行防寒；结合覆盖杂草、树叶、地膜等减小冻土层深度，保护竹鞭越冬。浇灌冻水也是防寒的必要措施。

过密过旺的竹林应于 11 月适当钩梢，防范压雪及早春冰凌危害。未钩梢的密竹林，在降雪后要及时抖掉竹冠积雪。

三、阔叶箬竹

阔叶箬竹（*Indocalamus latifolius*），禾本科竹亚科箬竹属混生型竹种（图 10-33）。灌木状，通直，株高约 1 m，竹秆每节 1～3 分枝，节间长约 25 cm。小枝具叶 1～3 片，叶片披针形，叶大，长 10～30 cm，宽 2～5 cm，长椭圆形，表面无毛，背面灰白色，略生微毛，叶缘粗糙。

阔叶箬竹植株低矮，竹秆丛生密集，叶阔大翠绿，姿态雅丽，是园林中常见的地被植物，适宜于林缘、山崖、台坡和园路石阶两侧群植，景色自然。倾斜坡地种植阔叶箬竹可防止水土流失。阔叶箬竹还可以作为下层植物而与其他树种共同形成结构丰富的复层绿化群落。

图 10-33 阔叶箬竹
（乔琼摄）

1. 产地与分布　阔叶箬竹原产于华东、华中、陕西秦岭等地，现在山东、北京及以南地区有栽培。生于山坡、河谷、疏林下。

2. 生长习性　阔叶箬竹适应性强，喜光、喜湿、耐旱，对土壤要求不严，在轻度盐碱土中也能正常生长，具有一定的耐阴能力，园林中可在林下栽植，生长良好。较耐寒，能耐－14℃的低温。有较强的抗二氧化硫能力。

3. 栽植要点

（1）栽植时间　11月至翌年3月都可栽植，南方2月、北方3月最佳。南方梅雨季节可移栽。

（2）栽植地选择　阔叶箬竹最好栽培在土层深厚肥沃、疏松透气、气候湿润、排水良好的沙壤土上，土壤 pH 以 4～7 为宜。园林中多用作地被植于疏林下，但是郁闭度要小于 0.7，才能保证足够的光照。由于阔叶箬竹低矮茂密，园林中的河边护岸也可大量栽植。

（3）苗木选择　母竹移栽要选择生长旺盛、分枝节位低、枝叶茂盛、无病虫害的竹株；竹鞭移栽则要选择外表鲜嫩、鞭芽饱满新鲜的类型。若从苗圃地中选择竹苗，要选择粗壮、高大、鞭根发达的竹株。母竹移植苗常选 1～2 年生，平均胸径 4 mm，每苑 2～4 株，竹鞭不少于 4～5 个节，鞭芽饱满，鞭根健全的植株。

（4）起苗前修剪　母竹移栽前，要适当修剪母竹的下部枝叶和过密枝叶，特别细小的或者老枝、长势弱的枝条也要剪掉，以减少水分蒸发，提高种植成活率。

（5）起苗和运输　一般成丛挖取母竹。将竹苗成丛挖起后，根据竹丛大小和好坏，从基部分成 3～5 株一丛。挖起母竹后，应剪去竹苗枝叶的 1/2 左右，去掉竹梢。注意挖苗时勿伤鞭芽、鞭根，多带宿土，土球直径不小于 25 cm。

长途运输竹苗土球需用草绳、蒲包包扎，运输时要用篷布遮盖，中途要洒水，上下车要轻搬轻放。

（6）栽植　挖穴时根据竹鞭长度把穴挖为长条形，树穴大小一般为土球的 2～3 倍，表土和底土分开放置。树穴间距多为 40 cm×100 cm，树穴底部均匀施一薄层有机肥，后回填一些表土。栽植时先解除包扎，可用生长素处理根部，竹苗入穴，不要太深。将鞭根理顺舒展，填入肥土，埋土至竹苗原土部分时踩实，浇定苑水。

（7）栽后养护　新栽竹要及时浇水保湿，过于干燥时可进行叶面喷水。

4. 管理养护要点

（1）水肥管理　春季浇足催笋水，夏季浇足拔节水，冬季1月浇孕笋水。雨季应挖排水沟渠，及时排出积水，保持土壤通透，北方栽植阔叶箬竹每年应施肥 3 次，分别在 2～3 月、5～7 月、10～11 月，可以施一些腐熟厩肥，也可施用化肥和有机肥，施肥后及时浇水。

当年生长出的新竹要加以保护，发现露根露鞭要及时培土覆盖。勤于除草松土，以每年 2 次为宜，分别是 3 月、4 月和 8 月、9 月，松土不要太深，以 10 cm 左右为宜。

（2）整形修剪　幼林新竹在抽枝后展叶前，剪去部分竹梢，去掉顶端优势。新造竹林出笋后，应尽早疏去弱笋、小笋和退笋，保留 2～3 个健壮竹笋即可。

及时清除不健康的病叶、小叶、虫叶、畸形叶等，拔掉细弱株、畸形株、病株、虫株、风倒株、雪压株等。

每年秋冬季进行适当间伐抚育，去小留大，去老留幼，去弱留强，去密留疏。

（3）病虫害防治　主要病害有竹丛枝病、竹秆锈病；常见的害虫有蚜虫、叶螨等。管理上以预防为主，综合防治；及时清除病虫枝，合理砍伐，使林内通风透光；合理进行水肥管理，促进竹林生长旺盛；大面积发生时喷药防治。

（4）越冬防寒　冬季如有雪压、冰挂、风倒等危害，要及时清除积雪。北方冬季较为寒冷，可在地面覆盖柴草等保暖物，以利于笋芽分化和保暖越冬。

四、早园竹

早园竹（*Phyllostachys propinqua*）又名沙竹、信阳耗竹、早竹、雷竹、燕竹，属禾本科刚竹属单轴散生型竹种（图 10-34）。高度可达 9～10 m，秆茎粗 4～5 cm。节间短而均匀，节间在分枝有凹槽，每节具 2 分枝。笋期 3 月下旬至 4 月上旬。早园竹秆高叶茂，生长强壮，四季常青，秀丽挺拔。

1. 产地与分布　早园竹原产中国，主要分布在长江、黄河中下游的江苏、浙江、河南、安徽以及广西等省份，在北京、河南、山西、河北等地也有栽培，是华北地区园林中栽培观赏的主要竹种之一。美国也有栽培。

2. 生长习性　早园竹秆高叶茂，生长迅速，抗寒性强，能耐短期−20 ℃的低温；适应性强，对土壤要求不严，沙壤土、壤土、轻碱地、黏壤土和黏土均能适应，喜土层深厚、土壤肥沃、疏松透气、排水良好的微酸性或中性的沙质壤土；喜光，喜湿润，忌积水。在年平均气温 15.3 ℃、年降水量 1 400 mm 的地区生长良好。鞭根系发达，生长迅速。

图 10-34　早园竹
（乔琼摄）

3. 栽植要点

（1）栽植时间　早园竹造林时间很长，每年除伏天和冰冻季节都可种植，南方以 9 月、10 月和 2 月、5 月、6 月为最好，华北地区以 3 月中下旬至 4 月中下旬为宜，过早、过晚均不易成活。

（2）栽植地选择　栽植地点一般选择背风向阳、光照充足的地方，如假山、土坡的阳面。土层深厚在 50 cm 以上，土壤 pH 4.5～7，地下水位在 1 m 以下为宜。丘陵地区应选择背风向阳的缓坡山地，排水方便、土壤疏松的地方。在大树下或建筑物背阴处多生长不良。

（3）苗木选择　选一二年生生长旺盛、分枝较低、枝叶繁茂、无病虫害的竹苗作为母竹。母竹的胸径为 2～3 cm，过大或过小都不适宜。

（4）栽植前修剪　南方移栽前只需斩梢留枝即可，华北地区需将地上部分的竹秆留 1/3。较大的竹丛需要分蔸时，要用利刀劈开，以每丛 2～3 株小竹为宜。

（5）起苗和运输　挖母竹时，如果土壤较干，应提前 2～3 d 浇透水，使母竹多带宿土。选好母竹后，确定母竹竹鞭分布方向，按来鞭 15 cm、去鞭 30 cm 挖取母竹。挖时不要摇晃竹秆。起长、宽、高分别为 40 cm、40 cm、50 cm 的竹坨，内有 3～6 棵竹子。土球直径不可小于 20 cm，力求竹鞭不脱土。不要分成单株，不要损伤竹鞭，几棵苗一起挖，土球大，毛细根多，易成活。挖起后立即斩梢，切口要平，呈 45°角。

母竹就近栽植，可不用包装，但要防止宿土散落。如长途运输，一定要用草绳、蒲包将土球包严，用草绳捆扎结实，浇足水，立即装运。搬运时不能用手提竹秆，不能拖、压、摔土球。装卸车时尽量慢起轻放，运输途中尽量缩短时间，并做好遮盖、喷水工作。竹子到场后要立即种植，种不完的应放在阴凉避风处，或用遮阳网覆盖，防止阳光直射。定时喷水，防止枝叶、根芽失水干枯。

（6）栽植　种植穴按品字形排列，按株行距各 1 m 的要求定位。一般种植穴规格为 60 cm×60 cm×40 cm，栽植前要先进行整地。早园竹宜浅栽不可深栽，放母竹时使根盘的表面比种植穴面低 5 cm 左右，栽植时竹鞭放平，自然舒展，先填表土后填粪肥混合土，自下而上分层踏实，轻轻提苗。在填土时，要扶着竹子使竹秆保持直立，然后把土踩实。

（7）栽后养护　植后应马上浇头水，3 d 后浇第二遍水，再过 5 d 后浇第三遍水。竹叶很易失水干枯，必要时可实行叶面喷水以保湿，喷水一般宜在早晨或傍晚进行。视土壤情况适时浇水，保持土壤湿润。雨天要及时排除积水。为了防止风吹或者浇水等原因造成竹子的倾斜或倒伏，可安装一些支架以固定。

4. 管理养护要点

（1）水肥管理　早园竹喜湿润环境，也较耐干旱，春季浇 1 次返青水，要浇透。出笋前要浇足催笋水，同时可以施尿素肥，10 d 1 次，施 2 次。5～6 月要浇拔节水，11 月至 12 月上旬要浇孕笋水，冬季需浇 1 次封冻水，其他时节非干旱不需浇水，夏天雨季应及时排除积水。

早园竹喜肥，在园林栽培中，通常要在每年 11～12 月施 1 次有机肥，每公顷施用量 37.5 t 左右。竹落叶不要随意清运，在园地中以自然覆盖、腐化为肥料为好。

（2）整形修剪　修剪早园竹应在出笋期前完成，主要剪除干死枝、老弱枝、折损枝、开花枝。此外每年还需去老留新，结合翻耕松土将老竹连竹蔸一起挖除，开花植株及所连竹鞭也应挖除。早园竹受风吹雪压易折断，常用钩梢方法截去竹梢，钩梢一般在 6 月进行。

竹林出笋期结束后还需要进行疏笋工作。

（3）病虫害防治　早园竹的虫害主要有蚜虫、白尾安粉蚧、广食褐软蚧、竹织叶野螟、竹青虫、竹笋夜蛾、竹卷叶螟等，可通过人工捕捉幼虫、茧、蛹，清除杂草等措施防治。初冬喷洒 3～5 波美度石硫合剂可预防竹纵斑蚜发生，发生初期在叶背喷洒 10% 吡虫啉可湿性颗粒 2 000 倍液或 1.2％苦烟乳油 1 000 倍液进行防治。白尾安粉蚧发生可喷洒 95％蚧螨灵乳剂 400 倍液或 20％速蚧克乳油 1 000 倍液进行防治。竹织叶野螟发生时可在幼虫期喷施灭幼脲悬浮剂 1 000 倍液或 40％乐斯本 1 500 倍液进行防治。

常见病害有竹煤污病、竹丛枝病等，应加强竹林抚育管理，发现病株要及早清除、烧毁。竹秆锈病发生可于初夏和秋末各喷施一次 1 波美度石硫合剂或粉锈宁 800～1 000 倍液；竹煤污病发病时喷洒 25％苯菌灵乳油 800 倍液、50％甲基硫菌灵或硫悬剂 800 倍液进行防治。

对笋期危害较大的是兽害，主要有鼠、野兔等，可设置保护网，投放鼠药或人工看护。在公园游览区，出笋期应封林育竹，禁止游人进入竹林。

（4）越冬防寒　新植竹子为确保安全越冬，北方地区入冬前要在竹子的西北方向搭设风障，2～3 年后可拆除。

在北方地区，需加强越冬保护。除栽于庭院外，需搭设防风、防寒屏障。合理钩梢，及时砍老竹，如遇大雪需及时打掉竹叶上的残雪。竹根培土或用稻草、竹叶等覆盖地面，提高地温，密闭防寒。

复习思考题

1. 雪松、樱花和香樟栽植的关键技术有哪些？
2. 分别简述油松、锦带花、石榴和杜鹃花栽后水肥管理的技术要点。
3. 分别简述桂花、月季、垂丝海棠、叶子花和阔叶箬竹整形修剪技术要点。
4. 简述棕榈移栽的特点与主要技术。
5. 山茶的栽植和水肥管理的要点有哪些？
6. 紫薇的栽植和整形修剪技术要点有哪些？
7. 紫藤、牡丹和刚竹的栽植要点有哪些？
8. 试述凌霄越冬防寒的技术要点。
9. 粉单竹的起苗与运输要点有哪些？
10. 试述北方地区早园竹安全越冬的栽培技术手段。

附　　录

附录 1　上海市新建住宅环境绿化建设导则（节选）

本导则中的居住区绿地类型依据建设部绿地分类标准中的 G 121、G 41，主要有居住区公园和居住区中的组团绿地、宅旁绿地、配套公建绿地、小区道路绿地。

第一节　施工导则

居住区绿地施工与一般绿化工程施工有相同亦有不同，不同之处在于居住区绿化是营造美观、温馨、舒适、健康、节能的环境空间，强调的是户外空间健康舒适。

一、施工前期准备

1. 熟悉设计　了解掌握工程的相关资料，熟悉设计的指导思想、设计意图、设计的质量要求、设计的技术交底。

2. 现场勘察　组织有关施工人员到现场勘察，主要内容包括：现场周围环境、施工条件、电源、水源、土源、道路交通、堆料场地、生活设施位置以及市政、电信应配合的部门和定点放线的依据。

3. 制订施工方案　针对本工程项目制订施工方案，施工方案的编制应包括以下内容：①工程概况；②施工方法；③编制施工程序；④安排进度计划；⑤编写施工组织；⑥制定安全措施、技术规范、质量标准；⑦施工现场平面布置图；⑧施工方案各种附表。

4. 编制施工预算　根据设计概算、工程定额和现场施工条件、采取的施工方法等综合因素编制。

5. 重点材料准备　特殊需要的苗木、材料，事先了解来源、质量、价格和供应情况。

6. 相关资料准备　事先与市政、电信、公用、交通等有关单位协调联系，并办理相关手续。

二、施工定点放样

根据项目规模和放样内容确定运用仪器法、网格法、交汇法定点放样。

定点顺序为控制点的确定、道路地坪范围的确定、水体界面的确定、建筑小品位置的确定、地下管线走向的确定、绿化种植位置的确定。

三、场地整理工程

1. 保护好原有景观　根据设计保存好原有良好的环境资源，如大树、水体及其他景观。

2. 建筑垃圾土的清运　根据设计定位图计算建筑垃圾土内部调运的范围及数量和外运的范围及数量，并确定好交通流程操作线路。

3. 表土保存和利用　保存好质地优良的疏松表土，集中堆放保存，回土时充分利用。

4. 绿化种植上的搬入　根据施工图，算出挖方量、填方量、下沉量，并确认搬入土方的总量。根据地形图，确认搬入土方的分配位置和分配数量并确定交通流程操作线路，同时决定土方施工机种和投入台数。根据土壤质地情况，研究改良土壤和采用客土措施，完成土方地形的营造。

四、植物种植工程

1. 植物材料选购　按设计要求选择植物材料种类、规格及形态。

2. 种植穴挖掘　根据设计定位图挖掘乔、灌木的种植穴，若遇地下管线和地下设施或有障碍物影响，应及时与设计人员联系，适当调整。种植穴应根据苗木根系、土球直径和土壤情况而定，一般应比规定的根系或土球直径大 0.2~0.3 m。种植穴需垂直下挖，上口下底相等，以免造成植树时根系不能舒展或填土不实。土质不好的，应加大种植穴的规格，并将杂物筛出清查，如遇石灰渣、沥青、混凝土等对树木生长不利的物质，则应将穴径加大 1~2 倍，将有害物清运干净，换上好土。

3. 苗木运输　运输要遵循"随挖随运"的原则，在装卸过程中要轻提轻放，裸根乔木运输，应保持根系的湿润，并用毡布遮盖。树根朝前，树梢向后。带土球苗木运输，土球朝前，树梢向后，并用木架将树冠架稳。竹类运输时要保护好竹秆与竹鞭之间的着生点和鞭芽。当日不能种植的苗木，应及时假植，对带土球苗木应适当喷水保持土球湿润。

4. 种植修剪　对拟种乔、灌木根系应剪除劈裂根、病虫根、过长根。种植前对乔木的树冠应根据不同种类、不同季节适量修剪，一般为疏枝、短截、摘叶，总体应以保持地上部分和地下部分水分代谢平衡为主。对灌木的蓬冠修剪以短截修剪为主，保持内高外低，较大的剪、锯之伤口，应涂抹防腐剂。

5. 苗木种植　苗木种植的平面位置和高程必须符合设计规定，树身上下应垂直。种植深度，裸根乔木应将原根颈土痕与原土平，灌木应与原土痕齐，带土球苗木比土球顶部高出原土。较大苗木为了防止被风吹倒，应立支柱支撑。苗木栽好后，在原树坑的外缘部砌地埝，第一遍水要浇透，使土壤与根系紧密结合，第一遍水渗入后，发现树苗有歪倒现象应及时扶直，并用细土将灌水埝内填平。

第二节　养护导则

一、园林植物景观养护管理技术措施及要求

（一）修剪

（1）乔木主要修除徒长枝、病虫枝、交叉枝、并生枝、下垂枝、扭伤枝及枯枝和烂头。主轴明显的乔木，修剪时应注意保护中央领导枝。

（2）灌木的修剪应遵循"先上后下，先内后外，去弱留强，去老留新"的原则。修剪应

使树形内高外低，形成自然丰富的圆头形或半圆形树形。

（3）绿篱修剪应使绿篱轮廓清楚、线条整齐，顶面、侧面平整柔和。每年修剪不少于 2 次。

（4）宿根地被萌芽前应剪除上年残留枯枝、枯叶，同时及时剪除多余萌蘖，花谢后应及时剪除残花、残枝和枯叶。

（5）草本花卉花后要及时剪除枯萎的花蒂和黄叶及残枝。

（6）草坪的修剪应适时进行，修剪要平整，使草的高度一致。边角无遗漏，路边和树根边的草要修剪整齐。

（7）竹类的间伐修剪宜在晚秋或冬季进行。间伐以保留 4～5 年生以下的新竹。

（8）行道树的修剪主干高度控制在 3.2 m，树冠圆整，分枝均衡，树冠与架空线、庭院灯、变压设备保持足够的安全距离。

（9）吸附类藤本，应在生长季剪去未能吸附墙体而下垂的枝条，生长于棚架的藤本，落叶后应疏剪过密枝条，清除枯死枝，成年和老年藤本应常疏枝，并适当进行回缩修剪。

（二）灌溉

（1）灌溉前应先松土，夏季灌溉宜在早、晚进行，冬季灌溉宜在中午进行。灌溉要一次浇透，尤其是春、夏季节。

（2）用水车浇灌树木时，应接软管，进行缓流浇灌，保证一次浇足浇透。严禁用高压水流浇灌树木，即最好采取小水灌透的原则。

（3）在使用再生水浇灌时，水质必须符合园林植物灌溉水质的要求。

（4）灌水堰一般应开在树冠垂直投影范围内，不要开得太深，以免伤根。堰壁培土要结实，以免被水冲塌，堰底地面平坦，保证渗水均匀。

（三）排水

（1）在绿地和树坛地势低洼处，平时要防止积水，雨季要做好防涝工作。

（2）在雨季可采用开沟、埋管、打孔等排水措施及时对绿地和树坛排水，防止植物因涝而死。

（3）绿地和树坛内积水不得超过 24 h。

（四）中耕除草

（1）乔木、灌木下的大型野草必须铲除，特别对树木危害严重的各类藤蔓。

（2）树木根部附近的土壤要保持疏松，易板结的土壤，在蒸腾旺季每月松土一次。

（3）中耕除草应选在晴朗或初晴天气、土壤不过分潮湿的时候进行，中耕深度以不影响根系生长为限。

（五）施肥

（1）树木休眠期和栽植前，需施基肥，树木生长期施追肥。

（2）施肥量应根据树种、树龄、生长期和肥源以及土壤理化性状等条件而定，树木青壮年期及观花观果植物，应适当增加施肥量。

（3）施肥的种类视树种、生长期及观赏等不同的要求而定。早期预扩大冠幅，宜施氮肥，观花、观果树种应增施磷、钾肥，逐步推广应用复合肥料。

（4）施肥应以施腐熟的有机肥为主，施肥宜在晴天进行，除根外施肥，肥料不得触及树叶。

（六）更新调整

（1）在居住区绿地中，视园林植物的生长状况逐年及时做好更新调整。

（2）主要景点的乔灌木应保证有一定的生长空间，一旦过密每年应适时抽稀，大规格的苗木调整按规范办理报批手续。

（3）对绿地中枯朽、衰老、严重倾斜、对人和物体构成危险的，以及供电、市政工程需要的植物做适当更新调整。

（4）更新调整时，对周围的其他树木要做好保护防护措施。

（七）有害生物控制

（1）贯彻"预防为主，综合治理"的防治方针，充分利用园林植被的多样化来保护和增殖天敌，抑制病虫危害。

（2）做好园林植物病虫害的预测、预防工作，制订长期和短期的防治计划。

（3）及时清理带病虫的落叶、杂草等，消灭病源、虫源，防止病虫扩散、蔓延。

（4）严禁使用剧毒化学药剂和有机氯、有机汞，化学农药应按有关操作规定执行。

（八）防寒

（1）加强肥水管理，在冬季土壤易冻结的地区，灌足封冻水，形成冻土层，以维持根部一定低温的恒定。

（2）合理安排修剪时期和修剪量，使树木枝条充分木质化，提高抗寒能力。

（3）对不耐寒的树种和树势较弱的植株应分别采取不同的防寒措施。

二、园林土壤改良的技术措施及要求

（一）换土

（1）若土壤内瓦砾含量较多，可将大瓦砾拣出，并加一定量的土壤。

（2）土壤质地过黏、透气、排水不良的可加入砾土，并多施厩肥、堆肥等有机肥。

（3）土壤中含沥青物质太多，则应全部更换成适合植物生长的土壤。

（二）透气

（1）设置围栏等防护措施，如栏杆、篱笆、绿篱等，避免人踩车轧而使土壤板结，透气性差。

（2）改善树穴环境，采用渗水透气结构的铺装形式，有利于土壤透气和降水下渗，以增加土壤水分的存储量。

（3）行道树树穴覆盖，可在树穴内铺垫一层坚果硬壳，或卵石、石砾，不仅能承受人踩的压力，还有保温、通气、保护土壤表层免受风吹与雨水冲刷的直接作用。

（三）熟化

将植物残落物重新还给土壤，通过微生物的分解作用，腐殖熟化土壤，不仅增加了土壤中的养分，还改善土壤的物理性状。

（四）排水

在土壤过于黏重而易积水的土层，可挖窨井或盲沟，窨井内填充砾石或粗沙。盲沟靠近树干的一头，以接到松土层又不伤害主根为准，另一头与暗井或附近的透水层接通，沟心填进卵石、砖头，四周填上粗沙、碎石等。

第三节 配套表格

表附-1 园林树木景观元素特征

景观元素名称	景观元素特征
树林	以乔木为主体,适量配置灌木、地被或草坪或单纯组合的较大面积成块的栽植形式。数量一般在30株以上
树丛	由同种类或不同种类的乔、灌木组合而成,体现植物单体和群体组合美的栽植形式,数量一般为2~30株
孤植	单株乔木或灌木,树姿美观,独立成景的栽植形式
行道树	大乔木在道路两侧成行栽植,排列整齐,规格统一,株距相等的栽植形式
树阵	在地坪、广场上树木成行成排,整齐划一的栽植形式

表附-2 上海居住环境保健树木

名称	药效	名称	药效
苏铁	养肺、胃	牡丹	清热、和血、消瘀
银杏	润肺、养心、缩小便、治牛皮癣	小檗	清热解毒、杀菌消炎
雪松	祛风止血、润肺	十大功劳	清凉、解毒、强壮之效
柳杉	治癣疮	阔叶十大功劳	清热解毒、消肿、止泻、治肺结核
龙柏	安神调气、镇痛	南天竹	镇咳、消炎解毒、强筋活络
桧柏	安神调气、镇痛	木兰	清脑、通窍、止痛、治头痛
罗汉松	活血止痛	白玉兰	湿散风寒、清脑
粗榧	防癌	厚朴	理气、燥湿、治腹胀
三尖杉	防癌	含笑	清热解毒、行气化浊
红豆杉	防癌	深山含笑	清热解毒
杨属	对心、肝、肺有益	鹅掌楸	治风湿症、肌肉萎缩
杨梅	和胃消食、理气、止血、化瘀	美国鹅掌楸	有驱虫、散热之效
枫杨	治慢性气管炎、关节炎、皮炎、湿疹	蜡梅	止咳平喘
麻栎	止泻、消乳肿	香樟	温中散寒、祛风行气
白榆	利尿、消肿	月桂	清脑安神
榔榆	消肿、治疖肿	溲疏	止遗溺、利尿、清胃中热
榉	消热、利尿	八仙花	抗疟疾、心热惊悸
朴树	治腰痛	枫香	祛风除湿、通经活络、止血、止痛
桑	祛风清热、补肝、益肾	杜仲	补肝肾、治腰膝痛、治高血压
构树	滋肾、清胆、明目	绣线菊	治跌打损伤、关节痛、刀伤
柘树	滋肾、舒筋	火棘	健脾消积、活血
无花果	健胃、清肠、消肿、解毒、防癌	山楂	健胃、消积化滞、舒气散瘀

（续）

名称	药效	名称	药效
薜荔	根茎叶果均可入药。活血通络、消肿解毒	枇杷	化痰止咳、润肺、和胃降气
山麻杆	解毒、杀虫、止痛	石楠	利尿、解热、镇痛
紫金牛	镇咳、祛痰、活血利尿、解毒	贴梗海棠	舒筋活络、镇痛消肿、治风湿性关节病
木瓜	解酒、去痰、顺气、止痢	白皮松	镇咳、祛痰、消炎、平喘
平枝栒子	消热、除湿、止血	楝树	除湿止痛，治胃痛、腹痛
棣棠	行气利水、祛风止咳、调经、止咳不止	香椿	抗菌收敛，治胃出血、直肠出血
豆梨	解闹羊花中毒、藜芦中毒	黄连木	治风湿疮
梅	平肝理气、活血化瘀、敛肺涩肠	盐肤木	治肺虚咳嗽、黄疸、腰膝酸痛
桃	消肿、治腹水、敛汗止血、治盗汗	枸骨	治肺痨潮热咯血、耳鸣，补肝
樱桃	治冻疮、疹发不出、毒蛇咬伤	卫矛	祛风化湿、通经活血
月季	活血、调经、消肿、治肺痨咳血	丝棉木	祛风湿、补腰肾
野蔷薇	行气和胃、活血，治半身瘫痪	七叶树	治胃痛、理气
玫瑰	理气行血，治肝胃气痛、乳痈肿毒	无患子	散气止痛、化痰止咳、治急性肠胃炎
合欢	安神、活血、消肿止痛、治失眠	枣	平肝、治脾肺虚弱
云实	祛风寒、化湿热、治疟疾、治风湿性关节痛	爬山虎	祛风除湿、活络、止血，治偏头痛、风湿
锦鸡儿	活血、止痛，治浮肿、盗汗、咳嗽，降压	葡萄	解表、利尿解毒、安胎
紫荆	活血行气、祛瘀解毒、治尿路感染	木槿	祛湿、利尿，治咯血、干咳、偏头痛
女贞	滋补肝肾、安神明目，治头晕失眠、耳鸣	猕猴桃	利尿、解毒、健胃、活血、降血压
皂角	祛痰通窍、消肿，治化脓、癌症、便秘	山茶	清热、养心、敛血
中华胡枝子	祛风止痛，治急性细菌性痢疾、疟疾	胡颓子	平喘止咳，治支气管哮喘、疝气、消化不良
常绿油麻藤	行血补血、通经活络	金丝桃	清热、解毒、消肿，治癌症
槐	治便血、痔疮出血、尿血、高血压	紫薇	活血止痛、利尿、清热消肿
紫藤	治腹痛、吐泻，祛除绦虫	喜树	抗癌，治胃癌、绒毛膜上皮肤癌
栀子花	清肺凉血、清热解毒	桂花	散寒舒胃、平肝益肾
柑橘	行气、健胃、化痰、治胸闷、止痛	中华常春藤	活血消肿、祛风除湿
南蛇藤	祛风湿、活血脉	柿	行气血、祛痰、治心腰痛、健脾、降压
棕榈	止血、祛湿、消肿解毒	孝顺竹	清热凉血、除烦止呕

表附-3　上海居住环境绿化鸟嗜、蜜源、香源、固氮树种

种类	名　称
鸟嗜树种	罗汉松、冬青、香樟、杨梅、苦楝、茶梅、珊瑚朴、女贞、厚皮香、梅花、荚蒾、樱花、郁李、桃叶珊瑚、海桐、火棘、十大功劳、八角金盘、紫金牛、卫矛、棕榈、紫叶小檗、侧柏、紫荆、爬山虎、白榆、葡萄、朴树、椴树、刺槐、枸杞、枫树类、构树、柘树、野柿树、多花蔷薇、悬钩子等
蜜源树种	枇杷、女贞、棕榈、枸骨、冬青、南天竹、石楠、侧柏、醉鱼草、黄连木、柑橘类、华东椴、刺槐、国槐等
香源树种	深山含笑、乐昌含笑、含笑、苦楝、合欢、刺槐、紫薇、贴梗海棠、月季、玫瑰、蜡梅、多花蔷薇、椴树、檫木、海桐、胡颓子、冬青、厚皮香、丁香、桂花、金叶女贞、醉鱼草、金银花、珊瑚朴、荚蒾、猕猴桃、结香、栀子花、毛白杜鹃等
固氮树种	刺槐属、忍冬属、合欢属、紫穗槐属、锦鸡儿属、金合欢属、胡枝子属、杨梅属、沙棘属、胡颓子属、桤木属、苏铁属等

表附-4　园林树木景观养护技术标准

序号	景观类型	养护技术标准	
		个性标准	共性标准
1	树林	①群落结构合理、层次分明；②林缘（冠）线丰富；③植株保存率99%以上；④保留落叶层	①植株生长健壮；②枝叶生长色泽正常；③色叶植物叶色变化明显；④观花植物按时茂盛开花；⑤观果植物正常结果；⑥无枯株和缺株空秃现象；⑦雨后无积水，排水通畅；⑧植株不得出现失水（萎蔫）现象；⑨基本无有害生物危害症状；⑩无影响景观的任何杂草；⑪无陈积垃圾
2	树丛	①层次结构科学合理；②体现树丛群体美；③保留落叶层	
3	孤植	①树形完美；②树冠饱满；③树穴覆盖完整，黄土不裸露	
4	绿篱	①修剪必须保持三面以上平整饱满、直线挺直、曲线柔和；②开花植物花期一致	
5	垂直绿化	①植物枝叶分布均匀，疏密合理；②设施安全完好无损	
6	行道树	①群体植株树冠完整、规格整齐；②主冠上无萌生的芽条；③树干挺直、分枝点高度一致；④树穴形式统一、盖板完整	
7	竹类	①竹秆挺直，枝叶青翠，具有完整林相外观；②新老竹丛生长比例恰当；③竹鞭无裸露	

表附-5　园林绿化土壤理化性状标准

指标	pH	EC值/(mS/cm)	有机质/(g/kg)	容重/(g/cm³)	非毛管孔隙/%	有效土层/cm	石灰反应/(g/kg)	石砾	
								粒径/cm	含量/%
乔木	6.0~7.8	0.35~1.20	≥20	≤1.30	≥8	≥150	<50	≥5	≤10
灌木	6.0~7.5	0.50~1.50	≥30	≤1.30	≥10	≥80	<10	≥5	≤10
行道树	6.0~7.8	0.35~1.20	≥25	≤1.30	≥8	≥150	<50	≥5	≤10
竹类	5.0~6.5	0.25~1.20	≥30	≤1.20	≥10	≥S0	<10	≥5	≤10

附录 2　合肥市城乡绿化导则

第一节　合肥市城乡绿化施工导则

合肥市城市绿化施工，必须遵循以下各项基本标准。

(一) 土壤、地形标准

(1) 清理施工场地。彻底清除绿化带内建筑"三灰"、砖头、石块等垃圾。

(2) 土壤更换、改良。不符合种植土要求的土壤必须更换。草坪、花卉等加 10% 粗沙，改良土壤透气性。盆栽植物种植土需过筛后再加拌 50% 泥炭土。

道路分隔带绿化，先将 1 m 深土方全部挖出运走，1 m 深以下如遇垫层需破除，直至原土。经验收合格后，再回填含 15%～30% 泥炭土的种植土。

公园、游园及河道绿化不能满足要求的土壤，必须更换或改良。

各区应实行泥炭土专供，有条件的设立土壤拌和站。

(3) 整理地形。利用旋耕机或其他工具对土壤进行翻耕。翻耕深度不小于 30 cm。翻耕后的土块粒径应在 1 cm 左右，粒径为 2～4 cm 的土块不得超过 10%，土壤外表要达到土粒细碎、疏松、无杂物。地形应自然流畅，达到自然排水要求。

(4) 绿地内距侧石（路缘）50 cm 范围内土壤必须低于侧石 5 cm。

(二) 苗木质量标准

(1) 所有苗木一律使用圃地苗。苗木根系发达、生长苗壮、株形端正、冠形丰满、无病虫害。规格及形态符合绿化方案和施工图要求。

(2) 乔木树高、胸径、冠幅、分枝点四个规格与设计要求基本一致。自然全冠、主干通直、树形优美，三级分枝，一级分枝不少于 3～4 个。

(3) 球类及花灌木树高、地径、冠幅、分枝点四个规格与设计要求基本一致。树形丰满匀称、不偏冠。

(4) 色块（绿篱）植物的单株冠幅、高度等规格基本一致。

(5) 乔木胸径需大于 10 cm。道路绿化色块修剪后高度需大于 60 cm，道路交叉口色块高度低于 50 cm；其他绿地色块修剪后高度按设计要求。

(三) 苗木土球和树穴标准

(1) 乔木类土球直径是胸径的 8 倍，灌木类土球直径是地径的 8 倍。土球湿润，不得有松球、散球、破损球。

(2) 树穴垂直下挖，上下口径一致。树穴的直径应大于土球直径 40～60 cm。树穴深度应大于土球高度 20～40 cm。

(3) 公园、大片绿地树穴用小型挖掘机挖掘，人工修整。

(四) 苗木修剪标准

(1) 保持全冠的前提下适度疏枝，并适当剪摘部分叶片。

(2) 修剪时应去除所有损伤枝、断枝、枯枝。

(3) 切口要平整，留枝、留叶要合理，树形要匀称。修剪直径 2 cm 以上大枝及粗根，截口削平，应涂防腐剂。

（五）苗木施肥、种植标准

（1）各种花草树木均需施放腐熟有机肥或复合肥。每个树穴施 0.5 kg 腐熟有机肥。施肥时，将腐熟有机肥与土壤充分搅拌均匀，在穴底铺平，再加 10 cm 种植土。

（2）规则式栽植应保持平衡对称，相邻植株规格应合理搭配。高度、干径、树形一致，栽植树木应保持直立，树形丰满面朝主要方向。

自然式栽植要错落有致、自然美观，充分体现绿化方案意图和施工图要求，树木规格、株距大小搭配合理。

（3）种植时完全清除土球包装物，回填种植土必须分层回填，分层夯实。不得堆土栽植。

（4）定根水必须及时浇灌，做到浇透水、不跑水、不积水。

（5）色块（绿篱）植物根据单株冠幅确定单位面积栽植数量，需做到满栽密植、到边到角。

（6）道路绿化带内路灯、交通信号等各种管线需埋设在 1 m 以下，保持种植土层厚度。

（7）公交站台等人流较多的地方，要设置护栏。

（六）苗木固定、支撑标准

（1）苗木树干或树木重心与地面必须保持垂直。

（2）支撑应因树因地设置，牢固、整齐。选用原木支撑的，直径大于 6 cm。绑扎树木处应加软垫物。

（七）植物配置标准

（1）坚持绿量第一，丰富色彩。以乔木为主，灌木为辅，增加木本花卉。

（2）按照适地适树的原则，乔木选择以法桐、黄山栾树、香樟等速生冠大树种为主，乌桕、无患子、三角枫、枫香、银杏、合欢、青桐、水杉、垂柳、榉树、朴树、国槐、椿树、女贞、雪松、广玉兰等树种为辅。

（八）安全文明施工标准

（1）每日进场的所有苗木必须于当日全部栽植结束，做到工完、料尽、场地清，施工垃圾必须随产随清。

（2）施工队伍必须统一着装，苗木严禁乱堆乱放，严禁污染路面。

（3）大苗装卸必须使用吊车，并配备有经验的吊装驾驶员，吊装时必须有安全员在现场进行监督。

（九）质量监督标准

（1）监理单位作为绿化施工质量监督的第一责任单位，实行旁站式监管，负责每道工序的检查，逐项（逐个、逐株）验收签字。

（2）建设单位责任到人，加强施工质量督查。

（3）园林绿化质量监督机构实行施工质量监督管理。

（4）建设单位、园林绿化主管部门对施工单位、监理单位实行严格的奖惩措施。

（十）技术指标

具体的技术指标见表附-6、表附-7和图附-1。

表附-6　合肥市绿化主要苗木参考标准（乔木）

序号	树种	胸径/cm	树高/cm	冠幅/cm	枝下高/cm
1	悬铃木	12	550～600	300～350	300～320
2	黄山栾树	12	500～550	300～350	250～280
3	香樟	12	500～550	300～350	220～250
4	乌桕	12	500～550	280～330	220～250
5	无患子	12	450～500	300～350	220～250
6	三角枫	12	500～550	300～350	250～300
7	枫香	12	600～650	280～330	250～300
8	银杏（实生）	12	600～650	220～270	200～250
9	合欢	12	450～500	300～350	200～250
10	青桐	12	550～600	250～300	250～300
11	水杉	10	550～600	150～200	150～200
12	垂柳	12	450～500	300～350	180～230
13	榉树	12	500～550	280～320	200～250
14	朴树	12	500～550	280～320	220～250
15	国槐	12	500～550	300～350	250～280
16	臭椿	12	500～550	300～350	280～300
17	女贞	12	400～450	280～330	200～220
18	广玉兰	12	600～650	300～350	180～230
19	雪松（实生）		550	350～400	40～60
			700	500～550	50～80

表附-7　合肥市绿化主要苗木参考标准（花灌木、色块）

类别	序号	树种	地径/cm	树高/cm	冠幅/cm	枝下高/色块密度
花灌木	1	红花夹竹桃	每枝 2～3	150～200	120～170	丛生，5～7 枝
			每枝 3～4	200～250	170～220	丛生，7～10 枝
	2	日本晚樱	6	200～250	200～250	50～80 cm
			8	250～300	250～300	60～100 cm
	3	蜡梅	6	150～200	150～200	30～50 cm
			8	200～250	200～250	40～60 cm
花灌木	4	木槿	4	180～230	80～130	30～50 cm
			6	230～280	130～180	40～60 cm
	5	红花紫薇	6	200～250	200～250	50～80 cm
			8	250～300	250～300	60～100 cm
	6	红叶李	6	200～250	200～250	50～80 cm
			8	250～300	250～300	60～100 cm

（续）

类别	序号	树种	地径/cm	树高/cm	冠幅/cm	枝下高/色块密度
花灌木	7	碧桃	4	220～270	180～230	40～50 cm
			6	270～320	230～280	50～60 cm
	8	红枫	6	150～200	150～200	30～50 cm
			8	200～220	200～250	40～60 cm
	9	花石榴		150～200	80～130	
				200～250	130～180	
	10	桂花	8	250～300	200～250	40～60 cm
			10	300～350	250～300	50～70 cm
	11	木芙蓉	每枝1～3	150～200	120～170	丛生，5～7枝
			每枝3～4	200～250	170～220	丛生，7～10枝
色块	12	丰花月季/爬藤月季	—	3年生	150～200	36株/m²
	13	红叶石楠	—	60（修剪后）	40～50	16株/m²
				80（修剪后）	45～50	16株/m²
	14	珊瑚树	—	60（修剪后）	30～35	25株/m²
				80（修剪后）	35～40	25株/m²
	15	红花檵木	—	40（修剪后）	25～30	25株/m²
				60（修剪后）	30～40	25株/m²
	16	金森女贞	—	60（修剪后）	35～40	25株/m²
				80（修剪后）	40～45	25株/m²
	17	海桐	—	40（修剪后）	25～30	25株/m²
				60（修剪后）	35～40	25株/m²

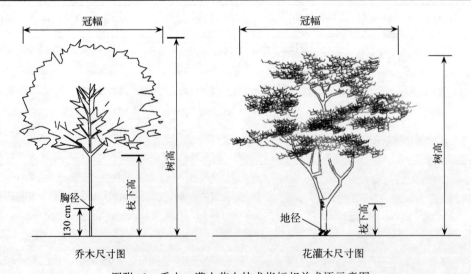

图附-1　乔木、灌木苗木技术指标相关术语示意图

（十一）合肥市主要绿化树种

1. 主要树种　香樟、女贞、雪松、桂花、广玉兰、龙柏、石楠、黄山栾树（栾树、复羽叶栾树）、榉树、朴树、国槐、悬铃木、三角枫、黄连木、梧桐（青桐）、枫香、银杏、无患子、重阳木、乌桕、合欢、垂柳、水杉、池杉等。

2. 一般树种

（1）常绿乔木。湿地松、侧柏、圆柏、蜀桧、白皮松、日本五针松、华山松、柏木、北美圆柏（铅笔柏）、塔柏、河南桧、刺柏、短叶罗汉松、罗汉松、珊瑚树、杨梅、蚊母树、椤木石楠、枇杷、紫楠、柳杉、日本柳杉、冬青、大叶冬青、棕榈。

（2）落叶乔木。美国山核桃、紫叶李、落羽杉、苦楝、平基槭、意杨、旱柳、柿树、榔榆、日本晚樱、琅琊榆、枣树、南酸枣、美洲黑杨（雄性品种）、皂柳、腺柳、枫杨、醉翁榆、黑弹朴、杂交马褂木、白玉兰、二乔玉兰、红花玉兰、杜仲、木瓜、李、樱桃、杏、梅花、桃、樱花、日本樱花、日本早樱、山合欢、刺槐、臭椿、香椿、毛红椿、桑树、无花果、丝棉木、鸡爪槭、小叶鸡爪槭、五角枫、七叶树、枳椇、喜树、毛梾、白花泡桐、毛泡桐、楸树、梓树、山茱萸、美国秋红枫、金叶刺槐、北美枫香、金枝国槐、黄花玉兰、青钱柳、光皮桦、珊瑚朴、糙叶树、巨紫荆、火炬树、红花七叶树。

（3）竹种。孝顺竹、花秆孝顺竹、苦竹、金镶玉竹、花秆乌哺鸡竹、龟甲竹、斑竹、淡竹、刚竹、紫竹、早园竹、桂竹、刚竹、黄皮绿筋刚竹、绿皮黄筋刚竹、槽里黄刚竹、凤尾竹、菲白竹、菲黄竹、翠竹、阔叶箬竹等。

（4）常绿（含半常绿）灌木。千头柏、洒金千头柏、球桧、金球桧、匍地龙柏、铺地柏、十大功劳、阔叶十大功劳、南天竹、海桐、红叶石楠、含笑、火棘、小丑火棘、无刺枸骨、枸骨、黄杨、雀舌黄杨、龟甲冬青、大叶黄杨、金边大叶黄杨、金心大叶黄杨、银边大叶黄杨、胡颓子、花叶胡颓子、八角金盘、洒金东瀛珊瑚、桃叶珊瑚、金森女贞、夹竹桃、栀子、小叶栀子、丝兰、凤尾兰、红花檵木、月季（大花香水月季、大花月季、丰花月季、树状月季、地被月季等适生品种）、伞房决明、毛鹃、夏鹃、探春、金叶女贞、小叶女贞、小蜡、金边六月雪、六月雪、金边大花六道木、平枝枸子、长春蔓、花叶长春蔓、云南黄馨。

（5）落叶灌木。牡丹、紫叶小檗、枸橘、八仙花、单瓣李叶绣线菊、粉花绣线菊、菱叶绣线菊、垂枝梅、棣棠、蜡梅、山胡椒、玫瑰、山楂、榆叶梅、紫叶桃、碧桃、蟠桃、欧李、麦李、珍珠梅、龙爪槐、槐叶决明、紫玉兰、垂丝海棠、海棠、西府海棠、贴梗海棠、金丝桃、金丝梅、紫穗槐、卫矛、锦鸡儿、竹叶椒、紫荆、紫薇、石榴、山麻杆、红枫、羽毛枫、木槿、木芙蓉、结香、牛奶子、木半夏、杜鹃、金钟花、紫丁香、白花丁香、迎春、黄荆、海州常山、枸杞、金边白马骨、白马骨、琼花、木绣球、海仙花、锦带花、红王子锦带花、白花重瓣溲疏、白鹃梅、黄刺玫、美国红栌、红瑞木、金山绣线菊、花叶锦带花、山荆子、武夷四照花、水杨梅、秤锤树、醉鱼草、糯米条、臭牡丹。

3. 垂直绿化树种

（1）常绿（半常绿）藤木。扶芳藤、薜荔、常春藤、金边洋常春藤、银边常春藤、络石、金银花、红花金银花、金边扶芳藤、银边扶芳藤、木香、小果蔷薇、野蔷薇、七姊妹、粉团蔷薇等。

（2）落叶藤木。紫藤、多花紫藤、南蛇藤、葡萄、凌霄、美国凌霄、爬山虎、美国爬山虎、大血藤、猕猴桃、藤本月季等。

4. 慎用树种 金钱松、曼地亚红豆杉、红豆杉、南方红豆杉、欧洲云杉、云杉、油松、欧洲黑松、赤松、中山杉、粉柏、昆明柏、福建柏、乐昌含笑、北美香柏、杉木、日本花柏、日本扁柏、日本冷杉、茶梅、山杜英、深山含笑、阔瓣含笑、香橼、苏铁、茶花、杜英、珙桐等。

5. 忌用树种 竹柏、异叶南洋杉、柑橘、柚、印度橡胶树、茉莉花、加那利海枣、华盛顿棕榈、蒲葵、鱼尾葵、澳洲银荆（银叶金合欢）等。

第二节 合肥市行道树施工导则

合肥市城市道路必须种植行道树，株距为 5 m，并遵循以下各项基本标准。

（一）树种选择标准

因地制宜，适地适树。选用易于成活，生长较快，冠大荫浓，具有适应环境、抗病虫害等特点的树种。如法梧、香樟、黄山栾树等。

（二）树穴、土壤标准

（1）行道树树穴规格长×宽×深为 1.6 m×1.6 m×1.2 m，特殊情况不小于 1.2 m× 1.2 m×1.2 m，深度要见底土。

（2）树穴垂直下挖，上下口径一致。将树穴内土方全部挖出运走。

（3）回填的土壤必须是拌和 15%～30% 泥炭土的种植土。

（三）质量标准

（1）行道树一律选用圃地苗，树高、胸径、冠幅、分枝点四个规格基本一致。自然全冠、主干通直、树形优美，三级分枝，一级分枝不少于 3～4 个。

（2）行道树胸径需大于 12 cm。商业门点前行道树分枝点高度为 3.5 m 以上。

（3）行道树土球直径是胸径的 8 倍；土球湿润，不得有松球、散球、破损球。

（四）修剪标准

（1）保持全冠的前提下适度疏枝。

（2）修剪时应去除所有损伤枝、断枝、枯枝，适当剪摘部分叶片。

（3）切口要平整，留枝、留叶要合理，树形要匀称；修剪直径 2 cm 以上大枝及粗根，截口削平，应涂防腐剂。

（五）施肥、种植标准

（1）首先在树穴底铺 15 cm 厚碎石垫层，再回填一定厚度的含 15%～30% 泥炭土的种植土，并设置通气排水管。

（2）每个树穴施 0.5 kg 腐熟有机肥。施肥时，将腐熟有机肥与土壤充分搅拌均匀，再加 10 cm 种植土覆盖。

（3）种植时完全清除土球包装物，回填种植土必须分层回填，分层夯实。

（4）定根水必须即时浇灌，做到浇透水、不跑水、不积水。

（5）树穴不得黄土裸露。设置树池盖板的，要与树池侧石平齐。

（六）固定、支撑标准

（1）行道树支撑采用扁担桩或井字支撑。采用扁担桩支撑的埋深大于 1 m；采用井字支撑的基部应埋入地下 30 cm 或埋设竖桩。选用原木支撑的，直径大于 6 cm。支撑应牢固、整齐。绑扎树木处应加软垫物。

（2）胸径 15 cm 以上的行道树采用直径 6 cm 以上的钢管支撑。

（七）与杆管线距离标准

（1）行道树与路灯杆、供电杆、交通信号柱等间距需大于 2 m。

（2）地下管线埋设应避让行道树，无法避让的，管线需埋设在 1 m 以下。

（八）安全文明施工标准

（1）行道树种植各工序应紧密衔接，做到随挖随运随栽。

（2）树穴过夜、大苗吊车装卸、现场施工人员等，必须采取安全措施。

（九）质量监督标准

按照绿化施工的质量监督标准执行。

（十）行道树树池种植剖面及扁担桩立面图

行道树树池种植剖面及扁担桩立面如图附-2所示：

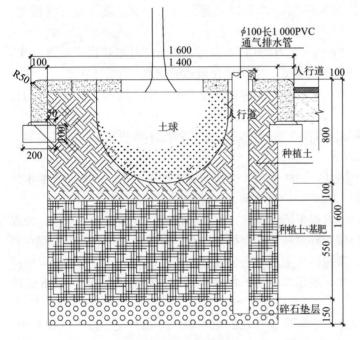

行道树树池种植剖面图

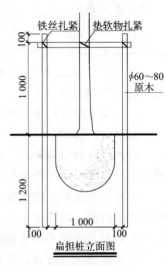

扁担桩立面图

1. 本图尺寸单位均以毫米计。
2. 树穴按长 1 600 mm、宽 1 600 mm、深 1 600 mm 开挖。
3. 扁担桩的定位与道路走向应平行。

图附-2　行道树树池种植剖面及扁担桩立面图（单位：mm）

第三节　合肥市绿化养护导则

合肥市城市绿化养护必须全覆盖，做到常态化、精细化，遵循以下各基本标准。

（一）绿地、设施管养标准

（1）绿地（带）内无垃圾、砖石、杂草、缠树藤蔓、枯死树、死树桩，绿化养管垃圾随产随清，道路树池、绿化带内种植土不得污染路面。

（2）公园、广场、游园、景区全天候清扫保洁，垃圾袋装。绿地整洁，地面铺装无污垢，水体无严重污染，水面无飘浮垃圾，厕所无异味。

（3）建筑小品、园路及铺装等园建设施完好，服务场所、游乐设施等经营管理规范。

（4）绿地内无违章建筑、摊点，无物品堆放，无牛皮癣、乱刻乱画，树木上无晾晒、悬挂物、束缚物等。

（5）行道树倾斜超过 10° 的应扶正。树木支撑绑扎规范、牢固、整齐，松动、损坏的支撑应加固更换，过期的支撑及扎缚物应拆除。

（6）对毁绿、占绿、破坏设施的行为要及时制止并报告执法部门查处，对损坏的绿化、设施要及时进行补植、修复。

（二）喷淋、浇水标准

（1）每年 4～11 月 3 d 内、12 月至翌年 3 月 7 d 内应对绿化植物喷淋一次，确保绿化叶面无积尘（雨雪天气除外）。

（2）每年 4～11 月每月应对乔木浇水一次。绿篱、地被和新栽植乔灌木，30 ℃ 以下天气适时浇水，30 ℃ 以上天气每 3 d 浇水一次，35 ℃ 以上每天浇水一次，浇水应细浇慢灌、浇足浇透。

（3）高架桥下绿化，4～11 月 3 d 内、12 月至翌年 3 月 7 d 内应对植物浇水喷淋一次，35 ℃ 以上高温每天浇水一次。高架桥上容器式、立体绿化应适时浇水。

（4）夏季浇水应早晚进行，冬季浇水应在中午进行，冰冻天气不宜浇水。板结严重的树盘，浇水前应先开盘松土。

（5）绿化浇灌用水应更多采用水体蓄水，提倡利用符合水质要求的再生水。

（三）修剪标准

（1）绿化修剪应适树、适度、适法，因时而动，因地制宜，因树定策。乔木、花灌木修剪应保持自然树形，严禁平截强剪。

（2）乔木修剪。应在保持全冠的前提下适度疏枝，去除枯死枝、重叠枝、下垂枝、病虫枝及主干萌条，培养主干枝、骨架枝、外向枝，确保枝条均衡、冠形美观。落叶树木宜在树木落叶后至翌年树木萌芽前修剪，常绿树木应避开生长旺盛期进行修剪。行道树修剪应保持整条道路树形、分枝点高度基本一致，满足车辆通行的净空要求。修剪创面大于 3 cm 的应进行防腐处理。

（3）花灌木修剪。当年形成花芽、翌年早春开花的花灌木，应在开花后修剪（如春梅、碧桃）。一年生枝条开花灌木，应在休眠期进行修剪（如紫薇）。多年生枝条开花灌木修剪，应注意培育和保护老枝（如紫荆）。花灌木整形修剪应利于树形优美，长势健旺。

（4）种植块修剪。针叶类植物萌条超过 5 cm、阔叶类萌条超过 10 cm 要及时修剪，达到线直面平、轮廓清晰，球形植物饱满。人行横道、道路交口、车辆调头区域分车绿带 10～20 m 范围内绿篱高度不宜超过 50 cm。种植块、球形植物宜在 5～9 月进行 2～4 次整形修剪。种植垃圾块上无修剪残留物。

（5）草坪修剪。暖季型草坪高度保持在 6 cm 以下，冷季型草坪保持在 8 cm 以下；及时清除修剪残留物，修剪后草坪平整无斑秃。

（6）影响电力、交通安全等树木的修剪，应完善许可手续，在专业人员的指导下进行，统筹兼顾护绿促安。

（四）补植标准

（1）绿化补植必须达到无缺株断档、无空洞斑秃、无黄土裸露。适宜冬春季节集中补植与随缺随补相结合。补植效果与现状绿化和谐融合。

（2）乔木、花灌木、整形灌木补植，对缺株、枯死的应在 5 d 内（高温季节除外）完成补植。对长期滞长的小老树及偏冠树、断头树等应进行集中更换。补植、更换的苗木与现状苗木干径、分枝点、冠幅、高度等基本一致。缺失的杨树行道树换植其他适宜树种。

（3）种植块、地被补植，缺株断档、稀疏空洞的种植块和斑秃地被应在 3 d 内（高温季节除外）完成补植。补植方法因地制宜，应满栽密植、到边到角，修剪后与现有种植块高度一致。灌木因道路侧石倒角无法种植到边和现有苗木亮脚的路段，需用麦冬镶边。

（五）开盘、切边标准

（1）有开盘条件的乔木、花灌木，每年开盘松土不少于两次（春、冬季），去除杂草，盘面直径以树木胸径的 8～10 倍为宜，深度以 10～20 cm 不伤根为宜，要求线条圆滑、盘面平整。土壤板结严重的树盘，植物生长期应勤松土。

（2）种植块与地被、草坪间应切边处理，沿种植块外轮廓线向下斜切，深度一般为 8～10 cm，切沟界线分明，深浅一致，清除侵入种植块的地表草。

（六）施肥标准

（1）绿化植物每年施肥应不少于两次，生长季以复合肥为主，休眠期以腐熟有机肥为主。复合肥施用量为，乔木 250 g/（株·次）、花灌木 150 g/（株·次）、种植块 30 g/（m²·次）、草坪 10 g/（m²·次）。有机肥施用量为，乔木 5～10 kg/（株·次）、花灌木 2 kg/（株·次），其他绿地 200～300 kg/hm²。

（2）乔木、花灌木施肥结合开盘松土，采取沿树冠投影 2/3 处开挖深 20～30 cm 间断性环沟或辐射状孔穴施肥；有树池铺装的行道树可揭开 1～2 处盖板，采取孔穴施肥；种植块、地被及无开挖条件的绿地内乔木、花灌木采用撒施或用水溶解后浇灌的方法；施肥后必须及时进行浇水、喷淋，防止苗木根部、叶片灼伤。施有机肥应结合冬季开盘松土进行，施肥后翻土覆盖。

（3）花灌木应在花芽形成时施肥，喜酸性花灌木（如山茶、杜鹃花等）应施酸性肥料，宿根花卉施肥应在花前、花后进行，草本花卉施肥在移栽前翻耕整地时进行。

（七）涂白、裹干标准

（1）涂白。10月下旬至11月中旬，对乔木、花灌木涂白防冻、防病虫害。涂白材料为水、生石灰、硫黄、食盐按 40：10：1：0.5 比例混合配制。涂白高度为乔木 1.6 m（1.2 m），花灌木为 1 m 或在分枝点以下。同一路段、区域的涂干高度保持一致。

（2）裹干。冬季对抗寒性较差的树木裹干，用草绳、蒲包、塑料薄膜等材料严密包裹树木主干和比较粗壮的分枝，裹干高度一般为 2 m，同一路段、区域的裹干高度保持一致；翌年4月初在植物萌芽前及时撤除防寒物。

（3）涂白、裹干前，应刮去树皮上的粗翘皮和苔藓等寄生物，清理树皮缝，堵塞老树洞。

（八）病虫害防治标准

（1）安排专人负责病虫害预测预报、防治预案制定和防治实施工作。每年 4～11 月，应严密监测，及时防控去害。

（2）喷药应在无风晴天进行雾状喷洒，并按由内向外、由上向下、叶面叶背的顺序进行，不留空白。

（3）11月至翌年3月应结合冬季养护管理，通过修剪清理病虫枝、清除枯枝落叶、冬耕培土、合理施肥等措施，清除病虫害。

（4）对蛀干害虫、地下害虫，可采用树干注射、药物埋设或人工捕杀的方法防治。

（5）严格控制使用化学药剂除草，以免影响灌木、草坪正常生长。

（九）安全生产及应急抢险标准

（1）绿化养护应落实安全生产责任，执行安全生产制度，加强安全生产教育，符合安全生产规范，确保安全生产无责任事故。

（2）应急抢险队伍健全，有抢险设备、物资储备。抢险联系电话24 h畅通，遇险情必须在30 min内到现场处置。遇台风、暴雨、大雪等恶劣天气及时启动灾害性天气应急预案，组织绿化巡查，消除各类安全隐患，保证道路畅通和公共安全，保护绿化成果。

（十）考核与奖惩

（1）各辖区绿化主管部门及各建设单位应成立绿化养护管理考核机构，每月进行一次绿化养护全面考核。考核中发现的问题须在5 d内完成整改。

（2）月考核成绩应与养护经费挂钩，一次不合格的通报批评，一年内多次考核不合格的，可中止养护合同，并计入企业信用不良记录。

（3）市绿化主管部门及质量监管机构，根据市政府办公厅印发的《合肥市园林绿化养护管理考核办法》，组织考核，兑现奖惩。

主要参考文献

白埃堤，李锦文，2002. 立体绿化美化种苗培育实用技术 [M]. 太原：山西科学技术出版社.

毕慧娟，董爱莲，2011. 城市绿化植物紫藤的栽培技术研究 [J]. 吉林农业 (09)：177.

曹学优，2012. 粉单竹特性于园林应用研究 [D]. 长沙：中南林业科技大学.

曹自梁，2011. 油松大苗移植管理技术 [J]. 科技情报开发与经济，21 (11)：201-204.

车瑞俊，刘大锰，袁杨森，2007. 北京冬季大气颗粒物污染水平和影响因素研究 [J]. 中国科学院研究生院学报，24 (05)：556-563.

车生泉，宋永昌，2001. 城市绿地景观卫星遥感信息解译——以上海市为例 [J]. 城市环境与城市生态 (02)：10-12.

陈丙秋，2006. 铺装景观设计方法及应用 [M]. 北京：中国建筑工业出版社.

陈博，王小平，刘晶岚，等，2015. 不同天气下景观生态林内外大气颗粒物质量浓度变化特征 [J]. 生态环境学报，24 (07)：1171-1181.

陈继东，黄小军，平丽丽，2012. 油松大苗移植及培育技术初探 [J]. 安徽农学通报，18 (14)：128.

陈景升，何友均，2008. 国外屋顶绿化现状与基本经验 [J]. 中国城市林业，6 (01)：74-76.

陈启泽，王裕霞，2006. 观赏竹与造景 [M]. 广州：广东科技出版社.

陈嵘，1984. 竹的种类及栽培利用 [M]. 北京：中国林业出版社.

陈瑞星，2013. 桂花栽植养护技术 [J]. 现代园艺 (07)：34-35.

陈西仓，2008. 栾树的栽培技术研究 [J]. 中国林副特产 (02)：48-49.

陈鑫，吴尤宏，2008. 棕榈繁育栽培技术 [J]. 现代农业科技 (07)：51.

陈有民，2011. 园林树木学 [M].2 版. 北京：中国林业出版社.

陈自新，苏雪痕，刘少宗，等，1998. 北京市园林绿化生态效益研究 [J]. 中国园林，14 (02)：51-54.

程国华，王建兴，张广辉，等，2009. 大树移植及提高移植成活率的技术 [J]. 中国园艺文摘 (11)：59-60.

程金水，2000. 园林植物遗传育种学 [M]. 北京：中国林业出版社.

程学延，2009. 香樟栽培及病虫害防治技术 [J]. 安徽农学通报，15 (19)：155-157.

程亚樵，丁世民，2011. 园林植物病虫害防治技术 [M].2 版. 北京：中国农业大学出版社.

邓运川，付西宁，孙小涵，2009. 紫藤的栽培管理技术 [J]. 南方农业：园林花卉版，3 (05)：28-30.

邓运川，2010. 早园竹在华北地区的栽培 [J]. 中国花卉园艺 (22)：44-45.

丁跃元，侯立柱，张书函，2006. 基于透水砖铺装系统的城市雨水利用 [J]. 北京水务 (06)：1-4.

董凤荣，2008. 提高大银杏异地移植成活率的技术 [J]. 辽宁林业科技 (05)：61-62.

董仁才，赵景柱，邓红兵，等 .2006.3S 技术在城市绿地系统中的应用探讨 [J]. 林业资源管理 (02)：83-87.

杜乃正，张凤英，1984. 攀缘植物 [M]. 北京：中国林业出版社.

段新霞，侯金萍，2015. 古树名木的保护措施与复壮技术探讨 [J]. 农业与技术 (05)：118-119.

兑宝峰，2011. 凌霄的繁殖与栽培 [N]. 中国花卉报，7-5 (09).

范广生，何小弟，2006. 园林树木的容器栽植技术 [J]. 技术与市场：园林工程 (05)：24-27.

范卓敏，2009. 北方如何培育大竹径早园竹 [N]. 中国花卉报，8-27 (08).

冯春雷，2010. 油松大树移植技术 [J]. 现代农业科技 (15)：238.

冯丽，2007. 廊坊市城市绿化园林树种选择的原则问题 [J]. 天津农业科学，13 (04)：60-62.

高翔，徐靖舒，2009. 容器绿化的设计与应用 [J]. 园林 (09)：32-33.

葛慧韶，2013. 樱花栽培繁殖技术 [J]. 现代园艺 (02)：38-39.

葛王送，赵红梅，2007. 鸡爪槭的栽培与管理 [J]. 现代农业科技 (05)：40，48.

耿增超，李新平，2002. 园林土壤肥料学 [M]. 西安：西安地图出版社.

龚固堂，幕长龙，先开炳，2007. 现代林业理论发展与公益林可持续经营策略 [J]. 北京林业大学学报：社会科学版，6 (01)：61-67.

顾忠好，2010. 悬铃木的栽培与管理 [J]. 农技服务，27 (07)：928-929.

广东省质量技术监督局，2005. 粉单竹丰产栽培技术规程：DB44/T 283—2005 [S].

桂炳中，徐现杰，马晓辉，等，2013. 华北地区盐碱地白玉兰栽培技术 [J]. 南方农业，7 (03)：21-23.

桂炳中，杨红卫，2012. 华北地区凌霄栽培养护技术 [N]. 中国花卉报，2-7 (08).

桂炳中，赵国臣，王谊玲，2008. 华北地区紫藤栽培管理技术 [J]. 河北农业科技 (16)：48.

郭佳，李薇，卜燕华，2007. 基于 RS 和 GIS 的城市园林绿地调查与数据库研建 [J]. 科学技术与工程，7 (15)：3877-3880.

郭伟，权军刚.2008，提高山区银杏栽植成活率的对策 [J]. 杨凌职业技术学院学报，7 (04)：50-52.

郭学旺，包满珠，2004. 园林树木栽植养护学 [M].2 版. 北京：中国林业出版社.

韩笑，2004. 我国园林法规体系初探 [D]. 北京：北京林业大学.

郝培尧，李冠衡，戈晓宇，2013. 屋顶绿化施工设计与实例解析 [M]. 武汉：华中科技大学出版社.

何莉，2012. 紫藤及其栽培技术 [J]. 现代园艺 (01)：30-31.

何小弟，2005. 彩色树种选择与应用集锦 [M]. 北京：中国农业出版社.

何小弟，2008. 园林树木景观建植与赏析 [M]. 北京：中国农业出版社.

何兴元，2002. 城市森林生态学的理论体系研究：城市森林生态研究进展 [C]. 北京：中国林业出版社.

何云燕，林晓兰，施宝瑞，2008. 棕榈科植物病虫害发生条件及综合防治 [J]. 云南农业科技 (02)：58-59.

洪淑媛，2009. 成年大王椰子的反季节种植初探 [J]. 科技资讯 (14)：157.

胡坚强，夏有根，梅艳，等，2004. 古树名木研究概述 [J]. 福建林业科技，31 (03)：151-154.

皇甫桂月，侯九寰，1999. 提高银杏栽植成活率的对策 [J]. 林业科技通讯 (12)：8-10.

黄成林，张敏，周大跃，1993. 安徽省木本攀缘植物区系基本特征的研究 [J]. 安徽农业大学学报，20 (03)：196-199.

黄成林，周大跃，徐济中，等，1995. 木本攀缘树种在现代城市垂直绿化中的应用 [J]. 安徽农业大学学报，22 (02)：48-52.

黄成林，周大跃，1993. 安徽省城市垂直绿化的现状及对策 [J]. 安徽林业科技 (01)：35-37

黄春风，2009. 城市地面铺装的环境影响分析及对策 [J]. 福建建筑 (03)：6-8，20.

黄清俊，贺坤，2014. 屋顶花园设计营造要览 [M]. 北京：化学工业出版社.

黄恺，许翔，程建川，2013. 行道树树池形式的适用性研究——以南京市相关调查为例 [J]. 城市道桥与防洪 (03)：34-37.

黄显明，杨清楷，李顺康，2004. 芒果病虫害调查及防治策略研讨 [J]. 攀枝花科技与信息，29 (04)：28-31.

姬丽丽，2010. 古树名木的养护管理与复壮措施 [J]. 北京农业 (12)：67-69.

计天茹，2013. 凌霄：引蔓开花欲透云—凌霄的栽培与繁殖 [J]. 花木盆景：花卉园艺 (09)：38-39.

季晓波，季荣，2006. 雪松繁育栽培及主要病虫害综合防治技术 [J]. 江苏林业科技，33 (01)：35-37.

蒋志荣，2013. 重庆城区三角梅栽培养护要领初探 [J]. 科学咨询：科技·管理 (09)：61-62.

锦文，2011. 紫藤花后的养护 [J]. 园林 (05)：58-59.

靳莉，2012. 悬铃木的栽培与管理 ［J］. 现代园艺 （22）：40 - 41.

况太忠，2011. 古树名木衰败的原因及保护措施 ［J］. 现代园艺 （07）：136.

来根会，2009. 浅谈油松的移栽技术 ［J］. 科技情报开发与经济，19 （18）：220 - 221.

李冬梅，2013. 在北方影响玉兰生长的因素及栽培方式分析 ［J］. 现代园艺 （20）：49.

李恩永，2007. 三角梅的栽培与管理 ［J］. 德宏师范高等专科学校学报，16 （03）：89 - 92.

李冠衡，戈晓宇，郝培尧，2014. 园林铺装施工设计与实例解析 ［M］. 武汉：华中科技大学出版社.

李桂珍，朱俐遐，尧美英，等，2014. 重度修剪对杧果畸形病的防控研究 ［J］. 热带农业科学，34 （02）：
    69 - 73.

李宏俊，张知彬，2001. 动物与植物种子更新的关系 Ⅱ：动物对种子的捕食、扩散、贮藏及与幼苗建成的
    关系 ［J］. 生物多样性，9 （01）：25 - 37.

李辉，王永祥，孙宏华，2013. 油松大树移栽成活率与不同因素相关分析 ［J］. 防护林科技 （12）：44 - 45.

李京冈，2009. 棕榈在北方的栽培与管理 ［J］. 现代园艺 （09）：66.

李俊清，2006. 森林生态学 ［M］. 北京：高等教育出版社.

李庆卫，2011. 园林树木整形修剪学 ［M］. 北京：中国林业出版社.

李永彬，马志平，2008. 栾树的栽培技术 ［J］. 河北林业 （01）：45.

梁海涛，2010. 银杏栽植对环境条件的要求 ［J］. 安徽农学通报，16 （10）：151.

梁俊香，王敬尊，刘勇健，2008. 雪松的栽培管理技术 ［J］. 林业实用技术 （08）：53 - 55.

梁星权，2001. 城市林业 ［M］. 北京：中国林业出版社.

梁月，2008. 新型抗蒸腾叶面肥对刺槐、核桃苗木生理活性的影响 ［D］. 北京林业大学.

林书爱，2008. 芒果大树反季节移植技术初探 ［J］. 安徽农学通报，14 （17）：181 - 182.

刘海崇，2010. 天津滨海新区雪松高效栽培管理技术 ［J］. 天津农业科学，16 （05）：119 - 120.

刘建凤，2011. 玉兰大树移栽技术 ［J］. 现代农业科技 （05）：226，228.

刘建海，张书琴，李亚绒，2011. 北方地区桂花栽培技术 ［J］. 现代农业科技 （16）：231，233.

刘伟，2008. 玉兰在寒冷地区栽培技术的研究 ［J］. 园林植物资源与应用 （08）：73 - 74.

刘伟峰，杨文瑾，滕振宙，2005. 甘肃东部雪松栽培管理技术 ［J］. 北方雪松栽培技术林业实用技术 （01）：
    14 - 15.

刘雪静，2013. 油松移栽和栽后管理技术 ［J］. 现代园艺 （07）：40.

刘玉英，王占深，2009. 樱花病虫害及其防治 ［J］. 北京园林，25 （04）：54 - 56.

卢义山、李荣锦、吴义成等，2007. 观赏、经济竹林丰产培育技术规程初探 ［J］. 江苏林业科技，34 （04）：
    36 - 41.

鲁平，2006. 园林植物修剪与造型造景 ［M］. 北京：中国林业出版社.

陆明珍，1986. 浅谈垂直绿化 ［J］. 园林 （02）：13.

陆庆轩，2008. 北方城市行道树树池管理探析 ［J］. 农业科技与信息：现代园林 （07）：91 - 92.

陆欣，2002. 土壤肥料学 ［M］. 2 版. 北京：中国农业大学出版社.

罗云雪，2012. 广玉兰反季节 5～9 月栽植技术 ［J］. 中国园艺文摘 （08）：125 - 126.

马锦义，徐志祥，张清海，2003. 公共庭园绿化美化 ［M］. 北京：中国林业出版社.

马英刚，2012. 栾树作绿化观赏树木栽培的护养技术 ［J］. 浙江农业科学 （05）：675 - 676.

毛龙生，2002. 观赏树木栽培大全 ［M］. 北京：中国农业出版社.

毛卓斐，2014. 江山市红叶树种资源及栽培要点 ［J］. 现代园艺 （04）：53.

梅仕能，李清清，吉建斌，等，2003. 京津廊地区早园竹引种栽培技术研究 ［J］. 林业实用技术 （10）：7 - 9.

蒙晋佳，张燕，2004. 广西部分景点地面上空气负离子浓度的分布规律 ［J］. 环境科学研究，17 （03）：
    25 - 27.

聂立水，王登芝，王保国，等，2005. 北京戒台寺古油松生长衰退与土壤条件关系初步研究 ［J］. 北京林业

大学学报（05）：32-36.

彭彪，宋建英，2004. 竹类高效培育 [M]. 福州：福建科学技术出版社.

彭镇华，2003. 中国城市森林 [M]. 北京：中国林业出版社.

蒲维维，赵秀娟，张小玲，2011. 北京地区夏末秋初气象要素对 PM2.5 污染的影响 [J]. 应用气象学报，22（06）：716-723.

秦文辉，2008. 油松大树栽植技术 [J]. 山西林业（06）：25-26.

饶知止，2001. 早园竹栽培丰产技术 [J]. 江西林业科技（S1）：31-32.

阮志平，向平，李振基，2008. 布迪椰子、沼地棕和油棕的耐寒性研究 [J]. 北京林业大学学报. 30（04）：77-81.

邵君霞，肖永新，秦佩，等，2011. 悬铃木常见病虫害及防治 [J]. 河南农业科学，40（08）：156-159.

申振士，程国兵，2010. 古树复壮保护技术创新——以北京市劳动人民文化宫古树复壮工程为例 [J]. 吉林农业（11）：177.

沈国舫，2001. 森林培育学 [M]. 北京：中国林业出版社.

沈金元，余志刚，沈星，等，2010. 广玉兰的特征特性及栽培技术 [J]. 现代农业科技（23）：198.

盛诚桂，张宇和，1979. 植物的驯服 [M]. 上海：上海科学技术出版社.

施韬，施惠生，Wilfried Schumacher. 2006. 绿色种植屋面的研究 [J]. 浙江工业大学学报，34（2）：220-223，227.

施雪，2007. 透水性路面铺装在构建生态城市中的作用 [J]. 新型建筑材料，34（10）：66-68.

施振周，刘祖祺，1999. 园林花木栽培新技术 [M]. 北京：中国农业出版社.

石进朝，解有利，2003. 从北京园林绿地植物使用现状看城市园林植物的多样性 [J]. 中国园林，19（10）：75-77.

时朝，郑彩霞，程地林，2010. 北方地区桂花的栽培管理技术 [J]. 北方园艺（13）：89-90.

史军，梁萍，万齐林，等，2011. 城市气候效应研究进展 [J]. 热带气象学报，27（06）：942-951.

史晓松，钮科彦，2011. 屋顶花园与垂直绿化 [M]. 北京：化学工业出版社.

宋婕，张相伟，王珺，等，2009. 行道树悬铃木栽培与养护技术 [J]. 天津农业科学，15（04）：80-81.

宋晓刚，杜树垚，2012. 栾树苗木繁殖与栽培管理技术 [J]. 中国林副特产（04）：57-58.

宋瑜，解庆国，2011. 北京地区早园竹的栽培技术 [J]. 绿化与生活（04）：40-42.

苏金乐，2003. 园林苗圃学 [M]. 北京：中国农业出版社.

粟娟，孙冰，黄家平，等，1998. 广州市绿化应用树种结构分析 [J]. 林业科学研究，11（05）：502-507.

孙程天，施炯，朱中华，2009. 城市屋面绿化的环境效益分析与推广之策 [J]. 环境污染与防治，31（08）：96-100.

孙光明，宋瑞珍，等，2002. 古树名木保护及复壮措施初探 [J]. 河南林业科技，22（04）：51-52.

孙桂琴，2013. 凌霄栽培技术 [J]. 中国花卉园艺（18）：46-47.

孙鹏，王准，张小平，2008. 竹类栽培与经营 [M]. 成都：天地出版社.

孙鹏森，马履一，2002. 水源保护林树种耗水特性研究与应用 [M]. 北京：中国环境科学出版社.

唐东芹，杨学军，邵芹美，2001. 上海城市绿化树种的生长适应性调查及规划意义 [J]. 林业科技，26（05）：54-57.

唐茂菊，2011. 桂花病虫害及其防治措施 [J]. 安徽农学通报，17（14）：231-233.

唐永军，1998. 元江山地芒果整形修剪 [J]. 云南热作科技，21（02）：19-23.

滕保琴，苏宏斌，2008. 盐碱地不同改良措施的绿化效果试验 [J]. 防护林科技（02）：15-16.

滕荫欢，2010. 浅谈芒果栽培技术 [J]. 吉林农业（09）：97.

田士林，李莉，郑芳，2007. 提高悬铃木大树移栽成活率的研究 [J]. 安徽农业科学，35（12）：3537，3586.

《庭院设计》编委会，2014. 生机勃勃的花木庭院［M］. 武汉：华中科技大学出版社.

仝婷婷，2011. 容器植物的园林应用研究［D］. 长沙：中南林业科技大学.

汪阳，1987. 花架在园林中的应用［J］. 中国园林（04）：36.

汪杨，2010. 广玉兰大树移栽技术［J］. 现代农业科技（04）：250-251.

王彬，2009. 大王椰子移植后的养护管理［J］. 农技服务，26（02）：129.

王秉若，2002. 城市绿化与城市可持续发展［J］. 浙江园林（01）：47-48.

王波，2004. 透水性铺装与生态回归［M］. 北京：石油大学出版社.10.

王芬芬，1999. 三角梅生物学特性及引种栽培［J］. 亚热带植物通讯，28（02）：47-51.

王凤江，2003. 北京城市园林绿化树种选择发展的思考［J］. 中国园林，19（01）：62-64.

王国正，闫晨曦，张海，等，2011. 山西城市园林绿化树种与应用［M］. 北京：中国城市出版社.

王红梅，2013. 带土坨去秆栽植早园竹［J］. 绿化与生活（05）：36.

王洪俊，2004. 城市森林结构对空气负离子水平的影响［J］. 南京林业大学学报：自然科学版，28（05）：96-98.

王军利，2005. 屋顶绿化的简史、现状与发展对策［J］. 园艺园林科学，21（12）：304-306.

王瑞辉，马履一，奚如春，2005. 论城市森林建设树种选择的原则［J］. 中南林学院学报，25（03）：58-62.

王薇，2014. 谈三角梅的生产栽培及园林应用［J］. 广东科技（10）：167-169.

王秀彩，张彦会，2014. 香樟的栽培及病虫害防治技术措施［J］. 北京农业（03）：97.

王旭辉，李文东，张建英，等，2011. 苏南地区早园竹引种效益及栽培技术［J］. 上海农业科技（06）：94，56.

王雁，彭镇华，王成，2003.21 世纪国内外城市林业发展的趋势［J］. 林业科学研究，16（06）：748-753.

王玉华，王丽芸，1999. 藤本花卉［M］. 北京：金盾出版社.

王长荣，蒋军锋，2011. 紫藤的栽培管理技术［J］. 甘肃农业（09）：81-82.

王长荣，2010. 甘肃东部雪松栽培管理技术［J］. 甘肃农业（09）：76-77.

魏坤峰，张海潮，刘楚媛，2002. 盐碱土地区雪松的栽培技术［J］. 中国园林（01）：77-78.

温志平，段凤蕊，2012. 园林工程中大树移植技术［J］. 中国园艺文摘（01）：45-46.

吴丁丁，2007. 园林植物栽培与养护［M］. 北京：中国农业大学出版社.

吴可，邢广萍，李景涛，2002. 城市道路绿化植物的选择与配置［J］. 林业实用技术（04）：14-16.

吴梅，2011. 香樟主要病虫害的发生和防治关键［J］. 上海农业科技（04）：87-88.

吴泽民，2009. 园林树木栽培学［M］.2 版. 北京：中国农业出版社.

吴泽民，2011. 城市景观中的树木与森林［M］. 北京：中国林业出版社.

武利昆，2013. 三角梅栽培管理［J］. 中国花卉园艺（22）：42-43.

夏春秀，2013. 桂花栽培与病虫害防治技术［J］. 农技服务，30（10）：1103，1107.

夏日红，王钰，2008. 广玉兰的生长与立地条件中的关系研究［J］. 安徽农业科学，36（35）：15417-15418，15443.

肖朵，张奇奇，王艺循，2011. 浅谈阔叶箬竹的引种及栽培技术［J］. 现代种业（02）：26-27.

肖金胜，1998. 中山市大王椰子的栽植和管理［J］. 广东园林（01）：25.

肖升光，李芳，2014. 樱花的园林景观应用及栽培管理［J］. 现代园艺（02）：32-33.

熊济华，唐岱，2000. 藤蔓花卉［M］. 北京：中国林业出版社.

徐秋芳，2008. 园林土壤与岩石［M］. 北京：中国林业出版社.

徐志明，王兰英，2012. 早园竹栽培技术［J］. 中国花卉园艺（20）：42-43.

杨红卫，2013. 华北地区悬铃木特征特性及栽培技术［J］. 现代农业科技（17）：211，213.

杨慧，聂锋，2008. 凌霄的栽培管理及应用［J］. 河北林业（01）：43.

杨俊杰，付红梅，2013. 三角梅栽培管理技术 [J]. 农业工程技术：温室园艺 (12)：36-37.

杨瑞兴，1986. 垂直绿化与攀缘植物 [J]. 中国园林 (02)：23-25.

杨小波，2010. 城市生态学 [M]. 2版. 北京：科学出版社.

杨战胜，艾文胜，2007. 箬竹资源利用及培育关键技术研究 [J]. 安徽农业科学，35 (25)：7828-7830.

叶玉珠，黄志方，王淑瑗，等，2002. 古树名木主要害虫综合防治 [J]. 浙江林业科技，22 (02)：71-73.

殷德成，2012. 桂花栽培管理技术 [J]. 农技服务，29 (08)：936.

殷丽峰，李树华，2005. 日本屋顶花园技术 [J]. 中国园林 (5)：62-66.

尤雅宜，2004. 园林树木栽培手册 [M]. 北京：中国林业出版社.

于永忠，姚磊，赵海榴，2013. 香樟树整形修剪技术 [J]. 现代园艺 (12)：49-50.

禹晓峰，2007. 从透水性材料谈园林铺装设计 [D]. 北京：北京林业大学.

袁海龙，杨才刚，2006. 棕榈大树栽植试验研究 [J]. 安徽农业科学，34 (24)：6500, 6502.

臧德奎，2002. 攀缘植物造景艺术 [M]. 北京：中国林业出版社.

张春莺，2011. 广玉兰栽培管理技术 [J]. 河南农业 (10)：35.

张鼎华，2001. 城市林业 [M]. 北京：中国环境科学出版社.

张钢，陈段芬，肖建忠，2010. 图解园林树木整形修剪 [M]. 北京：中国林业出版社.

张红梅，李士洪，刘晓丽，等，2011. 香樟生物学特性及园林栽植养护技术 [J]. 现代农业科技林业科学 (14)：219-220.

张雷，2011. 香樟的特征特性及其栽培技术 [J]. 现代农业科技 (08)：222.

张庆费，1997. 城市生物多样性保护及其在园林绿化中的应用 [J]. 大自然探索，16 (04)：98-101.

张琼，姜波，高洪主，2006. 关于建立哈尔滨市树木信息系统的研究 [J]. 测绘与空间地理信息，29 (1)：47-50.

张晓飞，2012. 浅谈广玉兰的栽培技术 [J]. 现代园艺 (01)：37-38.

张秀英，2012. 园林树木栽培养护学 [M]. 2版. 北京：高等教育出版社.

张艳芳，2009. 樱花苗的培育与栽植 [J]. 南方农业：园林花卉版，3 (06)：50-53.

张义勇，胡海鹰，2007. 承德避暑山庄古树衰弱原因及保护对策 [J]. 河北林业科技 (06)：44-45.

赵敏，2007. 浅谈紫藤的养护管理技术 [J]. 南方农业：园林花卉版，1 (06)：74-75.

郑春梅，2011. 银杏大树的移植及栽培管理 [J]. 内蒙古农业科技 (02)：105.

郑洁，2008. 城市容器花饰的景观价值与应用研究 [D]. 上海：上海交通大学.

郑进，孙丹萍，2003. 园林植物病虫害防治 [M]. 北京：中国科学技术出版社.

郑晓飞，2010. 十三陵景区古松柏树衰弱原因及养护复壮措施综述 [J]. 北京园林，26 (01)：54-57.

郑祚芳，范水勇，王迎春，2006. 城市热岛效应对北京夏季高温的影响 [J]. 应用气象学报，17 (S1)：48-53.

中国房产信息集团，克而瑞（中国）信息技术有限公司，2011. 园林植物造景 [M]. 北京：化学工业出版社.

周纪刚，舒夏竺，徐平，等，2014. 广东粉单竹病虫害调查及防治 [J]. 林业实用技术 (07)：47-49.

周群，2009. 三角梅栽培与鉴赏 [M]. 北京：金盾出版社.

周淑荣，2006. 凌霄花及栽培技术 [J]. 中国农村科技 (12)：34.

朱春生，2007. 观赏竹栽培新技术 [M]. 呼和浩特：内蒙古人民出版社.

朱继军，陈必胜，黄梅，等，2014. 上海地区樱花栽培养护技术 [J]. 现代园艺 (01)：37-39.

邹燕敏，徐永辉，蔡平，2008. 盐碱地园林绿化栽培技术 [J]. 北方园艺 (03)：177-179.

American National Standards Institute (ANSI)，2001. The American national standard for tree care operations - pruning, trimming, repairing, maintenance, removing trees, and cutting brush - safety requirements [M]. New York：American National Standards Institute.

Arnold HF，1993. Trees in urban design ［M］. 2nd edition. New York：Van Nostrand Reinhold Company.

Konijnendijk CC，Nilsson K，RandrupTB，SchipperijnJ.（Eds.），2005. Urban forests and trees ［M］. Berlin Heidelberg：Springer.

Kuser JE（ed.），2000. Handbook of urban and community forestry in the northeast ［M］. New York：Kluwer Academic/Plenum Publishers.

Marzluff JM，Shulenberger E，Endlicher W，et al，2008. Urban ecology：An international. perspective on the interaction between humans and nature ［M］. New York：Springer.

Matheny NP，Clark JR，1994. A photographic guide to the evaluation of hazard trees in urban areas ［M］. 2nd edition. Urbana，IL：International Society of Arboriculture.

Pokorny JD，2003. Urban tree risk management：acommunity guide to program design and implementation ［M］. Washington DC.：USDA Forest Service.

Richard WH，James RC，Nelda PM，2004. Arboriculture：integrated management of landscape trees，shrubs，and vines ［M］. 4th edition. New Jersey：Prentice Hall.

Shigo AL，1989. Tree pruning：a worldwide photo guide ［M］. 3rd edition. Durham，NH：Shigo&. Trees，Associates.

Shigo AL，1991. Modern arboriculture ［M］. Durham，NH：Shigo&. Trees，Associates.